Energiewirtschaft

Energiewirtschaft

Grundlagen und Kostenaufbau der Gewinnung, Veredlung und des Verbrauches von Kohle, Erdöl, Gas und Elektrizität für Kraftmaschinen, Heizdampfverbraucher und Öfen in Gewerbe Haushalt und Verkehr

Von

Th. Stein

Mit zahlreichen Textabbildungen und Zahlentafeln

Berlin

Verlag von Julius Springer

1935

Softcover reprint of the hardcover 1st edition 1935

ISBN-13: 978-3-642-47299-2 e-ISBN-13: 978-3-642-47740-9
DOI: 10.1007/978-3-642-47740-9

Druck der Universitätsdruckerei H. Stürtz A. G., Würzburg.

Vorwort

Es werden für das Gesamtgebiet der Energiewirtschaft 4 Hauptfragen behandelt:

1. Die gleiche technische Aufgabe wird in verschiedenen Ländern oft anders beurteilt und anders gelöst. Der Verfasser hat die Gründe dafür dargestellt, soweit er außer seinen eigenen Schweizer Verhältnissen durch Reisen und Projektarbeit im Beruf, den er zum großen Teil in Deutschland ausübte, die abweichenden Merkmale in einer Reihe wichtiger Länder kennen lernte: Naturbedingungen, Lohnhöhe, Zinsfuß, Eigenschaften und Markt der Brennstoffe, Lastverlauf, Verbrauchsdichte, Verkehrsdichte und Anlagegröße. So erklären sich z. B. die abweichenden Auffassungen über Hochdruck- und Spitzenkraftwerke in Deutschland und USA.[1].

2. Für die gleiche technische Aufgabe kann es viele Verfahren geben, mindestens 20 Verfahren, die Gas erzeugen, über 15 Feuerungen und ebensoviele Dampfkesselarten. Es wird dargestellt, wie verschiedene Kostenbedingungen, Brennstoffe, Endprodukte, Anlagegrößen, Dampfdrücke, Last und Speisewasserverhältnisse zu verschiedenen Verfahren führen. Umgekehrt ist auseinander zu halten, wie scheinbar gleiche Kraftmaschinentypen z. B. Ölmotoren hinsichtlich Lebensdauer, Ausnützung, Elastizität, Anfahren ganz verschiedene technische Aufgaben zu erfüllen haben, je nachdem sie Schiffe, Kraftwerke oder Autos antreiben[2]. Zusammengefaßt: Es ist zu beantworten, warum nicht für Gaserzeuger, Feuerungen, Kessel, Kraftmaschine je ein Idealtyp genügt, der überall unverändert eingebaut wird.

3. Bei den Energiekosten senkt hoher Wirkungsgrad die Betriebskosten. Als einheitliches Mittel, das dagegen die Anlagekosten senkt, wird dem Wirkungsgrad die ständig steigende Durchsatzgeschwindigkeit gegenübergestellt. Dieser zweite Maßstab zeigt, wie die Technik ihre Einrichtungen stärker ausnutzt: Durch höhere Drehzahlen der Kraftmaschinen und höhere Spannungen und Gasdrücke zum Fernleiten, höhere Strömungsgeschwindigkeit, gesteigerte m^2-Leistung der Feuerungen, Heizflächen und Trockenmaschinen, gesteigerte Raumleistung im Feuerraum und im Motorzylinder. Dazu kommen alle anderen technischen Mittel, die Anlagekosten und Wirkungsgrad beeinflussen, besonders auch der Übergang auf größere Einheiten und billigere Brennstoffe.

4. Als Beitrag zur Theorie der Preisbildung wurden das wirtschaftliche Optimum der Gesamtkosten[3] und die Kostenteilung unter die erzeugten Produkte[4] als grundsätzliche Gesetzmäßigkeiten dargestellt und die Grundlagen für die Gesetze entwickelt, nach denen sich die Energiepreise und die Konkurrenzverhältnisse auf lange Sicht verändern, unter anderem für Brennstoffe allgemein[5], für Öl gegen Kohle[6], für Steinkohle gegen Braunkohle[7], für Kohlensorten untereinander[8]. Als Sonderfrage wird z. B. behandelt, warum in USA. Kohle und Öl bei doppeltem Lohn wesentlich billiger sein können als in Europa[9], wie der billige Schweizer Gaspreis zustande kommt[10], welche Aussichten gesteigerter Haushaltsstromverbrauch für Kohleländer hat[11] und wieso die kleinen Automotore je PS billiger sein können als Großkraftanlagen[12]. Der Kostenaufbau aller Energiearten wurde vom Bergbau bis zu Elektrizität und Gas am Verbraucher möglichst vollständig nachgewiesen. Die Preisbasis 1929 wurde einheitlich zugrunde gelegt, weil durch abgewertete Währungen spätere Preise nicht mehr so gut Vergleiche zwischen verschiedenen Ländern zulassen.

In technischen Büchern ist nicht der zusammenhängende Text wichtigstes Ausdrucksmittel, sondern Bild und Zahlentafel. Entgegen der üblichen Buchform sind sie hier nicht als Beiwerk des Textes lose eingestreut oder als Anhang behandelt, sondern sie sind Ausgangspunkt der Darstellung. Ein Versuch ist die systematisch gegliederte Bildseite in zusammenhängender Folge[13]. Die einzelnen Bilder sollen nach einheitlichen Grundsätzen für die beteiligten Stoffe Eingang, Weg und Endergebnis greifbar machen und in ihrem Zusammenhang einen gedrängten Querschnitt der technischen Grundlagen insoweit geben, als sie wirtschaftlich wichtig sind. Aus Raummangel mußte auf eine vollständige Übersicht verzichtet werden. Bei den Zahlentafeln ist versucht worden, durch einen Textkopf das zugehörige Ergebnis zusammenzufassen, um sie vom laufenden Text unabhängig zu machen.

---

[1] S. 123, 146. — [2] z. B. S. 128. — [3] S. 45—47. — [4] S. 46. — [5] S. 61. — [6] S. 73. — [7] S. 133. — [8] S. 70, 71. — [9] S. 66, 70, 78. — [10] S. 85. — [11] S. 136. — [12] S. 113, 126. — [13] S. 1—40.

Sie stellen in Reihen die Teilgebiete möglichst vollständig gegenüber, z. B. alle Arten von Kraftmaschinen [1], Kraftwerken [2], Gaserzeugern [3], Fernleitmitteln [4], Verkehrsmitteln [5], Industrieöfen [6] und Heizdampfverbrauchern [7].

Aus dem bekannten Wärmeflußbild wurde für schwer übersehbare Fälle das Kostenflußbild entwickelt [8]. Für Mengenbilanzen des Landesenergieverbrauchs [9] sind die Flußbilder so ausgebaut worden, daß man sowohl nach Quellen wie nach Verbrauchergruppen gegliedert erkennen kann, wie sich der Energiefluß verzweigt. Diese Energiebilanzen zeigen, wie sehr die Gebiete der Energiewirtschaft verkettet sind. So wirkt z. B. das vordringende Erdöl als Folge des zunehmenden Autoverkehrs auf Schiffahrt [10], Gaspreisbildung [11] und Kohlenmarkt [12] zurück. Das Buch soll dazu beitragen, derartige Einflüsse von Nachbargebieten in der Praxis zu erkennen. Deshalb wurde ein Überblick versucht, der den Weg des Energiestroms von der Quelle bis zum Verbrauch in seinen verschiedenen Zweigen nach ihrer volkswirtschaftlichen Geltung einschließt.

Die Zahlenangaben sind als Anhaltspunkte zu werten, die in erster Linie dazu dienen, die stark abweichenden Verhältnisse in den verschiedenen Zweigen und Ländern zu erläutern. Es sind oft nicht die neuesten, sondern die preisbestimmenden Durchschnittsbauarten behandelt. Die Textabschnitte sind möglichst selbständig gehalten, auch wo dies zu Wiederholungen geführt hat.

Für seine verständnisvolle Mitarbeit spreche ich Herrn Julius Zeitel den besten Dank aus. Dem Verlag bin ich besonders dafür verpflichtet, daß er durch das angewandte Bilddruckverfahren möglich machte, eine für den Buchumfang ungewöhnlich große Zahl von Bildern wiederzugeben.

Bern, im Oktober 1935

Th. Stein

[1] S. 111. — [2] S. 116—118. — [3] S. 82. — [4] S. 134. — [5] S. 128. — [6] S. 94. — [7] S. 99. — [8] S. 138, 139, 148. — [9] S. 1—3. — [10] S. 126. — [11] S. 85. — [12] S. 3, 42, 43.

Inhalt

1. Technische Grundlagen

Welt-Energiefluß 1929

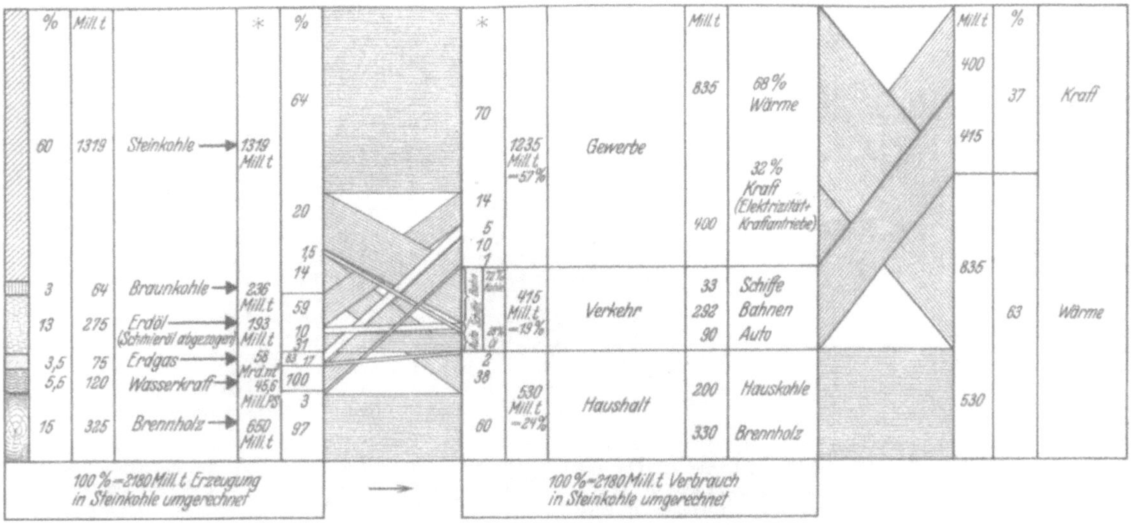

Mengen in Mill. t auf Steinkohle umgerechnet. Der Anteil der Steinkohle wurde durch Öl, Wasserkraft und Braunkohle auf 60% zurückgedrängt. Mit Einschluß von Abfall- und Leseholz hat Brennholz außer Kohle immer noch den größten Anteil; dann folgen Erdöl, von dem USA $^4/_5$ umsetzt, dann Wasserkraft und die Braunkohle, an der Deutschland zu $^3/_4$ beteiligt ist. Von der Kohle bekommt der Verkehr $^1/_5$, der Haushalt nur $^1/_7$. Der Haushalt verbrennt im Weltdurchschnitt immer noch mehr Holz als Kohle, vorwiegend auf dem Land. Vom Erdöl fließen die Schwerölmengen, die beim Herstellen des Autobenzins anfallen, vorwiegend dem Gewerbe zu, nur $^1/_{10}$ wird von Schiffahrt und Bahn aufgenommen. Die Gewerbeenergie steht im Verbrauch an erster Stelle. 32% davon werden in Kraft umgesetzt, der Verkehr braucht aber zu Kraftzwecken noch mehr Energie. Davon fällt $^1/_5$ auf das Auto. Da der Haushalt weniger Wärme als die Industrie braucht, steigt der Gesamtanteil der Kraft auf 37%.

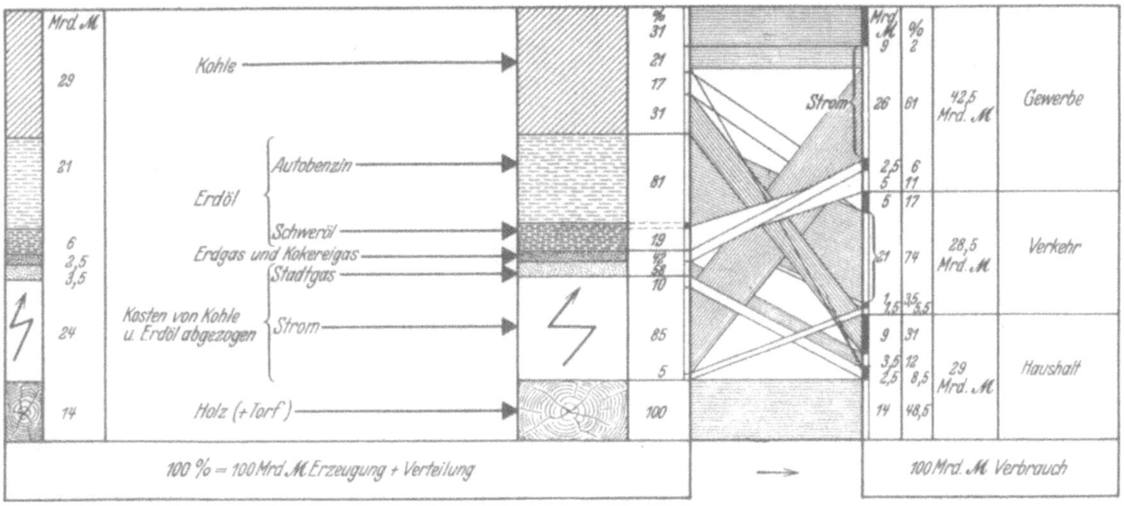

Wert in Mrd. M. Autobenzin und Strom mit ihren hohen Verteilkosten treten stark hervor. Der Kohlenwert tritt zurück, obwohl er auch Verteilkosten enthält, die größtenteils dem Haushalt zur Last fallen. Beim Brennholz berührt der selbst verbrauchte Teil den Kreislauf der Wirtschaftswerte nicht. Durch die Verteilkosten ist der Wertanteil der Haushaltsenergie höher (29%) als der Energieanteil (24%). Von der Verkehrsenergie kostet das Autobenzin $^3/_4$, obgleich es nur wenig mehr als $^1/_5$ der Energiemenge darstellt. Die 57% Gewerbeenergie kosten dagegen nur 42%. Von der Gewerbeenergie selbst kostet der elektrische Strom allein 61%, obgleich der Anteil der Kraft sogar mit Einschluß der mechanisch übertragenen nur 32% ist. Die veredelte und verteilte Gesamtenergie entspricht mit 100 Mrd. *M* für 2180 Mill. t Steinkohleneinheiten einem Steinkohlenpreis von 46 *M*/t. Der Durchschnitt entsteht in der Hauptsache so: Steinkohle ab Grube kostet in USA 8,30 *M*/t, in Deutschland 16,— *M*/t, verteilte Hausbrandkohle 45 *M*/t, Tankstellenbenzin dem Heizwert nach in Steinkohlen umgerechnet 300,— *M*/t in USA, in anderen Ländern mehr, Lichtstrom bis 500,— *M*/t Kohlenaufwand.

* Diese Reihe enthält wirkliche Mengen, alle anderen Mengen sind in Steinkohle umgerechnet.

Energiefluß in Deutschland 1929

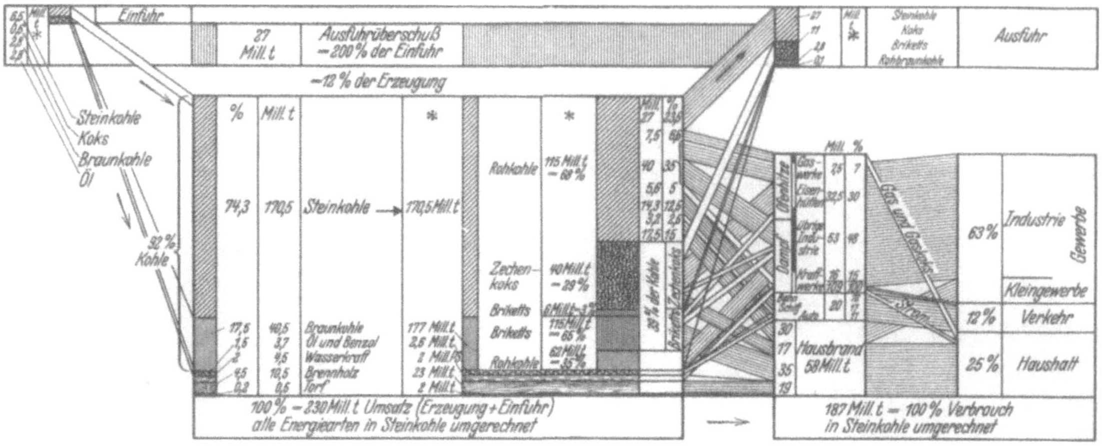

Menge in Mill. t auf Steinkohle umgerechnet. Von der Steinkohle werden 29 % verkokt, von der Braunkohle, die 17,5 % der Energie deckt, worden $^2/_3$ brikettiert, Brennholz hat noch $4^1/_2$ % Anteil, wenn man Abfall- und Leseholz einrechnet. Wasserkraft gibt 2 % und der Ölverbrauch entspricht nur 1,5 % Anteil, selbst wenn man das Benzol einschließt, das aus Kohle stammt. Die Einfuhr entsteht vorwiegend durch englische Kohlenkonkurrenz im Kustengebiet und durch Erdölmangel. Der Ausfuhrüberschuß ist doppelt so hoch. Die Industrie braucht fast soviel Ofenhitze wie Dampf, zu den Hüttenöfen fließt der Hauptteil des erzeugten Koks. Die öffentlichen Kraftwerke erhalten außer Wasserkraft zu gleichen Teilen Steinkohle und Rohbraunkohle, deren Rest von angesiedelter umliegender Industrie aufgenommen wird. Im Verkehr überwiegt der Kohlenverbrauch von Bahn und Schiff, das schwach entwickelte Auto fordert nur wenig Benzin, nur 28 % des Schiffsraumes sind auf Öl umgestellt. Dem Hausbrand fließen $^2/_3$ der Brikettmenge zu, $^1/_4$ vom Zechenkoks und außer Steinkohle praktisch das ganze Brennholz, ferner Leuchtpetrol und als Industrieerzeugnis Gaskoks, Gas und Elektrizitat. Weniger als $^3/_4$ des Hausbrandes geht in den Haushalt, das Übrige in das Kleingewerbe. Von der Rohkohle werden 53 % veredelt, 39 % in Kokereien und Brikettfabriken, der Rest in Gaswerken, Schwelereien, Kohlenstaubmühlen und Elektrizitätswerken unter Einschluß der industrieeigenen

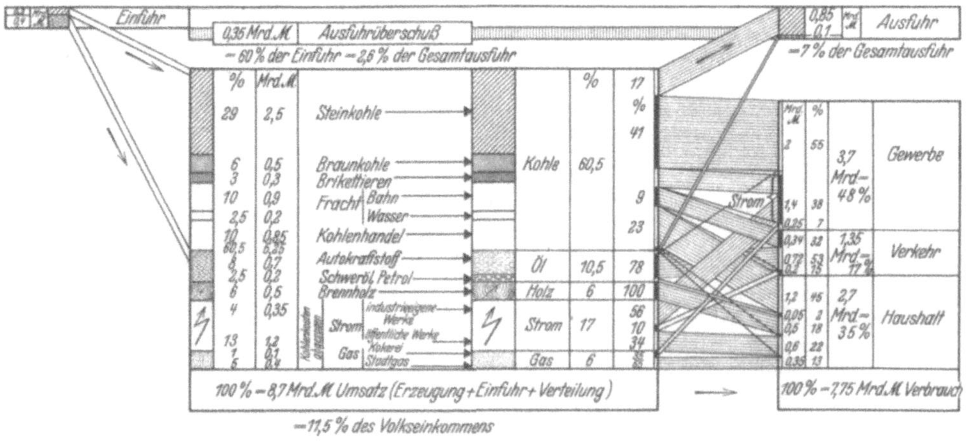

Wert in Mrd. M. Zum Grubenpreis der Kohle kommen Fracht und Handelskosten, vorwiegend für Hausbrand. Trotzdem schrumpft der Kohlenanteil von 92 auf 61 %, durch den vielfachen Energiepreis verteilter Edelenergie. Das Stromerzeugen kostet (Kohle abgezogen) allein in den öffentlichen Kraftwerken durch hohe Verteilkosten 13 % des Gesamtwertes statt 7 % des Energieumsatzes. Öl steigt im Anteil von 1,5 % auf 10,5 % und die teure Öleinfuhr senkt den Ausfuhruberschuß dem Wert nach auf 60 %, obgleich er der Energiemenge nach 200 % der Einfuhr ist. Der Wert des Kraftstoffs ubersteigt den der Verkehrskohle für Eisenbahnen und Schiffe zusammen. Der Haushalt tragt durch die hohen Verteilkosten fast $^1/_4$ des Gesamtwertes der Kohlen und $^1/_3$ der Stromkosten, obgleich sein Mengenanteil geringer ist; sein Gesamtanteil wachst so von 25 auf 35 %.

* Diese Reihe enthält wirkliche Mengen, alle anderen Mengen sind in Steinkohle umgerechnet.

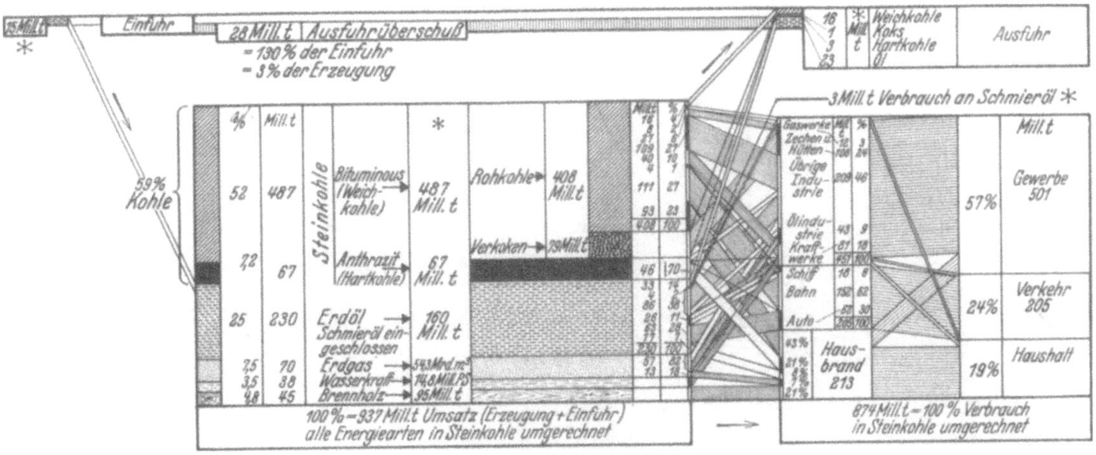

Menge in Mill. t auf Steinkohle umgerechnet. 3/4 aller Automobile laufen in USA, als Folge davon tritt Erdöl mit Erdgas in den Vordergrund und schrankt den Anteil der Kohle auf 59% ein statt 92% in Deutschland. Die begrenzten Vorräte zwingen zur Einfuhr von 10% Erdol, dem 14% Ausfuhr meist veredelter Öle gegenüberstehen. Von der gesamten Industrieenergie werden 31% durch Öl und Erdgas gedeckt, die Ölindustrie selbst verbraucht 9%. Von der Verkehrsenergie brauchen die Autos 30%, die Schiffe, die in USA zu über 2/3 auf Öl umgestellt sind, nur 8%, am Bahnbetrieb hat das Öl 12% Anteil. Dem Hausbrand fließen 70% der Anthrazitmenge zu, praktisch das ganze Brennholz, 1/5 der Erdgasmenge und 7% des Heizöls und etwas Leuchtpetrol. Der Anteil des Verkehrs ist doppelt so hoch wie in Deutschland.

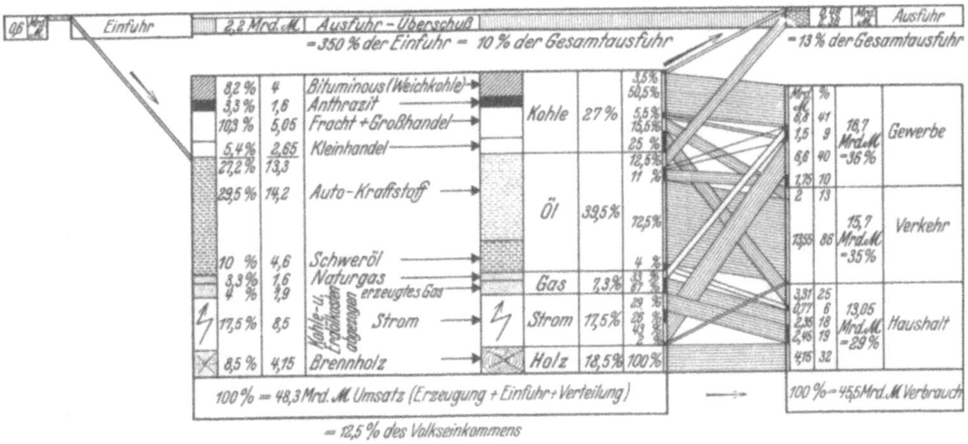

Wert in Mrd. M. Durch den Autokraftstoff wächst der Wertanteil der Ölenergie auf 40% und läßt die ganze Kohlenenergie mit 27% weit hinter sich zurück. Der Ausfuhrüberschuß an Energie steigt im Gegensatz zu Deutschland durch die Veredelung des Öles auf 350%, obgleich er der Energiemenge nach nur 130% ist. Durch die hohen Verteilkosten der Haushaltsenergie zahlt der Haushalt für seine Energie nur 1/5 weniger als die ganze Industrie, ähnlich wie in Deutschland. Durch das teure Autobenzin steigt der Anteil des Verkehrs auf 35% statt 17% in Deutschland.

---

* Diese Reihe enthält wirkliche Mengen, alle anderen Mengen sind in Steinkohle umgerechnet.

Steinkohlen-Bergbau[1,2]

Der Abbau wird bei dicken und flachen Flözen (USA) vorwiegend durch Schrammaschinen mechanisiert, bei dünnen steilen Flözen (Ruhr) durch Drucklufthammer.

Bei der Abbau-Förderung sind mechanische Rutschen oder Bänder allgemein eingeführt, in USA beginnt man Kohlenlademaschinen anzuwenden. Die beladenen Wagen werden in den verzweigten Abbaustrecken meist noch geschleppt, in den Blindschachten, die mit der Hauptstrecke verbinden, durch Winden gehoben, auf den Hauptstrecken mit Lokomotiven befördert, im Schacht durch Fördergestell. Beim Bergeversatz, dem Ausfüllen der ausgekohlten Hohlräume durch Gestein, dient Spülwasser oder Druckluft als Fördermittel.

Selbstverbrauch: 11% Abfallkohle ersetzen 7% vollwertige Kohle. Vollelektrisch verbraucht eine Grube 50 kWh/t, davon 20 kWh für den Druckluftbetrieb. 1929 brauchte der Ruhrbergbau für 123 Mill. t Kohle nur 1,88 Mrd. kWh, also 15,5 kWh/t, weil Dampfantrieb für Druckluft, Wettergeblase usw. vorwiegt.

Kosten 1929: Die Gewinnungskosten von 17,— *M*/t für Ruhrkohle, zu denen die Syndikatsaufschläge kommen, enthalten z. B. 12% = 2,— *M*/t für Bergeversatz. Nach Absieben von 10% Stückkohlen, die aschearm sind, läßt sich die übrige Kohle mit 3,50 *M*/t aufbereiten.

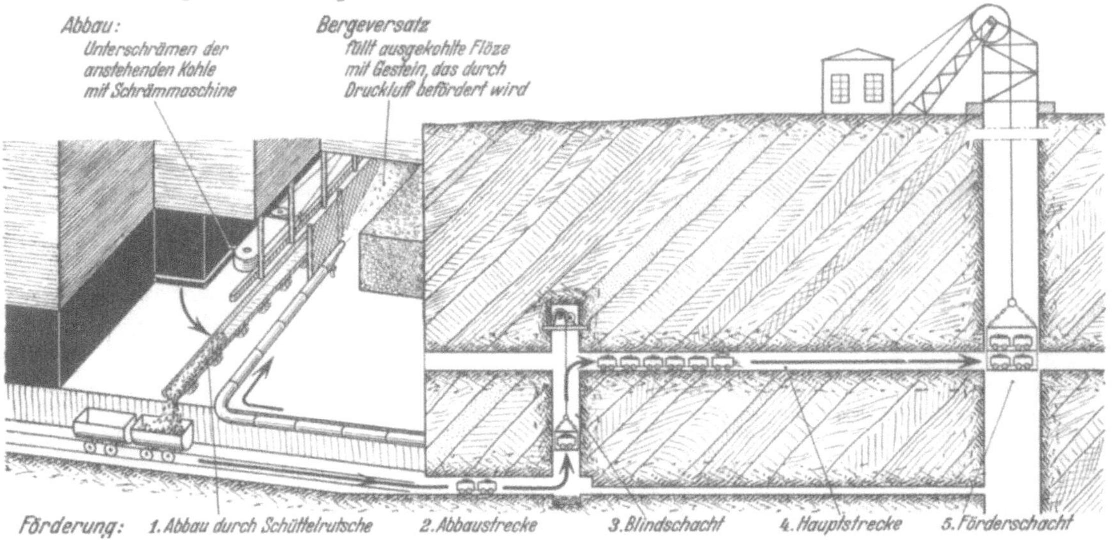

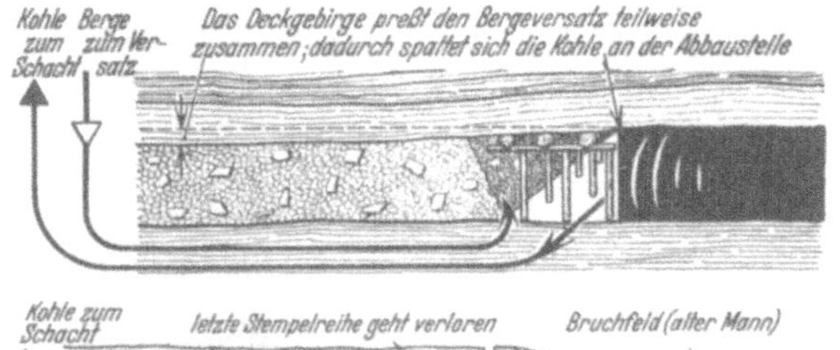

Ruhrgebiet: Abbau mit Bergeversatz, um bewohnte Gegend vor Gebirgsbewegung zu schützen. Vorteil: Fast kein Kohlenverlust, wenig Grubenholz, macht durch langsames Absinken des Deckgebirges den Gebirgsdruck für den Abbau nutzbar. Nachteil: Teuer, braucht fremde Berge von Schlacken- und Aschehalden, Steinbrüchen. Eigene Berge heben höchstens 30% der Gebirgsbewegung auf, Spülversatz mit fremden Bergen 90%. Die übrigbleibende Senkung verläuft stetig und braucht wenig stützendes Grubenholz, der Druck auf die Kohle erleichtert die Gewinnung. Abbau vorwiegend durch mechanische Hämmer, da dünne Flöze, ferner mit Stangenschrammaschinen, da USA-Kettenschrammmaschinen bei Gebirgsdruck klemmen würden[4].

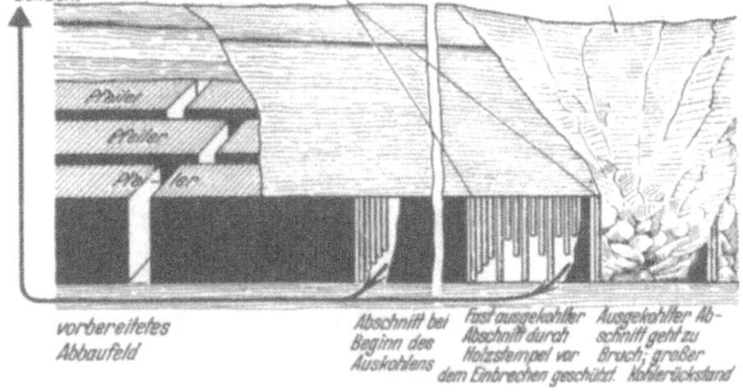

Oberschlesien: Pfeilerbruchbau. Nachteil: Verlust von 20—30% Kohle und viel Grubenholz, Einbruch wirkt auf Erdoberfläche zurück. Erst Einteilen des ganzen Feldes in Pfeiler, Abbaubeginn am äußersten Ende, weil sonst Bruchfeld den Förderweg zum Schacht abschneiden würde; Auskohlen der Pfeiler in Abschnitten bis auf einen Sicherheitsrest. Entfernen der mittleren Stempel führt den Bruch herbei, die letzte Stempelreihe gibt man preis, damit nicht Kohle vom nächsten Abschnitt mit ins Bruchfeld stürzt.

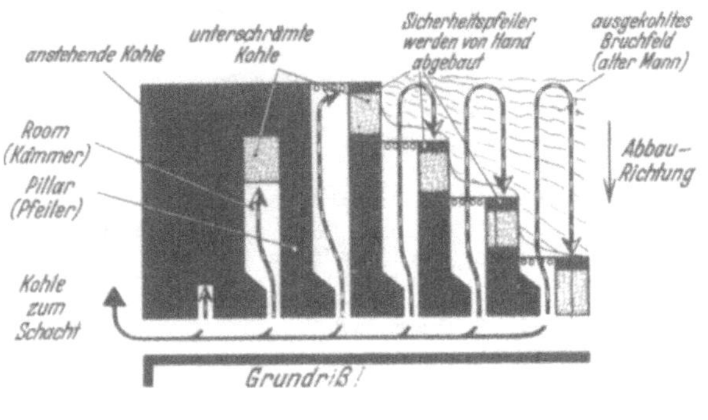

USA-Weichkohle: Room and pillar-System[5]. Mechanischer und systematischer Pfeilerbruchbau. Vorteil: Bei den gleichen 2—3 m dicken Flözen wie in Oberschlesien 4,4 statt 1,4 t Schichtleistung, wodurch trotz doppelter Löhne die Kohle nur die Hälfte kostet, nur 10% Kohlenverlust, wenig Holz. — Erst Vortrieb einer tiefen Kammer, die von beiden Seiten das Kohlenfeld stehen läßt, also kein Gebirgsdruck für die erste Hälfte der Kohlenmenge, deshalb wenig Grubenholz, leichter Abbau mit leistungsfähigen aber gegen Gebirgsdruck empfindlichen Kettenschrammaschinen. Der stehengelassene Pfeiler wird dann auf dem Rückweg wie in Oberschlesien aber mit Schrammaschine abgebaut. Nachteil: Nur für dicke Flöze und mäßige Tiefen; in großer Tiefe schwinden die Vorteile, weil beim höheren Gebirgsdruck die Kammern schmaler sein müssen.

---

[1] Kegel: Bergwirtschaft 1931 S. 311, 450. — [2] Heise-Herbst: Leitfaden der Bergbaukunde 1932. — [3] Taschenbuch für Berg- und Hüttenleute 1924. S. 170. — [4] Wedding: Glückauf 1931, S. 1317. — [5] Griese: Glückauf 1932, S. 451.

Braunkohlen-Tagebau (Deutschland) beseitigt das Deckgebirge über der Kohle, baut die freigelegte Kohle ab und schüttet den Abraum wieder auf das ausgekohlte Feld. Das Freilegen ist teuer, der verzweigte unterirdische Abbau fallt aber weg, das führt zum Großbetrieb. An Abraum[1] sind durchschnittlich 2 m^3/t Braunkohle umzulagern, der Abraumbetrieb kann die Halfte der Gesamtkosten erfordern; statt 1,10 M/m^3 bei früherem Handbetrieb kostet er mit Lokomotivforderung 0,45 M/m^3, mit neuesten Förderbrucken 0,25 M/m^3 (1929). Für das Gleisverrücken mit fortschreitendem Abbau gibt es Maschinen.

Selbstverbrauch: Elektrisch z. B. 8 kWh/t[2], vom belieferten Kraftwerk oder der Brikettfabrik bezogen. Für Dampfbetrieb und Bergmannskohle ergibt sich (als Restglied gerechnet) 4 % Selbstverbrauch 1929.

Kosten (1929): Bis 3 M/t für Rohbraunkohle mit Heizwert 2200 kcal/kg (statt 7000 kcal/kg bei Steinkohle); stark abhangig von Lagerung, Abraummenge und Abraumverfahren.

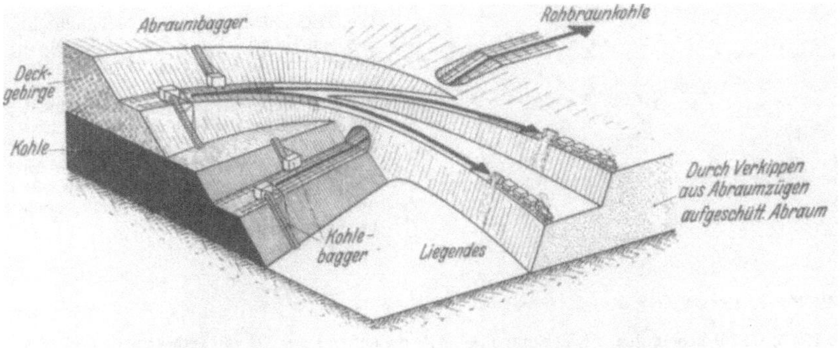

Lokomotivförderung mit Baggern[1]. Der Abraum muß auf großem Umweg um die Abbaustelle der Kohle herumgefahren werden, um ihn wieder in die Grube zu verkippen. Lange Zugstrecken und dauernde Gleisverruckarbeit auch auf der Seite, wo der Abraum verkippt wird.

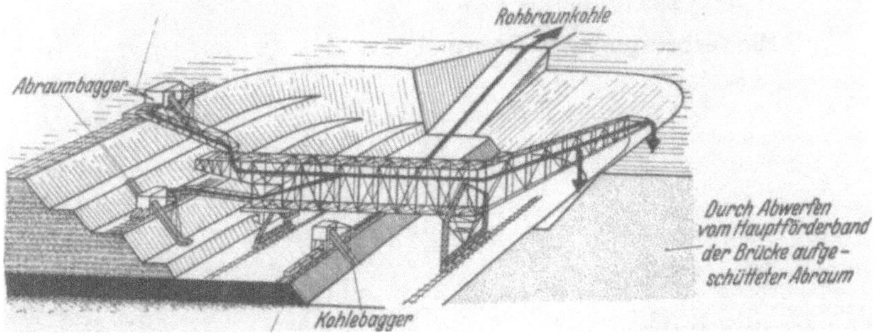

Förderbrücke mit Abraumbagger[1,3] und Zugförderung der Kohle überbrückt das Abbaufeld mit fließender Bandförderung und verkippt den Abraum sofort auf dem kürzesten Weg ohne Zugbetrieb auf der Verkippseite, kostet 0,25 M statt 0,45 M/m^3 Abraum.

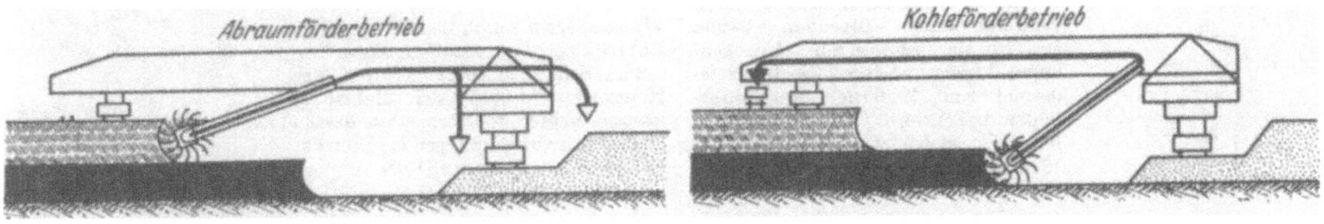

Förderbrücke mit Schaufelradbagger[4] fur Kohle und Abraum beseitigt Zugbetrieb aus der Grube und Gleisverrucken der Bagger. Wechselweises Baggern von Abraum und Kohle; erst bei geringer Machtigkeit von Kohle und Abraum erprobt.

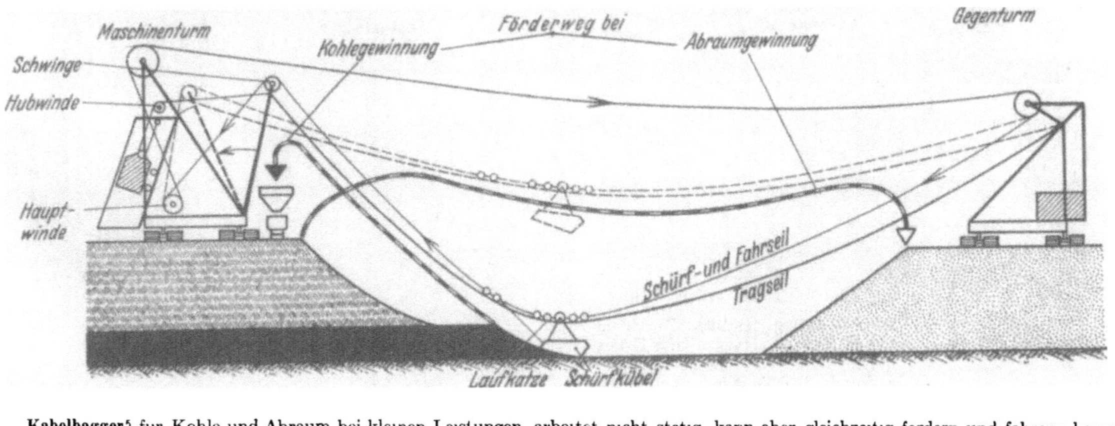

Kabelbagger[5] fur Kohle und Abraum bei kleinen Leistungen, arbeitet nicht stetig, kann aber gleichzeitig fordern und fahren; keine Gleise in der Grube.

---

[1] Kegel: Braunkohle, 1931 S. 385, 409, 431 — [2] Schone: Entwurf von Braunkohlenbrikettfabriken, 1930 S 101. — [3] Delius: Braunkohle, 1931 S 646. — [4] Hirz: Braunkohle, 1931, S. 485. — [5] Gold: Braunkohle, 1931 S. 287, 1933 S. 500.

Erdöl durchsetzt poröse Ölsandschichten bis zu 30% des Volumens und bis über 12% des Gewichtes. 1/4 der Ölmenge ist durch Bohrlöcher zu 45 *M*/t Öl gewinnbar (1929) 3/4 bleiben zurück, wenn man nicht Druckluft oder Druckgas anwendet. Durch Bergbau läßt sich der Ölsand mit 6,— *M*/t statt 17,— *M*/t bei Steinkohle und 3,— *M*/t bei Braunkohle gewinnen. Weil der Ölsand aber nur noch 9% Öl enthalt, steigen die Kosten für Bergbauöl auf 65 — *M*/t (1929).

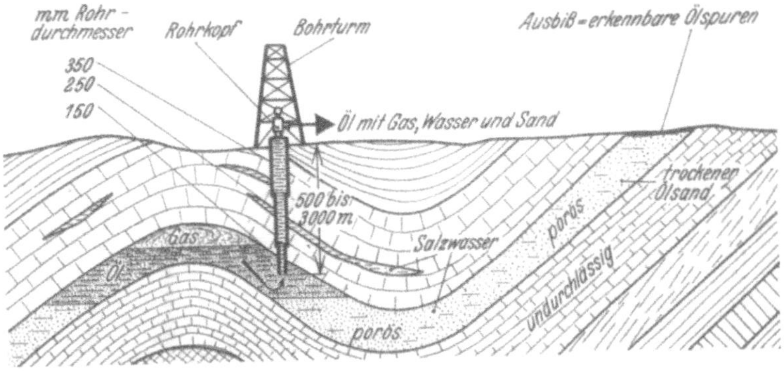

Erdöllager[1]

Die Ölsandschicht liegt zwischen undurchlassigem Gestein. Wo sie an die Erdoberfläche kommt, ist der „Ausbiß" an Ölspuren erkennbar. Alle 25—100 m werden Bohrlöcher bis in die poröse Schicht niedergebracht. Die leichtflüchtigsten Erdölbestandteile bilden ein Erdgaspolster, das flüssige Erdöl mit Gas vermischt im Laufe von Jahren zum Bohrloch drückt und, solange der Gasdruck reicht, auch bis nach oben befördert.

Bohrlochtechnik. Bei 45,— *M*/t Rohöl (1929) kostet das Niederbringen der Rohre 18,— *M*/t, die Ölförderung durchschnittlich nur 6,— *M*/t, da anfangs das Öl von selbst fließt und erst dann künstliche Förderung einsetzen muß.

Niederbringen der Rohre

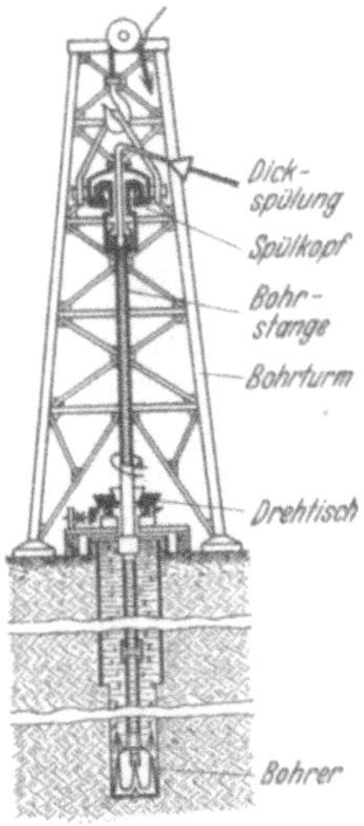

Bohren mit Rotary-System für nicht zu hartes Gebirge und große Tiefen schreitet am schnellsten fort[1]. Drehender Bohrer. Spülbetrieb unterstützt die Bohrwirkung, Dickspülung mit Lehm oder Tonschlamm übt gegen Bohrlochwände stützenden Druck aus, bis sie verrohrt sind. Trockenbohranlagen müssen mit Gestange jedesmal zum Auslöffeln des Bohrschlammes entfernt werden. Nachteil: Krumme Bohrlöcher, weichen bei 1500 m. Tiefe 25—500 m ab[3].

Wassersperren durch Zementieren des Rohres nach Durchstoßen wasserführender Schichten spart bis zu 2/3 der Rohrkosten = 30% der Bohrlochkosten. Früher sperrten statt dessen mehrere ineinanderliegende Rohrkolonnen gegen Wasser ab[1,2,3].

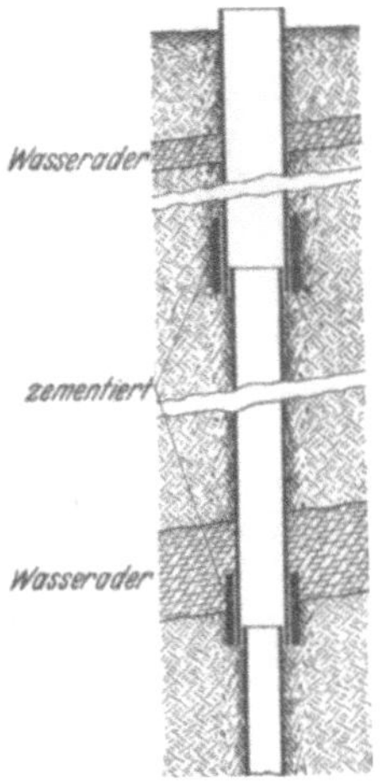

Künstliche Förderung nach Erschöpfen des Gasdruckes

Ölförderbetrieb (vorwiegend in USA) für dünnflüssiges sandfreies Öl

4,50 *M*/t	**25 *M*/t**
Ausbeute 40%	**Ausbeute 25%**

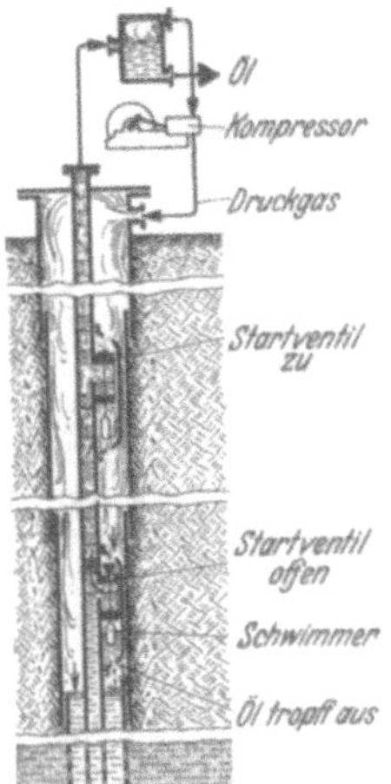

Druckförderung (gaslift). Durch unterstes Schwimmerventil tritt Druckgas in die Ölsäule, die gasdurchsetzt geringere Drücke zum Hochfördern braucht. Die Ausbeute erreicht 40% statt 25%, weil sich durch den Rückdruck im Bohrloch der natürliche Gasvorrat langsamer erschöpft[5].

Pumpen. Lange Antriebsstange erschwert bei krummen Rotary-Bohrlöchern den Betrieb[5].

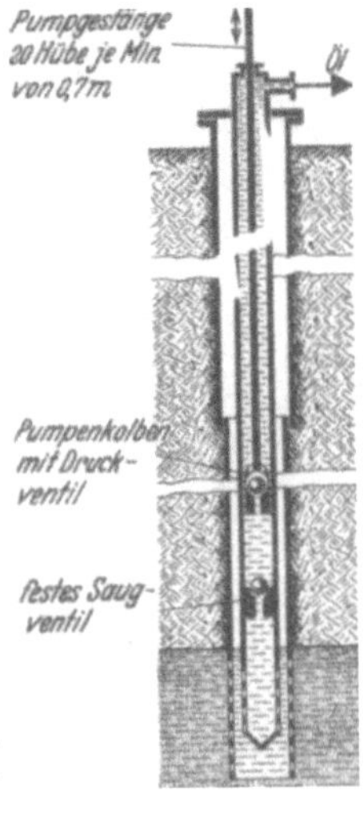

[1] Day: Handbook of Petroleum Industry, 1922 Bd. 1 S. 43 295, 316. — [2] Schneiders: Die Gewinnung von Erdol, 1927. —

Druckfehlerberichtigung.

Der Text zu den letzten 2 Abbildungen auf S. 7 ist in der folgenden ergänzten Anordnung richtig:

		Bergbau[2] bisher nur in Norddeutschland und Elsaß angewendet.
60%	60,— *M*/t	1. Stufe: Sickerbetrieb. Durch Bergbaustrecken, die in ganzer Höhe und Breite die Ölsandschicht durchziehen, fließt bei dünnflüssigem Öl soviel ab, daß nur 40% zurückbleiben.
fast 100%	70,— *M*/t	2. Stufe: Abbau mit Ölsandwäsche. Restölmenge muß zusätzliche Kosten für Abbau, Versatz, Förderung und Ölwäsche tragen.

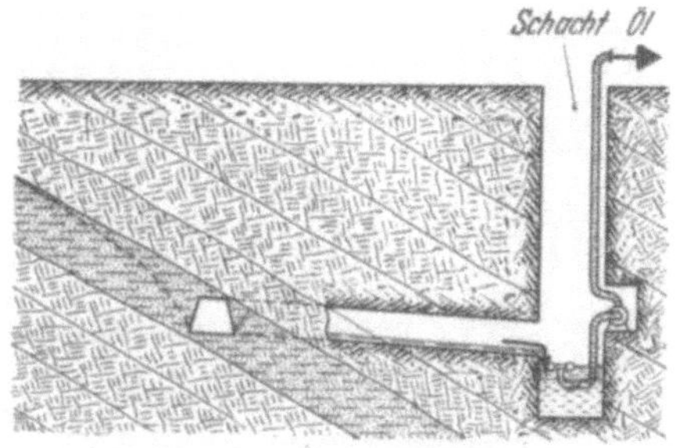

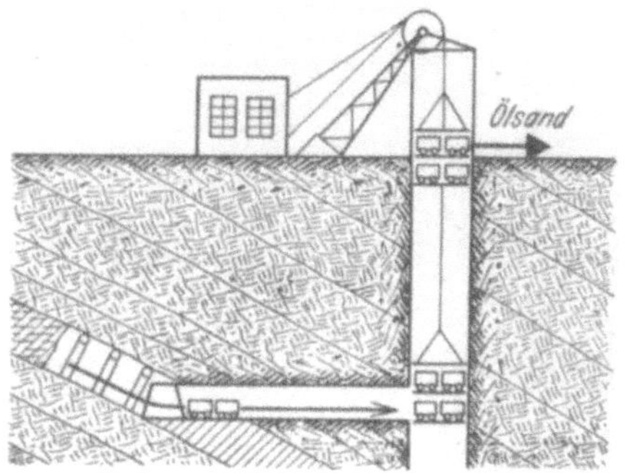

S. 72 muß es in Tabelle „Versand der Braunkohlenenergie 1929“ richtig „42 Mill. t Brikett“ statt „2 Mill. . . .“ heißen.

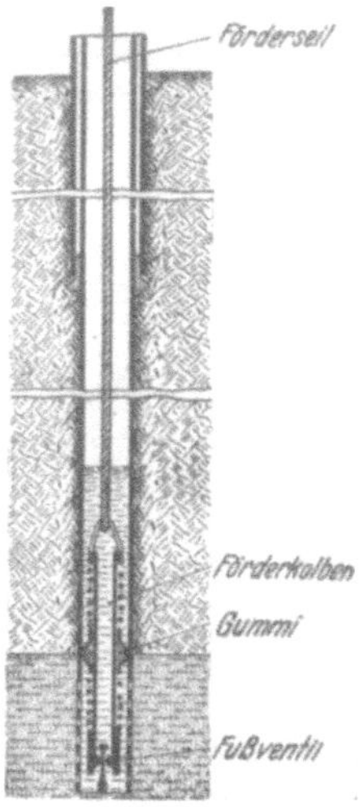

Schöpfbetrieb (vorwiegend in Rumänien, Galizien) für schwerflüssiges, paraffinreiches, sandhaltiges Öl.

Ausbeute 25%

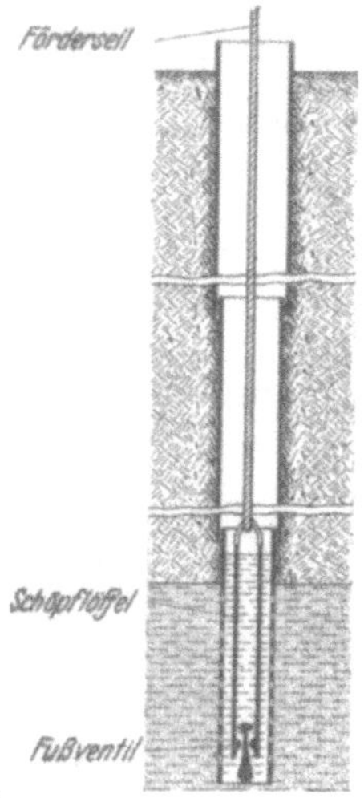

Kolben Seilförderung bis an die Oberflache. **Löffeln**

Abgefederter Gummipuffer bildet Kolben im Rohr[2]. Löffel bis 15 m. lang[2].

Gesteigerte Ausbeute.

Grenz-Ausbeute	Ölkosten	
25 — 70%	45,— *M*/t	**Bohrlochbetrieb.** Durch Pumpen oder Schöpfen sind nur 25% gewinnbar. Die Druckgasförderung (gaslift) erreicht 40%[4] und senkt die Förderkosten von 25,— auf 4,50 *M*/t. Die dargestellte zentrale Druckluftförderung fur je 4 Bohrlöcher (repressuring) läßt erschöpfte Bohrfelder bis 70% mit Pumpbetrieb ausnutzen, die zusatzlichen Ölmengen kosten aber 75,— *M*/t (USA). Die Wirkung setzt nach einem Jahr ein[5].
60%	60,— *M*/t	**Bergbau**[2] bisher nur in Norddeutschland und Elsaß angewendet.
fast 100%	70,— *M*/t	1. Stufe: Sickerbetrieb. Durch Bergbaustrecken, die in ganzer Höhe und Breite die Ölsandschicht durchziehen, fließt bei dunnflüssigem Öl soviel ab, daß nur 40% zurückbleiben.

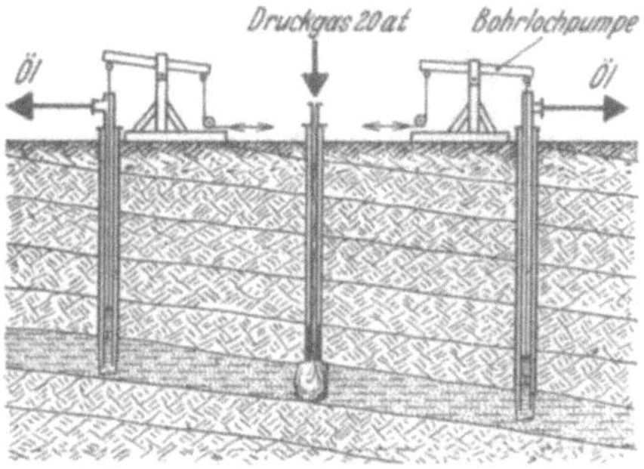

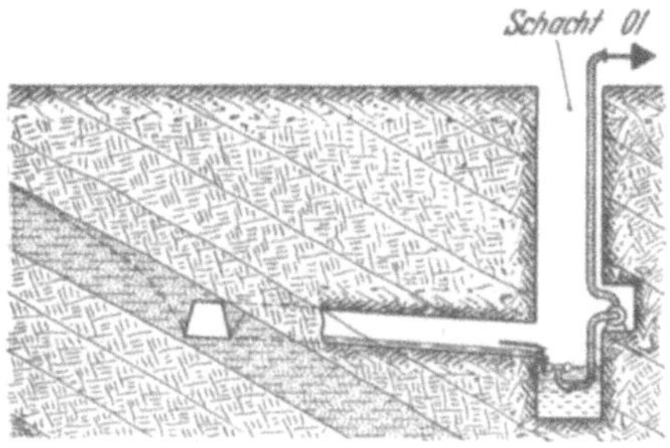

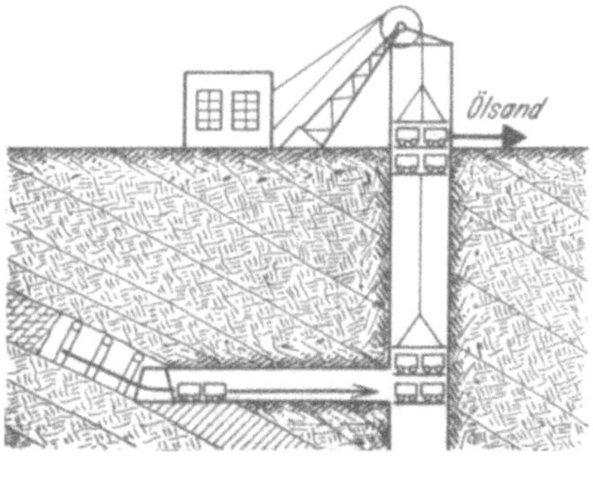

[3] Abuav: Petroleum, 1931 S. 904. — Stein: Petroleum. 1930 S. 727. — [4] Prockat: Z. VDI, 1932 S. 268. — [5] Schlicht: Berg-, Hütten- und Salinenwesen, 1931 Heft 5 S. B. 258, 267, 272.

Steinkohlenbrikettfabrik[1]

Zweck: Bei mageren Steinkohlen fallen bis zu $^2/_3$ als schwer absetzbares Feinkorn an, das man durch Brikettieren in vollwertige Stückgrößen umwandeln kann. **Umfang:** Bis 52% der feinkörnigen Magerkohle werden in Deutschland brikettiert von anderen Arten nur wenig. Steinkohlenbriketts bedeuten 3% der Landeskohlenerzeugung.

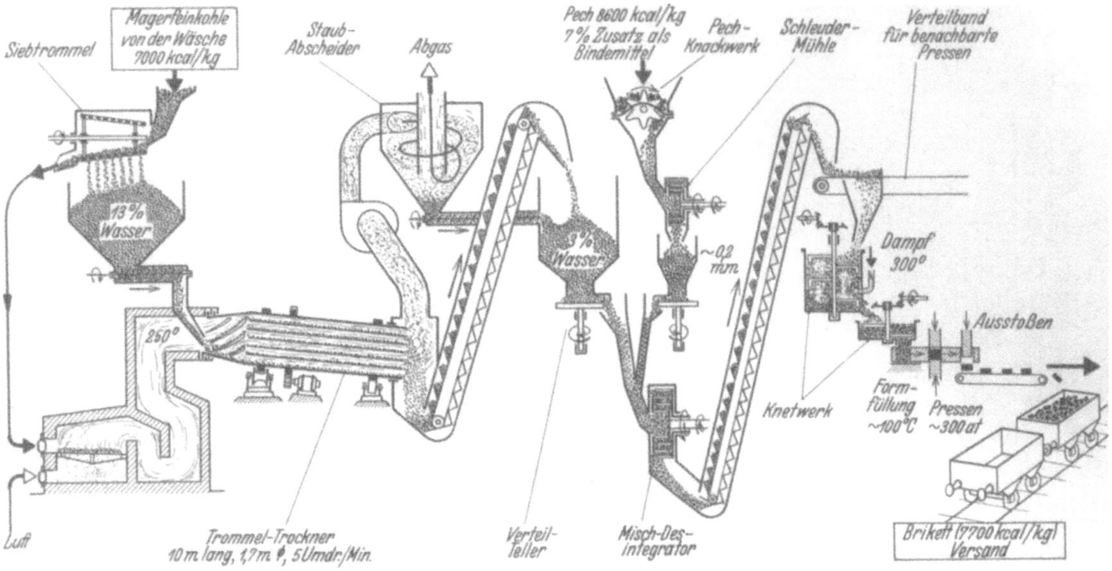

Verfahren: Bis 10% Pechzusatz sind als Bindemittel notwendig, dafür genügen aber 300 at Druck. Für die geringe Trockenleistung von 13 auf 3% Wasser genügen einfache Feuertrockner, die beim Verarbeiten ungewaschener also trockener Kohle ganz wegfallen. Erhitzen der Mischung auf 100° vermengt schmelzendes Pech mit der Kohle. Durch Zerstauben flüssig zugeführtes Pech soll den Pechverbrauch von 8 auf unter 6% senken[2]. Der Heizwert steigt durch Trocknen und Pechzusatz von 7000 auf 7700 kcal/kg. Neue Verfahren arbeiten ohne Pech mit **Drücken** bis 1500 at[3].

Kosten 1929: Gegen 1 t Feinkohle ist 1,90 *M*/t für Arbeit, Energie und Kapitaldienst aufzuwenden; ferner belastet der Mehrpreis für das Pech die Tonne mit 2,25 *M*, zusammen 4,15 *M*/t.

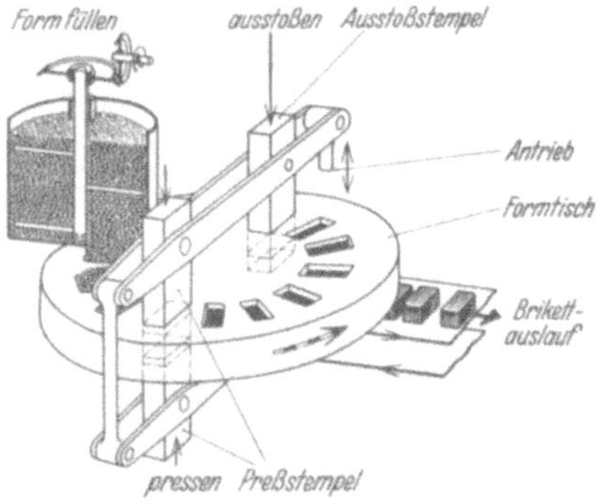

Stempelpresse für Stückbriketts von 10, 7, 3 und 1 kg für Industrie und Eisenbahn und für Würfelbriketts von 0,5 kg. Pressdruck 300 at.

Walzenpresse für Eiformbriketts von 50 bis 150 g für Hausbrand. Pressdruck 50 at.

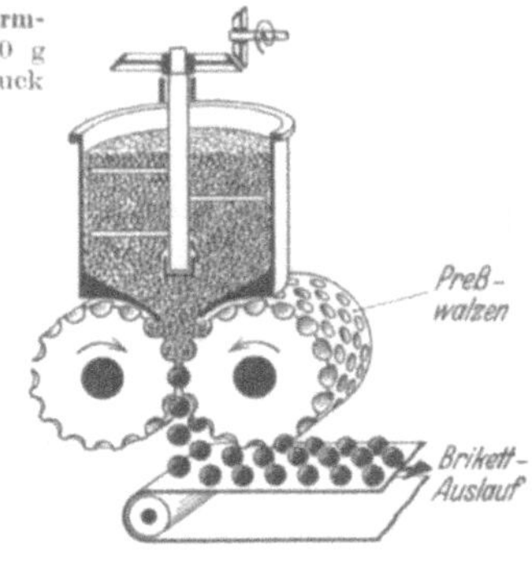

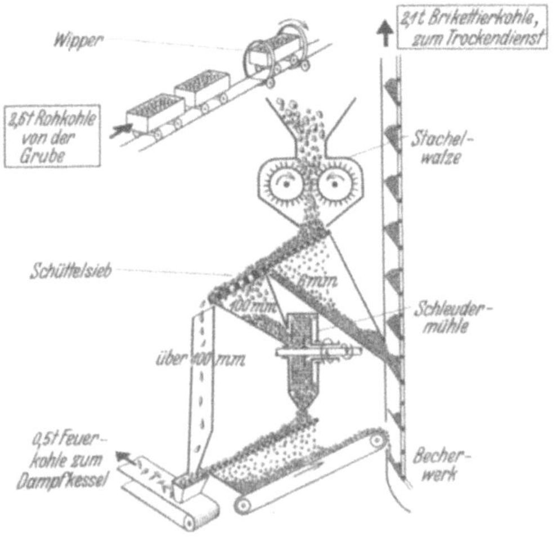

Vorbereitender Naßdienst für Braunkohlen-Brikettfabriken

zerkleinert auf 6 mm und scheidet grobe Stücke als Feuerkohle aus.

[1] Treptow: Grundzüge der Bergbaukunde, 1925 Bd. 2 S. 294—317 — [2]Oberhage. Glückauf, 1932 S 471. — [3]Glückauf, 1934 S. 385 Z. VDI, 1934 S. 890 — Deutsche Bergwerks-Zeitung, 1934 S. 242.

Braunkohlenbrikettfabrik[1] Zweck: Rohe Braunkohle hat bis 60% Wasserballast und verträgt deshalb wirtschaftlich z. B. nur 60 km Frachtstrecke. Getrocknet und gepresst wird sie transportfähig, weil der Heizwert von 2200 auf 4800 kcal/kg steigt gegen 7000 bei Steinkohle. Umfang: $^2/_3$ der deutschen Rohbraunkohle werden brikettiert und liefern 14% der Landeskohlenerzeugung.

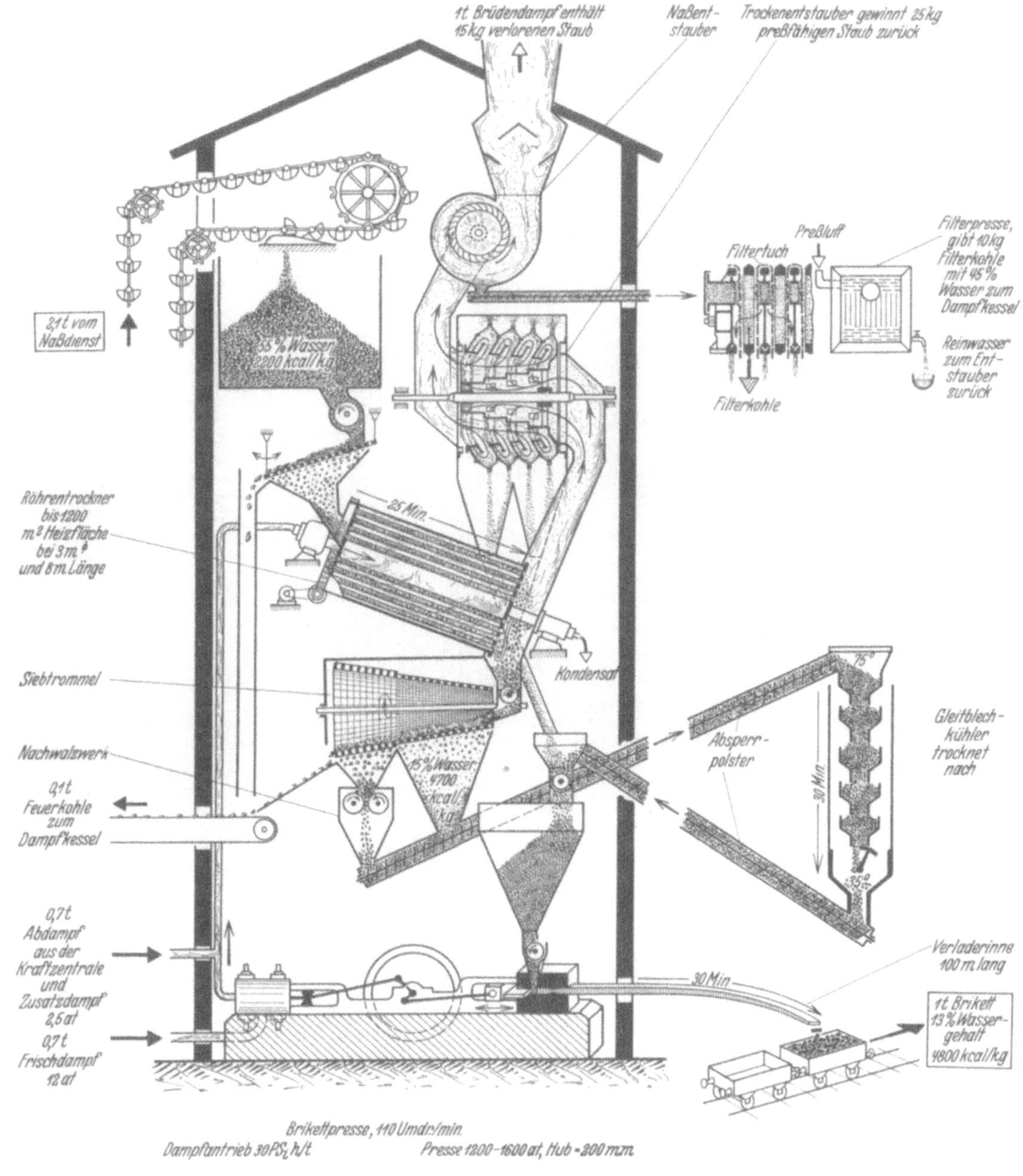

Verfahren: Das Brikettieren der auf 15% Wasser getrockneten Kohle braucht kein Bindemittel, dafür aber über 1200 at Druck. Die Dampftrockner müssen je nach der Kohle genau die richtige Endtrockenheit einhalten. Der Stempel der Presse läßt beim Zurückgehen Feinkohle nachfallen, die beim Vorwärtsstoßen im verengten Pressenhals zusammengedrückt wird. An Staub entstehen beim Trocknen 5% des Brikettgewichtes. Beim elektrostatischen Entstauben gibt es im ganzen nur $^1/_4$% Staubverlust in den Brüden, beim mechanischen Entstauben $1^1/_2$%; etwa 1% fällt hierbei als nicht vollwertige Filterkohle an und der Rest wird trocken zurückgewonnen. Mit Transportstaub und Bruch zusammen gehen beim mechanischen Entstauben bis 7%, beim elektrischen bis 3% verloren[2]. Beim Kühlen verdampfen 2% Wasser nach; deshalb enthält das Brikett bei Trocknen auf 15% nur 13% Wasser. — Selbstverbrauch[2]: Vollelektrisch werden rd. 65 kWh/t Brikett im Gegendruckbetrieb erzeugt, davon außer 25 kWh für die Pressen, die oft Dampfantrieb haben, 20 kWh für die Brikettfabrik und 20 kWh für die Grube. Außer 2 t verarbeiteter Rohkohle braucht die Tonne Brikett 0,6 t Feuerkohle.
Kosten (1929): Zu 5,50 *M*/t für 2 t Rohkohle kommen 6,60 *M*/t für Lohn, Feuerkohle, Kapitaldienst usw.

[1] Treptow: Grundzüge der Bergbaukunde, 1929 Bd. 2 S. 260, 275, 280. — [2] Schöne: Braunkohlenbrikettfabriken, 1930 S. 63, 101, 112, 126, umgerechnet auf 55% Wassergehalt.

Kohlenaufbereitung

Zweck: Die Kohle (Ruhr - Steinkohle) wird entascht und in gestufte Korngrößen und ungestufte Feinkohle unter 10 mm getrennt. In USA, England und Oberschlesien gibt es reinere Kohle, fur die meist das Entaschen wegfallt. — Ergebnis: Wahrend die Förderkohle z. B. 12% Asche hat, weil nur die gröbsten unverbrennlichen Berge herausgelesen sind, hat die gewaschene Kohle nur 6% Asche[2], mit Staub und Schlamm, den man der Fettfeinkohle zusetzt zusammen durchschnittlich 8%. Die am starksten mit Asche durchsetzten Teile, 6% des Gewichtes bei guter und bis 18% bei aschereicher Rohkohle, werden durch Waschen entfernt und sind nicht durchweg fur Selbstverbrauch verwertbar. Auf 5% statt 8% Asche herunterzugehen ist unwirtschaftlich, man mußte, wie die „Waschkurve" zeigt, bei aschereicher Kohle uber 30% ausscheiden[3]. — Verfahren: Das Klassiersieb scheidet „Stücke" über 80 mm ab, aus denen von Hand die Grobberge ausgelesen werden. Das Vorklassiersieb trennt in Nüsse über 10 mm und in Feinkohle. Luftaufbereitung scheidet aus beiden den Staub unter 0,5 mm ab, weil er sich nicht durch Waschen entaschen laßt. Die Setzmaschine[1,4] trennt durch schwingendes Heben und Senken des Waschwassers die schwerere Asche und die leichtere Kohle in 3 Gruppen: 1. Waschberge mit stärkstem Aschegehalt, 2. Mit Bergen durchwachsenes Mittelprodukt, das sich brechen und weiter entaschen läßt, 3. Entaschte Kohle vermischt mit Kohlenschlamm, der sich ebenso wie der ungewaschene Staub als Zusatz der Kokereikohle beimischen laßt, wenn es sich um fette Arten handelt. Manchmal entascht man den Kohlenschlamm unter 0,5 mm auch durch „Schwimm"-Verfahren (Flotation)[1,5] indem man durch 1% zugesetztes Öl Schaum bildet, der die Kohlekörner hochtragt und von der

Schaum bildet, der die Kohlekörner hochträgt und von der
Asche trennt. Den Selbstverbrauch von 11% deckt die Grube mit schwer absetzbaren mageren Feinkohlen, mit Mittelprodukt und Feinbergen, die sie bis 70% Aschengehalt auf Sonderrosten verfeuern kann, ferner mit magerem Staub und Kohlenschlamm. Grobberge mit über 70% Asche gehen zur Grube zurück. — Kosten 1929: 1,60 M/t außer dem Stoffverlust, der teilweise den Selbstverbrauch deckt, zusammen z. B. 3,50 M = Zusatzkosten gegen Förderkohle, aus der nur die Grobberge und Stückkohlen ausgeschieden sind.

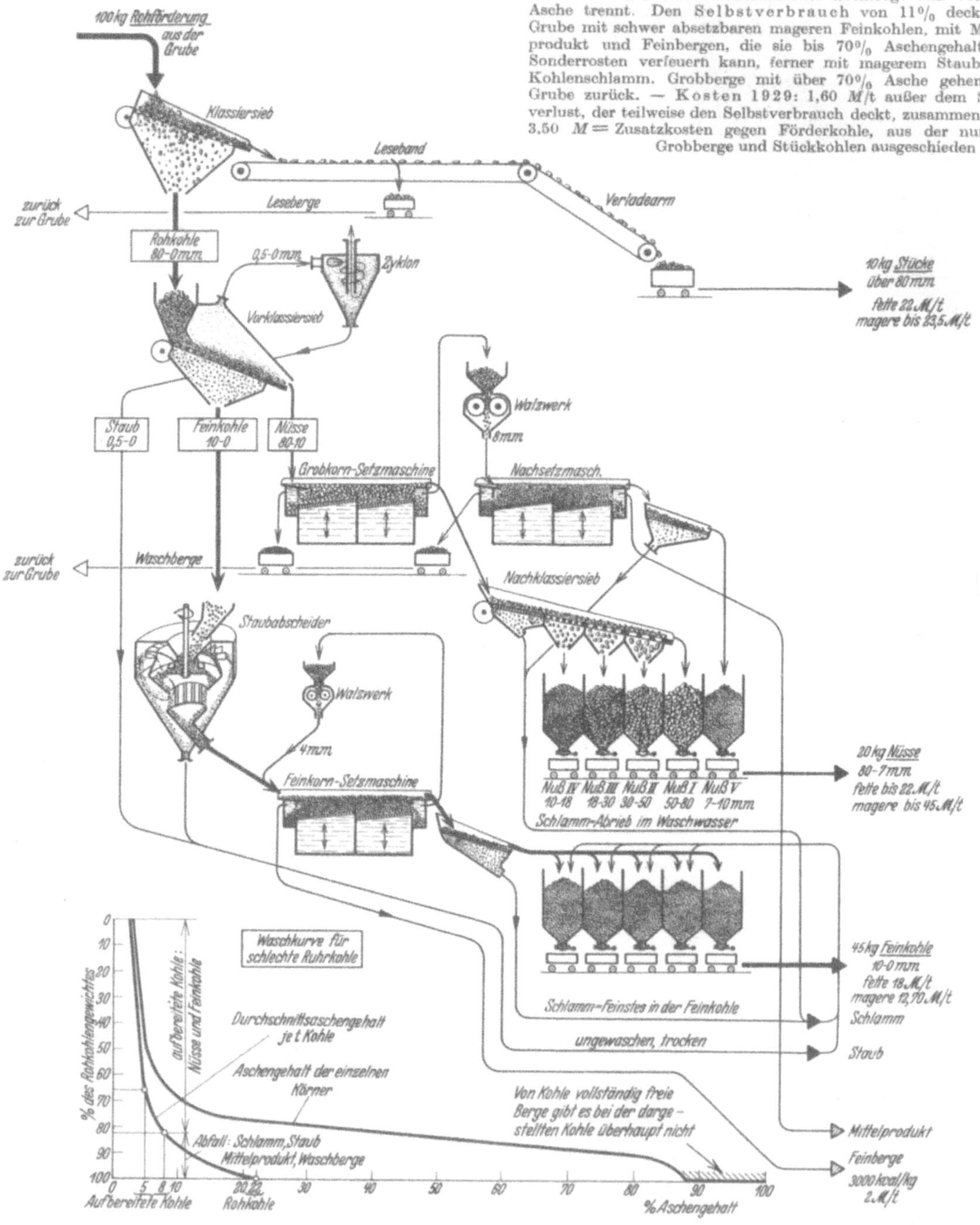

[1] Treptow: Grundzuge der Bergbaukunde, 1925. — [2] Ruhrkohlenhandbuch, 1932 S. 81. — [3] Schönfeld: Arch. Wärmewirtsch., 1931 S. 72. — [4] Finkey: Nasse Erzaufbereitung, 1924 S. 157—162. — [5] Bruchold: Der Flotationsprozeß, 1927 S. 8. — Valentier: Physikalische Probleme im Aufbereitungswesen. 1929 S. 52.

Destillieren trennt physikalisch Rohöl in Fraktionen. Neuzeitliche Anlage[1] (Topping-Destillation) mit fließend arbeitenden Röhrenerhitzern (pipe-still) und 2 Fraktioniertürmen (bubble-tower), wovon der eine mit Vakuum arbeitet. Nur für große Einheiten über 2000 t im Jahr bis 600000 t im Jahr (1 Bohrloch gibt durchschnittlich 2000 t im Jahr).

Zweck: Möglichst exaktes Zerlegen des Rohöles in Fraktionen, Vermeiden hoher zersetzender Übertemperaturen der Öldampfe (konservierende Destillation) im Gegensatz zur zersetzenden Spaltdestillation beim Kracken. Besondere Mittel, die Temperatur der Öldämpfe zu senken, sind Vakuum und Wasserdampfzusatz, wodurch nur der übrig bleibende Teildruck der Öldämpfe und entsprechend tiefere Temperaturen wirksam sind.

Fortschritt:[2,3] Im Vergleich mit alten periodisch arbeitenden Großraum-Blasen ist der Platzbedarf ein Bruchteil, die Leistung je m² Heizfläche 3—4fach, der Wirkungsgrad des Erhitzers 75 statt 20%, der Dampfzusatz 50 statt 340 kg/t Rohöl, die Unterfeuerung unter 2 statt über 3%, der **gesamte** Heizölverbrauch der Raffinerie $5^1/_2$ statt 8%[4]. Schärfer unterteilende Nachdestillation fällt fort.

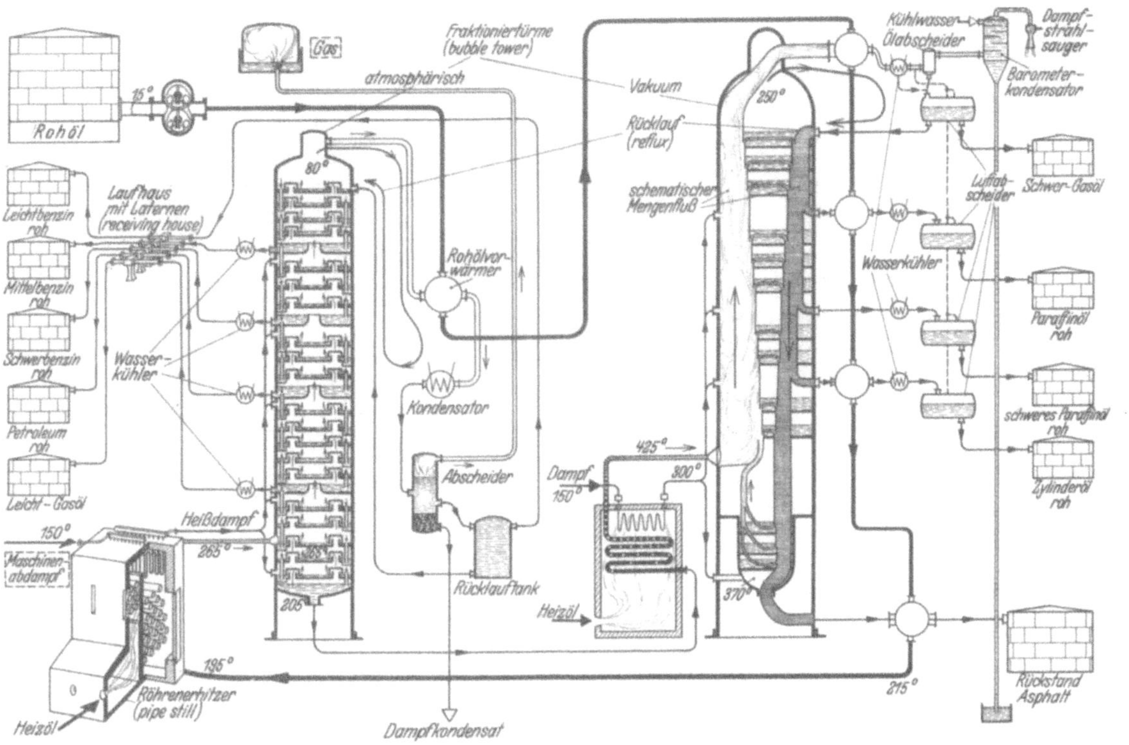

Arbeitsweise: Rohöl kommt durch Abwärme auf rund 200° vorgewärmt in dem feuerbeheizten Röhrenerhitzer, in dem das Rohöl erhitzt und zu $^4/_5$ verdampft wird. Die Fraktioniertürme schlagen die aufsteigenden nassen Öldampfe beim zugehörigen Siedepunkt nieder, indem die aufsteigenden Dampfe Kondensatschichten immer tieferer Temperatur durchperlen müssen und dabei auch umgekehrt aus dem unvollkommen entmischten Kondensat tiefer siedende Bestandteile aufnehmen. Deshalb muß die Perloberfläche möglichst groß sein (Dampfzusatz). Das Kondensat fließt durch Überlauf von Schicht zu Schicht nach unten, wobei es teilweise nachverdampft; seine spezifische Wärme ist etwa 0,5 kcal/kg, die volle Verdampfungswärme nur 75 kcal[5], entspricht also nur 150° Temperaturunterschied. Der Abfluß des ersten Turmes kommt über einen zweiten Erhitzer in den Vakuumturm, dessen Ablauf der schwere Asphaltrückstand ist. Die leichteren Öle werden aus Zwischenstufen abgezogen, nachdem sie ihre Abwärme erst an Rohöl, dann an Kühlwasser abgegeben haben und (im Vakuumgebiet) entlüftet wurden. Was die Türme an Öldampfen oben unkondensiert verläßt, wird durch Kühlwasser niedergeschlagen, dann Gas und Wasserkondensat abgetrennt; das reine Öl dient z. T. als **Rücklauf für den** Betrieb der Fraktioniertürme.

Dampfzusatz: Dampf senkt den Teildruck und damit die Temperatur der Öldämpfe, gibt überhitzt durch großes Volumen und durch Aufwallen größere aktive Perloberfläche der aufsteigenden Dampfe, was das exakte Entmischen in Ölfraktionen begunstigt. Stufenweise zugeführt, um den Teildruck stufenweise zu senken.

Wärmebilanz: Ohne Vorwarmung müßte das Rohöl um z. B. 400° erhitzt werden. Das um 200° vorgewarmte Rohöl muß man nur um 180° mit 0,5 × 180° = 90 kcal/kg erhitzen und für $^4/_5$ die 75 kcal/kg Verdampfungswärme aufbringen, also zusammen etwa 90 + 60 = 150 kcal. Bei Heizöl von 10000 kcal macht das theoretisch $1^1/_2$%, praktisch 2% aus, ohne Zusatzdampf.

Kosten (1929): Auch bei alteren Anlagen nur 2 *M*/t = 5% Destillationskosten, dazu 1,5% Mengenverlust. Trotzdem haben neuzeitliche Anlagen wirtschaftlichen Einfluß, weil sie durch exaktere Destillation z. B. 27 statt 19,5% hochwertiges Benzin aus dem gleichen Rohöl und bis 20% Mehrerlös bringen[4].

---

[1] Prandstetten: Petroleum, 1930, S. 1209. — [2] Figlmüller: Petroleum, 1932 Heft 12 S. 5. — [3] Orel: Arch. Wärmewirtsch., 1932 S. 17. — [4] Fuchs: Petroleum, 1931 S. 916. — [5] Kissling: Chemische Technologie des Erdöls, 1924 S. 71, 182.

Kracken (Dubbs-Verfahren) spaltet chemisch die schweren Kohlenwasserstoffe durch hohe Temperatur, wodurch aus Rohol z. B. 65% statt 25% Benzin entsteht (Druckwarmespaltung). Außerdem bringt das klopffeste Spaltbenzin (Oktanzahl uber 70 statt 55) in USA 20% Überpreis und der Rückstand ist als Heizöl dunnflussiger[1]. Deshalb wird heute nicht nur benzinfreier Ruckstand sondern benzinhaltiges Rohol gekrackt, damit ausschließlich Spaltbenzin entsteht, obgleich Kracken viel teurer als Destillieren ist[2]. Beim Kracken entstehen bis 10% Krackgas und z. B. 1% Petrolkoks, dagegen bis 20% Koks und kein Rückstand (Nonresiduum), wenn man den Ruckstand immer wieder zum Kracken in Umlauf setzt[3]. Unterschiede gegen Destillieren (topping): Statt das Öl im Rohrenerhitzer zu verdampfen und dann moglichst schnell mit temperatursenkendem Wasserdampf zu mischen, bleibt das Öl beim Krackerhitzer unter Druck bis 15 at flüssig und man laßt ihm in heißen isolierten Reaktionskammern Zeit, um sich zu spalten.

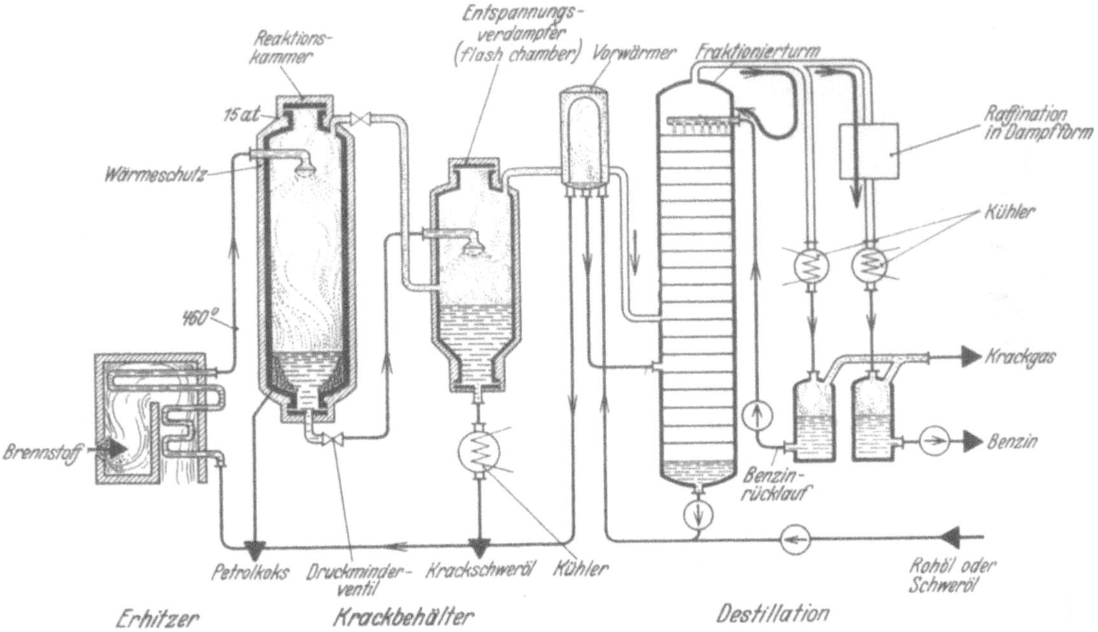

Arbeitsweise: Drosselventile hinter der Reaktionskammer entspannen das Öl, wobei es teilweise nachverdampft. Der Ruckstand ist Krack-Schweröl. Der Fraktionierturm laßt die leichten Dampfe hochsteigen, die Benzin und Krackgas liefern. Neuerdings wird Benzin in Dampfform gereinigt (raffiniert) und braucht keine zweite Destillation. Der Ablauf des Turmes ist mittelschweres Öl, das mit frischem Öl gemischt wieder in den Krackumlauf kommt. Koks setzt sich in der Reaktionskammer ab.

Betriebsarten: Beim Verarbeiten auf flüssigen Rückstand (flashing) kann man den Koksansatz so einschranken, daß die Anlage monatelang in Betrieb bleibt[4]. Beim Verarbeiten auf Koks (Nonresiduum) muß man die Anlage z. B. schon nach 2 Tagen stillsetzen und braucht zum Entfernen des Kokses und Ingangsetzen weitere 2 Tage[3].

Brennstoffverbrauch: Der Spaltvorgang braucht 500 kcal/kg[5] = 5% der Ölwärme; dazu kommt die Warme zum Erhitzen und Verluste, zusammen 10% Brennstoff als Krackgas oder Ruckstand, beim Verarbeiten auf Koks 15%[3]. Durch Wärmeaustauscher, die Abwarme wiedergewinnen, soll der Brennstoffverbrauch auf 5½% sinken[7].

Kosten (1929): Gegen Destillieren, das 2,30 *M*/t kostet, ist das Kracken durch druckfeste Kammern, langsamen Durchsatz für den zeitraubenden chemischen Vorgang und durch hohen Brennstoffverbrauch (25% der Gesamtkosten[7]) teuer; Kosten beim Kracken auf flüssigen Rückstand 7,50 *M*/t und 9,50 *M*/t, wenn man den Heizölruckstand auf ein Mindestmaß einschrankt und Koks ausscheiden laßt[6]. Außerdem vermindern Verluste (Gas und Koks), die verkauflichen Olmengen bei flüssigem Ruckstand um 10%, bei Koksruckstand um 18%.

[1] Egloff: Petroleum, 1932 Nr. 30 S. 11. — [2] Nelson, Egloff: Petroleum, 1932 Nr. 51 S. 6. — [3] Sava: Petroleum, 1931 S. 138, 160, 162, 168 — [4] Nelson, Alberding: Petroleum, 1932 Nr. 3 S. 7. — [5] Berl: Petroleum, 1930 S. 1036. — [6] Kessler: Petroleum, 1933 Nr. 30 S. 7, 8. — [7] Weissenberger: Öl u. Kohle, 1933 S. 164, 166.

Hydrieren

(Bergius — I. G. Farben) lagert Wasserstoff an bei hohen Drucken (200 at, teuer) und hohen Temperaturen unter Beisein von Katalysatoren. Zwecke: 1. Aus fester Kohle und gasförmigem Wasserstoff entstehen flussige Kohlenwasserstoffe, d. h. Öle, wenn notig auch ausschließlich das meistbegehrte Leichtöl, d. h. Autobenzin. 2 Aus Schwerol entsteht bis 90% Leichtol statt 65 beim Kracken, aus schwersten Ruckstanden entsteht bis 80 statt 30% Leichtöl. 3. Aus Schwerolen entsteht hochwertiges Schmieröl[2], beim Kracken nicht. 4. Raffinieren z. B. von schwefelhaltigem Braunkohlen-Schwelbenzin[3]. — Vorteil: Kann Benzin ohne Nebenprodukte herstellen, kann aus den Nebenprodukten der Schwelanlagen Benzin und Schmieröl erzeugen, erweitert in Deutschland die Ausbaugrenze der Braunkohlenschwelerei. — Nachteil: Hohe Anlagekosten, kann keine uberschussig vorhandenen Brennstoffe wie Koks, Schwelkoks, Kokereigas zu Öl hydrieren, nur Braunkohle und jungere Steinkohlenarten.

Arbeitsweise: (Bergius — I. G. Farben). Kohlebrei mit Katalysatoren versetzt (oder Schwerol) kommen mit Wasserstoff gemischt und vorgewarmt in den Kontaktofen. Dort Hydrieren bei Drucken bis 200 at und Temperaturen bis 450°, wobei sich Warme entwickelt. Im Trenngefaß scheidet sich das gebildete Öl ab und fließt zur Destillation, das Restgas kommt mit neuem Wasserstoff gemischt wieder in Umlauf. Braunkohle muß zum Hydrieren getrocknet, gemahlen und durch Öl zu Brei angeteigt werden und die Katalysatoren durfen nicht gegen den Schwefelgehalt der Kohle empfindlich sein. Brennstoffverbrauch: 5 t nasse Rohbraunkohle je t Benzin[1] (ausschließlich Kohle fur Betriebsenergie) oder 1,5 t Steinkohle[3] wozu 2 t fur Wasserstoff und Energie kommen, zusammen 3,5 t. 1 Mill. t (1932) Auslandsbenzin wurde in Deutschland wenn Kohle hydriert wird, von der Landesforderung bei Steinkohle 2½% und bei Braunkohle 3½% brauchen.

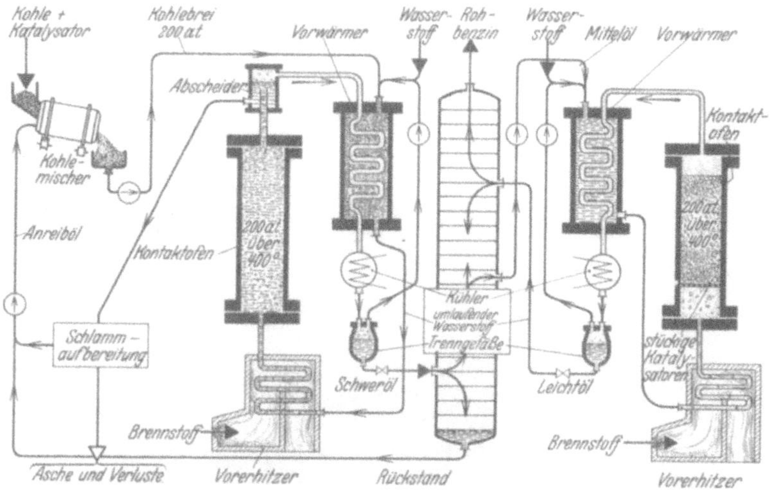

1. Stufe: „Sumpfphase," Schwerol aus Kohle. Bei Ölrückstand oder Kohlenteer statt Kohle fallen nur Kohlenmischer und Schlammaufbereitung fort.

Destillation (Schema)

2 Stufe: „Gasphase" Leichtöl aus Mittelöl

Kosten: Durch Wasserstoffanlage, Katalysatoren, Hochdruck, langsame Reaktion und Kosten fur Kraft wesentlich teurer als Kracken. Das Verarbeiten von schwerem Ol kostet je t 21,— *M*, wenn man sich auf die erste Hydrierphase beschrankt, die Mittelol als Ruckstand liefert[4]. Das Hydrieren von Schwerol zu Benzin ist teurer, denn es braucht fur die gleiche Durchsatzmenge eine großere Hydrieranlage und mehr Energie, der Wasserstoff entsteht aber aus Hydrierabgasen. Dagegen braucht das Hydrieren von Kohle außer noch größeren Anlagen und Energiemengen je t Benzin uber 2000 cbm Wasserstoff. Das hemmt den allgemeinen Ubergang zum Hydrieren von Kohle. Die Anlagekosten sollen je t Jahreserzeugung 420 *M* betragen, die gesamten Hydrierkosten 100—140 *M*/t Benzin, dazu 60 *M* fur 3½ t Kohle gibt 160—200 *M*/t = 12 bis 15 *Pf*/l Benzin[6].

Benzin-Synthese

(Fischer, Ruhrchemie) verbindet synthetisch Wasserstoff und vergaste Kohle ohne Druck (billige Anlage) zu flüssigen Kohlenwasserstoffen, d. h. Öl. — Vorteil: Niedere Anlagekosten, auch uberschussig vorhandener Brennstoff (Koks, Schwelkoks, Kokereigas) laßt sich verarbeiten. — Nachteil: Neben Benzin entsteht immer Schweröl.

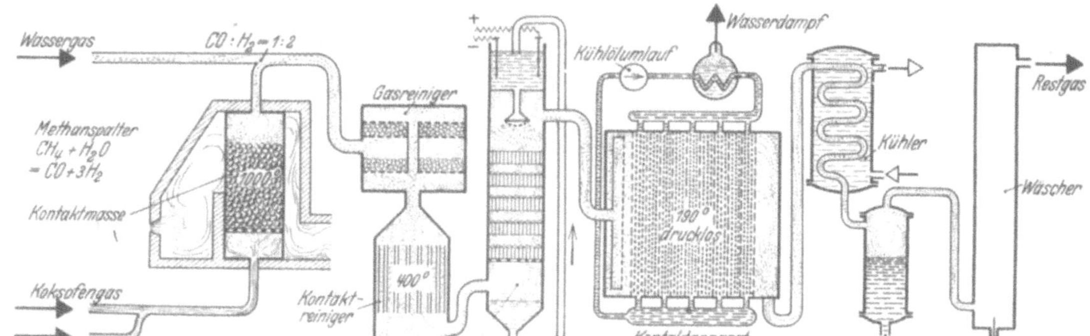

Arbeitsweise: Hier ist Kokereigas gemischt mit Wassergas (vergaste Kohle) als Ausgangsstoff angenommen, um das notwendige Mengenverhältnis CO : H_2 = 1 : 2 herzustellen. Schwefel muß entfernt werden, weil er die Katalysatoren im Kontaktapparat unbrauchbar macht. Gasreiniger entfernt Schwefelwasserstoff, Kontaktreiniger wandelt gebundenen Schwefel in Schwefelwasserstoff um. Die umlaufende Waschlosung des Gaswaschers wird elektrolytisch regeneriert Die Synthese im Kontaktapparat entwickelt an Warme 20% des Gasheizwertes. Kuhlöl im Umlauf erzeugt daraus nutzbaren Wasserdampf.

Brennstoffverbrauch: 1 Normal m³ Gas mit 29% CO und 58% H_2 kann theoretisch 180 g flussige Öle erzeugen, praktisch 100 bis 120 g[8], davon ⅓ Schweröl.
Kosten: 1930[7] wurde bei 1,7 *Pf*/m³ Kokereigas und einer Ausbeute von 50% der theoretisch moglichen Benzinmenge mit reinen Gaskosten von 6,5 *Pf*/kg = 65 *M*/t Benzin gerechnet. Die Anlage soll billig sein, weil sie ohne Hochdruck arbeitet, das Benzin soll mit Hydrierbenzin konkurrieren können.

[1] Bosch. Petroleum, 1933 Nr. 27 S 6. — Pier: Ol u. Kohle, 1933 S. 47, 104, 188. — [2] Walther: Arch. Warmewirtsch., 1934 S. 24. — [3] Heinze· Z. VDI, 1935 S. 90. — [4] Kessler: Petroleum, 1933 Nr 30 S. 7, 8 — [5] DAZ. Handelsteil, 1934, 2. u. 11. Nov. — [6] Rosenthal: Arch. Warmewirtsch., 1934 S 284; ferner S. 140 — [7] Fischer: Brennstoffchemie, 1930 S. 489, Braunkohle, 1932 S. 339 — [8] Fischer: Brennstoffchemie, 1935 S. 1.

Kokerei

Gemahlene Feinkohle kommt durch Füllwagen in den Entgasungsraum, der dann verschlossen und beheizt wird. Die Feinkohle „backt" (schmilzt) zum Kokskuchen. Das entweichende Gas wird abgesaugt[1]. Es enthalt 40 % Stoffe, die durch Kühlen, Ausschleudern und Waschen ausgeschieden und teils als „Nebenprodukte" Teer, Ammoniak und Benzol gewonnen werden. Nach 12 oder 24 Stunden druckt eine Ausstoßmaschine den berstenden gluhenden Kokskuchen in den Löschwagen, in dem dann durch Wasserbrausen der Koks in 2 Minuten abkühlt. Geheizt wird entweder durch 50 % des erzeugten Starkgases oder bei „Verbundöfen" wahlweise durch Schwachgas aus Hochöfen oder vergastem Koks; während „Regeneratoren" sonst nur die Luft vorwarmen, muß man bei Schwachgasbetrieb der Verbundöfen besondere Regeneratoren für das Gas einschalten, um die gleichen Heiztemperaturen zu erreichen.

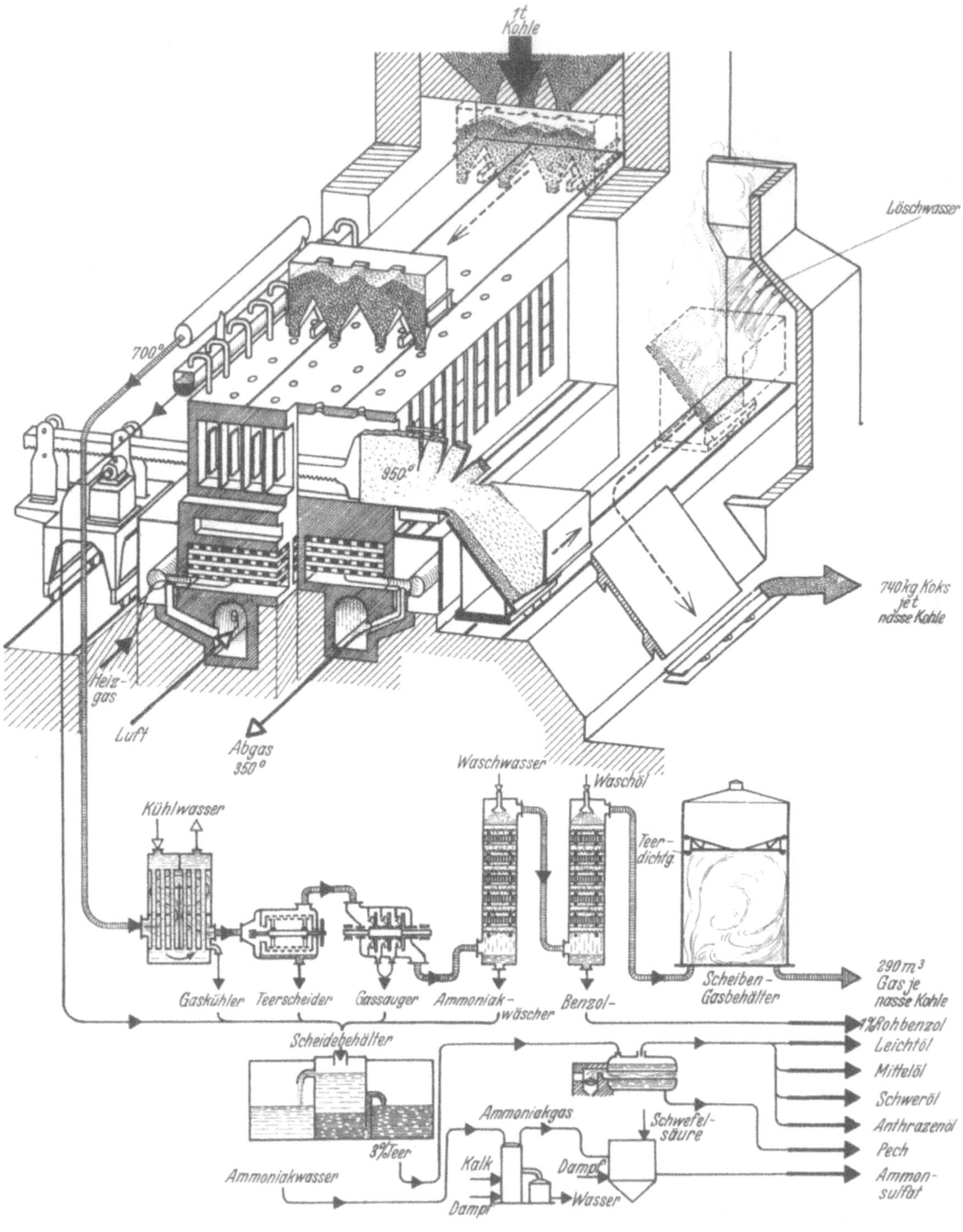

[1] Absaugen aus dem kalteren Jnnern der verkokenden Kohle durch senkrechte Kanale (Still-Verfahren) schont den Teer vor zersetzender Überhitzung und gibt bis 40 % mehr Benzol und bis 10 % mehr Teer

Stadtgasöfen

Gas ist Hauptprodukt. Die Öfen sollen viel Gas geben, in kleinen Einheiten wirtschaftlich sein, sich wechselnden Kohlenarten anpassen, wenig Grundfläche und Arbeitskraft brauchen, selbst auf Kosten der Koksqualitat. Dies trifft bei senkrechten und schragen Öfen zu. Sie sind bis oben mit Kohle gefullt, wodurch sich das Gas nicht an den heißen Wänden überhitzt. Sie brauchen keine große Koksausstoßmaschinerie und können auch Kohlen verarbeiten, die keinen druckfesten Koks liefern. Der Dampfzusatz, der den Koks teilweise zu Wassergas vergast, was die Gasausbeute vermehrt, laßt sich in den hohen Raumen besser durchfuhren als in den niederen Horizontalkammern. Beheizt wird durch das „Nebenprodukt" Koks, das vergast wird; der eingebaute Einzelgenerator ist billig und nutzt Kokshitze und Gashitze aus. Trotzdem sind Zentralgeneratoren in großen Anlagen überlegen.

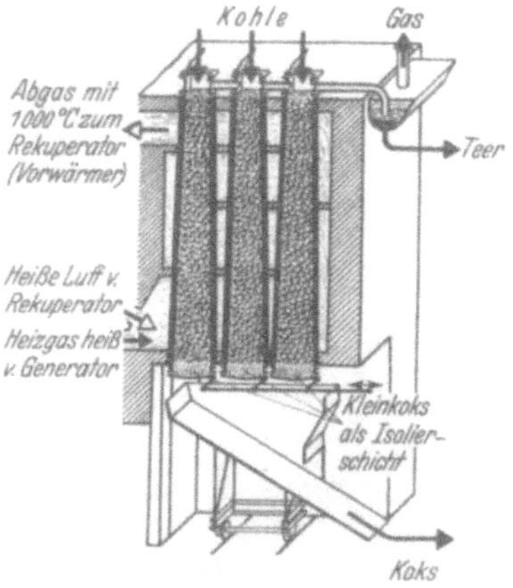

Vertikalofen[1,3] Bis 1 Mill. m^3 Jahresleistung (25000 Einwohner). Aus zahlreichen bis 5 m hohen Retorten bestehend mit ovalem Querschnitt von 0,3×0,4 m für höchstens je 0,5 t Ladegewicht. Größere Öfen haben rechteckige Kammern, die bis 3,5×0,4 m Querschnitt, bis 8 m Höhe haben und bis je 7,5 t Ladegewicht. Retorten lassen sich nachtraglich in Kammern umbauen.

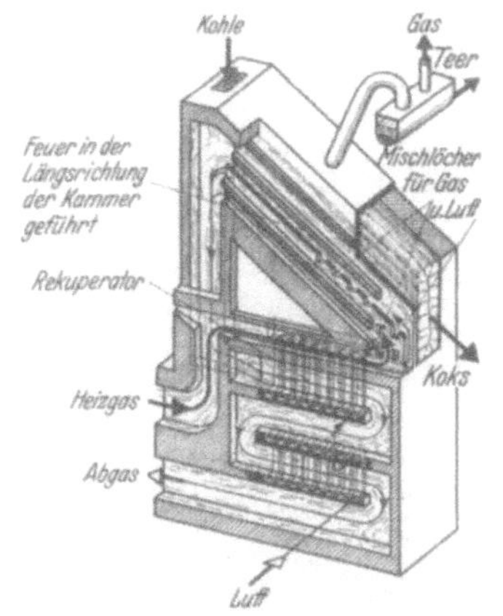

Schrägkammerofen uber 5 Mill. m^3 Jahresleistung (100000 Einwohner). Größere Kammern, bis 8 t Ladegewicht ausführbar, weil Schraglage den unteren Verschluß entlastet. Ausstoßmaschine als Reserve notwendig. Der „Rekuperator", ein steinerner Luftvorwarmer, wird bei den verhaltnismaßig kleinen Gaswerksofen bevorzugt (obgleich er die Abwarme schlechter ausnutzt), weil er billiger ist als der „Regenerator", der halbstundlich umgestellt werden muß. (S. 30).

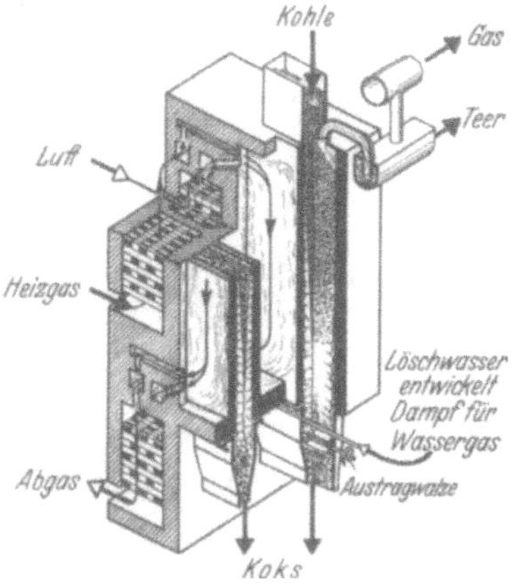

Kontinuierlicher Vertikalofen. Koks wird tertig gelöscht ausgetragen, frische Kohle rutscht standig nach. Jn England verbreitet[4]. Der Koks fallt poröser an und eignet sich fur Kamınfeuer. Jn Deutschland selten, weil dieser Koksmarkt dort fehlt. Durchsatz je Kammer bis 11 t in 24 Stunden[2].

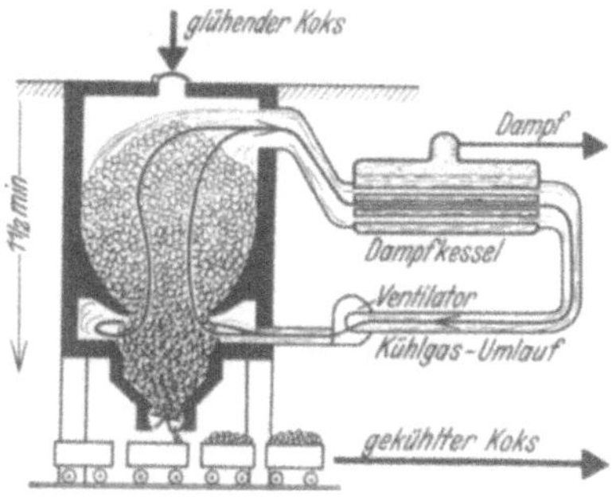

Trockene Kokskühlung setzt die Kokswarme beim Abkuhlen von 1000 auf 250° in 0,35 t Dampf je t Koks um. Der Dampf enthalt $3\,^0/_0$ der ursprünglichen Kohlenwarme, ist aber teurer als Abdampf aus anderen Quellen, Jn der geschlossenen Löschkammer saugt ein Ventilator im Kreislauf Rauchgas uber den Koks und durch die Züge eines Abhitzekessels. Der Koks ist nicht besser als naß gelöschter[1].

Abwarme von 200 auf 70° liefert Kalteleistung zum Abkühlen von 20 auf 0°.

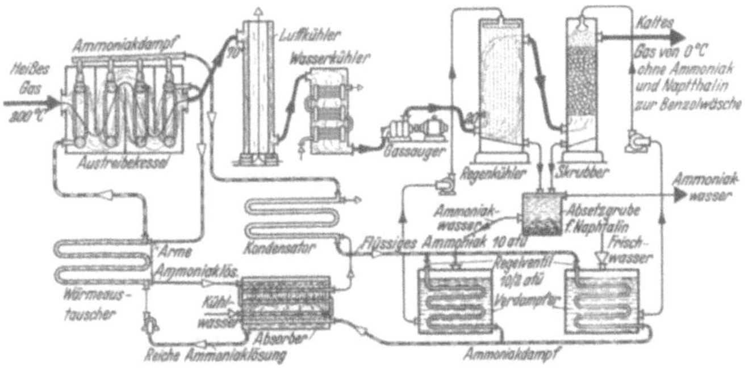

Tiefkühlung des Gases auf 0° statt 20° scheidet Wasserdampf (rostbildend) und Naphtalin aus, durch die sonst das Rohrnetz angegriffen und verstopft wird. Für Ferngas besonders wichtig, wo Riesenanlagen für 400 Mill. m^3 Jahresleistung das Gas für 0,1 Pf/m^3 reinigen. Aber auch bei den kurzeren Stadtgasnetzen[5] kosten Korrosion und Verstopfen 0,2 Pf/m^3, das Trocknen z. B. 0,15 Pf/m^3.

---

[1] Litinsky: Kokerei- und Gaswerksofen, 1928 S 171—189, 292, 308. — [2] Schafer: Einrichtung und Betrieb eines Gaswerkes, 1929 S. 225. — [3] Taschenbuch fur Gaswerke, 1930 S. 53, 56, 72. — [4] Weltkraftkonferenz, 1930 Bd. 2 S. 50. — [5] Gas- u. Wasserfach, 1931 S. 1171, 1932 S. 511. — Arch. Warmewirtsch, 1931 S. 203.

Generatorgas

1 t Koks oder gasreiche Kohle wird in 1 m hoher Schicht durch 2800 m³ Luft und 0,5 t Dampf kontinuierlich und restlos vergast. Es entstehen 4400 m³ Gas, das bis 650° heiß ist und eine Verbrennungswärme von 1250 kcal/m³ hat. Auf kurze Strecken läßt sich außerdem ein Teil der Gashitze (200 kcal) ausnutzen, meist geht sie aber durch Abkühlen beim Transport verloren. Bei Kohle muß für den Transport der Teergehalt aus dem Gas entfernt werden, Koks gibt teerfreies Gas. Gas und Teer enthalten kalt bis 80%, warm bis 94% des Kohlenheizwertes.

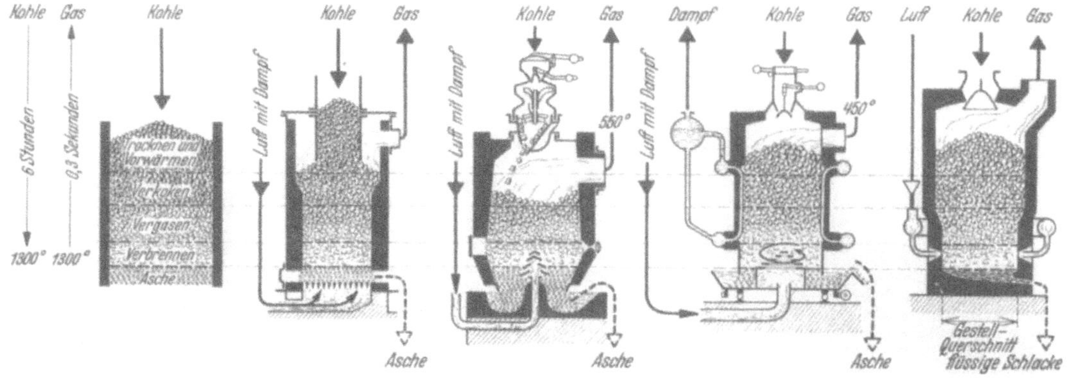

Planrost für Sauggasbetrieb von Kraftmaschinen braucht alle 8 h Betriebspause zur Handentaschung.

Feste Windhaube mit Gebläse. Drehtrichter zum Beschicken. Wasserabschluß ermöglicht Handentaschung im Betrieb.

Drehrost mit Kühlmantel, neuerdings aus Rohren gebildet[5]. Exzentrisch drehender Rost steigert durch Auflockern die Leistung, mitdrehende Wasserschüssel entfernt Asche.

Abstichgaserzeuger[2] Heißer Wind und Zugaben schmelzen Schlacken, hohe Leistung auch für aschereiche Brennstoffe. Heiße Abgase verschlechtern Wirkungsgrad um 5%.

Durchsatzgeschwindigkeit[3]**:** kg Kohle stündlich je m² Vergasungsquerschnitt bei:

	Planrost[1]	Feste Windhaube	Drehrost		Abstichgaserzeuger	
Koks	60	90	200		700	auf den
Anthrazit	80	80	100		—	Gestell-Quer-
Gasflammkohle	80	80	170	mit Rührwerk	—	schnitt
Braunkohlenbrikett[4]	60	70	100		—	bezogen.
Rohbraunkohle[4]	90	130	160	ohne Kühlmantel		
Höchster Winddruck[1]	100	200	200		600	

Generatorgas mit Nebenprodukten aus schonend behandelter Steinkohle[1]:

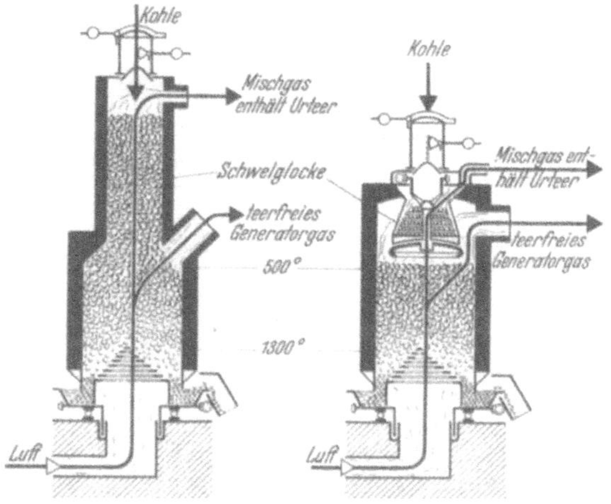

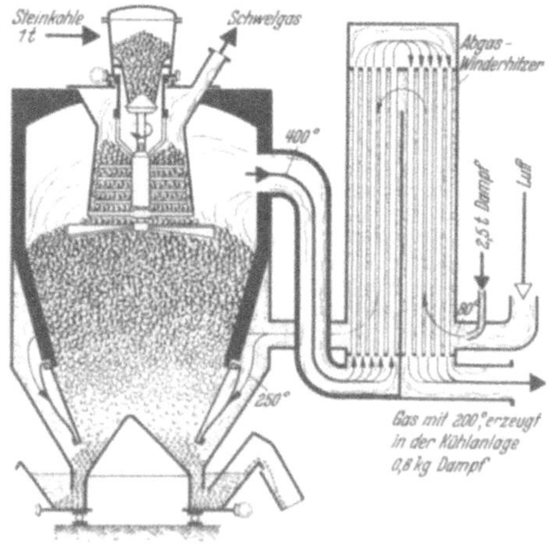

Schwelaufbau **Schweleinbau**
Vom heißen Generatorgas zieht bei Steinkohle $1/3$ durch den Schwelschacht und heizt ihn, indem es sich abkühlt. Es nimmt den unter 500° ausgetriebenen Urteer auf. Die Schwelzeit ist im Schwelaufbau 5 Std. Das Rührwerk des Schweleinbaues schafft durch kürzere Schwelzeit kleinere Räume. Bei Rohbraunkohle senkt der hohe Wassergehalt die Gastemperaturen Das ganze Gas muß die Schwelschicht heizen und das Abzweigen eines teerfreien Teilstromes, für den das Reinigen entfällt, ist undurchführbar.

Mondgas
2,5 statt 0,5 t Dampfzusatz läßt 60 statt 15% des Kohlestickstoffes gewinnen, was 25% mehr Kohle braucht. Um trotz der Kühlwirkung des Dampfes kontinuierlich arbeiten zu können, wird die Luft vor Eintritt durch Gashitze auf 250° vorgewärmt.

---

[1] Trenkler Feuerungstechnik, 1925 S. 126, 141, 146. — Gaserzeuger, 1923 S. 67, 95 166, 169. — [2] Hilgenstock: Glückauf 1931 S 1199 — [3] Ruhrkohlenhandbuch, 1932 S. 163. — [4] Braunkohlenanhaltszahlen, 1929 S 81. — [5] Kellner: Glückauf, 1932 S. 1167.

Kraftgas[2] ist Generatorgas, das für Gasmaschinenbetrieb von Teer befreit und das gekühlt ist, damit der Zylinder größere Gewichtsmengen ansaugt.

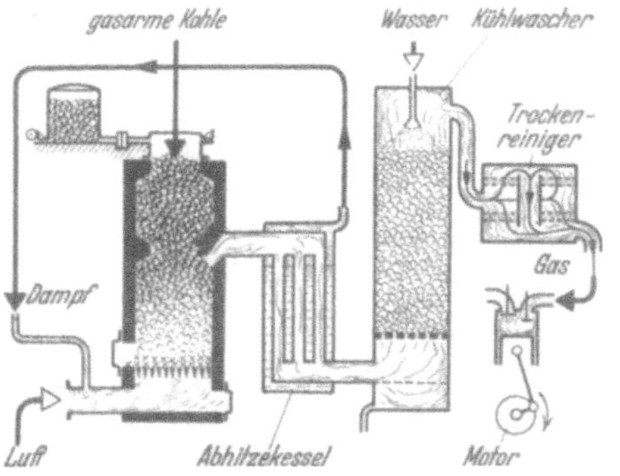

Sauggasanlage erzeugt das Gas durch die Saugkraft des Motors dem veränderlichen Bedarf entsprechend ohne Gasometerausgleich. Der ausgewaschene Teer wird praktisch nicht verwendet.

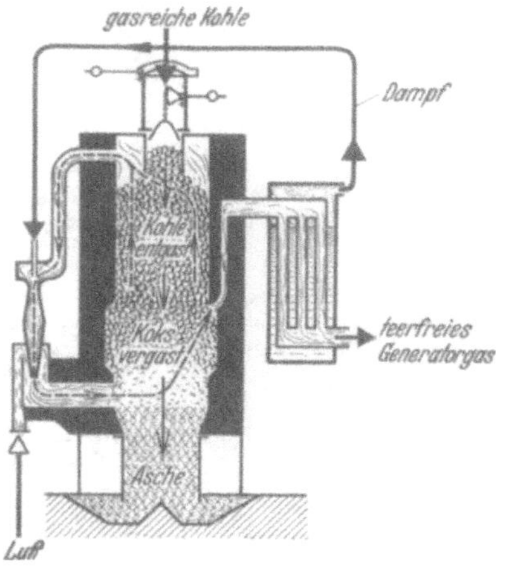

Teerverbrennung. Die flüchtigen Bestandteile der entgasenden Kohle werden abgesaugt und zu CO_2 und H_2O verbrannt, die sich in der Glutschicht zu brennbarem CO und H_2 rückverwandeln und sich mit dem Koksgas mischen.

Wassergase

1 t Kohle wird ohne Luft mit 1 t Wasserdampf vergast, was Wärme verzehrt statt Wärme zu entwickeln. Die fehlende Wärme wird durch periodisches Heißblasen (Abgase verloren) ersetzt. Die Verbrennungswärme steigt bei Koks auf 2700, bei Kohle auf 3100, mit Zersetzer für den Eigenteer auf 3500 und mit Öl oder Fremdteer karburiert auf 4200 kcal/m³ wie Stadtgas.

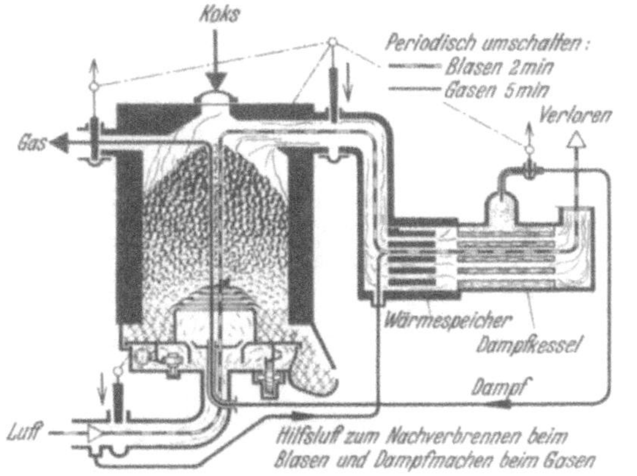

Wassergas[1]. 1 t Koks gibt 1550 m³ Gas mit 2700 kcal (H_u = 2450). Wirkungsgrad 55%. Beste Temperatur 800°, höhere Temperatur ist für die Heißblaseperiode, tiefere für das Gasen verlustreich. 600 mm Winddruck erfordern statt Wasserschüssel luftdichten Abschluß mit trockener Entaschung.

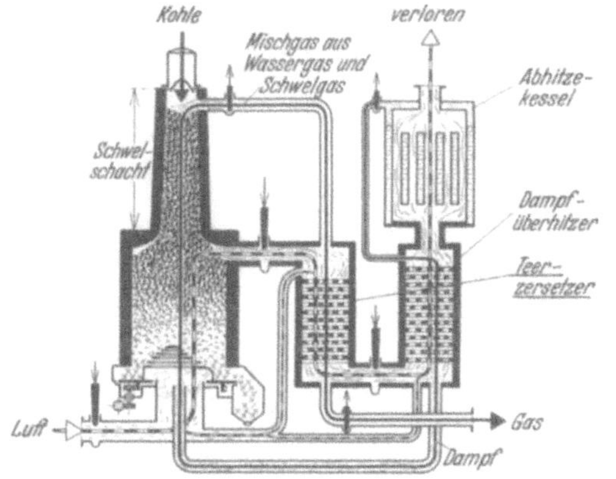

Kohlenwassergas[2] gibt aus Steinkohle mit Teerzersetzer bis 1300 m³/t von 3500 kcal (H_u = 3200). Wirkungsgrad 60%. Teerfreies Gas vor dem Schwelaufbau abgezweigt bläst den Teerzersetzer heiß. Nach dem Umstellen zersetzt Schwelgas seinen Teer am heißen Gitterwerk und reichert sich an.

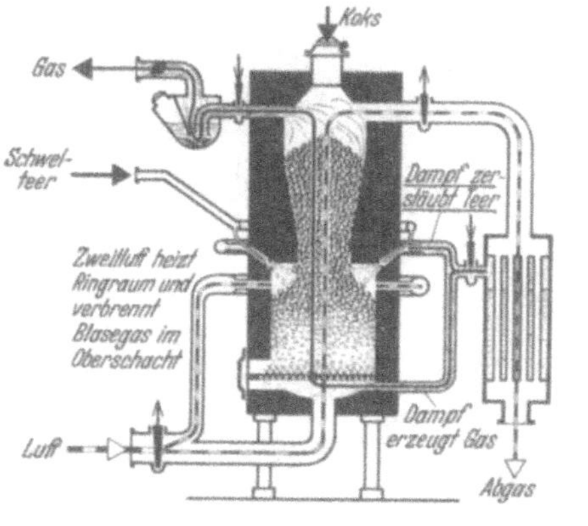

Teerkarburiertes Wassergas[3]. Aus 1 t Koks und 0,5 t Teer entstehen 1600 m³ Gas mit 4200 kcal (H_u = 3850). Wirkungsgrad 55%. Fremdteer wird durch Dampf zerstäubt in einen Ringraum über dem glühenden Koks geblasen, wodurch der Teerzersetzer entfällt. Kann den Gaskoks der Stadtgaswerke zu 100% in vollwertiges Stadtgas umsetzen.

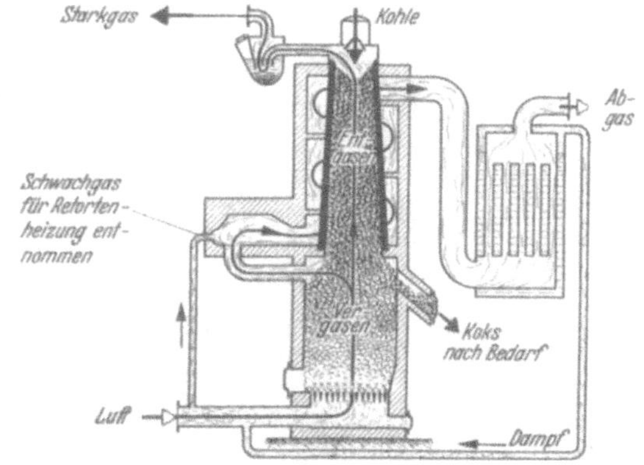

Omgas[2] (Dellwik-Fleischer). Aus 1 t Gaskohle abgezweigter teerfreier Gasteil heizt Entgasungsretorte, 900 m³ Restgas reichern sich auf 3800 kcal (H_u = 3500) an. Wirkungsgrad 45%. Tiefer Wirkungsgrad durch Heizverbrauch. Noch höhere Heizwerte erreichbar durch Koksentnahme oder durch Karburieren.

[1] Trenkler: Feuerungstechnik, 1925 S. 88. — [2] Thau, Schmidt: Weltkraftkonferenz, 1930 Bd. 3 S. 94. — [3] Czakó: Gas- und Wasserfach, 1932 S. 448.

Schwelöfen

Teer ist Hauptprodukt. Bei 600° für Steinkohle und unter 500° für Braunkohle entsteht besserer „Urteer" in größerer Menge als beim Entgasen mit 1000° in Kokereien und Gaswerken, wo sich der Teer teilweise zu Gas zersetzt. Langsames Schwelen, Umwälzen, Erhitzen durch Spülgase, Dünnschichten unter 2 mm statt 80 mm bei alten Schwelöfen[4] und 400 mm bei Kokereiöfen sind beim Schwelen von Braunkohle weitere Mittel, den Teer vor Überhitzung zu schützen. In Deutschland wird fast nur Braunkohle geschwelt, in England Steinkohle.

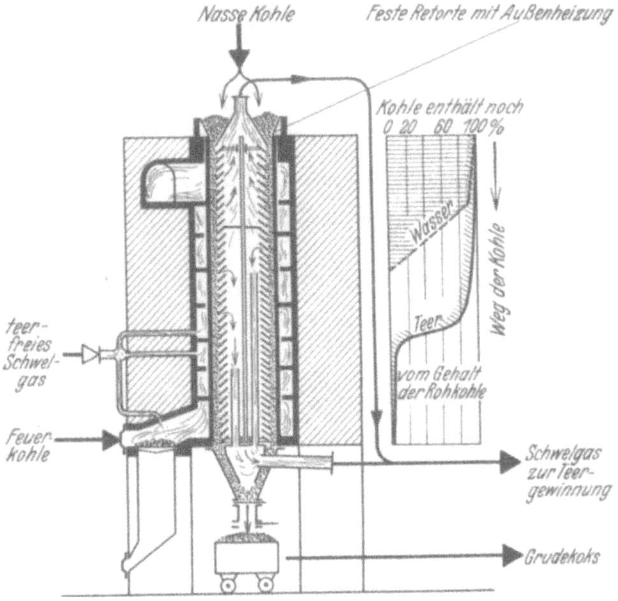

Alter Schwelofen[1]

von Rolle für Rohbraunkohle, außen beheizt, gibt Abkühlungsverluste und kühlt Gas schlecht. Trockenzone und Schwelzone nicht scharf getrennt und wandernd. Erfordert Bedienungseingriffe. Nur 5 t Tagesleistung.

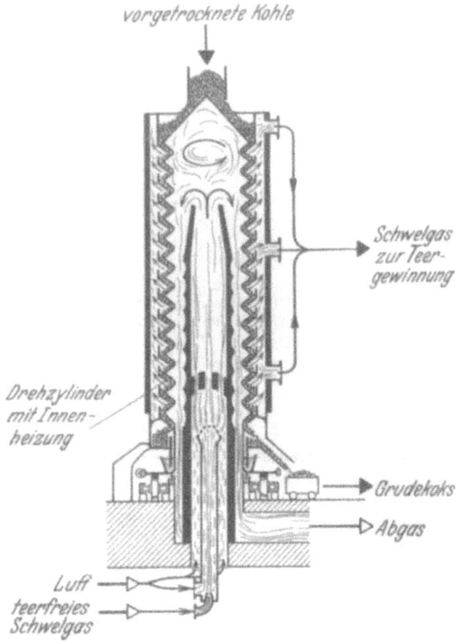

Drehofen[1] von Geißen für vorgetrocknete Rohbraunkohle. Sparsame Innenheizung verbraucht nur $^3/_4$ der Schwelgase, $^1/_4$ hilft Dampf für vorgeschaltete Trockner erzeugen. Drehende Heizfläche lagert Kohle ständig um, was Bedienung vermindert und Leistungsgrenze auf 100 t/Tag steigert. Trockendampf kann Heizkraft liefern.

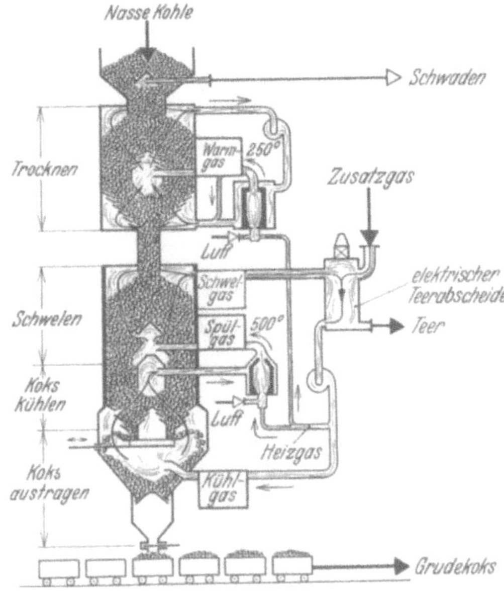

Spülgasschwelung[2]

(Lurgi) Heiße teilweise verbrannte Gase streichen als Heizgas über die Kohle und dienen mit 250° zum Trocknen auf 2% Wasser und mit 500° zum Schwelen im Spülkreislauf.

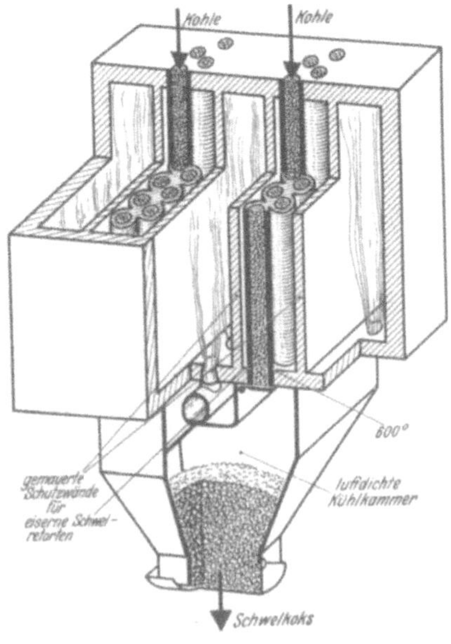

Steinkohlen-Schwelofen[3]

(Coalite, England) Kohle schwelt 4 Stunden in gußeisernen Retortenbündeln, die durch Steinwände vor der Flammenhitze der Gasbrenner geschützt sind. Erzeugter Halbkoks gut für offene Haushalts-Kaminfeuer.

[1] Thau: Die Schwelung, 1927 S. 69, 149, 155, 198. — [2] Z. VDI, 1925 S. 562 — [3] Schroder: Öl u. Kohle, 1934 S. 247, 258. — [4] Bartling: Braunkohle, 1931 S. 348.

Rostfeuerung

Der Rost erzeugt zuerst aus der eintretenden Kohle wie eine Kokerei Starkgas, das zerfallen muß, ehe es verbrennen kann[2]. Das braucht Zeit, also hohe Feuerräume. Aus dem Koks erzeugt dann der Rost wie ein Gaserzeuger brennreifes Gas. Die 4 m hohe Rauchgasschicht strahlt genug Wärme, damit die Kohle zündet, das Durchzünden durch die 100 mm hohe Kohlenschicht schreitet aber minutlich nur 5—10 mm vor[4], ist also erst nach einem Teil des Rostweges beendet. Dadurch steigt die Verbrennung bei mageren Kohlen erst nach dem halben Weg auf den Höchstwert. Sie nimmt dann durch den Oberflächenschwund der verbrennenden Kohle ab, was durch Aufstauen (Pendel) etwas ausgeglichen wird. Höchste Leistungen und gleichmäßig geringer Luftüberschuß wurden erst durch zonenweise zugeteilte Luft erreicht (**Zonenrost**), die je nach dem Brennstoff[3] verschieden einzustellen ist. Heißere Luft der ersten Zone beschleunigt das Zünden, kältere in der letzten Zone vermeidet zu hohe Rosttemperaturen. Wirbelbildung durch eingeblasene Zweitluft steigert die Feuerraumleistung[5].

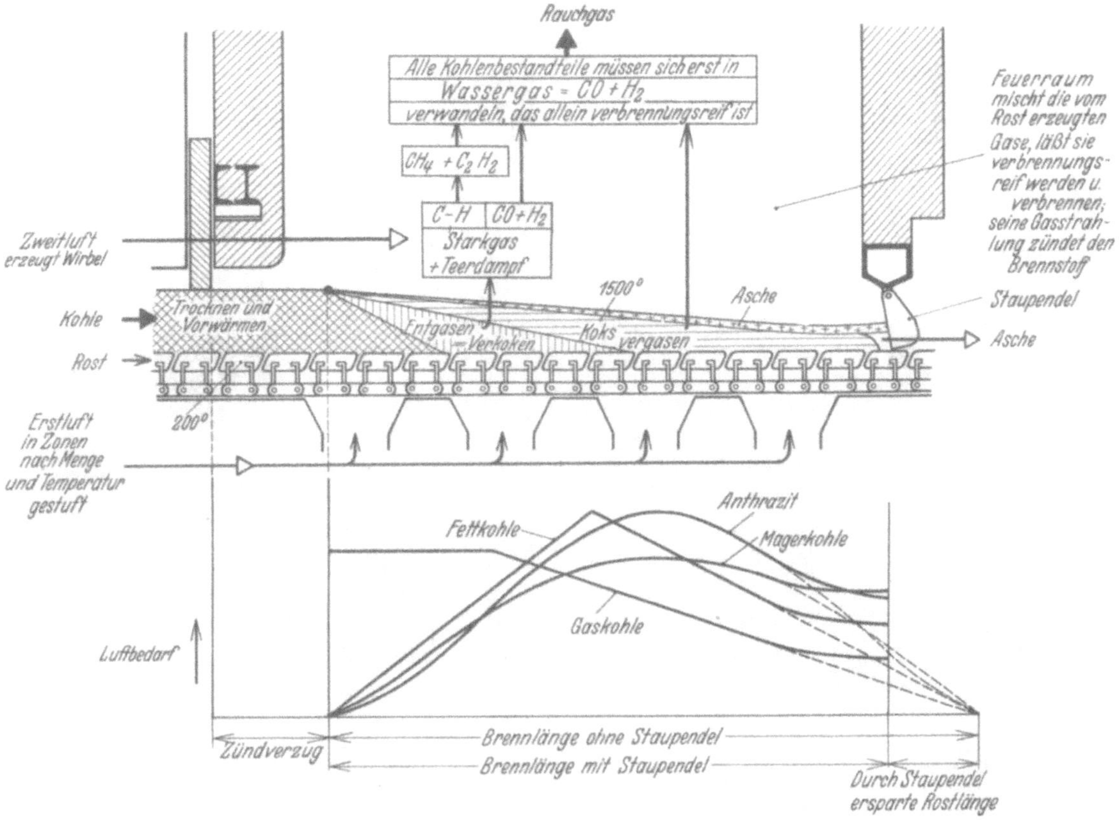

Luftbedarf verschiedener Brennstoffe über den Rostweg. Gasreiche Kohlen brauchen anfangs viel Luft um ihre flüchtigen Gase zu verbrennen, Fettkohlen und die noch gasärmeren Mager- und Anthrazitkohlen brauchen die größte Luftmenge später[3].

Durchsatzgeschwindigkeit der Roste[6]. Für die dargestellte aschearme Fettkohle auf Zonenwanderrost würde voraussichtlich erst bei einer m²-Leistung von 400 kg/h durch zu hohe Temperaturen schmelzende Asche den Rost verschlakken. Die höchsten m²-Leistungen von etwa 300 kg/m² für Industriefeuerungen mit gutem Wirkungsgrad erreicht man nur bei mittleren Korngrößen (Nuß IV). Größere Stücke haben je kg kleinere Oberfläche zum Ausbrennen: Damit nicht mehr als 1%[7] unverbrannt bleibt, muß man deshalb die Belastung heruntersetzen. Sieben mit engerem Stufensprung könnte die Grenzleistung erhöhen, weil bei ungleicher Korngröße das Feine als Flugkoks weggeblasen wird oder das Grobe nicht voll ausbrennt. Bei kleinerem Korn sinkt die Grenzleistung ebenfalls, weil hier das Feuerbett Krater bildet, unstabil wird und weil Flugkoks auftritt. Bei höchsten m²-Leistungen bis 600 kg/h auf den beengten Rosten der Schnellzuglokomotiven[8] zwingt die Stabilitätsgrenze zu groben Kohlen, deren geringe Brennoberfläche je kg den Ausbrennverlust auf 7,5%[9] statt 1% steigert. Der geringe Aschegehalt der groben Kohlensorten schiebt die Verschlackgrenze hinaus. Beim Aschegehalt der dargestellten Nußkohle würden Schlackenrücksichten nur 400 statt 600 kg/h m²-Leistung zulassen.

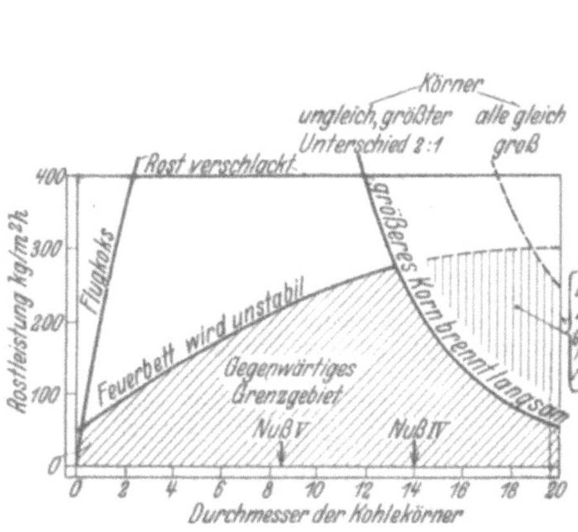

[1] Rosin, Fehling: Arch. Wärmewirtsch., 1930 S. 113. — [2] Aufhäuser: Brennstoff und Verbrennung, 1928 Bd. 2. — [3] Werkmeister: Arch. Wärmewirtsch., 1931 S. 231 — Tanner: Arch. Wärmewirtsch., 1932 S. 304. — [4] Rosin, Rammler: Arch. Wärmewirtsch., 1932 S. 117. — [5] Marcard: Wärme 1932 S. 421, Rostfeuerungen, 1934. — Schultes: Arch. Wärmewirtsch., 1935 S. 117 — [6] Rosin, Kayser: Z. VDI, 1931 S. 849. — [7] Presser: Glückauf, 1929 S. 984. — [8] Garbe: Dampflokomotiven, 1920 S. 61. — [9] Bauer, Sturzer: Dampflokomotiven, 1923 S. 37.

Rostfeuerungen für Steinkohle

Planrost zündet durch Glutschicht von unten. Frische Kohle deckt die Glut zu und trennt sie von dem rasch entweichenden Flüchtigen, das mangels Hitze und Luft unvollkommen verbrennt und Ruß und Rauch bildet. Für alle Steinkohlenarten aber nur für Kleinanlagen. m^2-Leistung bis **100 kg/h** Kohle

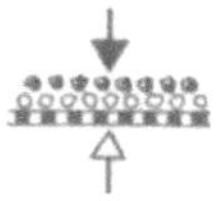

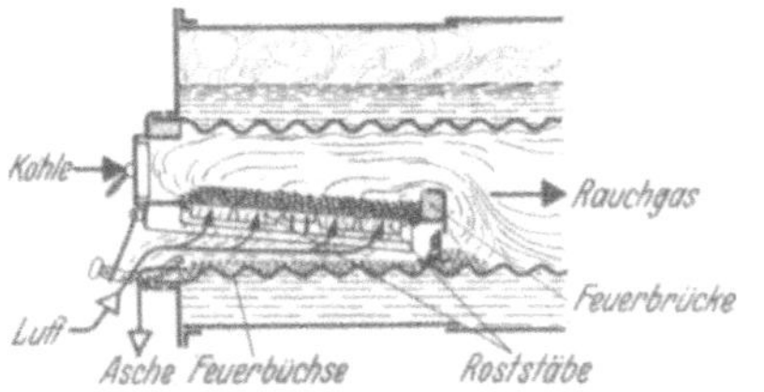

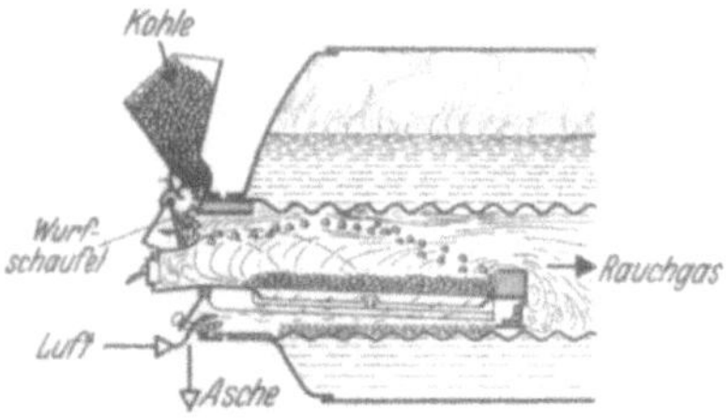

Bei periodischem Öffnen der Feuertür zusätzliche Verluste und Lastabfall. Über 2 m Länge nicht bedienbar.

Wurfbeschicker
verteilt Kohle durch wechselnde Federspannkraft auf ganze Fläche. Kontinuierlich. Öffnen der Feuertür nur zum Schüren und Entschlacken.

Wanderrost zündet von oben durch strahlende Mauergewölbe oder Gasschicht, wird durch Zonenunterwind fast allen Brennstoffen angepaßt außer Rohbraunkohle und aschereichen Waschbergen.

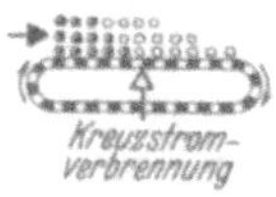

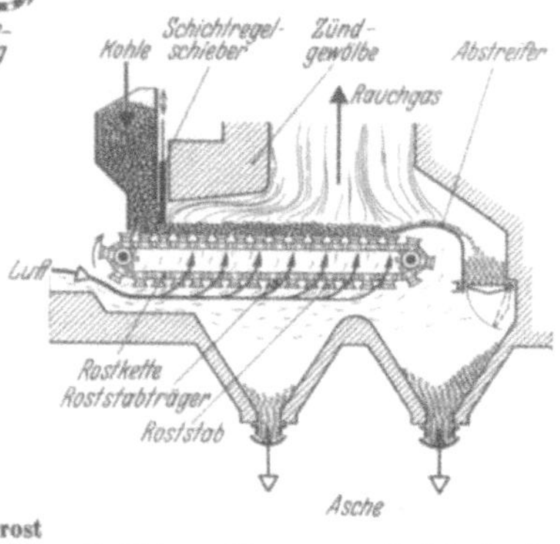

Alter Wanderrost
ohne Unterwind mit kleinem Feuerraum zündet durch heruntergezogenes heißes Mauerwerk, für gute Steinkohle m^2-Leistung bis **110** kg/h.

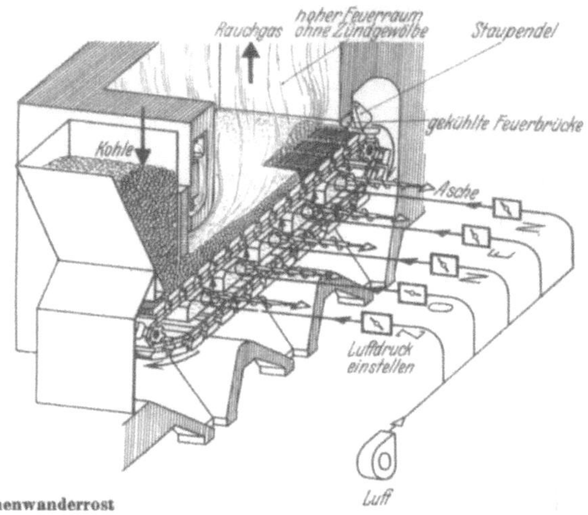

Zonenwanderrost
mit Unterwind für alle Steinkohlenarten, braucht hohen Feuerraum, weil er je m^2 mehr Kohle verbrennt. Hohe Feuerschicht strahlt Wärme auf den Rost und ersetzt zündendes Mauerwerk. Da die Kohle in der Mitte des Rostweges am stärksten brennt und am meisten Luft braucht, erhöht zonenweise zugeteilte durch Gebläse gesteigerte Luftmenge die m^2-Leistung auf **220** kg/h und verbrennt auch 150 kg/m^2h magere Feinkohle. Grenzmaße: 7,5 m lang, 8 m breit, darüber Doppelrost[1].

Stoker zündet von oben durch die glühende Kohlenschicht. Kohle durch Vorschub oder Unterschub befördert und geschürt Rost wandert nicht.

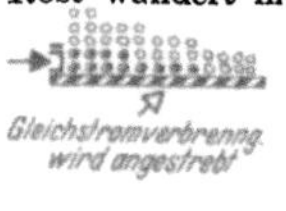

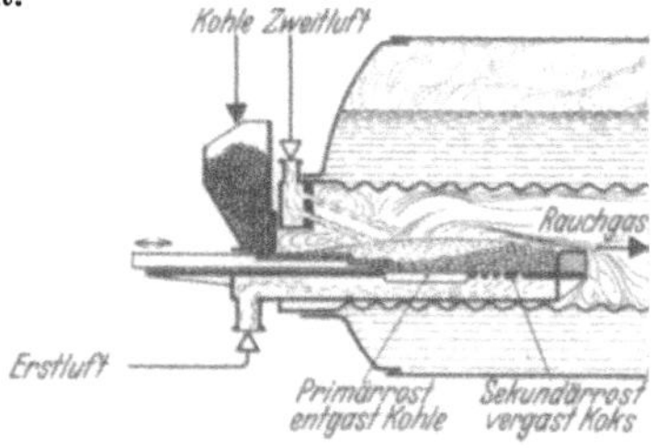

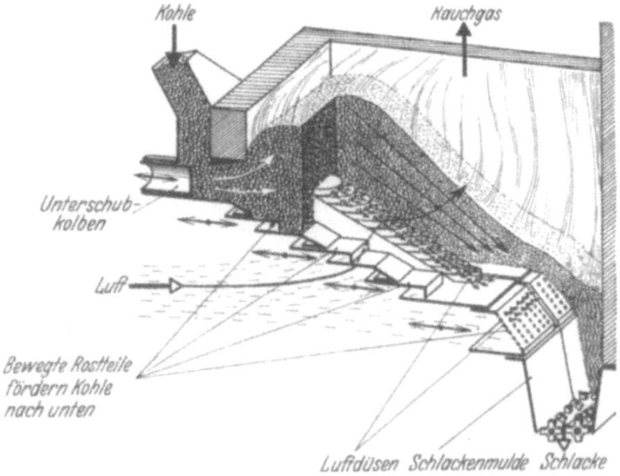

Kleinstoker
Kleinstoker
(Planschubrost) konkurriert mit Planrost. Vor- und Rückschub des Stößels schiebt immer neuen Brennstoff unter die Glut auf den Primärrost. Brennstoff zündet leicht, das Flüchtige verbrennt mit Oberluft. Der zurückbleibende Koks wird beim Vorschub seitlich und nach hinten auf eine Platte weggedrängt, die nur wenig Luftlöcher für die langsam ausbrennende Kohle hat (Sekundärrost), deshalb günstiger kleiner Luftüberschuß. Entaschen von Hand.

Stoker für Großkessel (Unterschubrost) konkurriert mit Wanderrost, dessen Zonenabdichtung gegen bewegten Rost entfällt. Er läßt sich ferner beliebig breit ausführen (Großkessel). Vorschubkolben liegen vertieft in Mulden, Düsen verteilen die Luft. Brennstoffschicht bis 700 mm statt bis 100 mm beim Wanderrost. In USA vorherrschend außer für Anthrazit, der zu gasarm ist. In Deutschland nur für backfähige Steinkohlen zwischen 15—30% Flüchtigem geeignet. m^2-Leistung **220** kg/h gute Steinkohle.

Marcard: Rostfeuerungen, 1934 S. 103. — Dubbel: Taschenbuch. 1935 Bd. 2, S. 10. — [1] Wanderzonenroste mit zahlreichen umlaufenden Zonen passen die Luftzufuhr noch feiner an. — Marcard, Presser: VDI-Zeitschrift, 1934 S. 801, Arch. Wärmewirtsch., 1934 S. 271.

Sonderroste für hohen Wasser- oder Aschegehalt

Braunkohle[1] hat bis 60% Wasser und wird nicht sortiert, hat also feinsten Staub zwischen groben Stücken. Vortrocknen der eintretenden Kohle entlastet den Rost, Rosttreppe mit wagerechtem Luftzutritt verhindert Rostdurchfall. Mechanisch bewegte Rostplatten steigern die Leistung, Schüren und ungleichmäßiges Nachrutschen entfällt, die Treppe ist weniger steil. Bis 7 m hohe Feuerräume, weil viel Flugstaub in der Schwebe verbrennt, statt 4 m bei Anthrazit und 5 m bei Gas-Steinkohlen. m^2-Leistung für starre Roste 200—300, für mechanische Roste 350—450 kg/h Rohbraunkohle.

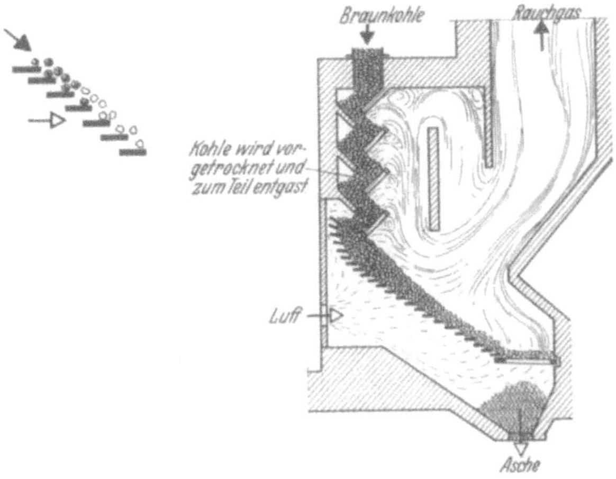

Treppenrost
Kohle rutscht von selbst nach, Rostspalten wagerecht, damit Kohle nicht durchfallt. Rückgeführte Rauchgase trocknen den Brennstoff, die lange und schmale Treppe hat bei handgeschürten Rosten große Luftzwischenräume, damit der Schürhaken durch kann. Auf nachgeschaltetem Planrost brennt der Koks aus.

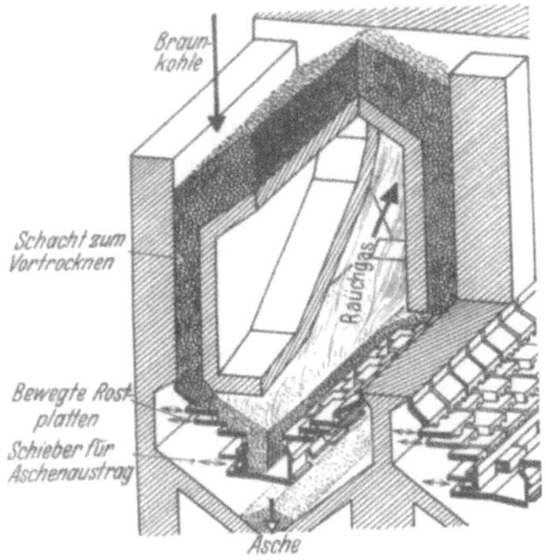

Muldenrost
aus quer gestellten, gegenüberliegenden kurzen und breiten Treppen, Feuerbett mechanisch geschürt. Deshalb können die Roststäbe enger liegen und der Rost ist weniger geneigt. Das schaltet wechselndes Nachrutschen ungleichmäßiger Kohle aus. Der Vorschub regelt das Nachrutschen. Trockenschacht durch Rauchgase erwärmt. Ausbrennrost in der Mitte.

Schürroste für aschereiche Steinkohle

(unter 4200 kcal/kg) walzen die Kohle in hoher Schicht (300—400 mm) entgegen der Eigenbewegung dauernd um, verlangern den Brennweg, verteilen die zündende Glut, brechen verschlackendes auf, vergrößern dadurch die Brennoberfläche der Kohlekörner und verbrennen je m^2 bis 600 kg/h Waschberge, die 35—50% Asche enthalten, und entwickeln trotz des Ascheballastes ähnliche Wärmemengen je m^2h wie andere Roste mit guter Kohle. Höchster Aschegehalt 70%.

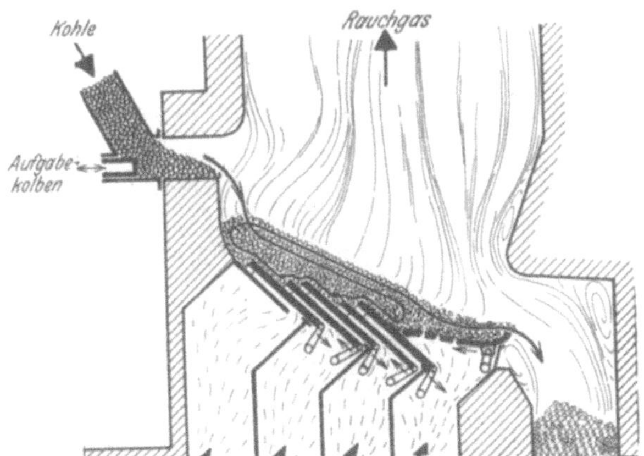

Rückschubrost (Martinrost)[2,3] schiebt nach unten rutschende Kohle zurück.

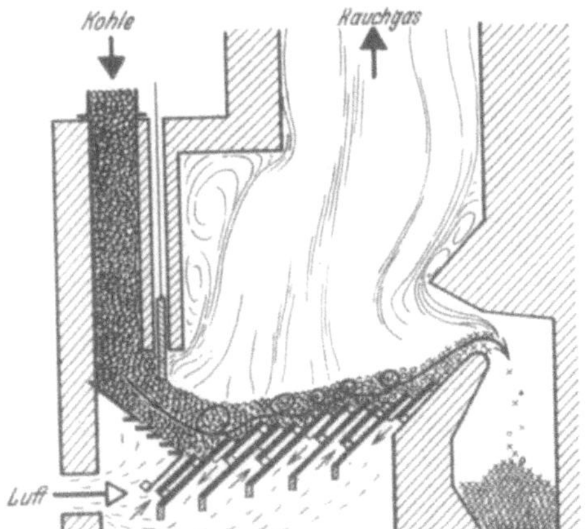

Überschubrost (Kaskadenrost)[3] mit ansteigendem statt abfallendem Brennstoffbett schiebt zurückrutschende Kohle vor.

Marcard: Rostfeuerungen, 1934 S. 119, 127. — [1] Berner: Warme, 1929 S. 586. — [2] Hergt: Elektrizitätswirtschaft, 1931 S 6. — [3] Rosin: Braunkohle, 1931 S. 641.

Brenner für Gas, Oel und Kohlenstaub

Gas wird mit Luft erst am Brennermaul in dunnen Schichten wirbelnd gemischt, wodurch es mit kleinstem Luftuberschuß vollkommen verbrennt[1].

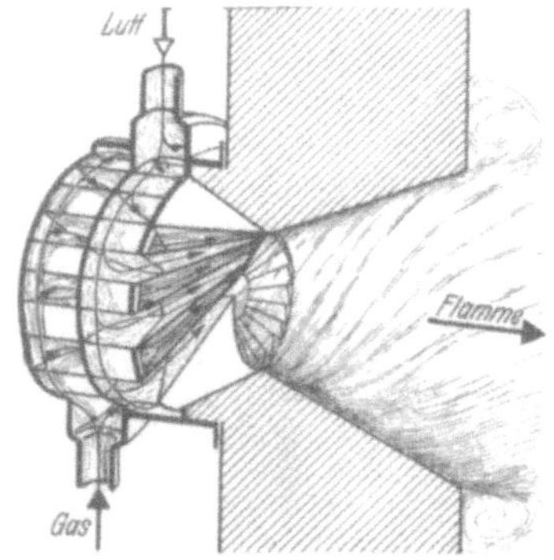

Öldruckzerstäuber für Schiffskessel brauchen wenig Kraft, lassen sich aber nur auf $^{6}/_{10}$ Last herunterregeln[2,3]

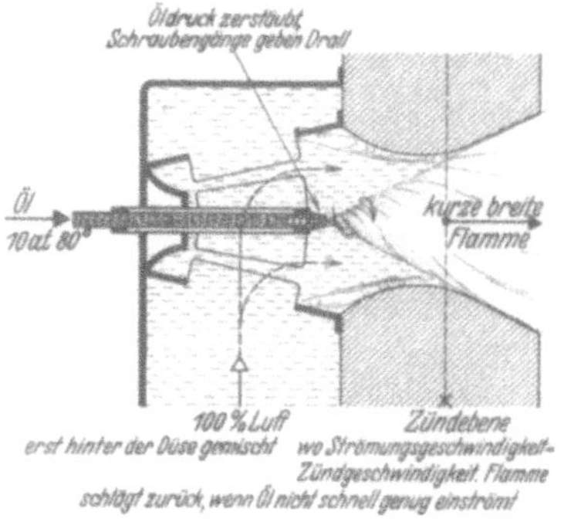

Druckluft-Ölzerstäuber für Industrieöfen lassen sich bei Niederdruckluft auf $^{1}/_{4}$, bei Hochdruckluft (teurer) auf $^{1}/_{10}$ herunterregeln[2,3]. Dampfstrahlzerstauber für Teer und zahflussiges Öl brauchen bis $2^{0}/_{0}$ Dampf von 8 at, haben aber kleinste Anlagekosten.

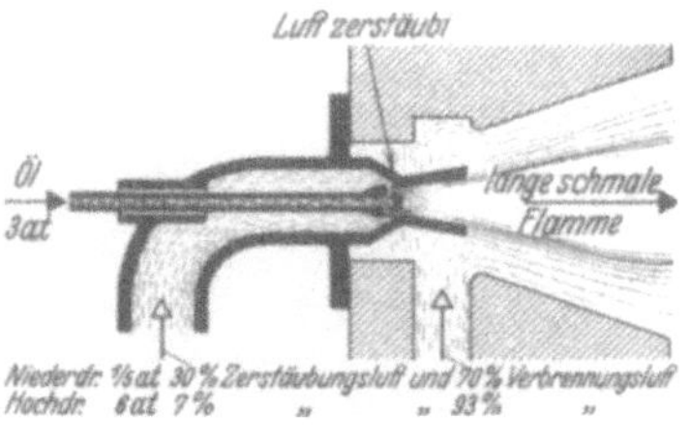

Kohlenstaubfeuerungen[4] müssen nicht nur Flüchtiges mischen und verbrennen sondern wie ein Rost langsam vergasenden Koks ausbrennen lassen. Mahlen zu Kohlenstaub steigert wohl die Brennoberflache der Kohle auf das 600fache (etwa 260000 m²/t statt 450 m²/t bei Nuss IV) und legt das Korn allseitig dem zündenden Feuerraum frei, was die Brennzeit von 10 Min. auf 0,5 Sek. herabsetzt[5]. Dem schwebenden Korn fehlt aber das rasche Vorbeistreichen der Luft, das auf dem Rost die Verbrennung steigert[6]. Kunstliche Wirbel bewegen die Luft relativ zum Staubkorn und sollen die Feuerraumleistung um $30^{0}/_{0}$ steigern[7]. In USA haben Großkraftwerke bisher uberwiegend Kohlenstaubkessel. Nachteil: Teuer, lassen sich nicht wie Roste bis zum Leerlauf herunterregeln, sondern nur auf etwa $^{1}/_{3}$ Last. Flugaschenauswurf.

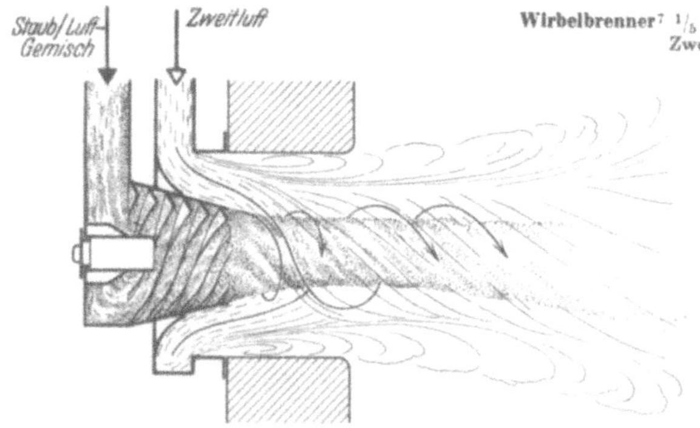

Wirbelbrenner[7] $^{1}/_{5}$ Erstluft bläst als Kohlenstaubträger den Brennstoff ein, die Zweitluft wird ebenfalls wirbelnd zugemischt.

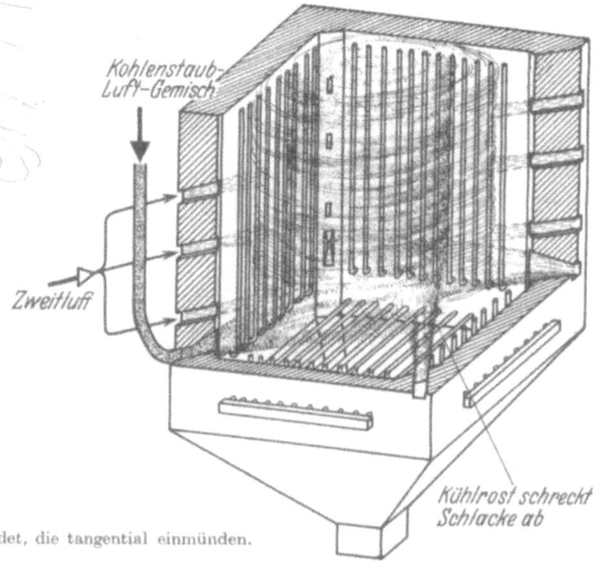

Wirbelfeuerraum
eines Großkessels durch Eckbrenner und Zweitluftstufen gebildet, die tangential einmünden.

[1] Balcke: Abwarmetechnik, 1928 Bd. 2, S. 178. — [2] Essich: Ölfeuerungstechnik, 1927 S 13—24, 61. — [3] Trinks: Industrieöfen, 1931 Bd. 2, S. 71—82. — [4] Bleibtreu: Kohlenstaubfeuerungen, 1930 S. 212—220. — [5] Rosin, Fehling· Arch. Warmewirtsch. 1930 S. 117. — [6] Rosin, Kayser. Z. VDI, 1931 S. 854. — [7] Arch. Warmewirtsch., 1928 S. 130.

Kohlenstaubmühlen[1] mahlen Kohlen, die cm-große Körner enthalten zu gasähnlich brennendem Kohlenstaub. Nur 15%[8] des Staubes sollen bei gasreicher Steinkohle auf einem Normalsieb von 4900 Maschen je cm² zurückbleiben, was durchfällt ist kleiner als $^1/_{10}$ mm. Steinkohle muß zum Mahlen auf 4% Feuchtigkeit getrocknet sein, aber auf 1% Feuchtigkeit in Zentralmahlanlagen mit ihren langen Staubleitungen, Schnecken und Bunkern, die bei 4% verkleben würden. Braunkohlen lassen sich bis 30% Feuchtigkeit vermahlen, in Mühlenfeuerungen dagegen grabenfeucht. Rohstaubfeuerungen verbrennen Steinkohlenrohstaub bis 3 mm Körnung und 3% Wassergehalt ungemahlen[7]. Mahlkosten (1929[9]): 1,50 *M*/t für große Kessel (über 1000 m²), wegen der kleineren Einheiten bei Industrieöfen 4 *M*/t. In schlecht ausgenützten Anlagen teurer. Verminderte Mahlfeinheit senkt die Mahlkosten.

Zentralmahlanlagen[3] verteuern die Feuerung gegen Einzelmühlen um 15%, weil sie Trockner, Brüdenentstaubung, Transportmittel für Trockenkohle, Windsichterluft und Kohlenstaub mit Zwischenbunkern haben. Durch ihre Trockner können sie aber beliebig feuchte Kohle verarbeiten. Sie mahlen auch bei stark schwankender Last gleichmäßig und beliebig fein und können für den mittleren Tagesverbrauch bemessen sein, weil der Staubbunker speichert. Energieverbrauch bei großen Einheiten 15 kWh/t für Mühle, 5 kWh/t für Staubpumpe, ferner für Trockner, insgesamt 25 kWh/t, dazu bis 1% Kohlenverlust und $^1/_4$% Feuerkohle oder 1,5% Abdampf je % entzogene Feuchtigkeit.

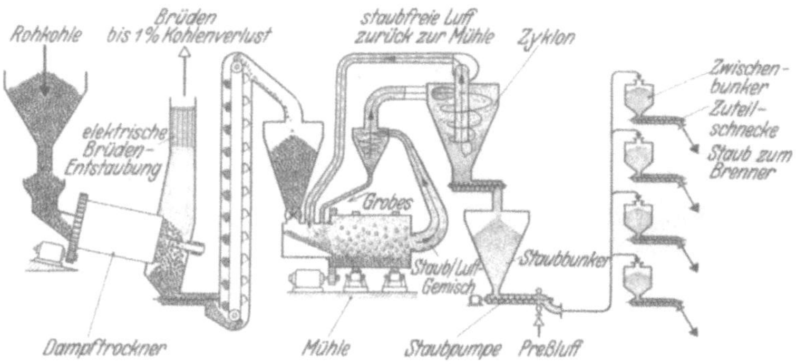

Einzelmühlen sind billig und können mit etwa 15 statt 25 kWh/t Staub auskommen, weil Trockner, Pumpe, Staubleitungen und Zwischenbunker wegfallen. Während man Kohlenstaub mit über 1% Wassergehalt nicht mehr bunkern kann, ist die Feuchtigkeitsgrenze beim Mahlen über 4%. Heiße Erstluft oder Rauchgas trocknet in der Mühle (Mahltrocknung), wodurch sich Kohle bis 7% Feuchtigkeit verarbeiten läßt, bei den Schlagermühlen, die gegen Nässe besonders unempfindlich sind, sogar gewaschene Feinkohle bis 14%[4] und Rohbraunkohle bis 30% Feuchtigkeit. Die eingeblasene Erstluft spart besondere Hilfsluft mit Entstauber beim Windsichten. Durch den Kohleninhalt der Mühlen wirken regelnde Eingriffe erst verspätet auf das Feuer.

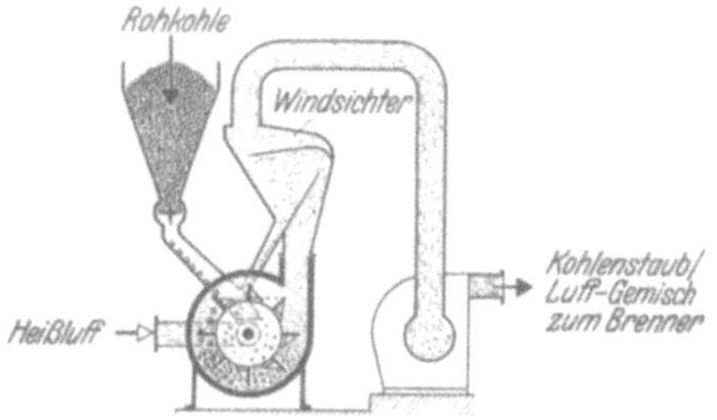

Mühlenfeuerung[5] (Krämer) **für nasse** Braunkohle bis 60% Feuchtigkeit soll $^1/_3$ einer Braunkohlenstaubfeuerung mit Trockner kosten. Auch für wechselweisen Betrieb mit Braunkohlenschwelkoks und feinkörnige, aschereiche und nasse Steinkohle. Kessel erhält Mahlkammer, die mit Feuerraum und Schlagermühle verbunden als Windsichter und Trockenraum dient (Heißluft- oder Rauchgaszufuhr). Außer dem Trockner fallen Brenner, Mühlenventilatoren und Rohrleitungen weg. Mühlenantrieb verbraucht z. B. 3,5 kWh/t Staub.

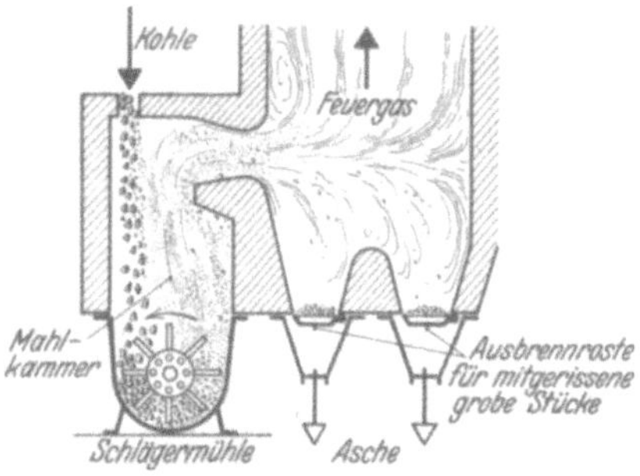

Schwerkraftmühle (Rohrmühle) mit herunterfallenden Mahlkugeln. Nur für Zentralmühlen und für Grundlast. Sehr betriebssicher. Wegen großen Kohleninhaltes und hohen Leerverbrauchs als Einzelmühle ungeeignet. 25 kWh/t bei Vollast, 80% Leerlauf, bei Einheiten von 3 t/h.

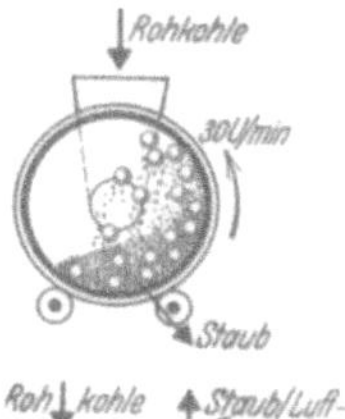

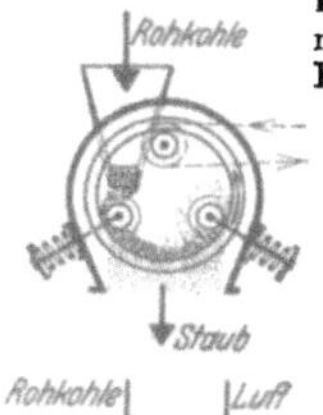

Federkraftmühle als Einzelmühle und Zentralmühle unter 10 t/h. Kleiner Verschleiß und Kraftverbrauch.

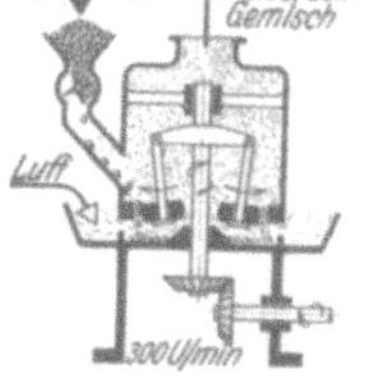

Fliehkraftmühle (Pendelmühle) braucht als Zentralmühle weniger Platz. Gute Einzelmühle, da sie elastisch ist, wenig Leerlauf hat und feinen zündfähigen Staub gibt. 15 kWh/t bei Vollast, 50% Leerlauf, bei Einheiten von 3 t/h.

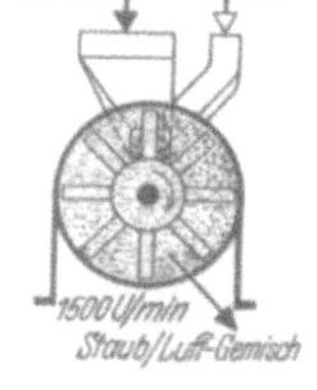

Schlägermühle nur als Einzelmühle, braucht durch hohe Drehzahl wenig Platz. Verschleißende Schläger sind billig und schnell ersetzbar. Mahlfeinheit begrenzt.

---

[1] Bleibtreu: Kohlenstaubfeuerungen, 1930 S. 10, 26, 91—99, 112, 145, 151. — [2] Rammler: Arch. Wärmewirtsch., 1931 S. 109. — [3] Rziha-Seidner: Starkstromtechnik, 1931 Bd. 2. S. 78, 79. — [4] Thieme: Rauch und Staub, 1929 S. 42, Wärme 1932, S. 461. — [5] Rosin, Rammler, Kauffmann: 1933, Bericht D. 58 des Reichskohlenrates. — [6] Braunkohle, 1933 S. 697, Heinrich: Z. VDI, 1935 S. 329. — [7] Haller: Arch. Wärmewirtsch., 1934 S. 43. — [8] Bei gasarmer Steinkohle z. B. 10%, bei der gasreichen Braunkohle über 30% Rückstand. Man ist bestrebt gröber auszumahlen, um Mahlkosten zu sparen. — [9] Schultes: Glückauf, 1927 S. 651. — Wesemann: Feuerungstechn. Berichte, 1929 Heft 1, S. 10.

Flammrohr- u. Rauchrohrkessel[1]

mit Innenfeuer, das von wasserberührter Heizfläche umgeben ist, nutzen Flammenstrahlung vollständig aus und haben großen speichernden Wasserraum, der aber von einem großen druckfesten Behälter umgeben sein muß. Das wurde bei großen Leistungen und hohen Drucken zu Blechstärken führen, die sich nicht mehr nieten oder schweißen lassen. Bei großen Leistungen hatte auch die Feuerung nicht mehr im Innern Platz. Rohbraunkohle und Holz brauchen zum Vortrocknen Vorfeuerung. Nachteil: Nur für kleine Leistungen und medere Drücke.

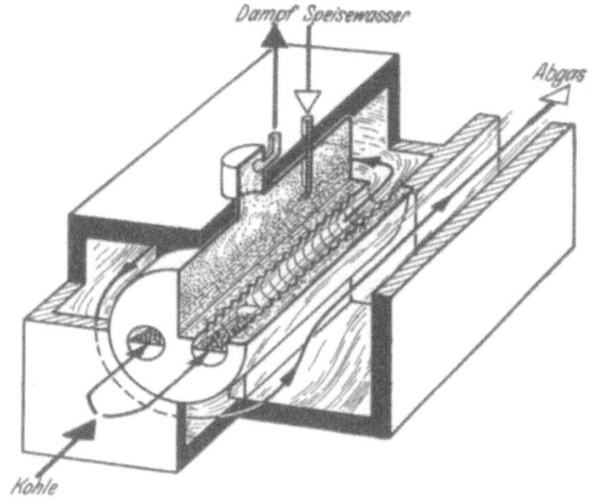

Flammrohrkessel für kleinere Industriebetriebe meist mit 2 Flammrohren aus elastischem Wellrohr nebeneinander, deren Abgase den Kessel auch von außen heizen. Stoker und Staubfeuerung erreichen bis 80% Wirkungsgrad statt 70% mit Planrost und die Heizfläche leistet bis 40 kg/m²h, sonst 30 kg/m²h. Das hat den billigen und elastischen Kessel wieder in den Vordergrund gerückt bis 200 m² = 8 t/h Dampf = 1600 kW, im äußersten Fall durch Kombination mit Rauchrohrkessel für das 3fache und für höchstens 20 at.

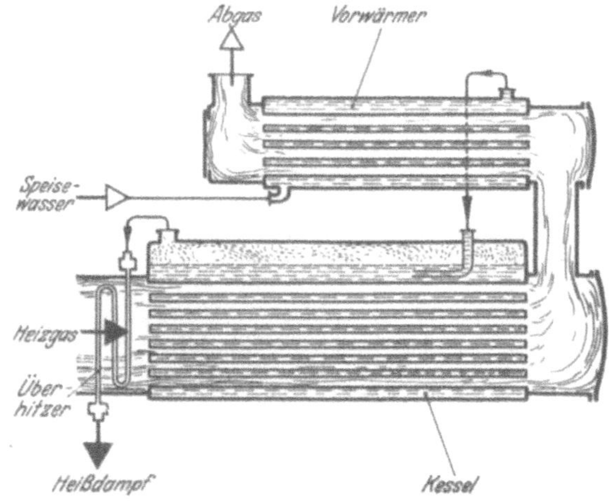

Abhitzekessel erzeugen Dampf aus Abgasen von Öfen und Brennkraftmaschinen. Da keine Feuerung einzubauen ist, läßt sich weites Flammrohr durch zahlreiche dünne Rauchrohre ersetzen, die mehr Heizfläche geben. Das ist bei Abhitzekesseln besonders erwünscht, weil sie bei 1000° noch 20 kg/m²h, aber bei 500° Abhitze[2] nur 7 kg/m²h verdampfen. Enge Rohre müssen zum Reinigen zugänglich sein.

Feuerbüchskessel haben eingebaute Feuerung wie Flammrohrkessel. Die Abgase heizen aber den Kessel nicht von außen, deshalb kann Mauerwerk wegfallen. Verkürztes Flammrohr umschließt nur die Feuerung als Feuerbüchse, dahinter viele Rauchrohre. Teurer als Flammrohrkessel aber leicht transportfähig. Unempfindlich gegen Erschütterung.

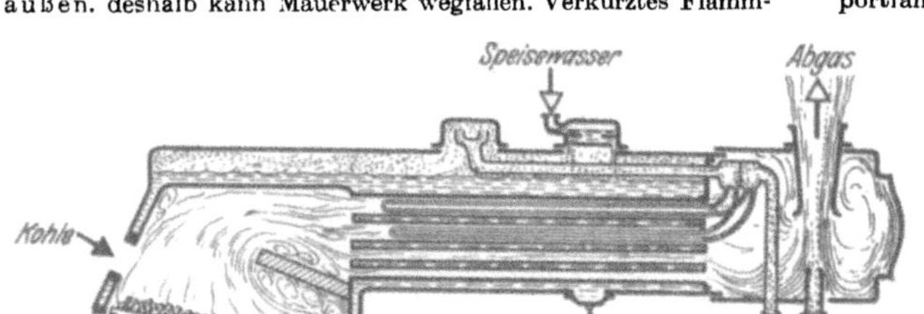

Lokomotivkessel[3] darf nicht zu hoch, dafür aber lang sein, deshalb in einer Linie angeordnet. Rohre in Feuerbüchse eingewalzt, die wegen Wärmedehnung aus Kupfer ist. Ebene Wände sind teuer, weil sie nur versteift den Dampfdruck aushalten. Künstlicher Zug durch Auspuffdampf gibt 60 kg/m²h. In Europa handgefeuert bis 250 m² = 15 t/h = 2000 PS, in USA mit Stokerfeuerung bis 700 m² = 42 t/h = 5500 PS. Lokomobilen für Landanlagen bis fast 1000 PS arbeiten mit natürlichem Zug, weil kein Auspuffdampf verfügbar. Leisten bis 25 kg/m²h.

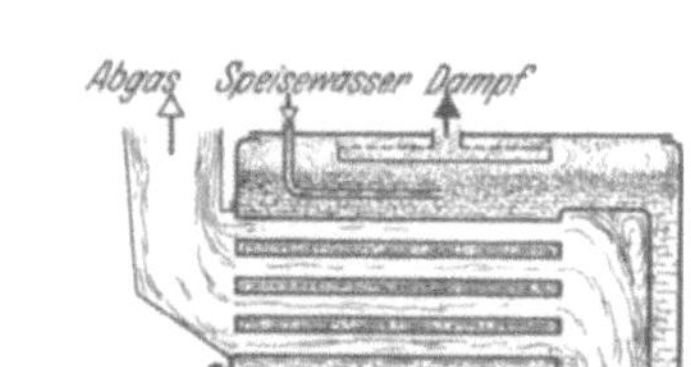

Schiffskessel für Kleindampfer bis 600 m² = 3000 PS, darf nicht zu lang, dafür aber hoch sein; deshalb Rauchrohre über dem Flammrohr. Braucht wenig Instandsetzung und ist gegen Speisewasser unempfindlich. Heizfläche verdampft mit Kohle 20, mit Öl 35 kg/m²h.

---

[1] Dubbel: Taschenbuch, 1935 Bd. 2. — Schulze: Z. VDI., 1935 S. 280. — [2] Marguerre: Weltkraftkonferenz. 1930 Bd. 4 S. 270. — [3] Metzel in: Z. VDI., 1930 S. 1179; RTA. 1935 Nr. 11 S. 1.

Wasserrohrkessel mit vorgeschalteter Vorfeuerung oder Unterfeuerung, die beliebig groß sein kann, läßt das Wasser in vielen dünnen Rohren umlaufen, die in Trommeln und Kammern einmünden. Umlauf entsteht, weil bei den Rohren im heißesten Rauchgas das Wasser am stärksten von Dampfblasen durchsetzt ist. Obere Trommeln trennen den hochsteigenden Dampf vom absteigenden Wasser. Braucht weniger Platz als Flammrohrkessel. Die Rohre mit etwa 10 cm ∅ und die Trommeln mit 1—2 m ∅ lassen sich für hohe Drücke ausführen. **Nachteil**: Wasserumlauf schwer zu beherrschen. Flammenstrahlung ist schlechter ausgenutzt als bei Innenfeuerung, kleinere speichernde Wasserräume — Heizfläche verdampft bis **35 kg/m²h**, mit Strahlungsheizfläche (= Brennkammer-Kühlfläche) bis **100 kg/m²h**.

Schrägrohrkessel mit schwach geneigten geraden Rohren, die gruppenweise in Teilkammern (Sektionen) eingewalzt sind. Frühere Vollkammern mußten besonders versteift werden und hielten auch dann nur 20 at aus. **Vorteile**: Gerade Rohre, normalisierbar, wenig Reserveteile, leichte Montage. Gut durch Rohrverschlüsse zu prüfen und zu reinigen, deshalb für schlechtes Speisewasser geeignet. Rohre von außen auswechselbar, nach Durchbrennen von Rohren also wieder schnell in Betrieb, deshalb kleinere Kesselreserve.

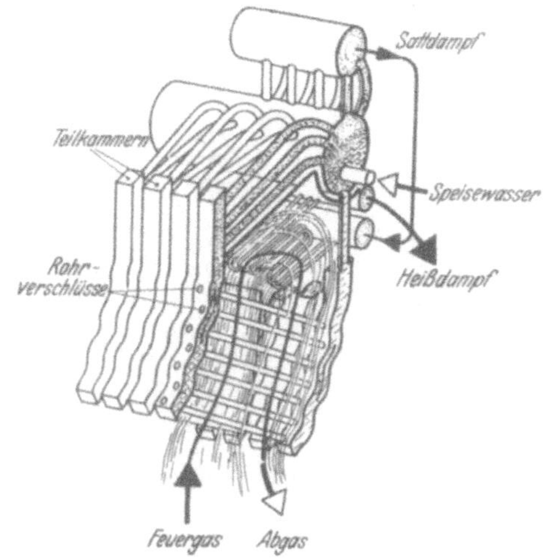

Teilkammerkessel mit Quertrommel durch Rohre verbunden, ist elastischer als bisherige Längstrommel. Teilweises Ausgießen des Dampfwassergemischs über dem Wasserspiegel gibt trockneren Dampf.

Steilrohrkessel haben unmittelbar in Trommeln eingewalzte Rohre statt Sektionen, sind schwerer zu reinigen und zu montieren. Frühere Kessel mit geraden Rohren (Garbe) waren aber zu unelastisch gegen Wärmespannung. **Vorteil**: Wegfall von Rohrverschlüssen, wichtig bei Drucken über 60 at. Wasserumlauf leichter beherrschbar. Flugasche fällt von steilen Rohren leichter ab.

Dreitrommelkessel erzwingt den Wasserumlauf durch 2 getrennte Obertrommeln. Der Überhitzer zwischen Steigrohren und Fallrohren schafft den Temperatursprung, durch den das kältere Wasser aus der Hintertrommel zurückfließt. Früher bis 5 Trommeln, gab unsicheren Umlauf und war teurer.

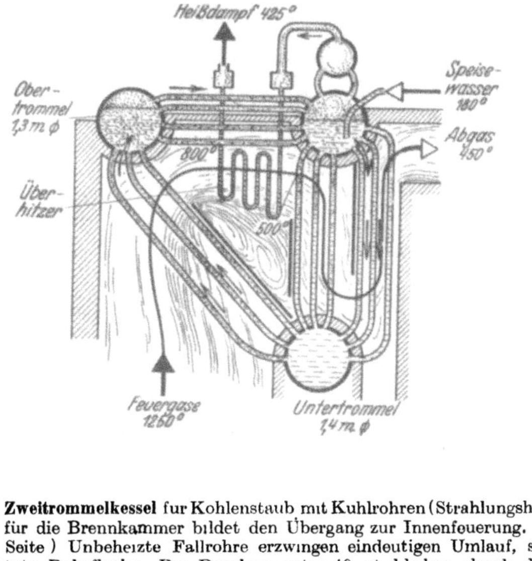

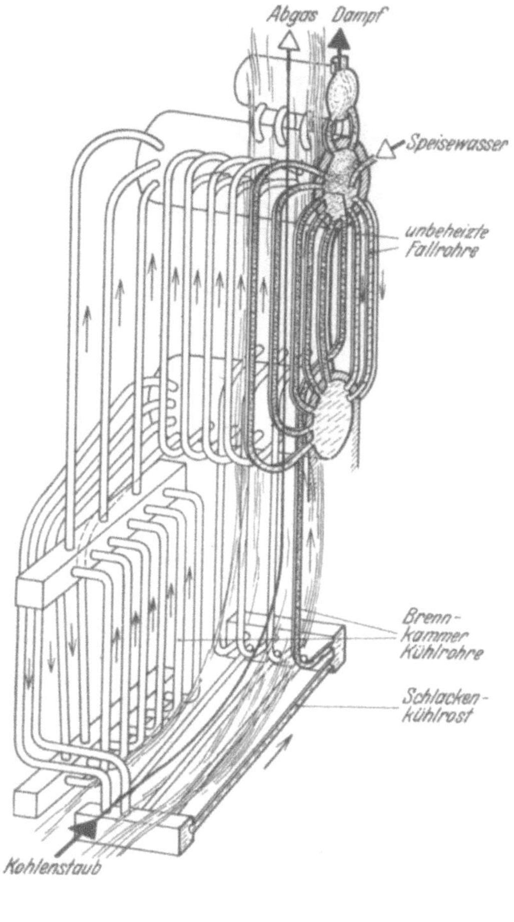

Zweitrommelkessel für Kohlenstaub mit Kühlrohren (Strahlungsheizfläche) für die Brennkammer bildet den Übergang zur Innenfeuerung. (Nächste Seite.) Unbeheizte Fallrohre erzwingen eindeutigen Umlauf, sind aber tote Rohrfläche. Bei Drucken unter 40 at bleiben durch die kälter abziehenden Rauchgase die Fallrohre so kalt, daß man sie beheizen kann, wenn sie senkrecht stehen. Wenig Trommeln machen den Kessel für hohe Drucke geeignet.

Münzinger: Dampfkraft, 1933. — Dubbel: Taschenbuch, 1935. Bd. 2.

Sonderkessel für Hochleistung

mit Innenfeuerung in einer Brennkammer, die aus Wasserrohren gebildet ist, nutzen die Flammenstrahlung ähnlich wie Flammrohrkessel aus, aber nur die der Flamme zugekehrte Rohrfläche (1/2), ist wirksame Heizfläche. Teures feuerfestes Mauerwerk entfällt. Als Wasserrohrkessel für beliebige Leistungen und Drücke ausführbar. Nachteil: Bei Kohlenstaub wird die Flamme zu stark gekühlt, für tiefe Teillast unbrauchbar. Heizfläche verdampft bis 150 kg/m^2h (Velox-Kessel 600 kg/m^2h)

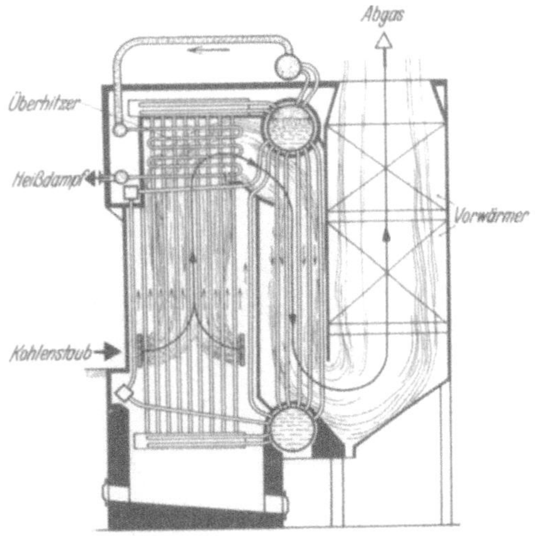

Combustion-Engineering-Kessel (KSG) mit 2 Trommeln und vollständig von Rohren eingeschlossener Brennkammer. Überhitzer über der Brennkammer erzeugt einen Temperatursprung, der genügt, um das Zurückfließen des kälteren Wassers in den Fallrohren sicher zu stellen, obgleich sie beheizt sind. Tote Fallrohre, die den Kessel verteuern, fallen weg.

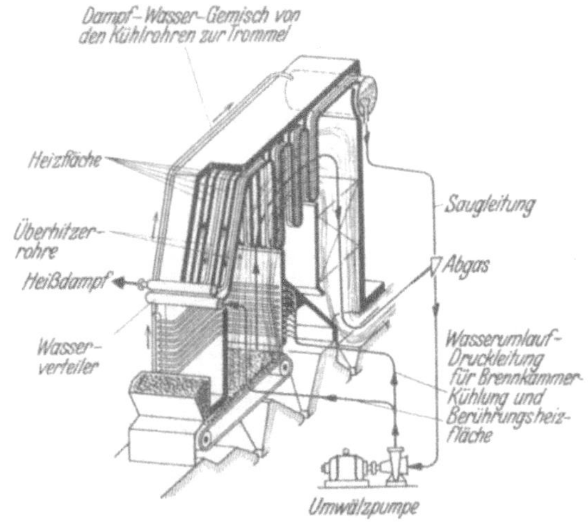

La Mont-Kessel[1]. Anstelle von natürlichem Wasserumlauf: Zwangsumlauf durch Umlaufpumpe. Dünne 30 statt 80 mm weite Rohre anwendbar. Der Kesselbau wird von konstruktiven Rücksichten auf den Wasserumlauf befreit. Braucht keine Verschlüsse und Sammelkästen. Das verbilligt die Kessel. Das schneller fließende Wasser setzt weniger Stein ab, was die Speisewasserfrage lösen soll. Die Pumpe wälzt das 5—10fache der Dampfmenge um, die das Umlaufwasser in der Trommel ausdampft und verbraucht bis 1% Dampf. La Mont-Heizfläche wird auch bei Kesseln anderer Bauart als Strahlungsheizfläche zur Feuerraumkühlung eingebaut. Auch für Abhitzekessel.

Velox-Kessel[2] von BBC setzt die Feuerung unter Druck. Dadurch können die Heizgase schneller strömen (200 statt 25 m/s), der Kessel über 600 kg/m^2h verdampfen und der Feuerraum bis 8 Mill. statt bis 3 Mill.[3] kcal/m^3h leisten. Braucht Ladegebläse und druckfest geschlossenen Feuerraum, der sich nur für niederen Dampfdruck, ferner nicht beliebig groß bauen läßt und bis jetzt nur für Brennöl und gereinigtes Gas verwendbar ist (Nachteil). Der Mantel des Feuerraums ist ringsum mit senkrechten wassergefüllten Verdampferrohren belegt, von denen jedes erst außen bestrahlt, dann innen durch 4 dünne Heizrohre (10—25 mm) mit schnellströmendem Feuergas beheizt wird. Das Gebläse braucht 1/4 der Kesselleistung, eine Abgasturbine liefert diese Kraft. Der Kessel hat höheren Wirkungsgrad als andere und braucht wenig Platz, auf Schiffen mit Schiffsturbine zusammen 2/3 einer Dieselanlage. Kalter Kessel kommt in 5 Min. auf volle Last.

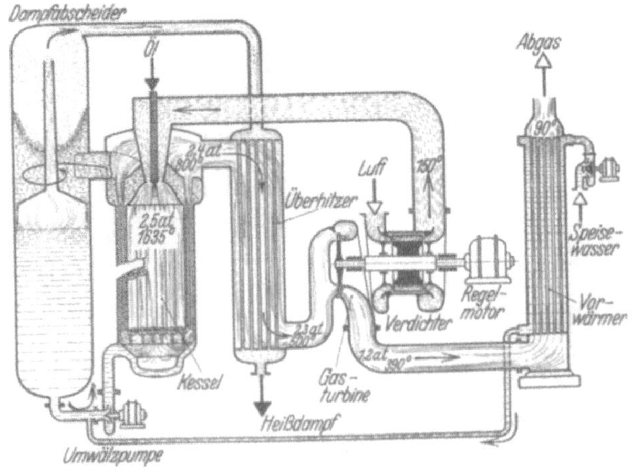

[1] Herpen: Z. VDI., 1931 S. 617 — Vorkauf; Wärme, 1932 S. 477; 1933 S. 579; 1934 S. 517 — [2] Noack. Z. VDI, 1932 S. 1033. — Stodola: Z. VDI, 1935 S. 429 — [3] für Öl und Gasfeuerungen.

Sonderkessel für Hochdruck

mit chemisch gereinigtem Speisewasser erleichtern.

sollen durch Wegfall von Trommeln mit ihren vielen eingewalzten Rohrreihen billiger werden oder durch besondere Mittel den Betrieb

Benson-Kessel besteht aus parallelen Rohrstrangen, die durch Sammler untereinander verbunden sind. Das durchgepumpte Speisewasser erhitzt sich und geht im Verdampfungspunkt in Dampf uber, der uberhitzt an den Rohrenden austritt. Ursprunglich glaubte man auf kritischen Druck (224 at) gehen zu mussen, um bei diesem einfachen Zwangsdurchlauf durch Rohre (ohne Ausdampftrommel und mehrfachen Umlauf) trockenen Dampf zu bekommen Man mußte dann den Dampf wie dargestellt abdrosseln und nachuberhitzen. Heute verwendet man viel tieferen Druck, der konstant gehalten wird, oder der sich „gleitend"[2] bei sinkender Last nach dem Turbinendruck einstellt Dampfuberhitzung durch Warmezufuhr des Feuers geregelt.

Sulzer-Einrohrkessel[3] besteht aus einer oder bei großeren Leistungen aus wenigen parallelen Rohrschlangen bis 1300 m Lange aus fortlaufend zusammengeschweißten Rohren. Beim Durchpumpen durch das lange Rohr mit einem Druckaufwand bis 40 at entsteht eine schnellere Stromung, was den Verdampfvorgang bei niederen Vollastdrucken erleichtern und das Ablagern von Salz vermindern soll. Speisepumpe arbeitet auf konstanten Dampfdruck. Dampfuberhitzung durch Einspritzen von Wasser nahe am Rohrende geregelt Kein grundsatzlicher Unterschied gegen Benson-Kessel.

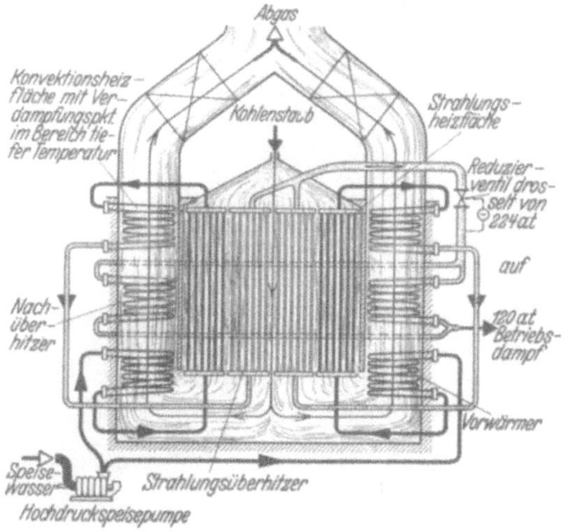

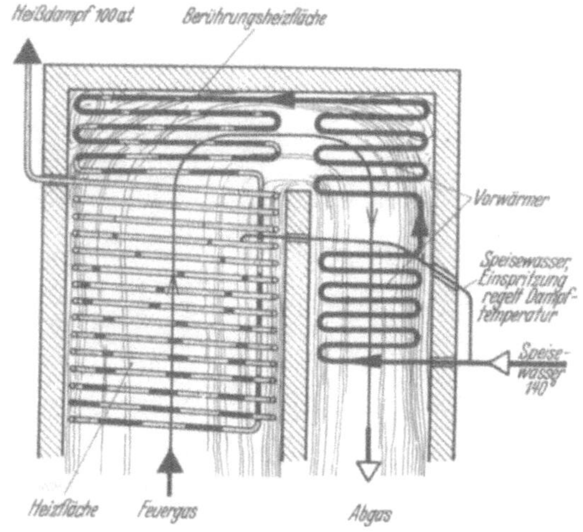

Beide Kesselarten: Nur für Speisewasser aus Verdampfern, das aber immer noch soviel Salz enthalt, daß sich Salz in der Ausdampfzone der Kesselrohre absetzt. Deshalb alle 2—4 Wochen Ausspulen notwendig: Ohne Betriebsunterbrechung durchverstärktes Durchspulen und Abzapfen von Speisewasser hinter der Salzansatzzone; oder Ausspülen bei Stillstand. Anfahren kalter Kessel im Notfall in $^1/_4$ Stunde. Kein Speichervermögen. Kesselbetrieb hangt von verwickelten Regeleinrichtungen ab

Löffler-Kessel[4] walzt in den Brennkammerrohren statt Wasser nur Dampf um, der sich auf 500° uberhitzt $^1/_4$ davon geht zur Kraftmaschine, $^3/_4$ werden in Speisewasser eingeblasen, wodurch es verdampft. Eine Umwalzpumpe saugt den Dampf an und druckt ihn durch den Kessel. Die Pumpe verbraucht bis 4% Betrieb mit chemisch gereinigtem Speisewasser setzt voraus, daß der Dampf nicht zu viel Salz mitreißt

Schmidt-Hartmann-Kessel[5] laßt immer das gleiche saubere Wasser im feuerbeheizten Röhrenkessel umlaufen. Naturlicher Umlauf also nicht wie Zwangsumlauf beeinflußbar Dies Umlaufwasser verdampft unreines Speisewasser, von dem es durch eine Verdampferheizflache getrennt ist. Der Kessel arbeitet mit chemisch gereinigtem Speisewasser. Er hat eingebaute Hochdruckverdampfer und braucht zum Verdampfen einen Überdruck uber 20 at gegen den Nutzdampfdruck.

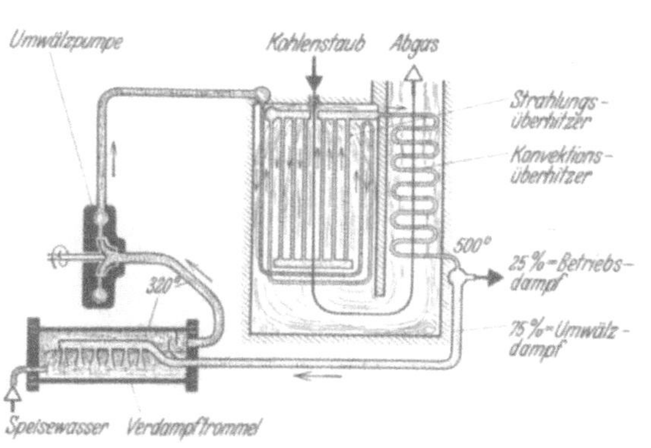

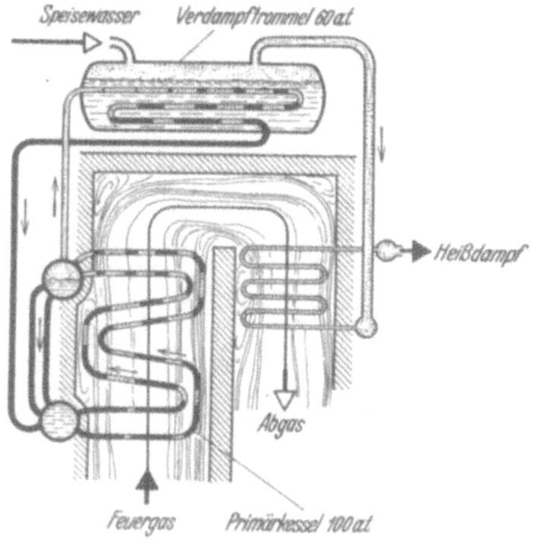

[1] Leunig: Arch. Warmewirtsch., 1934 S. 37. — [2] Gleichmann: Arch. Warmewirtsch., 1933 S. 145; 1934 S. 42, 265. — Melan: Z. VDI, 1934 S. 402, 1327. — [3] Stodola: Z. VDI, 1933 S. 1225. — Balmer: Warme, 1934 S. 399. — [4] Josse, Gramberg: Z. VDI, 1934 S. 771, 981. — [5] Hartmann: Wärme, 1931 S. 503.

Ruthsspeicher sind druckfeste Eisenbehälter, die bis 95% mit siedendem Wasser gefüllt sind. Das Aufladen geschieht durch Einblasen von überschüssigem Dampf, der unter Drucksteigerung kondensiert. Durch Druckentlastung geben die Wassermassen die gespeicherte Warme als Dampf beliebig schnell ab, können also unbegrenzt hohe Verbrauchsspitzen decken, bis der Speicher entladen ist.

Liegender Industriespeicher arbeitet im Niederdruckgebiet z. B. von 4 bis 1 at. Die Verbraucher erhalten aus automatisch geregelten Leitungsnetzen beliebige Dampfmengen mit konstanten Drücken, was in Betrieben mit schwankendem Verbrauch Produktion und Qualitat erhöhen kann. Kessel und Kraftmaschine bleiben von den Schwankungen unberuhrt, erzeugen mehr Heizkraft, brauchen bei tragen Kesseln weniger Kohle und lassen sich kleiner bemessen.

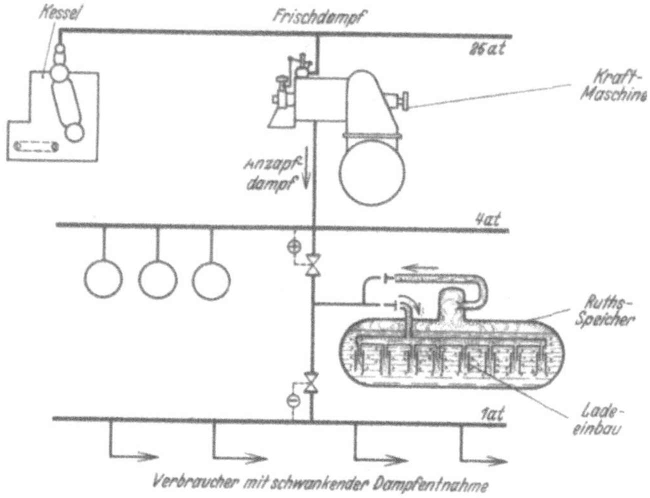

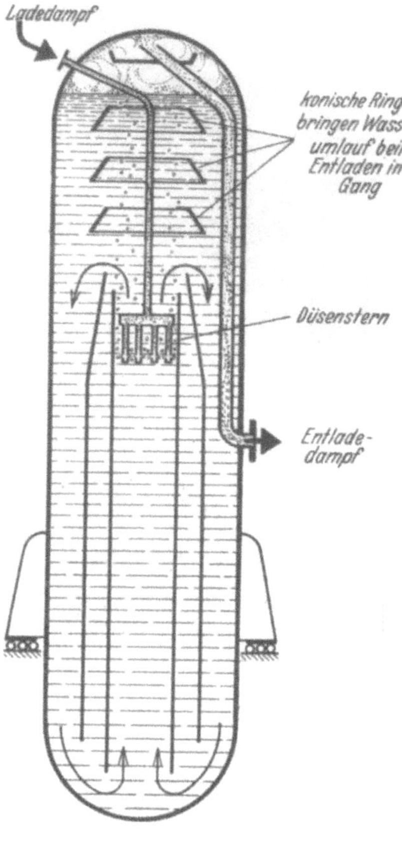

Stehender Kraftwerksspeicher braucht wenig Grundfläche, arbeitet mit weitem Druckbereich zwischen 14 und 0,5 at. Ladeeinbau verteilt die Warme uber die ganze Speicherhöhe. Für Lastspitzen bis zu 2 Stunden Vollastentladedauer und als Momentanreserve für Störungen.

Gleichdruckspeicher sind druckfeste Sammelbehälter für vorgewarmtes Speisewasser. Bei tiefer Last wird kaltes Wasser entnommen und auf Vorrat erhitzt, bei hoher Last umgekehrt das Vorwarmen ganz eingestellt und der Kessel aus dem Speicher gespeist. Das Feuer ist dann, solange der Vorrat reicht, von der Warme entlastet, die es sonst zum Wassererhitzen hergeben muß. Der Kessel gibt bis höchstens 20% Spitzenlast. Feuerbeheizte Vorwarmer schränken das Temperaturgefalle ein, die höchste Spitzenlast sinkt dann auf 10%. Billiger als Ruthsspeicher, aber nur fur Lastspitzen von 10—20% ausführbar statt für reine Spitzenlast.

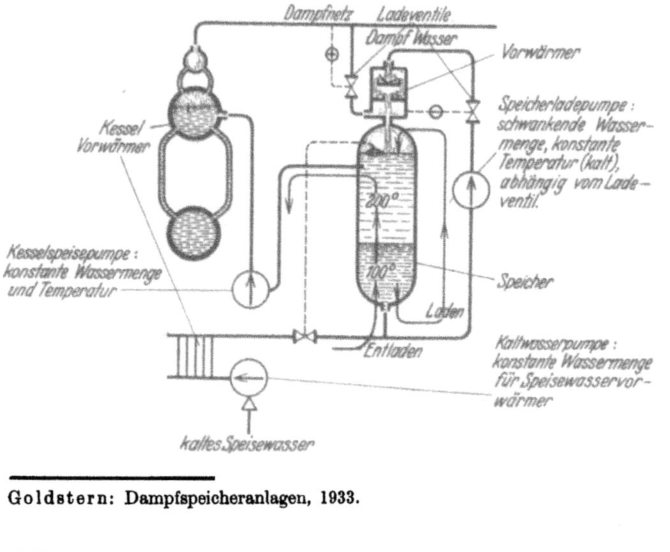

Goldstern: Dampfspeicheranlagen, 1933.

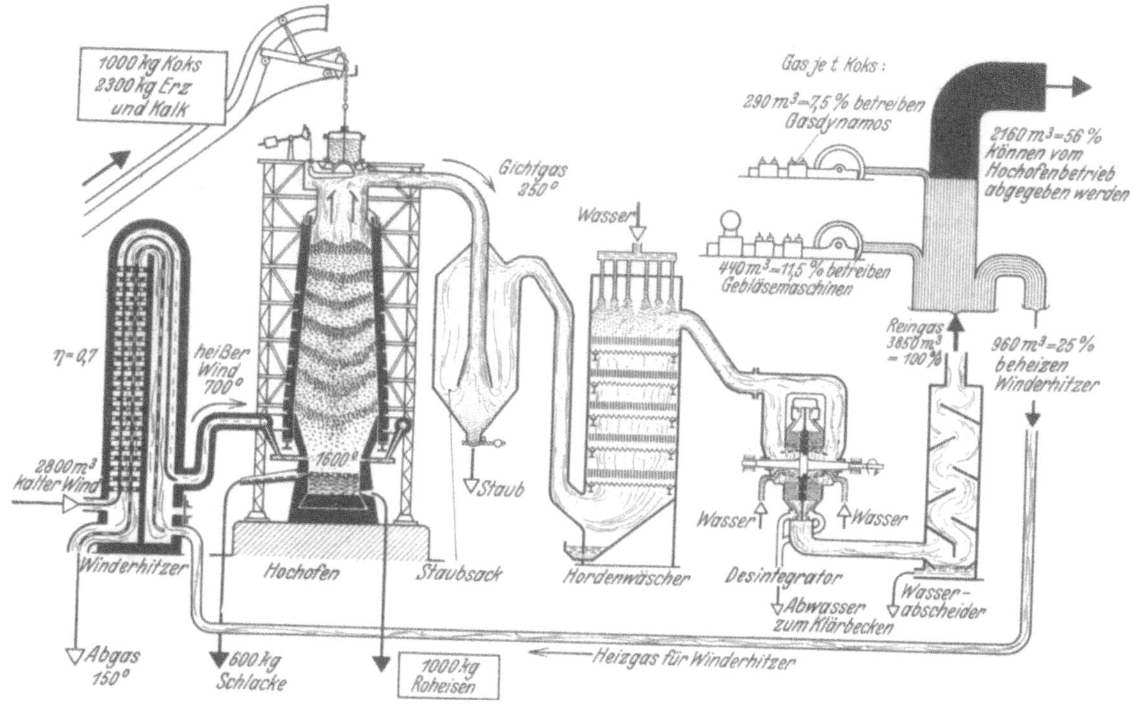

Im Gegensatz zu allen anderen Öfen ist das Abgas nur zum kleinsten Teil verbranntes Rauchgas; der Reduktionsprozeß des Erzes verbietet das Im Hochofen vergast Koks mit Luft und Erzsauerstoff zu Luftgas = Gichtgas. Nur seine fühlbare Warme schmilzt und reduziert Erz, indem es sich von 1600 auf 250° abkuhlt. Der Hochofen ist ein Gaserzeuger, der mit 1600° statt 1300° in der Glutzone bis 1500 statt 200 kg/m² Koks vergast. Das verwertbare Gichtgas hat mit 1000 kcal/m³ die Verbrennungswärme von Luftgas; daß es durch Teilverbrennung CO_2 statt CO und durch Verbrennen mit Erzsauerstoff weniger Luftstickstoff-Ballast enthalt, gleicht sich aus. Da das Gichtgas kalt entweicht, wird der Vorwarmer (Winderhitzer) durch verbrennendes Gichtgas geheizt. Nachdem das Hochofenwerk den Eigenbedarf gedeckt hat, liefert es 2160 m³ Gichtgas/t Roheisen nach außen. Das entspricht fast 300 kg/t = 30% von den 1000 kg Koks/t Roheisen, die der Hochofen verbraucht.

Anhaltszahlen Eisenhuttenwerke, 1931. — Ost: Chemische Technologie, 1928 S. 725.

Schmelzöfen

für Gußeisen können stetig und mit Kaltluft arbeiten, für Stahl mit seinen höheren Schmelztemperaturen aber nur periodisch, nur mit heizkräftigem Gas und mit vorwärmenden Regeneratoren.

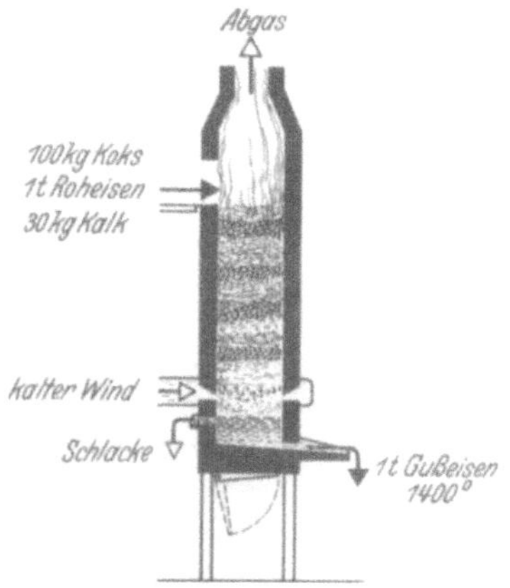

Kuppelofen für Gießereien schmilzt stetig je m² Feuerungsquerschnitt bis 8000 kg/h Roheisen mit 800 kg/h = 100 kg/t zugemischtem Koks, der vollständig ausbrennt. Zum Vergleich: Rostfeuerungen und Gaserzeuger verarbeiten 200 kg/h Kohle je m².

Regeneratoren sind speichernde Vorwärmer für Gas und Luft, die periodisch aufgeheizt und abgekühlt werden. Für höchste Temperaturen geeignet.

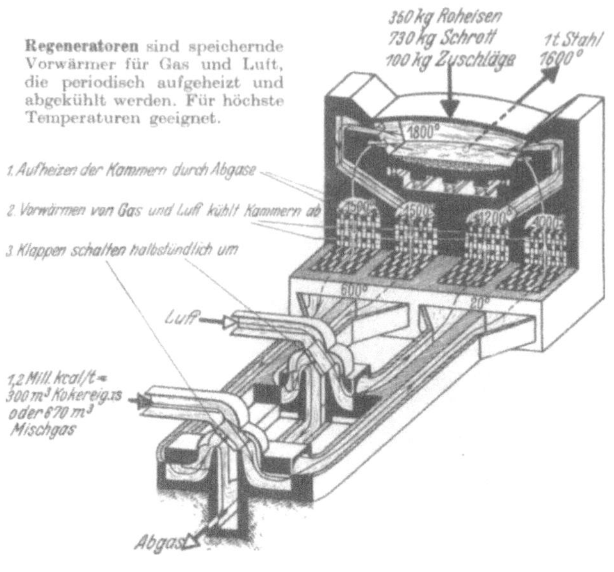

Siemens-Martin Ofen mit Regenerator für Stahlwerke schmilzt periodisch mit 6 Stunden Umlaufzeit je m² 200 kg/h Stahl. 1800° sind nur bei Vorwärmen von Gas und Luft erreichbar. Geheizt wird mit Generatorgas aus 250 kg Kohle/t Stahl. Gichtgas ist zu heizschwach und muß durch $^1/_3$ Koksofengas zu Mischgas mit 1800 kcal/m³ aufgebessert werden. Mit Mischgas oder reinem Kokereigas kann der Wärmeverbrauch auf z. B. 170 kg Kohle¹/t Stahl und darunter sinken.

Walzwerksöfen

stellen die notwendigen Walztemperaturen vor und zwischen den Walzvorgängen her.

Rekuperatoren wärmen kontinuierlich vor und sind billiger als speichernde Regeneratoren, die doppelte, umschaltbare Heizflächen brauchen. Rekuperatoren sind aber für höchste Temperaturen unbrauchbar. Sie müssen Gas gegen Luft abdichten, was schwer ist, deshalb bevorzugt man oft teure Regeneratoren.

Steinerne Rekuperatoren sind feuerfest, bekommen aber Risse.

Edelstahl-Rekuperatoren (Schack) bis 900° sind dicht und brennen nicht durch wie die älteren schlecht dehnbaren eisernen

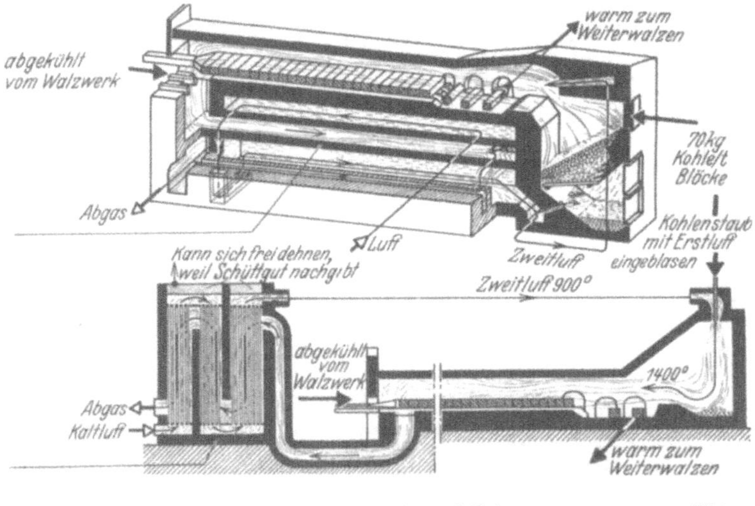

Stoßöfen mit Rekuperatoren erwärmen Walzgut auf 1250° mit 70 kg/t, bei kaltem Einsatz mit 100 kg Kohle/t Walzgut. Über wassergekühlte Gleitschienen kippt der Block, damit er von allen Seiten durchwärmt. Da sich oft Blöcke übereinander schieben, muß der Ofen hoch sein; das vermehrt die Wandverluste. Senkrecht einblasende Kohlenstaubbrenner haben lange Flamme und scheiden Asche im Vorraum aus.

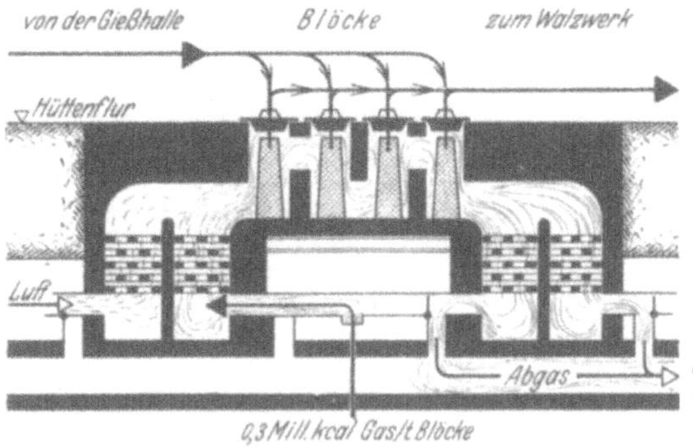

Tiefofen
hält gewöhnlich nur Blöcke warm, wofür er z. B. 40 kg Kohle¹/t Blöcke braucht, oft aber unter 10 kg/t. Er erwärmt nach Feiertagen und Störungen kalten Einsatz mit 100 kg Kohle¹/t.

¹ Für gasbeheizte Öfen ist 7000 kcal = 1 kg Kohle gesetzt.

Anhaltszahlen Eisenhüttenwerk, 1931. — Osann: Eisenhüttenkunde, Bd. 2 1926. — Gießereilehrbuch, 1922. — Fischer: Taschenbuch für Feuerungstechniker, 1925. — Ölschläger: Der Wärmeingenieur, 1925. — Rummel: Stahl u. Eisen, 1932 S. 562.

Wärmöfen

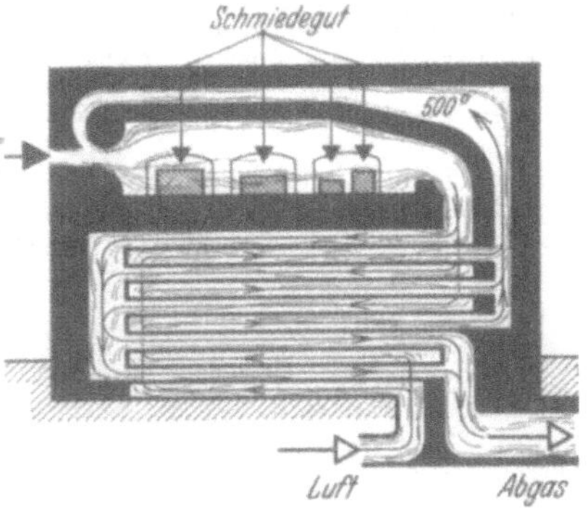

Schmiedeofen mit Rekuperator, gasbeheizt, braucht mindestens 100, im Mittel 250 kg Kohle/t[1], aber wenn er durch zu kleine Stücke schlecht ausgenutzt ist, bis 500 kg/t, immer noch weniger als offene Schmiedefeuer, die bis 1000 kg Kohle/t Eisen verbrennen.

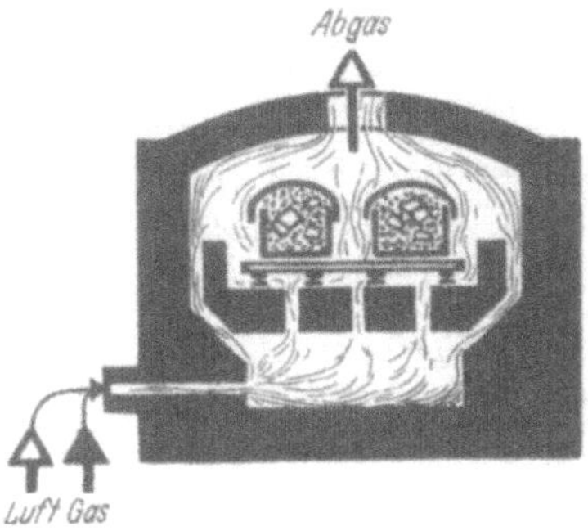

Einsatzofen zum Härten. Die Kasten, in denen das Gut eingepackt ist, werden von den Flammen allseitig umspült, dadurch gleichmäßig durchwärmt.

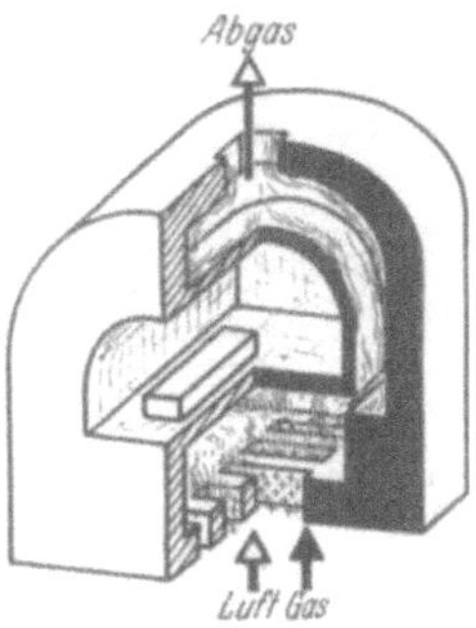

Muffelofen. Muffel schützt das Gut vor Feuergasen und zu schnellem Erwärmen. Schlechterer Wärmeübergang erhöht Abgasverluste.

Tunnelöfen

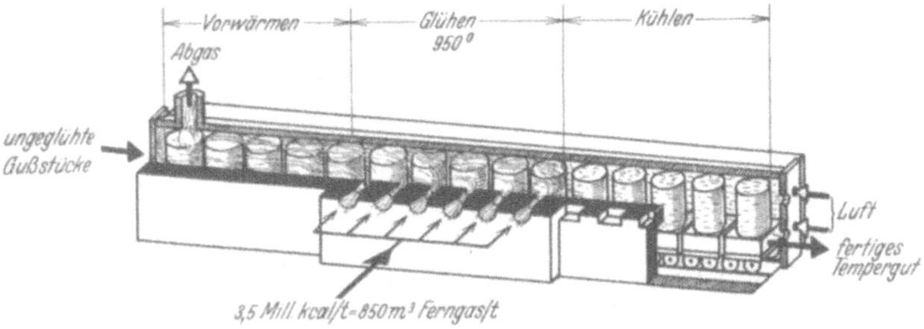

Fließender Betrieb. Glühen und Wärmen von Gußstücken, Blechen und Drähten bis 950° mit Transport durch Wagen oder Rollen. In schützende Kisten verpackt durchlaufen Bleche den Ofen in einem Tag, Guß beim Tempern in einer Woche, offene Bleche auf wassergekühlten Stahlrollen durchlaufen Großöfen in wenigen Minuten. Bleche glühen braucht z. B. 70 kg Kohle/t[1], Gußtempern 500 kg Kohle/t Eisenware, nur 1/3 des Brennstoffs kohlebeheizter Kammeröfen. Draht wird durch eine Heizmuffel vom Heizgas geschützt, was den Wärmeverbrauch von 40 auf 70 kg Kohle/t Ware steigert. Blei- oder Wasserbäder am Ein- und Auslauf des Drahtes verhindern das Eindringen von Luft in die mit Dampf oder Schutzgas gefüllte Muffel. Beim Heizen durch Kokereigas, das weniger zundert, brauchen nur hochwertige Drähte schützende Heizmuffeln[1].

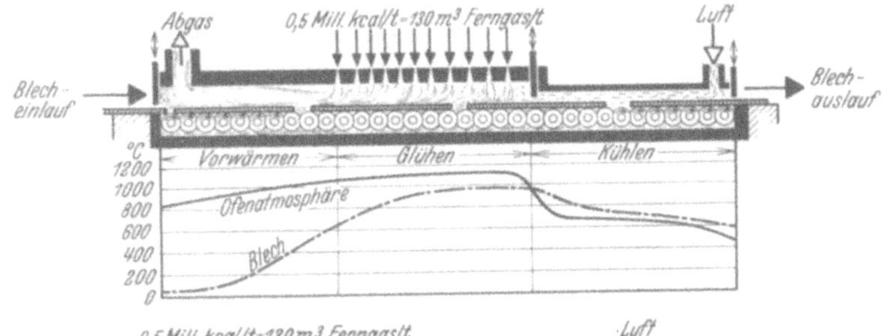

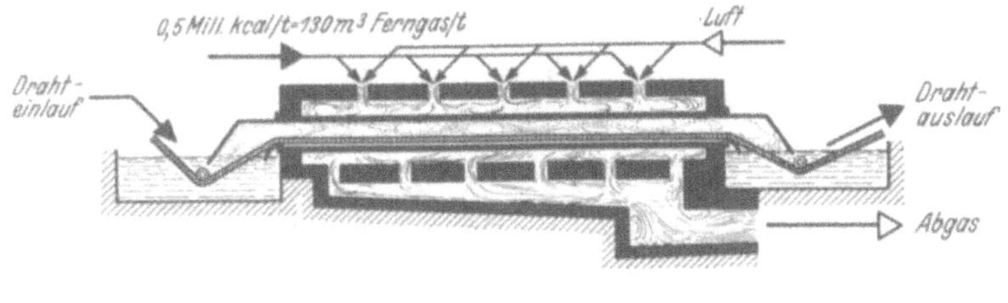

[1] Für gasbeheizte Öfen ist 7000 kcal = 1 kg Kohle gesetzt.

Trinks: Industrieofen, 1928 u. 1931. — Olschlager: Wärmeingenieur, 1925. — Z. VDI, 1931 S. 580. — Stahl u. Eisen, 1931 S. 1481. — Gießerei, 1930 S 84. — Anhaltszahlen Eisenhüttenwerke, 1931.

Elektroöfen heizen ohne Rauchgase, das Gut bleibt rein und brennt weniger ab, was für Edelprodukte entscheidend sein kann. Außerdem lassen sich billige Abfälle zu hochwertigen Produkten verarbeiten und die Legierungsbestandteile hochwertiger Abfälle bleiben erhalten. Abgasverluste fallen weg; gut isolierte allseitig verschlossene, besser ausgenutzte Elektroöfen mit weniger Handarbeit arbeiten in Sonderfällen nicht teurer als Brennstofföfen, obgleich beim Umwandeln von Wärme in Elektrizität 80% verloren gehen.

Elektrodenöfen mit Lichtbogen und Schmelzgut als elektrischen Widerstand brauchen bei dem guten cos φ = 0,85 nichts als Transformatoren auf 80 bis 200 Volt zum Anschluß ans Netz. Die höheren Spannungen werden zum schnelleren Einschmelzen benutzt

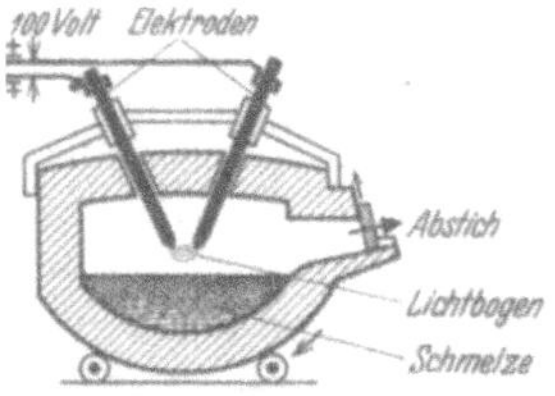

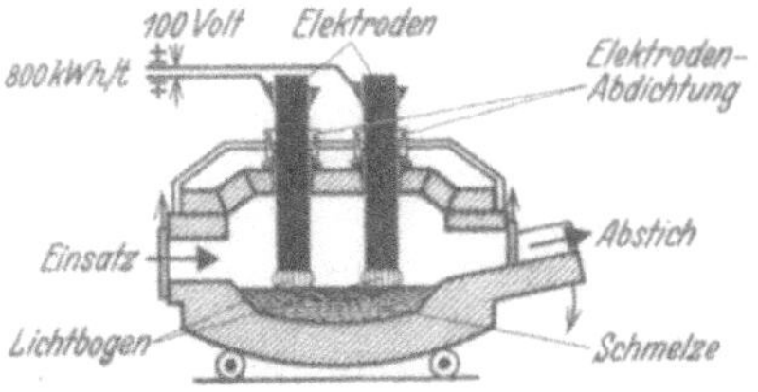

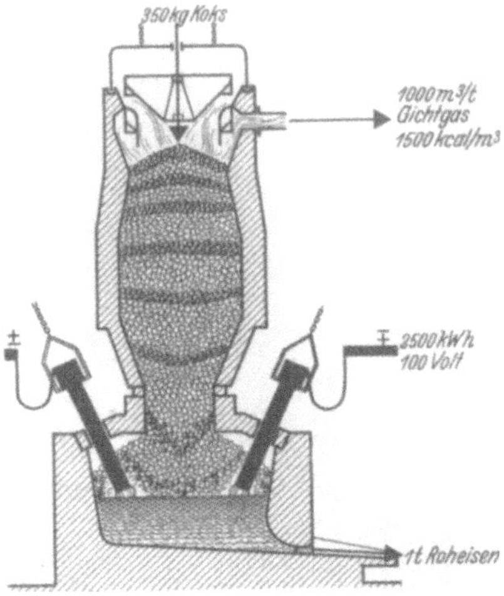

Strahlungsöfen nur bis 3 t Stahlinhalt = 500 kW für kleine Gießereien und Schmelzproben. Lichtbogen geht nicht durch die Schmelze. Elektroden stehen schräg, damit nur am Berührungspunkt der Lichtbogen entsteht; ihr Gewicht biegt sie nach unten, was nur kleine Elektroden aushalten.

Direkter Lichtbogenofen bis 40 t Stahlinhalt = 7000 kW, mit senkrechten Elektroden, die luftdicht abgeschlossen weniger schnell abbrennen. Schmelzgut dient als Widerstand, der sich aber verändert; Heben und Senken der Elektroden durch Regler gleicht dies aus. Die starken Stromstoße wirken ungünstig auf das Netz und werden deshalb von Drosselspulen aufgenommen Von Elektroden, die außerdem von unten heizen, ist man abgekommen.

Elektrischer Hochofen führt Schmelz- und Reduktionswärme durch 2500 kWh/t zu. 350 statt 1000 kg Koks/t Roheisen reichen dann zum chemischen Reduzieren von Eisenerz aus. Wirtschaftlich in Wasserkraftländern, wo Koks 35,— *M*/t und 1 kWh = 1 *Pf* kostet (1929)

Induktionsöfen für Schmelzen von Metall mit Schmelzgut als Sekundärstromkreis brauchen rotierende Frequenzumformer.

Niederfrequenzöfen

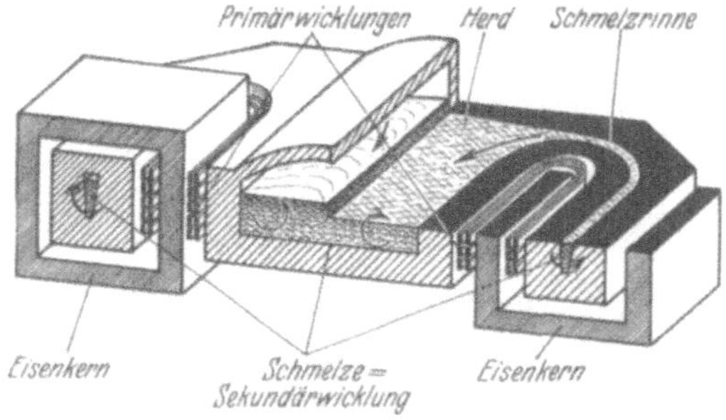

bis 300 kW 1500 kg vorgeschmolzenes Metall arbeiten mit 10 Hertz, wodurch Phasenverschiebung verringert wird, und haben deshalb Primärspule mit Eisenkern Sie brauchen besonderen Vorschmelzofen; das hat sie aus Stahlwerken verdrängt. Metallwerke schätzen das homogene Schmelzbad, das durch elektrodynamische Kräfte entsteht, und den geringen Abbrand durch Wegfall der kohlenden Atmosphäre.

Hochfrequenzöfen

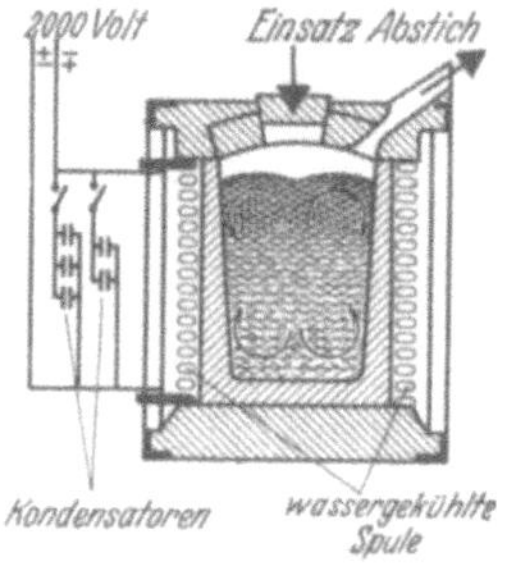

bis 5 t mit 500 Hertz als Betriebsofen. Hohe Frequenz senkt den cos φ auf 0,1, erfordert deshalb außer den Umformern ausgleichende Kondensatoren, der Eisenkern fällt aber weg. Der Ofen wird leichter zugänglich und braucht keinen Vorschmelzofen. Mit 10000 Hertz als Versuchsofen von 100 kW für 12 Liter Schmelze von kaltem Metall.

Widerstandsöfen[1] bis 200 kW mit Heizkörpern zum Anschluß an Niederspannung, cos φ = 1, für das Weiterverarbeiten von Eisen und Metall.

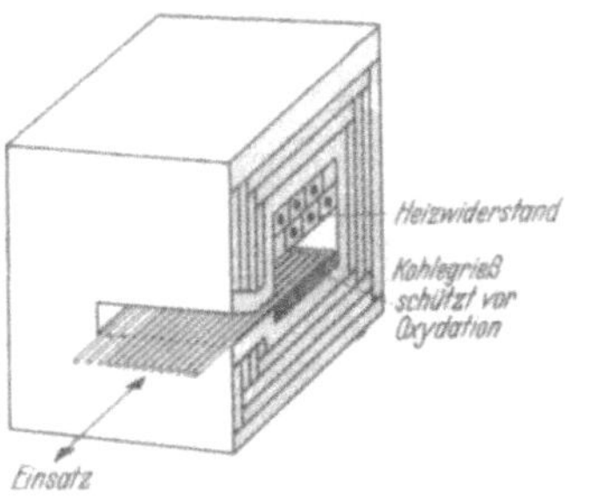

Hochtemperaturofen über 1000° zum Schmieden mit eingebetteten Heizwiderständen. Mehrschichtige Wand und langer schmaler Arbeitsschlitz verringern Strahlungsverluste.

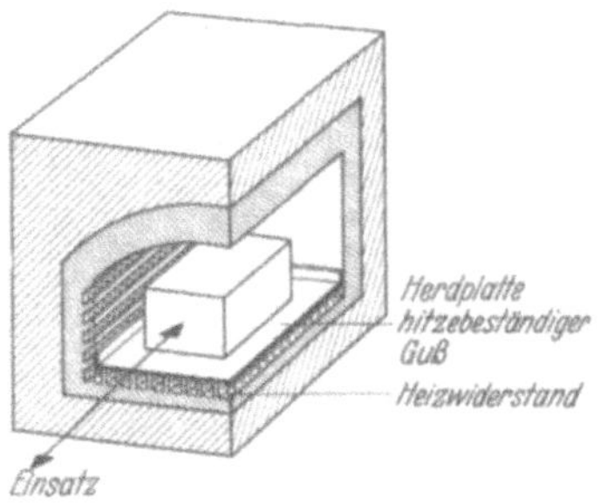

Ofen für 500—1000°. Offene Heizspiralen heizen das Gut von der Seite, die schützende Herdplatte von unten.

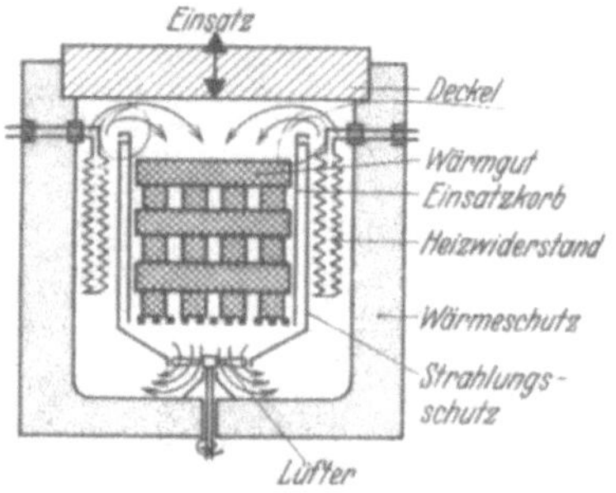

Ofen bis 500°. Zum Schutz ist das Gut von den strahlenden Heizspiralen getrennt und durch umlaufende Luft gleichmäßig erwärmt.

Sisco-Kriz: Elektrostahl-Verfahren, 1929. — Pirani: Elektrothermie, 1930 S. 5—81. — Nathusius: Weltkraftkonferenz, 1930 Bd. 1 S. 390 Anhaltszahlen Eisenhütten, 1931. — Dörrenberg, Broglio: Stahl u. Eisen, 1930 S 617.

[1] Paschkis: Elektr. Industrieöfen f. Weiterverarbeitung, 1932.

Elektrochemie

Nur Elektrolyse und Heizen über 2000° brauchen **unbedingt Elektrizität. Deshalb** verwenden **wasserkraftarme** Länder Verfahren, die weniger Strom aber dafür Brennstoff und **Kraft** brauchen.

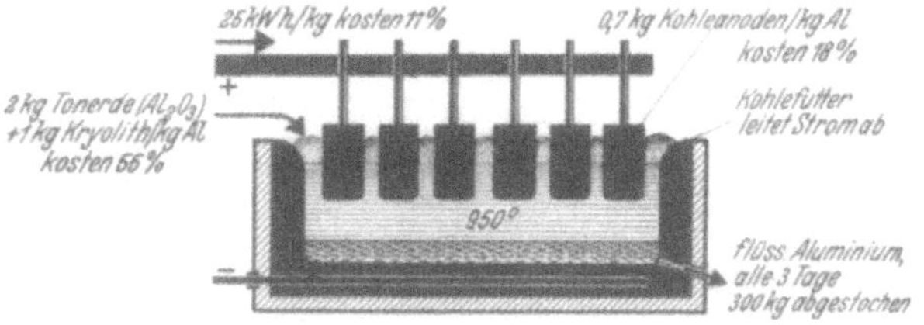

Aluminium (Al)

Elektrolyse im Schmelzfluß trennt aufbereitete Tonerde in Al und Sauerstoff, der die Anodenkohle täglich um 3 cm abbrennt. Kryolith als Flußmittel senkt Schmelztemperatur von 2080° auf 950° C. Bis 100 Zellen mit je 5 Volt hintereinander geschaltet verbrauchen bis 30000 kW Gleichstrom.

Luftstickstoff

braucht je kg Stickstoff über **80** kWh, **hauptsächlich zum Anwärmen** der Luft auf über 3000° im Flammbogen.

$N_2 + O_2 = 2\,NO - 43{,}2$ kcal

Stickstoff + Sauerstoff = Stickoxyd

(verbraucht Wärme)

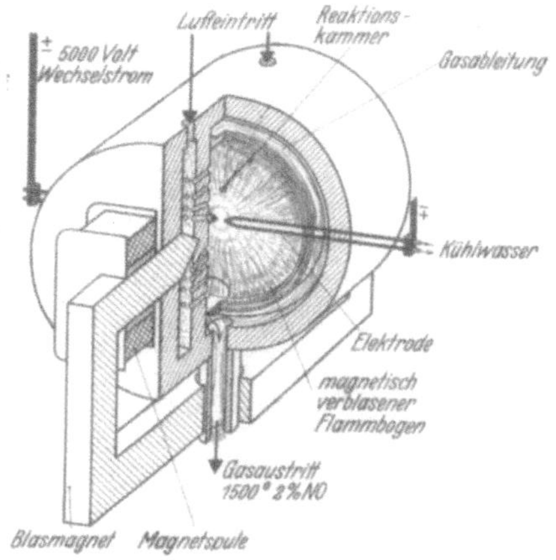

Blasmagnet-Ofen (Birkeland & Eyde, Norwegen) bis 4000 kW. Zerblasener Flammbogen wirkt in der ganzen Kammer von 3 m ∅

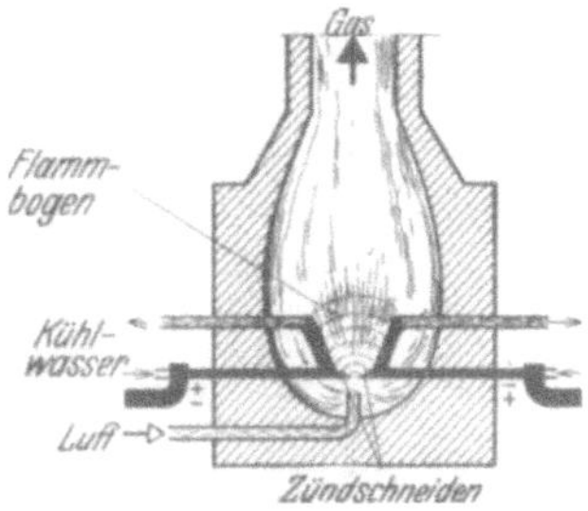

Hörner-Ofen nach Pauling (Deutschland). Eingeblasene Luft hebt und erweitert den Flammbogen auf 1 m Höhe.

Karbid

wird zum Herstellen von Azetylengas erzeugt oder zu Kalkstickstoff als Stickstoffdünger weiter verarbeitet. 1 kg Stickstoff im Kalkstickstoff braucht **12** kWh und **3** kg Koks.

$CaO + 3\,C = CaC_2 + CO - 105$ kcal

Kalk + Koks = Karbid + Kohlenoxyd

(verbraucht Wärme)

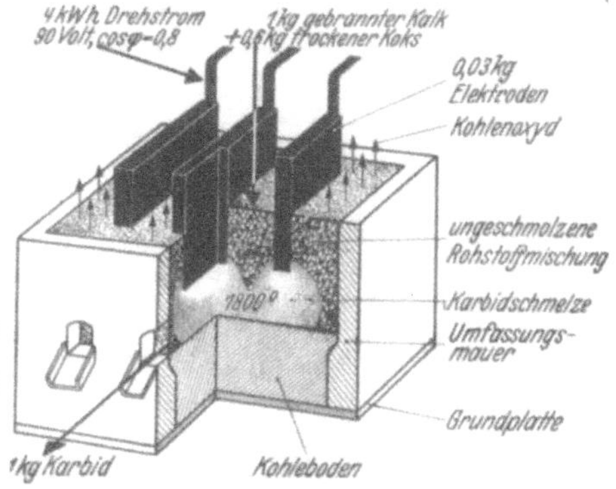

Karbid-Öfen bis 30000 kW arbeiten ohne Elektrolyse, Strom heizt nur. 1 kg Karbid gibt 300 l Azetylen mit 14000 kcal/m³ und 3000° heißer Flamme.

Stickstoff-Synthese vereinigt mit viel Kompressionskraft aber ohne Elektrowärme Stickstoff (N_2) und Wasserstoff (H_2) unter 200 at Druck und 600° (Rotglut) mit Hilfe von Katalysatoren zu Ammoniak (NH_3). Ursprünglich wurde nur Kohle verarbeitet dann von der Hüttenindustrie Kokereigas und neuerdings von Wasserkraftwerken auch elektrolytischer Wasserstoff, was das Luftstickstoffverfahren zu ersetzen beginnt. Zum Vergleich mit anderen Verfahren muß man 2 kWh/kg für Umwandeln von Ammoniak in düngfähiges Ammonsulfat zuzahlen.
Synthesegemisch muß enthalten: 25 % N_2 + 75 % H_2

Energieverbrauch je kg Stickstoff		verschiedene Verfahren zur Herstellung des Wasserstoff (H) - Stickstoff (N) Gemisches			Ammoniak (NH_3) - Synthese
kWh	Brennstoff	Grundlage	Zusammensetzung	Stoffe werden behandelt durch	
6 + 2 = 8	5,7 kg Braunkohle × 4 M/t = 2,3 Pf	Kohle: Wassergas + 50 % Generatorgas + Dampf	25 % N_2, 35 % H_2, 35 % CO, H_2O	Kontaktofen — H_2; CO_2 ausgewaschen	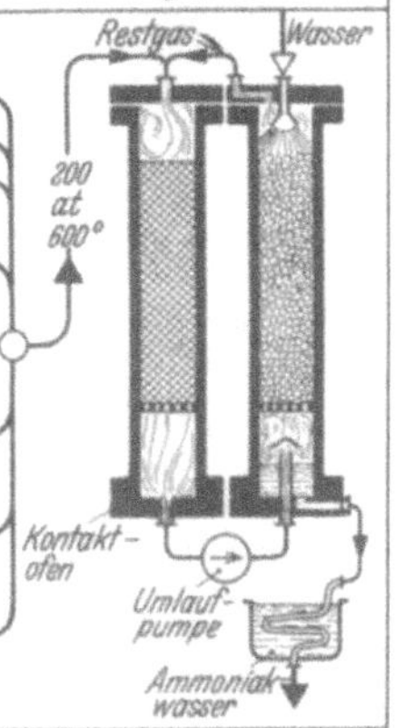
2,9 + 2 = 4,9	7 m³ × 1,7 Pf = 12 Pf	Kokereigas	57 % H_2, 7 % N_2, 25 % CH_4, 6 % CO	Verflüssigung	
	—	Luft	21 % N_2, 19 % O_2	Verflüssigung	
14 + 2 = 16	—	Wasser	$2H_2O$	Elektrolyse — $2H_2$; O_2 abgesondert	
	—	Luft	21 % N_2, 19 % O_2	Verflüssigung	

Synthese: $N_2 + 3\,H_2 = 2\,NH_3 + 22$ kcal, d. h. Stickstoff + Wasserstoff = Ammoniak (Vorgang **erzeugt** Wärme).

Billiter: Technische Elektrochemie, 1932 Bd. 3, 1928 Bd. 4. — Ost: Chemische Technologie, 1928. — Weltkraftkonferenz, 1930 Bd. 2 S. 134, 145 — Taussig: Die Industrie des Kalziumkarbides, 1930. — Vogel: Das Azetylen, 1911 S. 5, 7. — Pauling: Elektrische Luftverbrennung, 1929.

Schmelzöfen für Glas

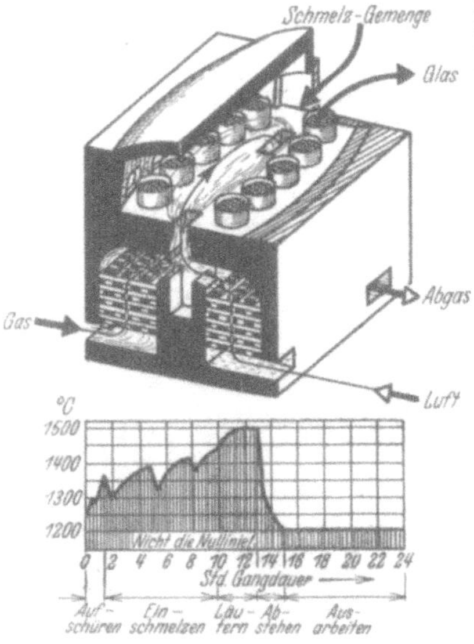

Hafenofen schmilzt periodisch Qualitatsglas in Hafen mit 500 l Inhalt ein; 12 kg/h Glas je m² Herdflache und 6000 kcal/kg Warmeverbrauch.

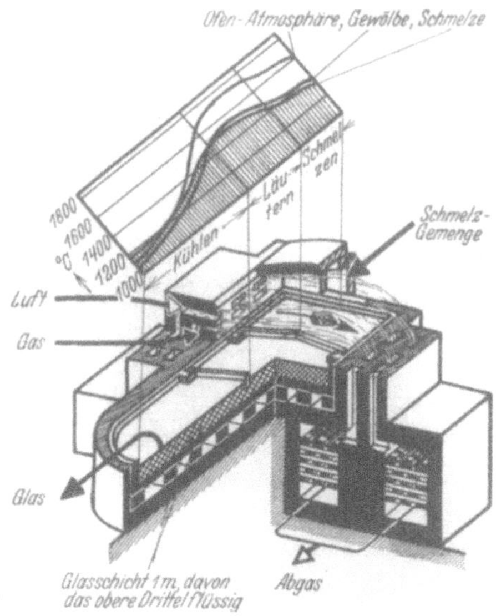

Wannenofen schmilzt fließend mit 3 Tagen Durchlaufzeit. Gibt größere m²-Leistung, 20 kg/m², und braucht weniger Warme, 4000 kcal/kg.

Brennöfen mit ruhendem Gut (Kammeröfen)

Zahlen geben Großenordnung fur den Mindestverbrauch an.

Einzel-Kammerofen für hochwertige Ziegel mit periodischem Feuerbetrieb. Getrennte Rostfeuerung schützt Brenngut vor Verschmutzen Brennstoffverbrauch 2,4 Mill. kcal/1000 Ziegel = 100 kg Kohle/t Ziegel

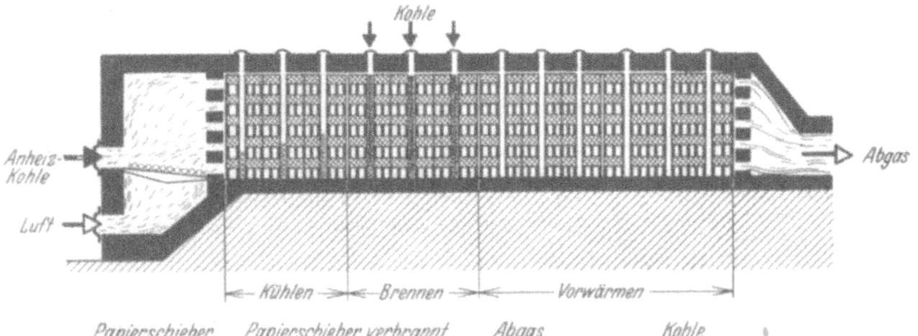

Langofen (Flammofen) für kleine Ziegeleien. Streufeuer mit wandernder Brennzone nutzt im halbstetigen Betrieb das Abgas zum Vorwarmen der Ware gegen Ende der Brennperiode immer mangelhafter aus. Rostfeuerungen dienen nur zum Anheizen. Brennstoffverbrauch 1,9 Mill. kcal/1000 Ziegel = 80 kg/t.

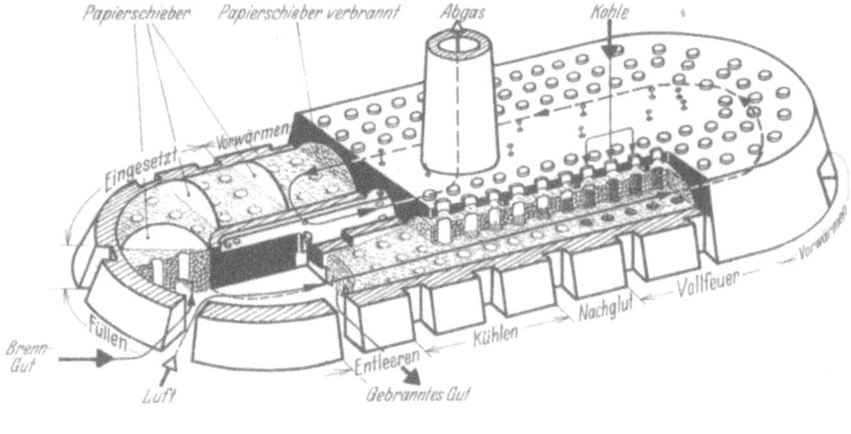

Ringofen fur Ziegel und Kalk entsteht durch Verbinden der ersten und letzten Kammer; arbeitet stetig mit 2 Wochen Umlaufzeit. Langsames Vorwarmen verhindert Ausschuß. Wandernde Brennzone gibt Aufheizverluste des Mauerwerks, was 2% Brennstoffverbrauch gegenüber Schachtofen ausmacht. Warmeverbrauch für Ziegel 0,3 Mill. kcal = 45 kg Kohle, fur Kalk 1,2 Mill. kcal = 170 kg Kohle/t gebranntes Gut, weil die chemischen Vorgange beim Kalkbrennen 4 mal soviel Warme aufzehren wie beim Ziegelbrennen. Viel Handarbeit und Grundflache.

Warmetechnische Beratungsstelle der Glasindustrie: Hafenofen 1926, Wannenofen 1927.

Brennöfen mit wanderndem Gut Zahlen geben Größenordnung für den Mindestverbrauch an.

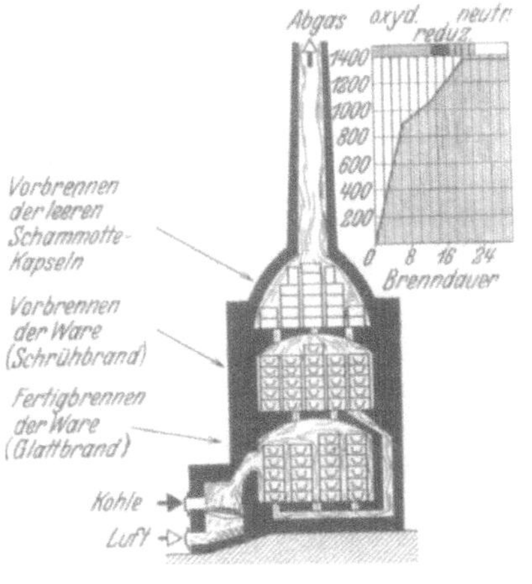

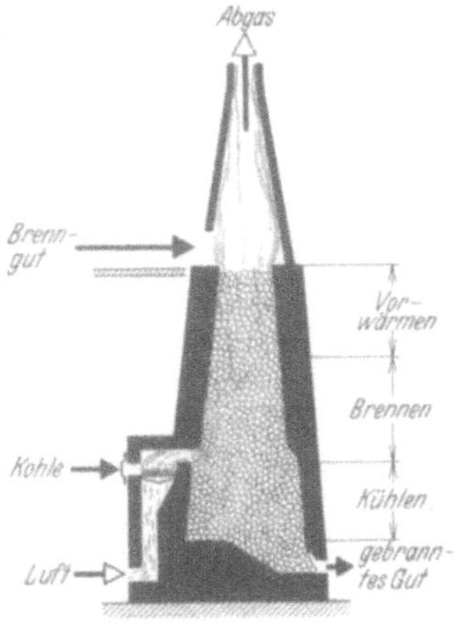

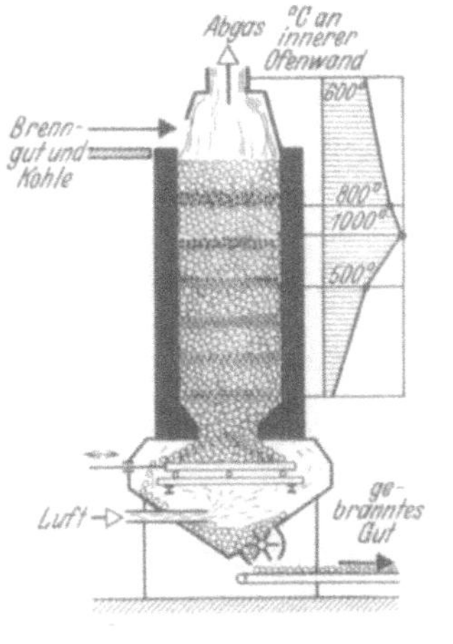

Etagen-Rundofen fur kleine und mittlere Porzellanbetriebe. Ware durchlauft unstetig nur 2 Stufen, durch vorgebrannte Kapseln gegen Asche geschützt. Warmeverbrauch 8 Mill. kcal/t. Davon werden 5% für den Brennprozeß der Ware ausgenutzt, 15% verbrauchen die Kapseln.

Schachtofen fur Kalk und Zement mit Seitenfeuer, arbeitet stetig, braucht 1,75 Mill. kcal/t, kann aber minderwertige Kohle verarbeiten. Ware bleibt aschefrei.

Schachtofen fur Kalk und Zement mit Mischfeuer. Schichten von Koks oder Anthrazit beheizen gleichmaßig, brauchen dadurch nur 1 Mill. kcal/t, aber teueren Brennstoff; Asche verunreinigt das Gut.

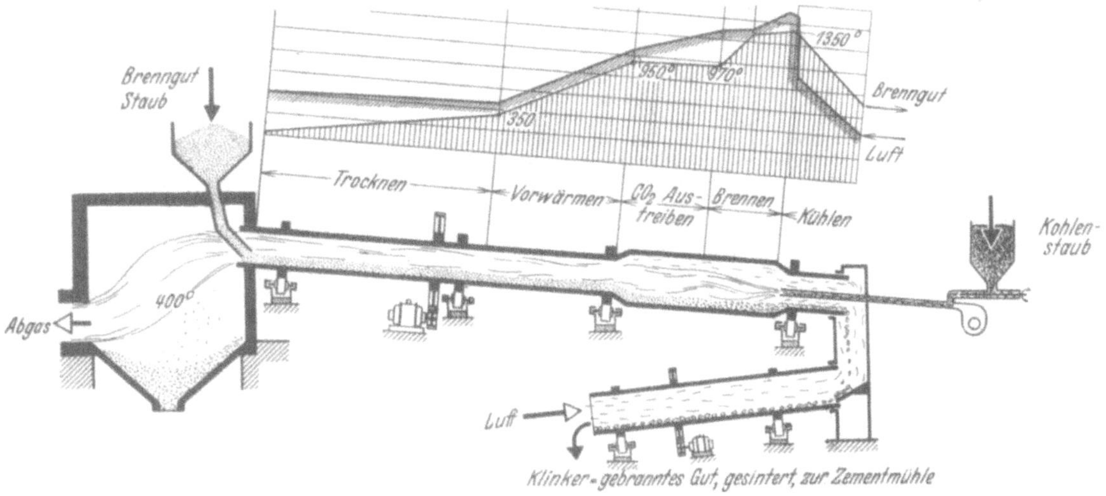

Drehrohrofen für Zement (zu 90% angewendet, Großverbrauch von Kohlenstaub) brauchen wenig Arbeitskraft aber wegen 400° heißer Abgase bis doppelt soviel Kohle wie Schachtofen. Krafterzeugung aus Abhitze gewinnt davon bis 30% zurück.

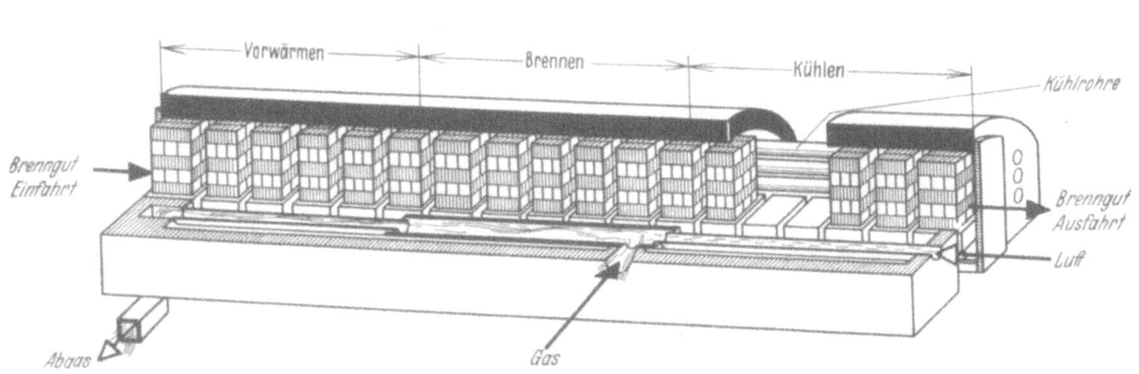

Tunnelofen fur Grobkeramik und Ziegel mit 4 Tagen Durchlaufzeit. Feststehende Brennzone erfordert keine Anwarmverluste des Mauerwerks. Einzelkapseln oder die dargestellten Heizmuffelrohre schutzen empfindliches Gut gegen Feuerasche. Abgas warmt das Gut vor, was 66% Brennstoff gegen periodische Einzelöfen spart. (7) S. 66)

Schmidt: Brennofen, 1927. — [2] Benfey: Tunnelofen, 1927.— [3] Bock-Nawrath: Ziegelofen, 1928. — [4] Bussmeyer: Zementdustrie, 1931. — [5] Klehe: Kalkwerk, 1927. — [6] Hecht: Keramik, 1923. — [7] Steger: Keramische Industrie, 1927.

Dampfturbinen

für Kraftwerke und elektrisch zentralisierte Fabriken lassen sich bis 80000 kW in einem Gehause ausfuhren. Der Wirkungsgrad ist im mittleren Druckgebiet am besten, er verschlechtert sich bei Höchstdruckstufen durch kurze Schaufeln, im Niederdruckgebiet weil die Schaufeln sich nicht beliebig lang ausführen lassen; trotz dem nutzt die Turbine hohes Vakuum viel besser aus als Kolbenmaschinen.

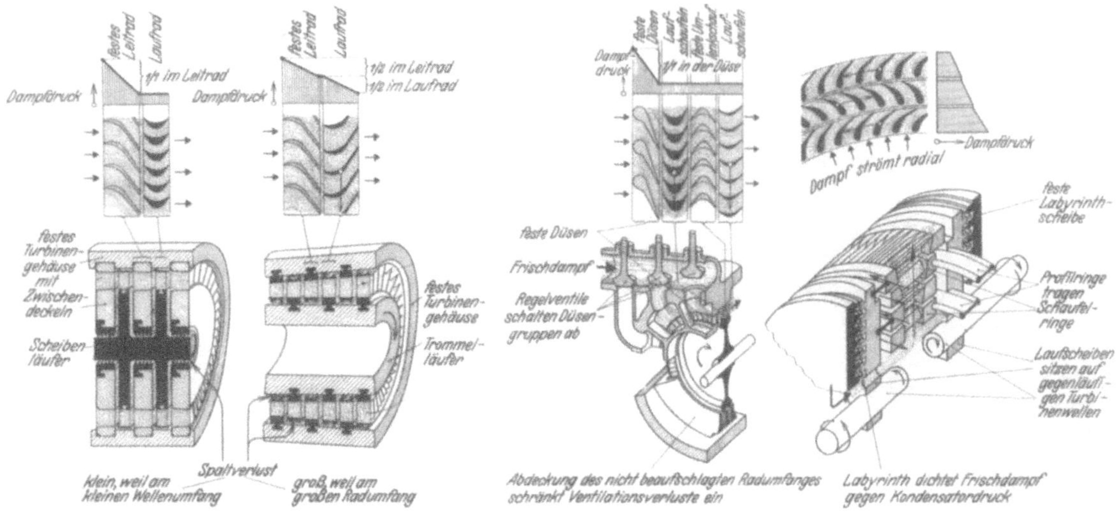

Gleichdruckstufen

(Aktions-, Zoelly-, Rateau-) verarbeiten das ganze Druckgefalle einer Stufe im festen Leitrad, das sich auf dem kleinen Wellendurchmesser gut abdichten läßt und nur auf einem Teil des Umfangs Dampf zu erhalten braucht. Stufenzahl kleiner als bei Überdruckstufen. Kleinere Spaltverluste durch Leckdampf. Auch für kleine Leistungen geeignet, besonders bei hohen Drücken.

Überdruckstufen

(Reaktions-, Parsons-) entspannen den Dampf teils im festen Leitrad, teils im Laufrad, wodurch der Schaufelwirkungsgrad etwas steigt, haben aber großen Spaltverluste. Bei den langen Schaufeln des Niederdruckteils tritt der Spaltverlust zuruck, hier ist Uberdruck uberlegen Der Uberdruck ubt einen Schub auf den Turbinenlaufer aus.

Geschwindigkeitsrad

(Curtis-) verarbeitet Gesamtgefalle in fester Duse haufig bis uber Schallgeschwindigkeit. Die Dampfgeschwindigkeit wird in mehreren Stufen verarbeitet, wobei Umlenkschaufeln zwischen den Schaufelradern liegen. Wirkungsgrad durch Umlenkverlust niedrig, verlauft aber flach, weil das Abschalten ganzer Dusengruppen bei Teillast die Drosselverluste einschrankt. Als erstes Rad geeignet, weil es durch das große verarbeitete Gefalle den Druck fur Stopfbuchse und Gehause heruntersetzt.

Gegenläufige Radialstufen

(Ljungstrom). Kleine Stufenzahl infolge doppelter relativer Umfangsgeschwindigkeit Turbine braucht zwei Stromerzeuger. Um ohne zweiten Stromerzeuger auszukommen, baut man neuerdings Radialturbinen ohne Gegenlauf[1].

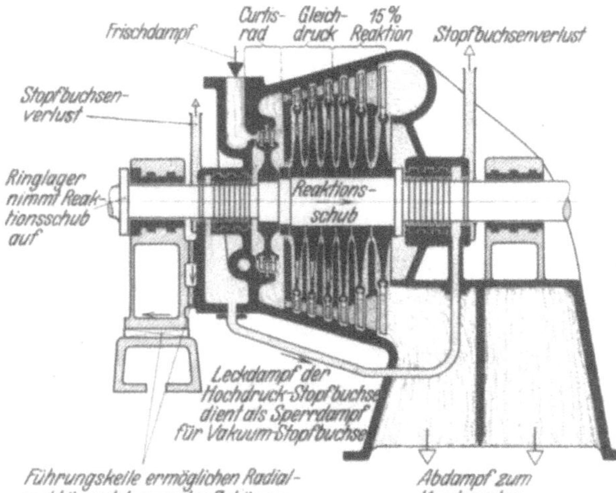

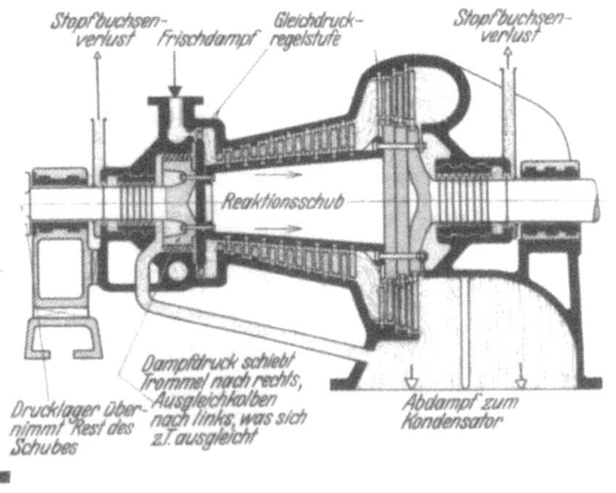

Gleichdruckturbine

mit Curtisrad und Scheibenläufer (AEG). Zwischendeckel reichen bis an die Radnaben. Die reinen Gleichdruckrader sind zum Druckausgleich durchbohrt, die letzten Rader nicht. sie arbeiten mit etwas Uberdruck. Er ist aber so gering, daß ihn das Ringdrucklager aufnehmen kann

Ueberdruckturbine

mit Gleichdruckregelstufe, Trommelläufer und Niederdruckscheiben (Siemens-Roder). Spalte am Schaufelumfang gedichtet. Fur die letzten hochbeanspruchten Stufen geht man bei großen Leistungen zu Scheiben uber Turbinen mit voller Reaktion brauchen Ausgleichskolben fur den Schub, da sonst Drucklager und Reibungsarbeit zu groß wurden.

Kraft: Die neuzeitliche Dampfturbine 1930 — Dubbel: Taschenbuch, 1935 Bd. 2 S. 359. —
[1] Melan: Warme. 1934 S. 335. — Z. VDI., 1934 S 404. — Hoffmann: Warme, 1934 S. 607.

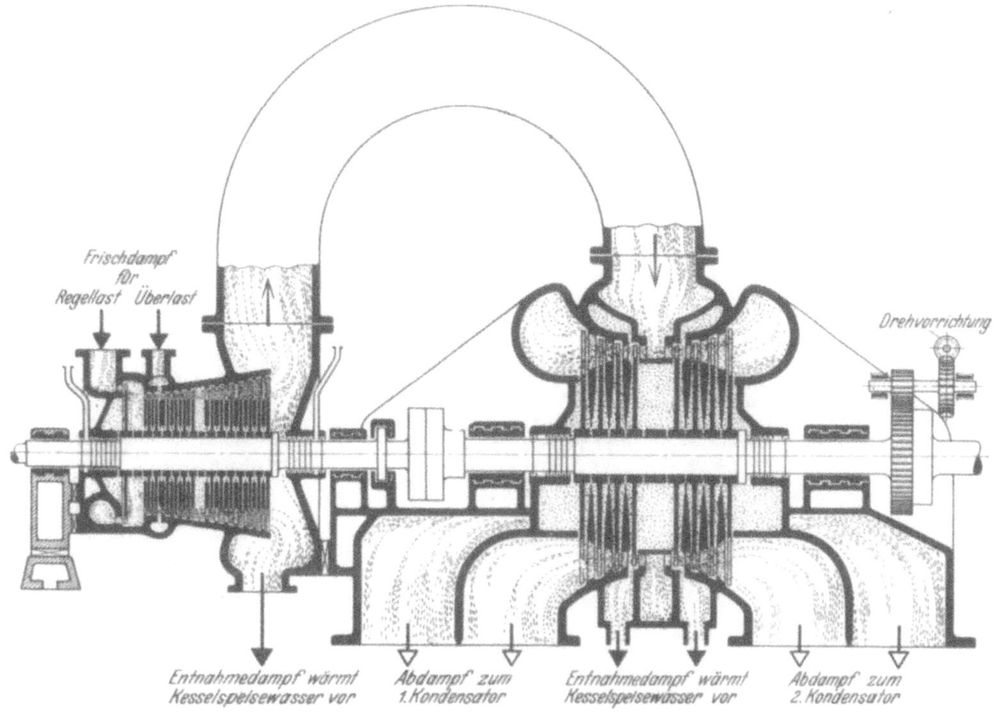

Zweigehäusige Turbine mit zweiflutigem Niederdruckteil
Man baut Turbinen 2gehäusig, wenn der Läufer so lang wird, daß die Wellendurchbiegung und die Dehnungsunterschiede zwischen warmem und kaltem Zustand in einem Gehäuse das zulässige Maß überschreiten würden. Das erfordert ein Zwischenlager, also 2 getrennte Gehäuse. Der 2flutige Niederdruckteil verdoppelt die Grenzleistung. Beim Abstellen kühlt das Gehäuse nicht nach allen Seiten gleichmäßig aus; deshalb können sich lange Läufer vorübergehend verziehen, solange sie nicht ganz ausgekühlt sind. Um die Anfahrzeit abzukürzen kann man eine Drehvorrichtung für die Welle vorsehen, wodurch die Turbine gleichmäßiger auskühlt.

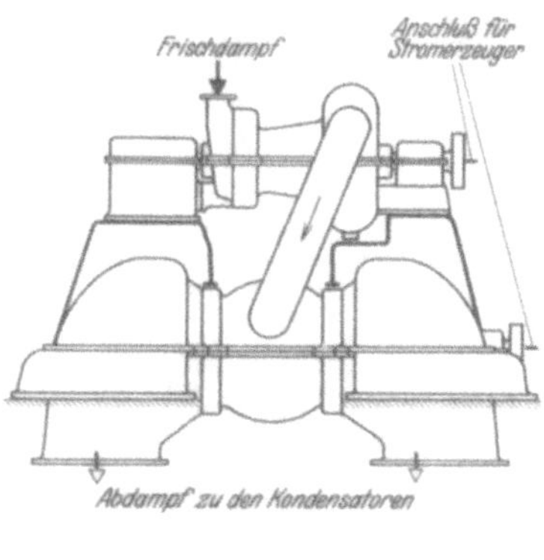

Zweistockturbine

spart Grundfläche, Rohrleitungen und Fundamentkosten in beengten Kraftwerken (USA) und die angetriebenen übereinander liegenden gleich großen Stromerzeuger haben gemeinsamen Luftkühler. Die Stromerzeuger sind elektrisch gekuppelt.

Ljungströmturbine

ruht auf dem Kondensator. Die Stromerzeuger sind nachgiebig abgestützt. Billige Fundamente. Radialstufen haben kleinere Grenzleistungen. Um die Leistung zu steigern sind die letzten Stufen meist gewöhnliche Axialstufen.

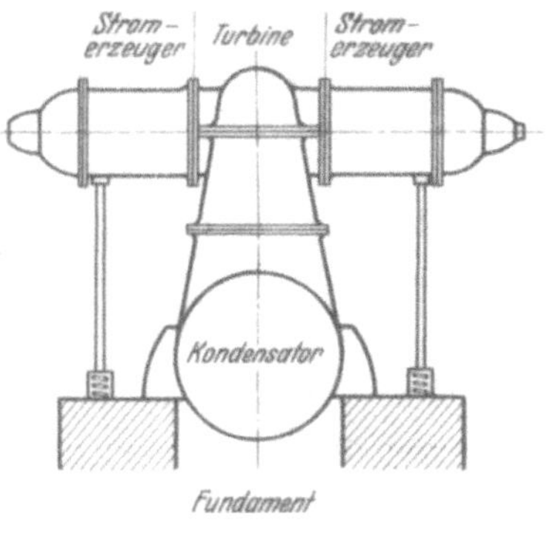

Grenzleistungen. Maßgebend ist der Niederdruckteil, der rund 20000 kW mit Frischwasser bei der Drehzahl n = 3000 leistet, bei der halben Drehzahl n = 1500 das Vierfache = 80000 kW; mit 2flutigem Niederdruckteil wieder das Doppelte = 160000 kW, vierflutig ist die Grenze grundsätzlich 320000 kW. Je stärker man unterteilt, umso weniger unterscheiden sich diese „Verbundturbinen" von mehreren getrennten Turbinen kleinerer Leistung. Bei schlechterem Vakuum **(Rückkühlung)** sind die Grenzleistungen **50% höher.**

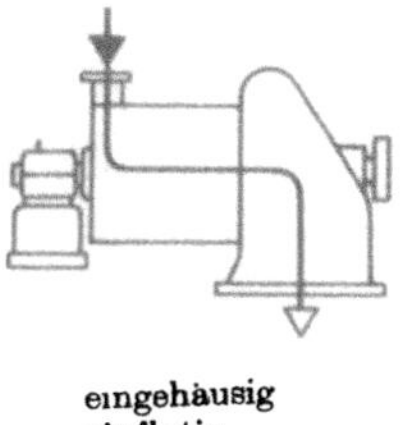

eingehäusig
einflutig

80000 kW
bei n = 1500

20000 kW[1]
bei n = 3000

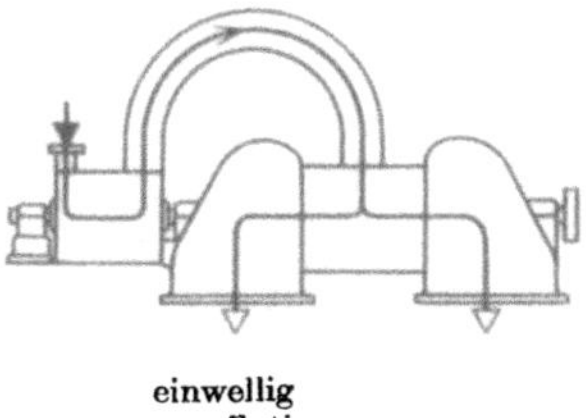

einwellig
zweiflutig

160000 kW (USA)
85000 kW (Golpa)
bei n = 1500

40000 kW
n = 3000

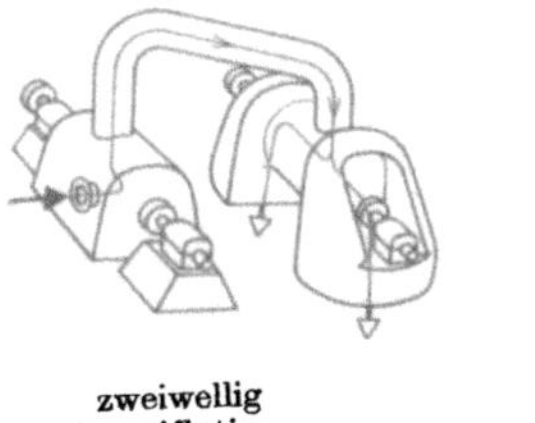

zweiwellig
zweiflutig

160000 kW
bei n = 1800
(Hell Gate USA)

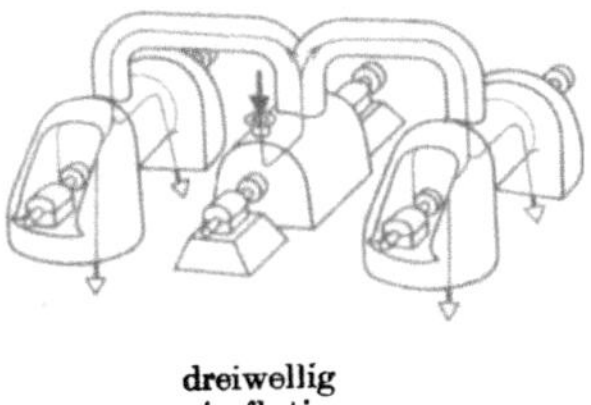

dreiwellig
vierflutig

208000 kW
bei n = 1800
(State Line USA)

[1] mit Rückkühlung 30000 kW (Trattendorf).

Brennkraftmaschinen

Die entscheidenden Unterschiede entstehen durch die Art, wie das Gemisch gebildet wird, je nachdem der Brennstoff fertiges Gas ist oder leichtfluchtiges Benzin, das durch Beimengen der Brennluft vergast, oder Schweröl, das flüssig durch Druckluft oder Brennstoffpumpe in den Brennraum der Dieselmotoren eingeblasen wird.

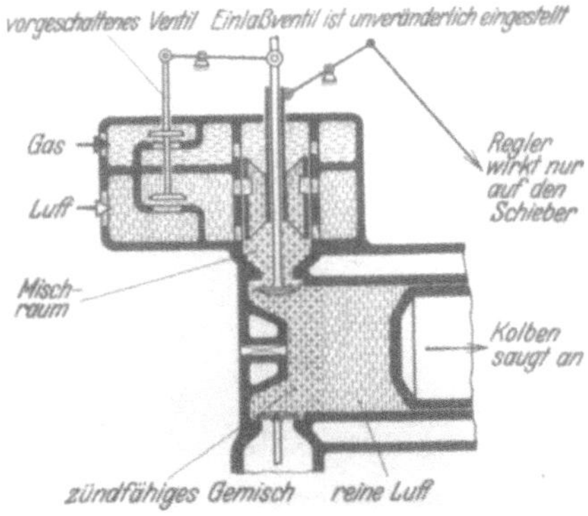

Gasmaschine

für Hochofengas und Sauggas. Gas ist mit Luft gleichmaßig zu mischen. Um Explosionen durch Zuruckschlagen in die Zuleitung auszuschließen, geschieht dies erst im Mischraum und ein vorgeschaltetes Ventil verhindert das Überströmen von der Gas- in die Luftleitung. Bei Teillast von Kraftmaschinen mit unveranderter Drehzahl laßt die Steuerung erst reine Fülluft in den Zylinder stromen, dann erst Gemisch: Mit der vollen Luftmenge gemischt würde die kleine Teillastgasmenge so verdünnt, daß sie nicht zunden könnte.

Vergasermaschine

Benzinmotor für Autos und Flugzeuge. Angesaugtes Benzin zerstaubt im Luftstrom, wobei es verdunstet, obwohl es sich dabei um 20° abkühlt, weil der „Taupunkt" des Gemisches bei —24° liegt. Schwaches Vorwarmen spart durch gleich mäßiges Gemisch Benzin, über 40° überwiegt aber der schadliche Einfluß verminderter Ladung durch wärmeres Gemisch. Traktoren arbeiten mit schwerem Petrol, nachdem sie durch Benzin warmgefahren sind. Vielzylindermaschinen brauchen, wenn sie nicht mehrere Vergaser haben, über 5% mehr Benzin, weil man wegen ungleichmäßiger Gemischverteilung auf die verschiedenen Zylinder den Vergaser ungünstiger einstellen muß. Reglung durch drehbare Drosselklappe im Gemisch-Strom.

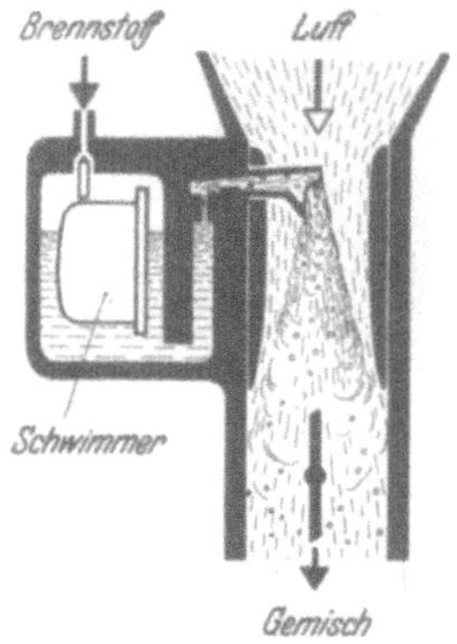

Dieselmotore

für Schiffe, schwere Fahrzeuge und schwach ausgenutzte Kraftanlagen blasen Schweröl direkt in den Zylinder, dessen hoch verdichtete Luft sich auf uber 500° erwarmt und ohne Zundkerze zündet. Reglung durch eingespritzte Brennstoffmenge.

Kompressorloser Diesel, heute fast ausschließlich gebaut[1], spritzt das Öl ohne verteilende Druckluft, dafur aber mit sehr hohem Druck schnellströmend ein. Kostet im Vergleich mit dem Druckluftdiesel (S 39) durch Wegfall des Geblases bis 15% weniger und braucht bis 10% weniger Brennstoff, besonders bei Teillast durch wegfallenden Gebläseleerlauf.

Strahlmaschine

blást durch Hochdruckpumpe mit 150—350 at den Brennstoff fein zerstaubt ein. Für Großdieselmotore. Bester Brennstoffverbrauch.

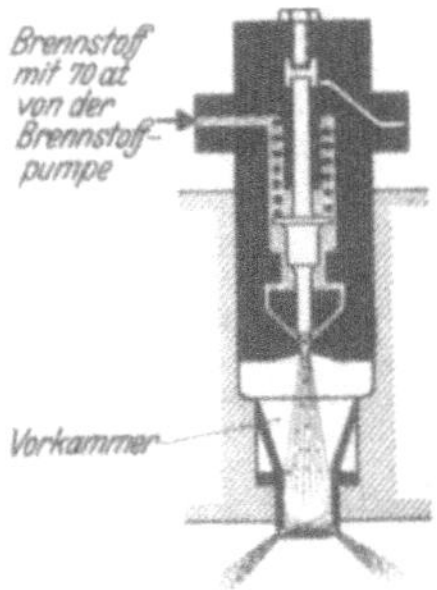

Vorkammermaschine

Eine Vorexplosion treibt den Brennstoff aus der Vorkammer in den Zylinder. Kommt deshalb mit 70—100 at Brennstoffpumpendruck aus. Durch verzögerte Einspritzung und mangelnde Mischung von Brennstoff und Vorkammerluft, die im Gleichstrom ausblasen, 10—15% schlechteren Brennstoffverbrauch. Für kleine Leistungen, besonders Fahrzeugdiesel, weil hier Strahlmaschinen zu kleine Düsenlöcher haben, die leicht verstopfen.

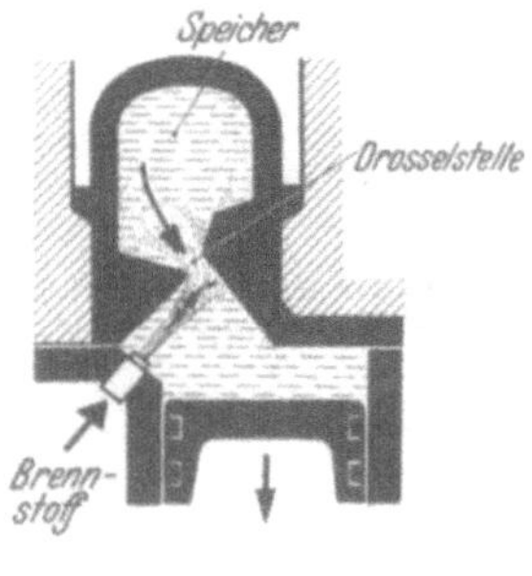

Speichermaschine

fur Fahrzeugdiesel. Spritzt den Brennstoffstrahl in den Zylinderraum, ein Teil geht aber in den angeschlossenen Speicher. Durch Teilzündung im Speicher und Absaugen durch den abwärtsgehenden Kolben blasen die Feuergase des Speichers im Querstrom statt im Gleichstrom gegen den Brennstoffstrahl, wodurch er sich innig mit Luft mischt und vollkommener verbrennt. Brennstoffverbrauch soll zwischen dem von Vorkammer- und Strahlmaschine liegen[2].

Dubbel: Taschenbuch, 1935 Bd. 2. — [1] man baut auch Druckluftdiesel auf luftlose Einspritzung um Z. VDI, 1935 S. 144.
[2] Quak: Verkehrstechnik, 1935 S. 96.

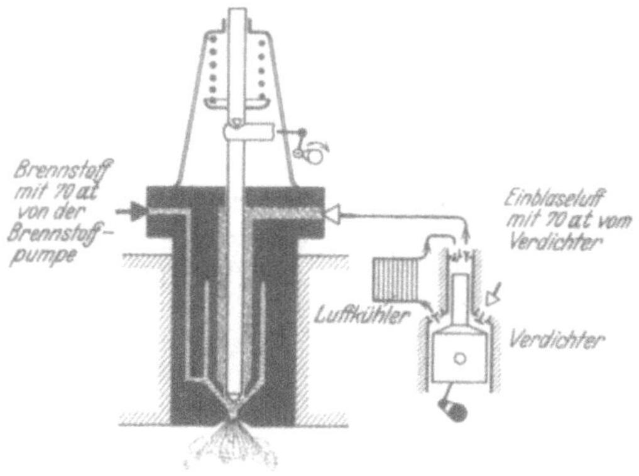

Druckluftdiesel ist durch Druckluftgeblase teuer, ist aber ohne Abstellen auf anderes auch asphalthaltiges Brennöl umstellbar. Luft blast Düse sauber, der Wirkungsgrad laßt auch nach langer Betriebszeit nicht nach.

Aufladen der Brennkraftmaschinen

steigert die Leistung des Zylindervolumens.

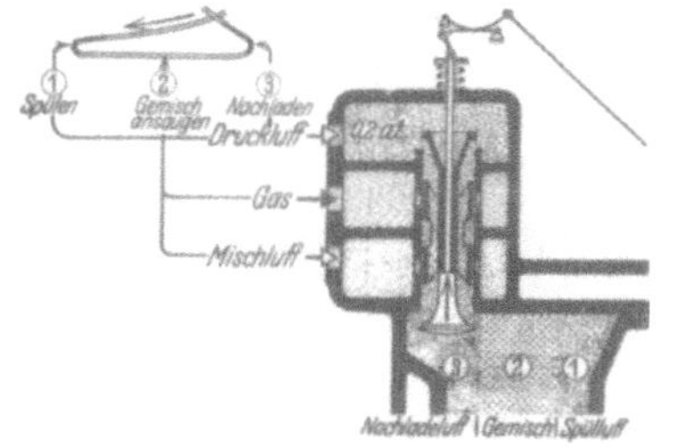

Hochleistungs-Gasmaschine arbeitet mit Ladegeblase, das nach dem Arbeitshub den Zylinder ausspult und ihn, nachdem er Gemisch angesaugt hat, auf 0,2 at aufladt. Die Druckgrenze entsteht durch Selbstzündgefahr. Der Mitteldruck steigt von 4,8 auf 6 at, die Leistung um 25 %. Der Kraftverbrauch des Geblases macht nicht mehr aus als verbesserter Wirkungsgrad durch Spülen und verminderten Leerlauf: Der Gasverbrauch ist bei Vollast unverandert, bei Teillast günstiger.

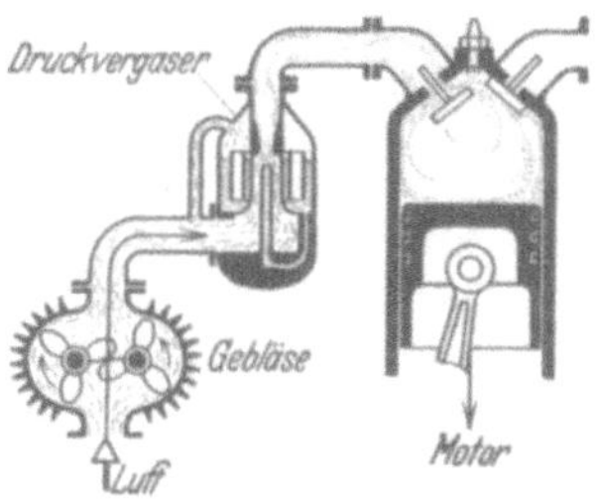

Kompressor-Vergasermaschine. Bei Autos für vorübergehende Spitzenleistung von 40 % durch Speisen des Vergasers mit Druckluft von 3 at aus einem Geblase. Auf die Dauer würde der Motor den höheren Drücken und Temperaturen nicht standhalten. Bei Flugzeugen erreichen Aufladegeblase, daß die Motorleistung konstant bleibt, trotzdem in großer Höhe der Luftdruck abnimmt, 2,2fache Verdichtung bei 6000 m Höhe.

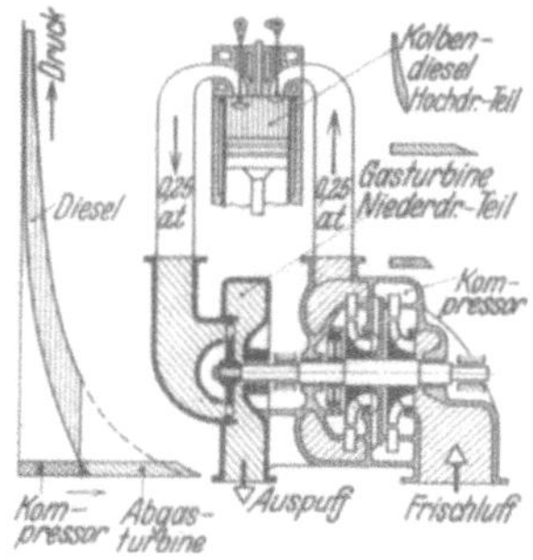

Auflade-Dieselmotor (Büchi) mit Abgasturbine, die einen 0,5 at Ladekompressor antreibt. Aufladen um 0,25—0,3 at gibt bei einem Viertaktmotor 40—50 % mehr Leistung und 5 % weniger Brennstoffverbrauch. Der Motor ist so elastisch wie Dampfkraft, was für Fahrzeuge entscheidend sein kann.

Verbundene Brennkraft-Dampfkraftmaschine

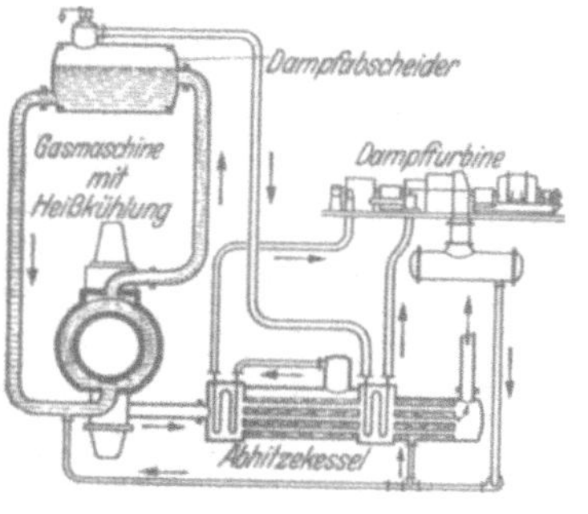

Großgasmaschinen in Huttenwerken erzeugen aus Abwarme von Abgas und Kühlwasser Turbinendampf. Der Wirkungsgrad steigt im Höchstfall von 27 auf 36 %, praktisch auf 33 %. Elastische Dampfturbine kann Lastspitzen ubernehmen.

Verwerteter Brüdendampf

Zum Ausdampfen von 1 kg Wasser braucht ein Verdampfer rd. 1 kg Dampf, ein Trockner, der die Luft mit erwärmt, z. B. 2 kg Heizdampf, dessen Wärme sich im verwertbaren Brüdendampf wiederfindet.

Verdampferschaltungen. In Zuckerfabriken sind je 100 kg Rüben etwa 100 kg Wasser auszutreiben, das Vorwärmen der Säfte braucht 30 kg Dampf und die Kraftanlage 1 kWh. Durch Abgabe von Nutzdampf aus hintereinander geschalteten Verdampferstufen, die den Dampf aus Gegendruckmaschinen erhalten, brauchen 100 kg Rüben (ohne Verluste) **45 kg Dampf statt 135**: ohne diese Kupplung, waren 100 kg für Verdampfen, 30 kg für Anwärmen und 5 kg für Kraft notwendig.

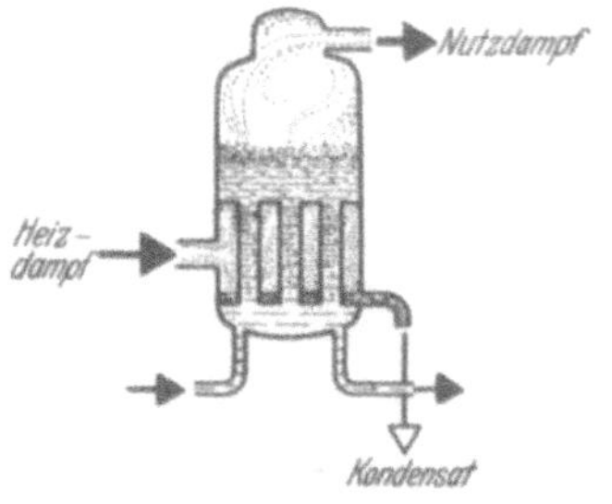

Verdampfer vor Nutzdampfverbraucher geschaltet verbraucht überhaupt keinen Dampf, nur Druckgefälle, das für Kraftzwecke verloren geht.

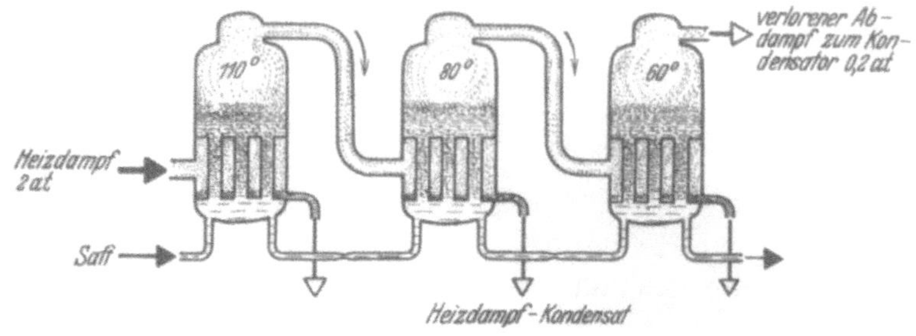

Mehrfachverdampfer
Der Brüden heizt den folgenden Verdampfer. Bei 3 Stufen treibt der Heizdampf 3 mal rund 1 kg Wasser aus, das Ausdampfen von 1 kg Wasser verbraucht also roh gerechnet 1/3 statt 1 kg Dampf

Wärmepumpe[1] für Betriebe, die keine Brüden tiefer Temperatur brauchen können, verdichtet angesaugten Brüdendampf, der durch den Temperaturverbrauch der Heizfläche (z. B. Δ t = 5°) entwertet ist, auf Heizdampfdruck, wodurch er wieder vollwertiger Heizdampf wird.

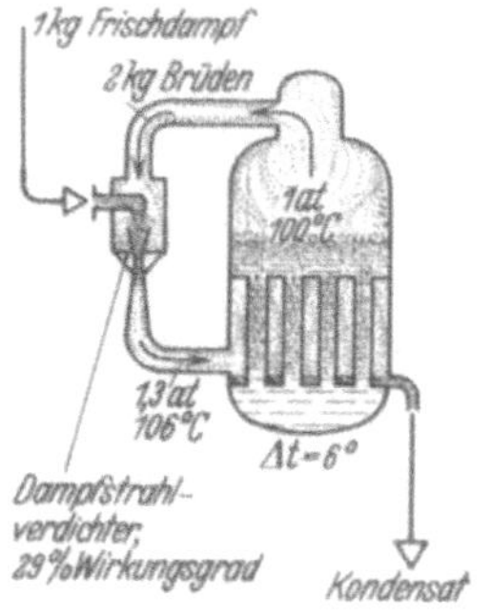

Kreiselverdichter für hohe Kochtemperaturen, große Leistungen und kleines Temperaturgefälle.

Dampfstrahlverdichter billig und einfach, bei Vakuum und hohen Temperaturgefällen überlegen.

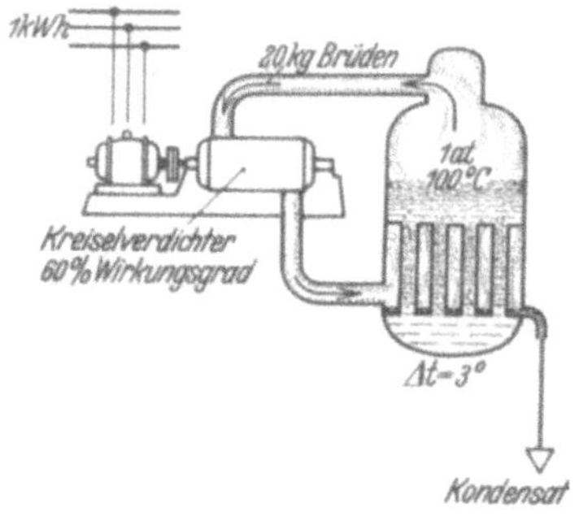

Trocknerbrüden enthalten viel Luft, was die Wärmeabgabe für Verbrauchszwecke erschwert, deshalb selten ausgenutzt.

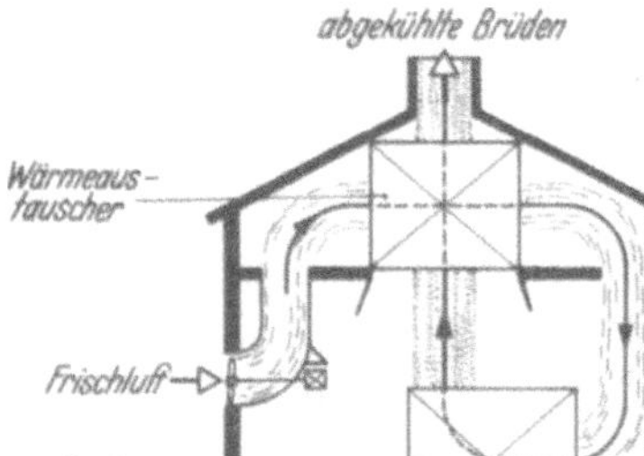

Luftvorwärmung durch Abluft von Papiermaschinen erhöht die Trockenleistung der Zylinder und vermindert den Wärmeverbrauch[2]

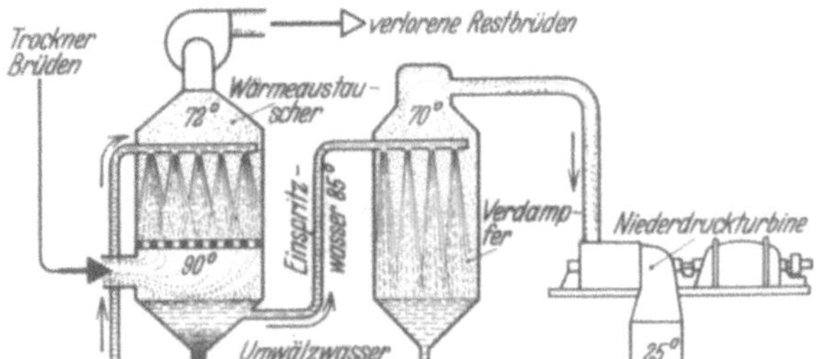

Abdampfkraft[3]. Aus den Trocknerbrüden von 90° wird Staub und Wasserdampf durch Umlaufwasser niedergeschlagen, das in einem zweiten Behälter unter Drucksenkung saubere Brüden von 70° ausdampft, die in einer Abdampfturbine Kraft erzeugen.

---

[1] Hausbrand-Hirsch: Verdampfen, 1931 S 246, 249. 299. 302. — [2] Hirsch: Trockentechn., 1932 — [3] Josse Z. VDI., 1930 S. 1505.

2. Wirtschaftliche Grundlagen

Die Energiekosten haben in der Rohstoffindustrie den größten Anteil: Beim Roheisen bis zu $^1/_3$ seines Wertes, für die Enderzeugnisse der Eisenhütten bis zu $^1/_4$, für Stickstoff früher bis zur Hälfte, beim synthetischen Stickstoff aber nur $^1/_6$. Das Brennen kostet nur bei Kalk an Energie $^1/_5$ des Endwertes, andere Baustoffe brauchen $^1/_{10}$. Von den Stoffen, die Dampf statt Ofenhitze verwenden, braucht Papier bis 15%, Zellstoff und Rohzucker kommen mit $^1/_{20}$ des Endwertes aus. Die Fertigindustrie ist stärker durch Kraftkosten als durch Wärme belastet, so die Baumwollindustrie[1] bis zu 8%. Die ganze deutsche Industrie ohne Kleingewerbe verbrauchte 1929 etwa 1,3 Mrd. *M* für Kohle, dazu für zusätzliche Kosten der elektrischen Eigenanlagen, für Fernstrom und Gas etwa 1,25 Mrd. *M*. Die Kostensumme ihrer Erzeugnisse war 83,5 Mrd. *M*, davon 33,4 Mrd. *M*[2] Wertzuwachs. Wie in USA.[3] kostet die Energie $^1/_{30}$ der Erzeugnissumme. Auf den Wertzuwachs bezogen steigt der Anteil aber auf 8%, in USA. auf 7%. Vom Einkommen fallen unmittelbar nur 3,5%[4] = 2,7 Mrd. *M* auf Haushaltsenergie für Heizung und Licht, in USA. über 5%[5]. Dazu kommen aber mittelbar außer den Energiekosten der Industrie 1,1 Mrd. *M* für Kohle und Strom im Kleingewerbe und 1,35 Mrd. *M* im Verkehr. Mit der Ausfuhr zusammen wächst der Anteil der Energiewirtschaft am Volkseinkommen auf 11,5%, in USA. auf 12,5% (S. 2, 3, 56). Nicht eingerechnet sind Kapitaldienst und Instandsetzung für die Einrichtungen am Verbraucher, wie Antriebe der Arbeitsmaschinen und Verkehrsmittel, also Elektromotoren, mechanisch gekuppelte Kraftmaschinen, Lokomotiven und Automotoren, ferner für die Verbraucher von Heizdampf und Ofenhitze nicht Rohrleitungen, Feuerungen, Kessel und Heizflächen.

Industrie 8% Energiekosten

Energie $^1/_8$ des Volkseinkommens

Kostenaufbau

Die Energiekosten selbst bestehen beim rohen Brennstoff ab Grube fast zu $^2/_3$ aus Arbeit. Beim Veredeln ist der Lohnanteil nur noch gering. Er geht bei kleinen Gaswerken auf $^1/_{12}$, in der Großkokerei auf $^1/_{30}$, im Gruppengaswerk bis auf $^1/_{40}$ der Gesamtkosten ab Werk zurück. Bei Gasgeneratoren und Großkraftwerken kann der Lohnanteil auf $^1/_{30}$ sinken. Der Brennstoffanteil, der beim Entgasen die Gesamtkosten bis zu $^2/_3$, also entscheidend beherrscht, ist bei Kraftwerken kleiner, der Strom kostet ab Werk bei Steinkohle das Doppelte, bei Braunkohle über 3mal mehr als der Brennstoff kostet. Die festen Jahreskosten der Anlage, die schon hier hervorzutreten beginnen, sind beim Verteilen ganz ausschlaggebend. Dadurch kann Stadtgas 10mal, Lichtstrom 20mal mehr kosten als der verbrauchte Brennstoff. Verteilte Hausbrandkohle kostet mehr als das Doppelte ihres Grubenpreises.

Kostenbestandteile

Verteuernd wirkt auf die verteilte Edelenergie, Gas, Dampf, Elektrizität, daß man sie nicht wie Kohle auf den Zechenhalden und im Haushaltskeller wirtschaftlich lagern (speichern) kann. Viele Teile der Anlage müssen deshalb für die selten geforderte höchste Leistung gebaut sein, die für Kapitaldienst und Unterhalt entscheidend wird. Diese festen Kosten verteuern die Energie bei Anlagen, die nur $^1/_{10}$ des Jahres ausgenutzt sind, um den 10fachen Betrag. Die Grubenkosten der Steinkohle dagegen steigen durch Jahreszeitschwankungen nur um 1,7%[6], weil die Kohlenhalden sie größtenteils ausgleichen. Wirtschaftliche Speicher können das Gaswerk, aber nicht sein Rohrnetz über einen ganzen Tag von Schwankungen entlasten, Kraftwerken und Fernleitungen können Speicher nur die Abendspitze abnehmen.

Leistungsabhängige Kosten

Der Brennstoffverbrauch für Ofenhitze, Kraftwerksstrom und Industriedampf hängt bei veränderlich belasteten Anlagen nicht nur von der abgegebenen Energiemenge ab. Einen Teil des Vollastverbrauches, den Leerlauf, der $^1/_{10}$ und mehr bei Dampfkraft und bis zu $^1/_2$ bei Industrieöfen ausmachen kann, muß die Anlage auch bei schwacher Last solange voll aufbringen, wie sie in Betrieb ist. Nicht die aufgestellte Gesamtleistung ist hier entscheidend, sondern ihre jährliche Betriebszeit: Bei Maschinen die Betriebsstunden, bei Kesseln die Betriebstage, weil ihr speicherndes Mauerwerk, auch wenn sie die ganze Nacht über stillstehen, weiter Wärme verliert. Bei einem Kraftwerk, das im Jahresdurchschnitt $^1/_{10}$ belastet ist, steigt der Kapitaldienst auf das 10fache, der Brennstoffverbrauch fast auf das Doppelte.

Arbeitsabhängige Kosten

[1] Gerbel-Reutlinger: Kraft u. Wärme 1930 S. 122. — [2] Konjunkturstatistisches Handbuch 1933 S. 35. — [3] Kuttner: Weltkraftkonferenz 1930 Bd. 8 S. 175. — [4] Statist. Jb. 1932 S. 321—323. — [5] Köttgen: Das wirtschaftliche Amerika, 1925 S. 107. — [6] Regul: Glückauf 1931 S. 164.

Energieersparnis und Kohlenverbrauch

Brennholz, die ursprünglich einzige Energiequelle für Hausbrand und zum Herstellen von Eisen, deckt mit Einschluß von Abfällen und Leseholz noch heute $^1/_7$ des Verbrauches. Durch die Ersparnis der Wattschen Dampfmaschine, die 4 statt 18 kg Kohle für die PSh brauchte, wurde erst der Ersatz menschlicher Arbeit durch Maschinenkraft wirtschaftlich. Für die zunehmende Eisenherstellung reicht Holzkohle nicht mehr aus, sie wird teurer, um 1800 setzt der Übergang zum Steinkohlenkoks und zum mechanischen Walzen ein; der gesteigerte Kohlenverbrauch sinkt durch das unbeheizte Erblasen von Stahl (Bessemer) und durch Ersparnisse von 10 auf 1 kg Kohle. Statt 4 kg Kohle je PSh bei Watt braucht das beste Großkraftwerk $^1/_3$ kg; der Durchschnitt folgt langsam nach. Seit 1840 wurde alle 20 Jahre nahezu $^1/_3$ Kohlenersparnis erreicht. Deshalb bleibt die Kohle in ihrer Mengenentwicklung hinter ihren Verbrauchern[6,7] zurück. Der geringe Zuwachs des Kohlenverbrauches seit 1913 kommt außerdem durch den langsamen Zuwachs der Eisenbahnen und des Roheisenverbrauches und weil Erdöl und Wasserkraft die zusätzlichen Energiemengen größtenteils übernehmen.

Wärmewirtschaft

Betriebskraft 2,5 statt 25 *Pf*/PSh

Drei Einflüsse haben die Kosten der Betriebskraft zwischen 1820[1] und jetzt — obgleich die Preise sonst durchschnittlich stark gestiegen sind — von 25 *Pf*/PSh auf 2,5 *Pf*, also auf $^1/_{10}$ gesenkt: Verbesserte Wärmewirtschaft hat den größten Anteil. Der Kohlenverbrauch ist auf $^1/_8$ gesunken, von 4 auf 0,5 kg/PSh. Verbesserter Bergbau, an dem die Betriebskraft nicht unbeteiligt ist, hat den Kohlenpreis[2] von 50 auf 20 *M*/t im Verhältnis $2^1/_2 : 1$ gesenkt. Beides zusammen hat die Kohlenkosten auf $^1/_{20}$ heruntergesetzt. Die Anlagekosten sind lange nicht im gleichen Maße gefolgt. Statt früher 800 *M*/PS kostet eine 30-PS-Dampfanlage noch 400 *M*/PS. Wenn man mit den billigeren großen Einheiten eines Industriekraftwerks rechnet, kommt ein Elektromotor hinzu. Sie kosten zusammen auch nicht weniger als 400 *M*/PS, also auch die Hälfte. Die Kohle war früher der entscheidende Faktor, sie machte das 4fache der übrigen Kraftkosten aus, heute nur noch $^1/_2$, in öffentlichen Kraftwerken mit teurem Verteilnetz im Durchschnitt $^1/_8$ und für Lichtstrom $^1/_{16}$[3]. Heute, beim angewachsenen Anteil der Anlagekosten, kann eine Ersparnismaßnahme sofort unwirtschaftlich werden, wenn sie die Anlagekosten auch nur um einen kleinen Bruchteil erhöht, und selbst wenn sie wirtschaftlich tragbar ist, senkt sie die Kraftkosten nicht mehr entscheidend.

Kohlenersparnis nicht mehr entscheidend

Grenzen durch zweiten Hauptsatz der Wärmelehre

Auch theoretisch lassen sich nicht 100% der Wärme in Kraft umsetzen. Die ersten Maschinen von Savery arbeiteten zwischen 100° und 80°, was theoretisch nur 5% Wirkungsgrad zuläßt. Sie erreichten $^1/_2$% also $^1/_{10}$ davon. Watt konnte durch seinen abgetrennten Kondensator mit besserem Vakuum zwischen 100 und 65° arbeiten. Statt 9% Grenzwirkungsgrad erreichte er über 2%, fast $^1/_4$. Durch hohe Drücke und Temperaturen und volles Vakuum verfügen Dampfkraftwerke heute über das Gebiet zwischen 500 und 25°, was theoretisch 61% Wirkungsgrad zuläßt. Gute Kraftwerke erreichen 20%, also $^1/_3$, die besten 28%, fast die Hälfte. Dennoch verhindert der Verlust von $^3/_4$ der Wärme die allgemeine Anwendung der Elektrizität für Wärmezwecke. Von den 75% Verlust fallen im Bestfall auf die Kessel nur 10%, auf die Maschinen 15%. Der Rest ist größtenteils darauf zurückzuführen, daß die Wasserdampfeigenschaften nicht gestatten, die ganze Wärme bei der hohen Endtemperatur zuzuführen. Der Wärmekreislauf ist schon durch Anzapfvorwärmung des Speisewassers und Zwischenüberhitzung um 6% der zugeführten Wärme verbessert worden. Mit den besseren Eigenschaften des Quecksilberdampfes[4] lassen sich schon bei 400° mit einer nachgeschalteten Wasserdampfanlage 30% statt theoretisch 55% erreichen, also über die Hälfte.

Keine allgemeine Elektrowärme

Heizkraft 0,8 statt 2,8 *Pf*/kWh

Soweit Betriebe Industriedampf brauchen und ihn aus Heizkraftmaschinen entnehmen, wird die Wärme theoretisch zu 100% teils als Kraft, teils zum Heizen ausgenutzt. Dadurch fällt auf die erzeugte Kraft nur $^1/_8$ statt $^1/_2$ kg/PSh Kohle. Heizkraftanlagen kosten durch Wegfall des Kondensators z. B. nur 110 *M*/PS, mit Elektromotor zusammen 180 *M*/PS statt 400 *M*/PS. Sie erzeugen elektrische Kraft für z. B. 0,8 statt 2,8 *Pf*/kWh.

Verdampferkupplung 8 statt 28 kg Kohle

In Zuckerfabriken senkt das Hintereinanderschalten von 4 Verdampfern, deren Abdampf immer den folgenden Verdampfer heizt, den Dampfverbrauch zum Verdampfen nahezu auf $^1/_4$ und noch weiter, wenn die Zwischenstufen mit Kraftmaschinen und Dampfverbrauchern gekuppelt sind[5]. Die Zuckerfabriken haben 1855 mit diesem gekuppelten Betrieb begonnen und den Kohlenverbrauch allein von 1874—1903 von 28 auf 8 kg für 100 kg Rüben gesenkt[6].

[1] Matschoss: Entwicklung der Dampfmaschine, 1908 Bd. 1 S. 135. — [2] Woytinsky: Die Welt in Zahlen, 1926 Bd. 4 S. 133. Die Kohlenpreise hatten ihren Tiefpunkt vor Ende des Jahrhunderts und sind seither auf ein Vielfaches gestiegen. Der Einfluß des Bergbaus ist also größer, als das Verhältnis $2^1/_2 : 1$ angibt. — [3] Kühnert: Elektrotechn. Z. 1932 S. 435. — [4] Schult: Z. VDI 1933 S. 781. — [5] Claassen: Die Zuckerfabrikation, 1930 S. 191, 377—380. — [6] Gerbel-Reutlinger: Kraft u. Wärme 1930 S. 147.

Zuletzt waren die Ersparnisse der Industrie in Deutschland und USA. übereinstimmend 17% in 10 Jahren, Deutschland führt in den Eisenhütten, USA. in Elektrizitätswerken. Der $7^1/_2$mal höhere deutsche Zechenverbrauch ist vorteilhaft zu Kraftzwecken verwendete Abfallkohle.

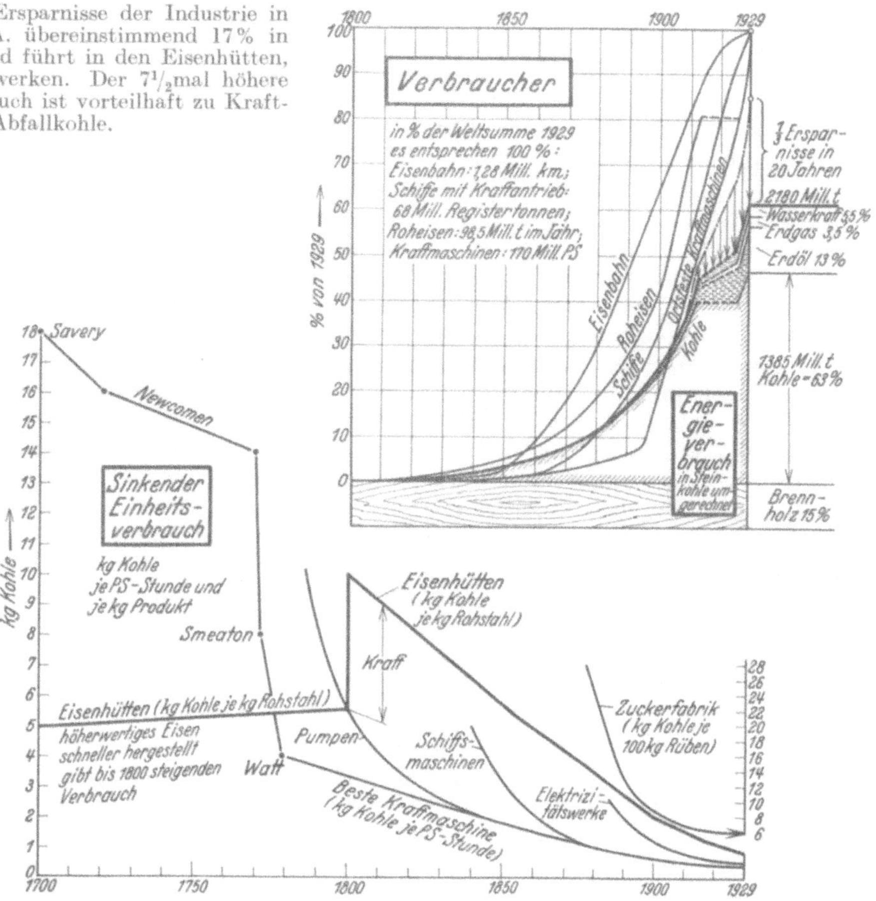

Energieverbrauch	bezogen auf	Ersparnis				Endzustand etwa 1929		
		Deutschland 1927 gegen[1] 1913	USA. 1929 gegen[2] 1909	Deutschland	USA.	Deutschland	USA.	Beste Anlage
				Durchschnitt fur 10 Jahre		Landesdurchschnitt		
Elektrizitätswerke	kg Kohle/kWh	39%	65%	28%	**33%**	0,82[8]	**0,76**[4]	0,45
Gaswerke	kg Kohle abzüglich Koks und Teer je m³ Gas von 4300 kcal			29%	22%[4]	0,8[5]	0,8	0,8
Eisenbahnen	kg Kohle/Brutto tkm	17%	40%	12%	**20%**	53[9]	40[10]	22[10]
Eisenhütten[7]	kg Kohle/kg Rohprodukt (Guß + Rohstahl aus Roheisen + Schrott)	30%[3]	25%	**21%**	13%	**0,9**	1,2	0,8
Erdölindustrie	Brennstoff/t Rohöl	—	36%	—	18%			
Übrige Industrie	Brennstoff/t Produkt	15%	21%	11%	10%			
Zechen (Steinkohle)	Selbstverbrauch in % der Förderung	20%		14%		7,5%	1%	
Industrie zusammen		23%	33%	**17%**	**17%**			
Hausbrand		10%						
In den Zechen verwertete früher verlorene Abfallkohle	Selbstverbrauch	97%						
Gesamtkohlenverbrauch		21%		15%				

[1] Farfsing: Verminderung des deutschen Kohlenverbrauches, Diss. 1929. — [2] Tryon-Rogers: Weltkraftkonferenz 1930 Bd. 6 S. 343. — [3] Lent: Mitteilung der Wärmestelle Nr. 100. — [4] Commerce Yearbook 1931. — [5] VDI-Nachr. 1932 Nr. 21 für 1930. — [6] Woytinsky: Die Welt in Zahlen 1925 Bd. 1, 4, 5. — [7] Eisenhüttenwesen 1929 S. 293, 301. — [8] Statist. Jb. 1932 — Stahl u. Eisen 1930 S. 1046. — [9] Einschließlich Personenzüge, die mehr Kohle brauchen, weil sie schneller fahren. — [10] Nur Güterzüge.

Stickstoffsynthese 15 statt 120 *Pf*/kg

Statt durch bessere Wirkungsgrade und Energiekupplung können die Energiekosten durch kältere Verfahren sinken. Luftsalpeter entsteht bei über 3000° mit 80 kWh[1] Elektrowärme. Die Stickstoffsynthese senkt durch hohe Drücke die notwendige Temperatur auf 600° und braucht nur 8 kWh, ferner für 2,3 *Pf* Kohle. Stickstoff kostet 90 *Pf*/kg (1929), Luftstickstoff ist nur bis 0,5 *Pf*/kWh Wasserkraft wirtschaftlich. Bei Braunkohle mit 1,5 *Pf*/kWh würde der Strom allein 120 *Pf*/kg, mehr als der Endpreis kosten, bei der Synthese kostet die Energie 15 *Pf*/kg, also $^1/_6$ des Endpreises.

Hüttenenergie $^3/_4$ statt 10 kg

In Hütten[2] wurden im Jahr 1800 für den Hochofen 3 kg, für Stahlwerksöfen $2^1/_2$ kg und für Kraft $4^1/_2$ kg, zusammen 10 kg verbraucht. Winderhitzer, größere Einheiten und besser ausgenutztes Erz haben den Hochofenverbrauch von 3 auf unter 1 kg gesenkt. Außerdem liefert der Hochofen nach außen $^3/_{10}$ der Kokswärme als Gichtgas, die besten Kokereien fast $^1/_5$ der Kohlenwärme als Kokereigas. Stahlöfen, die Luft durch Abhitze vorwärmen, verwerten 1600° Temperaturgefälle statt 100° und brauchen z. B. 0,25 statt 2,5 kg Kohle oder entsprechende Gaswärme. Außerdem wird die Hälfte des Stahles in Thomasbirnen unbeheizt erblasen. Elektrische Kraft aus Gichtgas und Abhitzedampf und gasbeheizte Öfen haben den Kohlenverbrauch von 10 kg fast ganz auf das 1 kg Koks beschränkt, das der Hochofen aufnimmt und das durchschnittliche Kilogramm Rohstahl braucht bestenfalls nur $^3/_4$ kg Kohle, weil 40% des Stahles aus Schrott ohne Hochofenhitze entstehen.

Überwachung verbessert Durchschnitt

Der Betriebswirkungsgrad selbst der besten Anlagen bleibt, besonders bei Dampfkraft, hinter dem Paradewirkungsgrad von Abnahmeversuchen zurück: durch Leerlauf- und Stillstandverluste, besonders beim Kessel, durch Verschmutzen der Heizfläche und Kondensatorrohre und bei Turbinen[3] mit der Zeit durch abgenützte Schaufeln. Hinter den besten Anlagen bleibt der Landesdurchschnitt zurück, weil die Anlagen älter und kleiner sind, sowie schlechter ausgenutzt, überwacht, gereinigt und instandgehalten werden. Meßgeräte decken diese Mängel auf und machen sich oft in wenigen Wochen bezahlt, Regler schalten Verlustquellen aus. Die Summe unzähliger kleiner Eingriffe unter dem Einfluß überwachender Wärmestellen hat in den letzten Jahren mindestens soviel gebracht wie große Baumaßnahmen.

Kleinerer Leerlauf

Im Kampf gegen überflüssigen Leerlauf hat der Übergang zum Gichtgas- und Kokereigasbetrieb die Zusatzverluste schlecht ausgenutzter einzelner Kohlenfeuer und Generatoren beseitigt. Der Leerlaufverlust der Ofenwände, der auf das Vielfache der Nutzwärme steigen kann, sinkt bei gut ausgenutzten und isolierten Öfen unter $^1/_4$. In Hüttenwerken führten umfangreiche Dampfnetze in Einzelfällen[4] zu 50% Leerlaufverlust, der durch die elektrische Zentralisierung nahezu beseitigt wird. Im Dampfkesselbetrieb senkt Abkühlen der Rauchgase auf tiefere Temperaturen und bessere Isolierung die Leerlaufverluste und mit Zugsperren gegen inneres Auskühlen nachts erreicht man im 8-Stundenbetrieb z. B. 70 statt 65% Wirkungsgrad.

Braunkohle 0,55 statt 1 *Pf*/kWh

Die Energiekosten sinken auch durch Übergang auf billige Brennstoffe. Braunkohle setzt die Brennstoffkosten der Elektrizität von 1 auf 0,55 *Pf*/kWh herunter, aber nur auf der Grube. Das Fortleiten zehrt bei 200 km den Unterschied auf, wenn es sich nicht um reine Grundlast handelt. Briketts haben gleichen Wärmepreis wie Steinkohlen, aber durch kleineren Heizwert höhere Transportkosten.

Verwertete Abfallkohle spart 5%

Die deutschen Steinkohlenzechen decken ihren Energieverbrauch von $7^1/_2$% der Fördermenge zu 97% aus unverkäuflichen heizschwachen Abfällen der Kohlenwäsche. Das macht 5% vollwertige Kohle für den Verkauf frei und senkt die Durchschnittskosten der Kohle fast ebenso stark[5]. Durch leistungsfähige Zonenroste können mit der Zeit von der Fördermenge 10 Mill. t = 6% Magerfeinkohle (1929) annähernd vollwertig werden, die vorher mit 15—50% Preisnachlaß verkauft werden mußten.

Anlagekosten

Größere Einheiten 2,4mal billiger

Der Übergang zu immer besseren wärmesparenden Anlagen wirkt dem Preisrückgang entgegen. Trotzdem wurde das beste Großkraftwerk zwischen 1906 und 1928 durch Übergang von 1000- auf 80000-kW-Maschinen 2,4mal billiger[6]. Bei öffentlichen Kraftanlagen haben die Gesamtkosten je kW dagegen in USA. zwischen 1920 und 1930 durch größere Verteilnetze um 12% zugenommen, obgleich die Kraftwerke um 15% billiger wurden[7]. Nur erhöhte Ausnutzung und Kohlenersparnis wirkten kostensenkend, kamen aber dem Industriestrom stark zugute, weil auf ihn wenig Verteilkosten fallen und hoher Kohlenanteil.

Billige Kleinanlagen

Besondere Umstände schaffen billige Kleinanlagen: Flammrohrkessel, die bei 125 m² üblich sind und sich nicht viel größer bauen lassen, werden von Großkesseln erst über 500 m² im

[1] Je kg Stickstoff. — [2] Lent: Mitteilungen der Warmestelle, 1927 Nr. 100. — [3] Kraft: Die Dampfturbine im Betriebe, 1935 S. 195, 216. — [4] Drawe: Wärme 1934 S. 753. — [5] Farfsing: Verminderung des deutschen Kohlenverbrauches, Diss. 1929 S. 76, 77. — [6] Stein: AEG-Mitt. 1928 S. 346. — [7] Schulz: Öffentliche Heizkraftwerke, 1933 S. 52.

Preis unterschritten. Dem Automotor kann man über 3mal höhere abnutzende Drehzahlen geben, weil er oft weniger als $^1/_{10}$ des Jahres ausgenutzt ist. Dadurch kostet er 3mal weniger als ein Motor für Dauerbetrieb, der auch bei größten Leistungen nicht so billig würde.

Höhere Drehzahl, Zylindervolumen, Quadratmeterleistung

Höhere Durchsatzgeschwindigkeit nutzt die Anlagen stärker aus und senkt die Anlagekosten. Das bedeutet bei Maschinen höhere Drehzahl oder bei festgelegter Drehzahl höhere Grenzleistungen. Der doppeltwirkende Zweitaktmotor nützt den Zylinder über 3mal stärker aus, als die einfach wirkende Viertaktmaschine. Beim Verbrennen[1] und Wärmeübertragen bedeutet schnellerer Durchsatz höhere Quadratmeterleistung. Zonenroste mit Unterwind, den man in Zonen gestuft in richtiger Menge zuführt, verbrennen 220 statt 110 kg/m²h Kohle. Kesselheizflächen, die man besser bestrahlen läßt und deren wirksamer letzter Teil durch billige Vorwärmheizfläche ersetzt wird, können z. B. 80 statt 25 kg/m² Dampf geben. Bei Dampfheizflächen steigert schnelle Strömung und Ableiten störender Wasserhaut die Quadratmeterleistung. Erst durch gesteigerte Heizflächenleistung wurde das wärmesparende Hintereinanderschalten von Verdampfern wirtschaftlich.

Wirkungsgrad

Hoher Wirkungsgrad, dem man sonst nur sparsamen Betrieb zuschreibt, kann auch die Anlagekosten senken: Bei Wasserkraft geben die gleichen Wasserbauten größere Leistungen, in Dampfkraftwerken können Feuerung, Kondensator und Kohlentransportanlage kleiner bemessen sein. Bei kleineren Fernleitverlusten fällt das speisende Kraftwerk kleiner aus. Der vorgeschaltete Teil und die Hilfsanlagen werden billiger.

Erweiterungen

Das Erweitern von Anlagen ist billiger als der erste Ausbau, besonders bei Wasserkraft, wo zusätzliche Spitzenkraft z. B. 250 statt 600 *M*/kW kosten kann, wenn die Erweiterung vorgesehen war.

Kapitaldienst

Immer wichtiger wird das genaue Abwägen von Betriebskosten und Anlagekosten. Es zwingt dazu, hier den Begriff der „Selbstkosten" fallen zu lassen und statt mit Zinsen vom zufälligen Fremdkapital und Gewinn vom Umsatz mit einem festen Durchschnittssatz auf das Gesamtkapital zu rechnen: Bei Aktiengesellschaften also auf Aktienkapital + echte Reserven + Schulden. Buchmäßige Abschreibungen sind nur beim Vergleich einer Neuanlage mit einer bestehenden Anlage einzusetzen. Ungenügende Abschreibungen durch buchmäßig unterbewertetes Anlagekapital haben nach der deutschen Inflation dem Ruhrbergbau den Zwang auferlegt, für Ersatzbauten neues Kapital aufzunehmen[2]. Der tiefere Kapitaldienst in Gläubigerländern läßt einen höheren Bauaufwand zugunsten eines sparsamen Betriebes zu.

Optimum der Gesamtkosten

Kostenverlauf statt Erfahrung

An Stelle allgemeiner Erfahrungsregeln, daß man kleine oder schlecht ausgenutzte Anlagen einfacher bauen muß, daß sich höchste Wirkungsgrade oder weitgetriebenes Aufbereiten der Brennstoffe nicht lohnen, tritt neuerdings der zahlenmäßige Nachweis des Kostenverlaufs. In vielgliedrigen Anlagen hat die richtige Wahl und das Abstimmen unzähliger Einzelteile starken Kosteneinfluß. Für das Planen von Großkraftwerken wendet man bis 1% der Anlagekosten[3] auf. Rücksicht auf das Zusammenarbeiten bestehender Anlagen, Größe, Lastverlauf und örtliche Lage machen jede Anlage zu einem Sonderfall. Der Maschinenbedarf zeigt eine stetige Vielfalt, billige Fabrikation fordert möglichst wenig genormte Typen, weit mehr als bisher. Planen überbrückt diesen Widerspruch. Flacher Verlauf der Kostenlinie gibt anpassungsfähige Anlagen, man erzwingt ihn durch kleinen Leerlauf und Überlastmaßnahmen. Je größer hochbelastete Kraftwerke mit teurem Brennstoff sind, um so mehr steigt der wirtschaftlichste Dampfdruck und die wirtschaftlichste Zahl der kohlensparenden Vorwärmstufen.

Planen

Die Anlagekosten treten dagegen ausschlaggebend bei ortsfester Spitzenkraft hervor, ferner bei Lokomotiven, bei denen sich nicht einmal eine Kondensation bezahlt macht, weil sie zu schlecht ausgenutzt wäre.

Einfach oder wirtschaftlich

Aus mangelnder Erkenntnis der Gesetze für das wirtschaftliche Optimum gibt man oft gefühlsmäßig und zu unrecht vor, daß kleine oder schlecht ausgenutzte Anlagen aus betriebstechnischen Gründen einfach sein müssen: Wo es wirtschaftlich gerechtfertigt ist, halten kleinste Industriekraftwerke sehr komplizierte Heizkraftmaschinen in Betrieb. Bei flachem Verlauf mit breiter Optimumzone, in der die Gesamtkosten nur um 1 oder 2% steigen, kann man im Gebiet einfacher und billiger Anlagen bleiben, wenn man nicht mit Rücksicht auf wechselnde Betriebsverhältnisse die ganze Zone braucht.

Vergleiche

Beim vergleichenden Untersuchen ist streng darauf zu achten, daß nur Anlagen verglichen werden, die in allen ihren Teilen für ihre Betriebsverhältnisse optimal ausgelegt sind. Das schaltet die zahllosen Alternativen aus und macht den Vergleich eindeutig.

[1] Rosin, Fehling: Arch. Wärmewirtsch. 1930 S. 114. — [2] Denkschrift zum Schmalenbach-Gutachten. Glückauf 1929 S. 301. — [3] Stone: Weltkraftkonferenz 1930 Bd. 4 S. 4.

Kostenteilung

Preispolitik

Fast nirgends in der Energieproduktion entsteht ein einheitliches Erzeugnis, das zum Einheitspreis verkauft wird. Die Preispolitik verteilt die Kosten auf die verschiedenen Verbrauchergruppen. Sie müssen im Durchschnitt die Gesamtkosten tragen, die auch den Kapitaldienst enthalten, und jede einzelne Gruppe muß mindestens ihre Zusatzkosten aufbringen. Oft bleibt aber ein freier Spielraum, durch den sich das Konkurrenzverhältnis zwischen den einzelnen Energieformen verschieben läßt. Nicht hohe Aufbereitungskosten verteuern meist die begehrtesten Verbrauchsgruppen, sondern der Preisausfall für die unvermeidlich anfallenden weniger begehrten Teile der Produktion. Die Verbrauchsgruppen unterscheiden sich am sinnfälligsten beim Entgasen, wo Gas, Koks, Teeröl, Ammoniak ganz verschiedene Stoffe sind. Bei der Kohle sind die Gruppen annähernd gleichwertig bis auf Kohlenarten, bei denen bis zu $^2/_3$ Feinkohlen anfallen. Vom Erdöl läßt sich die Hälfte, schwere Fraktionen, nur unter den Durchschnittskosten verkaufen. Bei Elektrizität unterscheiden sich die verkauften Kilowattstunden qualitativ überhaupt nicht, dagegen durch Zeitverlauf, Anschlußgröße und Verteilaufwand, wodurch Preise zwischen 2 *Pf*/kWh für Industriestrom und 40 *Pf*/kWh für Lichsttrom auftreten.

Gruppenpreis

Die Hauptgruppe muß um den Betrag teurer werden, der den Nebengruppen am Kostendurchschnitt fehlt. Beim Entgasen ist in der Stadt das Hauptprodukt: Gas. Die Gesamtkosten sind annähernd die doppelten Kohlenkosten, Koks ist nur zum einfachen Kohlenpreis verkäuflich, die flüssigen Produkte tragen $^1/_{10}$ der Kosten. Für das Gas, das 25% der Kohlenwärme enthält, bleiben oft die vollen Kohlenkosten zu tragen übrig. Sein Wärmepreis steigt auf das 5fache von Kohle und Koks, durch Zusatzkosten des Verteilnetzes auf das 10fache. Umgekehrt bekommt die Kokerei für das Gas dem Wärmepreis nach nur etwa den einfachen Kohlenpreis. Von den Gesamtkosten, die bei den Großanlagen die Kohlenausgaben nur um 50% überschreiten, muß Koks, der $^3/_4$ der Menge ausmacht, $^2/_3$ tragen. Sein Wärmepreis

Tafel S. 83

Das wirtschaftliche Optimum entscheidet die technische Größenwahl. Wo sich Verluste kostenlos senken lassen, wie beim günstigsten Luftüberschuß eines Kessels, liegt dieses Optimum beim kleinsten Verlust, bedeutet also besten Wirkungsgrad. Meist müssen aber kleinere Verluste durch größeren Bauaufwand erkauft werden; dann hört der Wirkungsgrad auf, wirtschaftlicher Gradmesser zu sein und man muß auf höchste Wirkungsgrade verzichten. Das ist kein

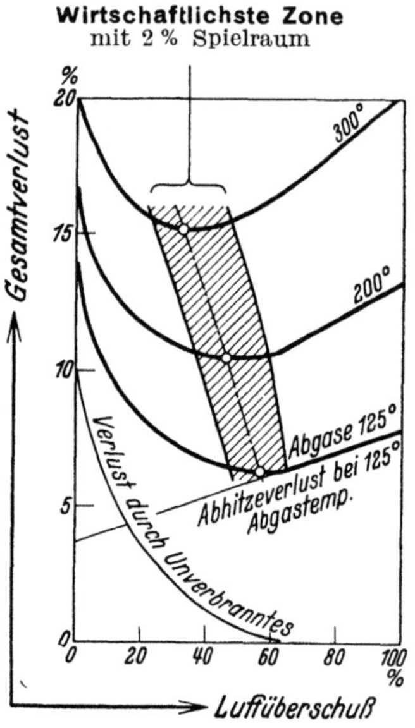

Luftüberschuß eines Dampfkessels[1]. Mit zunehmendem Luftüberschuß steigt die verlorene Abhitze, es geht aber weniger Unverbranntes verloren. Ein mittlerer Überschuß ergibt den kleinsten Gesamtverlust; tiefe Abgastemperatur erfordert höheren Luftüberschuß. Auf die Baukosten hat der Luftüberschuß keinen Einfluß.

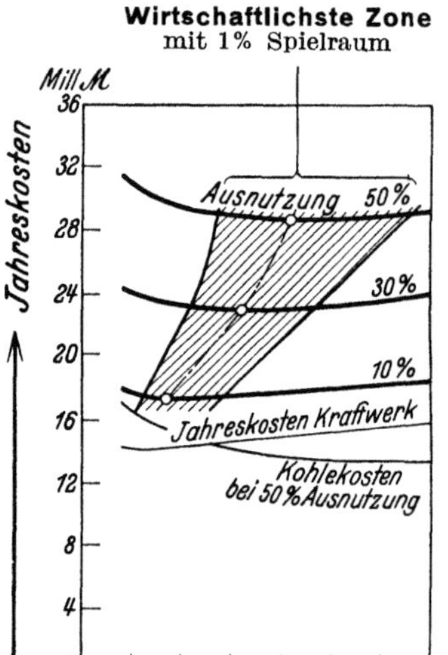

Hochdruck eines Dampfkraftwerkes[5] von 260000 kW. Höherer Dampfdruck senkt den Kohlenverbrauch, verteuert aber das Kraftwerk. Besonders bei schlecht ausgenutzten Kraftwerken gibt ein mittlerer Dampfdruck die kleinste Kostensumme von Kapitaldienst und Kohlenkonto. Im Vergleich mit dem Bild liegt der optimale Dampfdruck tiefer bei billigem Brennstoff (Rohbraunkohle) aber höher, wenn es gelingt, die Mehrkosten bei Hochdruck zu senken.

[1] Schlicke: Wärme 1931 S. 113. — Pick: Wärme 1923 S. 405. — Rodhe: Weltkraftkonferenz 1924 Bd. 2 S. 260. — Haslam: Fuels and their Combustion, 1926 S. 368. — [2] Gerbel: Die wirtschaftlichste Stärke einer Isolierung, 1921 S. 14 (auf 1929 umgerechnet). — Fabry: Wärme 1932 S. 164. — [3] Jansen: Elektrotechn. Z. 1926 S. 820. — Smolinski: Elektrotechn. Z. 1928 S. 81. — [4] Megede: Elektrotechn. Z. 1931 S. 1017. Berücksichtigt Kraftwerkskosten für die Verlustleistung. — [5] Münzinger: Dampfkraft 1933 S. 284. — [6] Weitere Beispiele: Für Kraftwerkseinheiten: Wellmann-Tröger: Weltkraftkonferenz 1930 Bd. 4 S. 32. — Für Bauaufwand von Turbinen: Kraft:

Kompromiß, der mit fortschreitender Technik verschwinden wird, im Gegenteil: Die vollkommene Technik hat die Verlustkosten soweit gesenkt, daß der Anteil der Baukosten immer entscheidender hervortritt. Das zwingt dazu, die ersten Ansätze für eine Wissenschaft der Kostengesetze hier zur beherrschenden Grundlage der Technik auszubilden. Das übergeordnete wirtschaftliche Optimum **ersetzt wirtschaftlich den Wirkungsgradbegriff**[6].

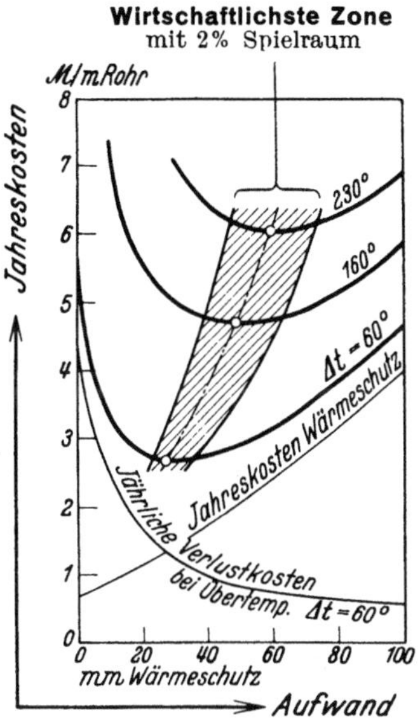

Wärmeschutz einer Dampfrohrleitung von 100 mm Ø[2]. Der Wärmeschutz verteuert sich mit der Auftragstärke, der Wärmeverlust geht aber zurück. Eine mittlere Auftragstärke gibt die kleinste Kostensumme von Wärmeschutz und Verlustwärme. Für heißen Dampf ist dicker Wärmeschutz wirtschaftlich.

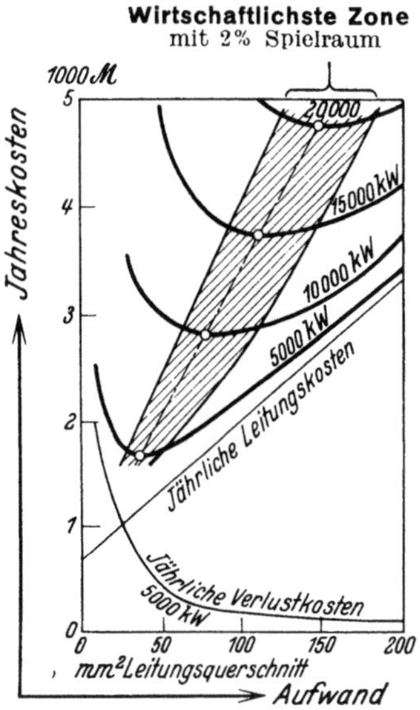

Querschnitt einer elektrischen Fernleitung 60 kV, Kupfer[3]. Reichlicher Querschnitt verteuert die Leitung, senkt aber die Verlustkosten. Daraus ergibt sich für die Kostensumme das wirtschaftlichste Gebiet bei verschiedenen übertragenen Leistungen. Die zusätzlichen Anlagekosten des Kraftwerkes bei höheren Verlusten sind nicht eingesetzt[4]. Kosten gelten für 1 km.

Weltkraftkonferenz 1930 Bd. 5 S. 232. Christie: Weltkraftkonferenz 1930 Bd. 5 S. 166. Stein: Stodolafestschrift, 1929 S. 577; Z. VDI 1930 S. 755. — Für Kolbenmaschinen-Vakuum: Kluitmann: Arch. Wärmewirtsch. 1931 S. 251. — Für Dampfkessel: Münzinger: Kesselanlagen für Großkraftwerke, 1928 S. 166; Dampfkraft 1933 S. 221, 279. — Für Kohlenstaubmahlfeinheit: Braunkohle 1932 S. 397. — Für Industrieöfen: Paschkis: Arch. Wärmewirtsch. 1931 S. 9. — Für Dampfleitungsdurchmesser: Denecke: Wärme 1922 S. 104, 113, 125, 136. — Für Luftvorwärmer: Gumz: Luftvorwärmung im Dampfkesselbetrieb, 1933, S. 246.

steigt um 30% gegen Kohle und Gas. Bei Kohle ist bemerkenswert, daß die erzeugten Gruppen nicht mit anderen Stoffen, sondern untereinander konkurrieren. Von der geförderten Kohle fallen $^1/_3$—$^2/_3$ als Feinkohle an. Bei fetten und gashaltigen Arten hat die Feinkohle nur 10% Preiseinbuße, die besten Kohlenklassen deshalb nur 10% Aufpreis. Magere Feinkohlen sind aber nur zum Teil und weit unter Durchschnittskosten absetzbar, der Preis der besten Sorten steigt auf ein Vielfaches. Ebenso bei Erdöl, wo Heizöl in Konkurrenz mit Kohle nur den halben Durchschnittspreis bringt (1929), Dieselöl den Durchschnitt, Petrol etwas mehr. Die Hauptgruppe Benzin ist der Menge nach nur $^1/_4$, solange nicht gekrackt wird; der Preis muß auf das Dreifache steigen, damit die Durchschnittskosten gedeckt werden. Nicht hohe Zusatzkosten der Raffination verteuern das Benzin, sie machen nur 8% aus.

S. 63

S. 74

Tarife

Die Zusatzkosten der Elektrizität für Strom in Schwachlastzeiten sind bei Dampfkraft 1—2 *Pf*/kWh für Kohle. Bei Wasserkraft gibt es keine Zusatzkosten solange Wasser verfügbar ist. Darum ist oft ein Kilowatt-Pauschaltarif durchführbar ohne Rücksicht auf die Zeitdauer der Entnahme. Ferner kann Wärmestrom, wenn er durchschnittlich im Haushalt zu $5^1/_2$ *Pf*/kWh verkauft wird, den Lichtstrompreis um volle 11 *Pf* senken, wenn doppelt soviel Wärmestrom wie Lichtstrom verkauft wird. Bei Dampfkraftwerken gehen bis zu 2 *Pf* Kohle ab, der Wärmestrom bringt nur $3^1/_2$ *Pf* Überschuß und kann den Lichtstrompreis nur um 7 *Pf* senken. Zweckmäßige Teilung für die Kosten der Gesamtleistung, die kleiner ist als die Summe der Gruppenlasten, weil diese nicht gleichzeitig ihren Höchstwert erreichen, bildet die Grundlage billiger Tarife[1], die den Verbrauch möglichst anregen sollen, ohne das Werk der Gefahr auszusetzen, daß die bevorzugte Verbrauchergruppe unbemerkt nicht einmal ihre Zusatzkosten deckt.

Umgelagertes Gruppenverhältnis

Ein Mittel, das zunächst den Gewinn steigern, auf die Dauer gesehen die Energiekosten senken kann, ist das Umlagern der erzeugten Gruppen. Beim Stadtgas läßt sich die Koksmenge

[1] Rziha-Seidener: Starkstromtechn. Bd. 2 1931 S. 355—367. — Siegel-Nissel: Elektrizitätstarife, 1935.

Entwicklungsübersicht für die Energiewirtschaft

Das Wasserrad mechanisiert Werkstätten, sobald sie in der Manufakturzeit durch Zusammenfassen von Arbeitskräften entstehen. Dampfkraft aus Kohle (Dampfmaschine) löst die Standorte der aufkommenden Industrie von den Flußläufen los (1777) und mechanisiert den Verkehr (1825). Steinkohle statt Holzkohle beseitigt die Entwicklungsschranken der Eisenindustrie. Wärmewirtschaft setzt 1824 für Ofenabhitze ein, 1832 für brennbare Abgase, die Energiegesetze werden 1842 aufgestellt, seit 1855 gibt es Heizkraftkupplung. Mit Gas als Lichtquelle (1804) konkurriert Erdöl nach Einführen der Bohrtechnik (1859). Vom elektrischen Licht zurückgedrängt übernimmt Gas das Kochen (1890).

Wirtschafts-Zeitalter	Quellen			Umgewandelte Energie		
	Kohle [3, 5, 9]	Wasserkraft [2, 9]	Öl [5, 10]	Dampf [5, 9]	Gas [7, 8, 9]	Elektrizitat [4, 9]
Handwerk bis 14. Jahrhundert Tierkraft Windkraft	—	—	—	—	—	—
Manufaktur 14. Jahrhundert bis 1750 Wasserkraft	—	Wasserrad	—	—	—	
Industrie 1750 Dampfkraft Kohle Holzkohlennot	Koks in Meilern und Bienenkorböfen destilliert. **Kohle als versandfähige Energiequelle für Dampfkraft**	—	—	1780: Kofferkessel	—	—
1800 Gas Eisenbahn	1800: Braunkohlenbergbau	1827: Fourneyron, Wasserturbine 1849: Francis, Zentripetalturbinen für große Wassermengen	1843: Petrollampe	1800: Flammrohrkessel mit Innenfeuerung (im Durchmesser beschränkt) 1840: Wasserrohrkessel	1804: erster Gasofen gibt 200 m^3/t 1810: erstes Londoner **Gaswerk** 1825: Gaswerk Hannover 1840: Faber du Faur Gasgenerator	
1850 Öl	1856: Kokerei-**Flammöfen** mit Retorten verheizen entstehendes Gas	1864: Fink, Drehschaufelreglung	1859: Drake, Erdöl durch Bohrung gewonnen 1867: Rockefeller Raffination		Gasmotor	1866: **Siemens**, Starkstromtechnik durch **Dynamo** und **Elektromotor**
Großindustrie 1870	1875: Brikettieren macht Braunkohle transportfähig	1880: Pelton, Freistrahlturbine für große Gefalle			1885: Auer, Gasglühlicht. Gaskochen beginnt	1879: Edison, **Glühlampe** 1884: Rathenau, Berliner **Elektrizitätswerk** 1891: Miller, **Kraftübertragung** 200 PS, 180 km 75 % Wirkungsgrad 1898: Dampfturbine bringt **Großkraftzentrale**
	1882: (Deutschland) Regenerativkoksofen gewinnt Gas und Nebenprodukte	1892: erste Überland-Wasserkraftelektrizitätswerke	1883: Benzol aus Kokereien			
1900 Auto Elektrochemie **Weltkrieg** 1914—18	1905: Kokerei-Ferngas für Stadt Essen	1912: Kaplan, schnellaufende Propellerturbine	1905—18: Benzinausbeute steigt durch verdrängtes Leuchtöl und Nachfrage nach Autobenzin von 10 auf 25 %. Billiges **Schweröl als Nebenprodukt** konkurriert mit Kohle 1918: (USA.) Benzinnachfrage überschreitet Ausbeutegrenze von 25 %; **Übergang zum Kracken**	1900: mechanische Roste; Steilrohrkessel 1917: Ruthsspeicher für schwankenden Verbrauch 1918: (USA.) erste Kohlenstaubdampfkessel	1903: erste Stadtgasfernleitung (Lübeck)	1905: Metallfadenlampe, braucht $3^1/_2$mal weniger Strom 1905: Birkeland, Eyde **Luftstickstoff** 1910: Haber-Bosch, **Stickstoffsynthese braucht 6 statt 80 kWh/kg** 1915: (Deutschland) **Braunkohlengroßzentralen für Stickstoffsynthese**
Kohlennot 1919—24	Steigende Preise durch Fördermangel: steigende Eigenproduktion kleiner Kohlenländer					**Zentrale Landesversorgung** drängt industrielle Eigenanlagen zurück
Rationalisierung 1925—28	1925: Kohlennot behoben, schwerer Absatz für minderwertige Sorten 1927: (Ruhr) **Zentralkokereien mit Schwachgasheizung geben Ferngasüberschuß**	1925: Pumpspeicher	1925: Bergius, Öl aus Kohle 1926: Fischer, Benzinsynthese	1924: Sonderkessel für Hochdruck 1929: Zonenwanderrost verbrennt minderwertige Sorten	1928: zunehmende Zentral-**Gruppengas**-Werke	(Deutschland) Braunkohlenwerke holen Steinkohlenkraft ein 1926: Spitzenkraft-**Großdiesel** 1928: Ruthsspeicher-**Großkraftwerk**

Für die aufkommende Großindustrie befreit der Elektromotor die Entwicklung der Werkgröße von den Schranken der Kraftmaschine und verdrängt die Kleingasmaschine; Dampfturbine und Hochspannung führen zur Großkraftzentrale (1898). Durch den Bedarf an Autobenzin (1903) entsteht Schweröl als Nebenprodukt für Schiffahrt und Industrie. Im Kampf der Dampfmaschine gegen Gichtgas-, Kokereigas- und Ölmaschine entwickelt sich die Abdampftechnik (1902). Kohlennot (1919) fördert Wärmewirtschaft und Wasserkraftausbau, erschwerter Absatz für minderwertige Sorten (1925) führt zu Sonderfeuerungen, überschüssiges Kokereigas (1927) konkurriert mit Stadtgaswerken. Die zentrale elektrische Kraftversorgung drängt industrielle Eigenanlagen zurück.

Verbrauch					
Haus und Straße [9]	Gewerbe [9]			Verkehr [1, 9]	
	Kraft [1, 6]	Abwärme	Öfen [3]	Land	Schiff
Holz für Hausbrand. Licht aus **Pflanzenöl,** Talg und Wachs	**Mensch, Pferd** (Göpel), Windmühle	—	**Holzkohle**	**Pferd** Binnenschiff	**Segel**
	Wasserrad gibt Kraft für Betriebe, in denen **viele Arbeitskräfte zusammengefaßt sind** 1700: Savery, atmosphärische Dampfmaschine; 0,5 % Wirkungsgrad		1735: erster **Kokshochofen**		
Kohle zunehmend für Hausbrand **Gas** als Straßenlicht 1823: Dampfzentralheizung Petrollicht breitet sich aus	1777: **Watt,** Überdruckdampfmaschine mit Kondensator; 2 % Wirkungsgrad **Dampfmaschine macht Industriestandort vom Flußlauf frei** 1800: Watt-Patente erloschen 1824: Carnot, idealer Grenzkreislauf fur Wärmekraftmaschine abgeleitet 1838: Dampfhammer 1842: Mayer, Äquivalenz von Wärme und Arbeit 1847: Helmholtz, Gesetz von der Erhaltung der Energie 1855: **Abdampfheizung** durch Auspuffdampf (Heizkraft) und Verdampferbrüden in Zuckerfabriken 1860: Lenoir, **Gasmotor** 1867: Otto-Langen, atmosphärische Gasmaschine braucht 1/3 Gas	— 1824: Jongh, erster **Abhitze-**Dampfkessel 1828: Neilson, **Abgas-**Vorwärmer fur Ofenwind 1832: Hochofen-**Gichtgas** für andere Öfen verwendet 1856: Siemens, Regenerativvorwarmer für Ofenwind 1857: Cowper, Hochofenwind durch Gichtgas vorgewarmt	1783: Cort, **Flammofen** koksbeheizt 1855: Bessemer, Stahl durch Wind-Frischen ohne Ofenhitze	1825: Stephenson, erste **Eisenbahn** **Frachtkosten sinken auf 1/2**	1807: Fulton erstes Dampfschiff 1829: Dampferschraube bringt uberlegene Mechanisierung und verdrangt Segelschiff
Elektrizität konkurriert mit Gas	Gasmotor **konkurriert mit Dampfmaschine** 1883: erste elektrische Antriebe 1883—85: Laval, Parsons, **Dampfturbine** 1895: erster Gichtgasmotor 12PS, verwendet Hochofenabgas 1897: Diesel, Motor fur Schweröl		1879: Siemens, Elektroofen	1881: elektrische Straßenbahn 1886: Daimler, **Auto,** schnellaufender Benzinmotor 1½ PS	
Elektrizitat verdrangt Gaslicht Wasserkraftländer elektrisches Kochen, Warmwasser, Heizen	**Elektrischer Antrieb befreit Entwicklung der Werkgröße von Schranken der Kraftmaschine,** mechanisiert Kleinbetriebe, verdrangt Gasmotor 1902: Rateau, Abdampfturbine mit Speicher für Auspuffdampf 1903: Groß-Gichtgasmaschine doppelt wirkend (800PS) 1903: Ilgner, Schwungrad fur schwankende elektrische Antriebe 1919: Durch Kohlennot entstehende Wärmestellen fördern Heizkraftkupplung, Verwertung von Abgas, Abdampf, minderwertigen Brennstoffen 1920: kompressorloser Dieselmotor Elektrische Antriebe verdrangen Abdampfwirtschaft 1923: Regenerativvorwarmung von Speisewasser durch Anzapfdampf in Kraftwerken 1928: Buchi, Dieselmotor mit Abgasaufladegebläse	Abdampfverwertung nimmt zu durch Konkurrenz des Gas- und Dieselmotors		1903: Ford, Serienauto dezentralisierendes Auto verdrängt Pferd und Bahn im Nahverkehr Wasserkraftländer: Ausbau der elektrischen Vollbahnen	1907: Turbinenschnelldampfer 1910: erste Dieselschiffe durch billiges Schwerol als Nebenprodukt des Autobenzins stellt sich Schiffahrt von Kohle auf Öl um 1926: Bauer-Wach, Abdampfturbine hinter Kolbenmaschine

Wirtschafts-Zeitalter	Quellen			Umgewandelte Energie		
	Kohle [3, 8, 9]	Wasserkraft [2, 9]	Öl [5, 10]	Dampf [5, 9]	Gas [7, 8, 9]	Elektrizität [9]
Stand 1929	Welt: 8,5 % mehr Kohle als 1913, England: 10 % weniger durch erhohte Eigenproduktion seiner Absatzlander	deckt 5 % der Weltenergie	deckt mit Erdgas zusammen $^{1}/_{6}$ der Weltenergie		USA.: $^{2}/_{3}$ Erdgas Deutschland: $^{6}/_{10}$ Kokereigas	$^{2}/_{3}$ der Haushalte, uber $^{2}/_{3}$ der Arbeitsmaschinen elektrisch in vielen Landern
Entwicklung seither bis 1935		Ausgebaute Wasserkrafte verstarkt ausgenutzt	USA.: nur noch 61 % statt bis 71 % der Welt-Erdolproduktion, Deutschland: $^{1}/_{3}$ eigene Treibstoffe	1933: Kramer, Muhlenfeuerung fur nasse Rohbraunkohle	Fortschreiten der Hausanschlusse wirkt dem Absatzruckgang entgegen: Flaschengas als Treibstoff	320 Mrd. kWh 1934 gegen 300 Mrd. 1929, obgleich Produktionsindex noch zuruckbleibt

Die Jahreszahlen geben meist an, wann die Neuerungen mit dauerndem Erfolg in Betrieb gekommen sind. — [1] Matschoss: Manner der Technik, 1925. — Geschichte der Dampfmaschine, 1901 S. 433. — [2] Camerer: Wasserkraftmaschinen, 1924. — [3] Eisenhüttenwesen, 1929 S. 22. — [4] Chemische Technologien: Ost, 1928; Dammer, 1925. —

durch vollständiges Vergasen und Ölkarburieren zugunsten der Gasmenge einschränken oder umgekehrt bei gutem Koksmarkt durch Übergang zur Stadtkokerei die Koksmenge steigern. Durch Schwachgas beheizte Kokereien können Ferngas freimachen. Das Kracken des Erdöls, das die Benzinausbeute von 25 auf 65% heraufsetzt, senkt auf die Dauer die Benzinkosten. Bei der Elektrizität gibt es ein Umlagern nur durch Elektrospeicher, die billigen Nachtstrom für den Wärmebedarf des Tages verwenden.

Wirtschaftsformen

Kohle[1]

Berghoheit

Im Bergbau begann im Mittelalter ein starker Eingriff des Staates, der in Deutschland durch das herrschende „Bergregal" die Verfügung über die im Boden ruhenden Mineralien dem Grundeigentum abnahm. Die Landesfürsten verliehen die Abbaurechte gegen hohe Abgaben, bis sich durch aufkommende Industrie — in Preußen 1865 — die Bergfreiheit durchsetzte. Nach 1890 begann mit den Bergarbeiter-Schutzgesetzen wieder stärkerer Staatseinfluß. Daneben führten die Schäden ungezügelter Konkurrenz von 1890 ab durch den Zusammenschluß von Kartellen zum privaten Bergbaumonopol. In der Kohlennot, die mit dem Weltkrieg einsetzte, wandelte in Deutschland der Staat die Kartelle in staatlich beeinflußte Zwangssyndikate um, regelte durch einen Reichskohlenkommissar die Verteilung und verhinderte Monopolpreise. Unter dem Einfluß von Sozialisierungstendenzen entstand 1919 das Kohlenwirtschaftsgesetz, das den Verkauf den Bergwerken vollständig abnahm, ihn auf die Syndikate übertrug, deren Preise vom staatlich beeinflußten Reichskohlenverband festgesetzt wurden. Die selbstverbrauchenden Konzerne wurden dadurch kaum berührt, die reinen Zechen dagegen arbeiteten durch die Zwangspreise mit Verlust und konnten die Rationalisierung, die dringend not tat, nicht aus eigenen Mitteln durchführen. Das förderte den Vertikaltrust durch Zusammenschluß mit verbrauchenden Hüttenwerken und durchbrach das horizontale Syndikat. Von 1913—1923 stieg im Ruhrgebiet der Anteil der mit Hütten zusammengeschlossenen Zechen von 41 auf 69%. Bei der Rohbraunkohle sind 74% mit verarbeitenden Elektrizitätswerken und chemischer Industrie verbunden, von den erzeugten Briketts dagegen nur 39%, vorwiegend für die Chemie zum Vergasen. Der preußische Staat fördert 10% der Steinkohle seit 1917 selbst mit gutem finanziellen Erfolg.

Bergfreiheit

Kartell

Verkaufssyndikat

Vertikaltrust

Handel

Nachdem die Kohlennot 1921 auf dem Weltmarkt, 1924 auch in Deutschland überwunden war, setzten sich trotz gleichbleibender Wirtschaftsform elastische Preise durch und der Handel übernahm wieder seine ausgleichende Aufgabe und entlastete durch Lagerhaltung Bergbau und Verkehrswesen von Jahresschwankungen.

Gesellschaftsform[2]

Aktiengesellschaften sind durch ihr festgelegtes Grundkapital für neue Gruben mit unbekanntem Kapitalbedarf und langer Ertragslosigkeit oft zu starr. „Gewerkschaften" sind die Sonderform für den Bergbau. Der Anteilschein, die Kuxe, verpflichtet, bei Bedarf „Zubußen" zu leisten oder den Kuxenbesitz zu verkaufen, Dritten gegenüber besteht aber keine persönliche Haftung. Sobald der Abbau übersehbar ist oder durch zahlreiche Gruben das Risiko abnimmt, läßt sich der Übergang zur Aktiengesellschaft durchführen.

[1] Loose: Kohlenwirtschaftsgesetz, 1930 S. 7—14, 173—174, 213, 220. — [2] Kegel: Bergwirtsch. 1931 S. 63.

Verbrauch					
Haus und Straße[9]	Gewerbe[9]			Verkehr[1,9]	
	Kraft[1,6]	Abwärme	Öfen[3]	Land	Schiff
USA. und Deutschland: Brennholz nur noch 1/4 der Hausbrandenergie	Dampfzentralen bis über 24% Wirkungsgrad, sparsamer Verbrauch an Ofenhitze und Fabrikdampf geben 1/3 Energieersparnis seit 1910			Elektrische Vollbahnen Welt: 1,5% Schweiz: 55%	Ölantrieb Welt: 38% USA.: 78% Deutschland: 28%
			Deutschland: zunehmende Ferngasheizung	Fahrzeugdiesel für Lastautos	Ölantrieb auf 47% gestiegen

5 Großer Brockhaus, 15. Aufl. — 6 AEG, 25 Jahre Dampfturbinen, 1928. — 7 Schäfer: Gaswerk, 1929. — 8 Litinsky: Kokerei- und Gaswerksöfen, 1928. — 9 Z. VDI 1857—1921, Chroniken seit 1913, Rückblick 1932 S. 1. — 10 Weltkraftkonferenz 1930.

USA.

Da in USA. die Kohlenlager abseits von bewohnten Gegenden liegen, ist der Grundbesitzer Eigentümer der Bodenschätze geblieben. Diese Bergwerksgerechtsame gibt er oft gegen eine royalty (65 *Pf*/t) ab. Von der Weichkohle ist nur 1/4 vertikal vertrustet, in Pennsylvanien 1/3. Über die Hälfte der Werke haben eigene Verkaufsabteilungen. Dagegen gehört der Hartkohlenbergbau, der 6mal weniger fördert zu 90% den Eisenbahnen, obgleich die Lokomotiven nur 7% der Kohle — die gröbsten Stücke — brauchen.

Erdöl

Ölbohrung

Rockefeller und Standard Oil

Erdöl, seit Jahrtausenden benutzt[1], wurde erst bei Übergang zur Erdölbohrung durch Drake[2] 1859 in Pennsylvanien industriell erschlossen. Rockefeller, der „Petroleumkönig" gründete in USA. 1870 die Standard Oil Company mit 1 Mill. $ und 1882 den Standard Oil Trust mit 70 Mill. $[1, 3]. Der Trust wurde seit 1892 mehrmals aufgelöst (Antitrustgesetz), was zur Form von 33 äußerlich unabhängigen Hauptgesellschaften führte[3,4]. Die USA. förderten bis 71% der Weltproduktion, 1934 aber nur noch 61%. Die Standard Oil hatte bis in die 80er Jahre keine eigene Produktion[1, 3], sie sicherte sich das Transportmonopol auf Eisenbahnen und Rohrleitungen (pipe lines) und vernichtete 1872—1878 250 unabhängige Gesellschaften in USA. In Niederländisch-Indien entstand im Kampf mit der Standard Oil aus der „Koninklijke" (1890) und der Tankdampferreederei „Shell" (1897) eine Holdinggesellschaft. Die Anglo-Persian-Burmah als dritte Machtgruppe verbindet die Ölproduktion von Hinterindien und Persien. Zwischen diesen drei Gruppen hat sich nach dem Weltkrieg ein gewaltiger Wirtschaftskampf um die unerschlossenen Ölreserven abgespielt, in dem England die Vormachtstellung hat[5, 6], oft durch politische Beherrschung der betreffenden Länder. So beherrscht England durch das Mandat über Irak die Mossulfelder und vollendete 1934 die „pipe line" zum Mittelmeer[7].

Machtmittel Eisenbahn und Rohrleitung

Shell[3]

Ölkampf

Irak

Rußland[8]

Rußland förderte um 1900 die Hälfte der Weltproduktion. Allein in Baku hatte 1917 die Shell 20 Mill. $ investiert. Als 1920 die russischen Ölfelder nationalisiert wurden, suchte Shell ohne vollen Erfolg durch Preiskampf in Indien gegen russisches Benzin und Standard als Abnehmer von russischem Benzin seine Vorkriegsansprüche durchzusetzen.

Weltkrise

In der Weltkrise schlossen sich die Hauptgruppen außer Rußland der „Conservation"-Bewegung zur sparsameren Ausbeutung der Ölquellen an und durch Staatsgesetze (Californien) und militärischen Eingriff (Texas) wurde versucht, die Produktion dem sinkenden Bedarf anzupassen und die Preise zu stabilisieren. Der Stabilisierung wirkten das verbilligende Kracken von Benzin entgegen und die Außenseiterstellung von Rußland mit 1/8 der Weltproduktion.

Deutschland[9]

In Deutschland betrieben um 1932 Shell und Standard je 1/3 der Zapfstellen, die Olex-Anglo-Persian 1/6, die Russen 1/30, die Deutsche Gasolin (Leuna) 4%. Shell hat die meisten deutschen Raffinerien (Rhenania-Ossag). Bis 1932 deckte die deutsche Erdölproduktion 1/10, das Hydrierbenzin (Leuna) 1/20 des Landesbedarfs, während 3% der Erdölprodukte in Deutschland raffiniert wurden. Die selbsterzeugte Treibstoffmenge stieg bis 1934 auf 32,5%.

1 Brackel-Leis: Petroleumkrieg, 1903 S. 9, 73, 80—83. — 2 Höfer: Die Petroleumindustrie Nordamerikas, 1877 S. 9. — 3 Hoffmann: Ölpolitik, 1927 S. 26, 27, 30—36. — 4 Denny: Ölquellen/Kriegsquellen, 1929 S. 16. — 5 Hoffmann: Ölpolitik, 1927 S. 21, 67, 68. — 6 Denny: Ölquellen/Kriegsquellen, 1929 S. 34, 149. — 7 Petroleum 1933 Heft 50. — VDI-Jb. 1935 S. 45. — 8 Mautner: Der Kampf um und gegen das russische Erdöl, 1929. — 9 Die deutsche Mineralölindustrie, 1932.

Länderübersicht für den Energieumsatz 1929

		Deutschland[10]	Groß-Britannien	Frankreich	Italien
Grundzahlen					
Einwohner	*Mill.*	64	46	42	42
Volkseinkommen	*Mrd. M*	76	72	41	23
		18% Braunkohlenenergie für die 170 Jahre[11] sicherer Vorrat. Höchste Kohlenveredelung (50%), größte verwertete Kokereigasmengen. Viel industrieeigene Kraftwerke, wenig Autos, sehr wenig Erdöl	Steinkohle 98% der Energie. Höchste Ausfuhr (1/3). Stadtgas am starksten, Industrieelektrizität schwach entwickelt, starke Erdölverarbeitung	Nur 90 Jahre sicherer Kohlenvorrat, 28% Kohleneinfuhr. 43% Wasserkraftstrom	Kleine Kohlenvorräte, 97% Wasserkraftstrom = 37% der Gesamtenergie; Wasserkraft hoch ausgebaut
Kohle					
Steinkohle + Braunkohle	*				
Wahrscheinlicher Vorrat	*Mrd. t*				
Steinkohle	*(Braunkohle in*	279	200	16,6	0,15
Braunkohle	*Steinkohle um-*	5	—	0,6	0,07
Zusammen	*gerechnet)*	284 = *5,5%*	200 = *4%*	17,2 = *0,3%*	0,2
Förderung 1929	*Mill. t*	202 = *15%*	262 = *19%*	54 = *4%*	0,5
Vorrat reicht wahrscheinlich	*Jahre*	1400	760	320	
Steinkohle[1]					
Sicherer Vorrat	*Mrd. t*	78 = *15%*	138 = *26%*	6 = *1%*	—
Förderung 1929	*Mill. t*	163 = *12%*	262 = *20%*	54 = *4%*	0,2
Vorrat reicht sicher	*Jahre*	480	530	**90**	
Braunkohle[1]					
Sicherer Vorrat	*Mrd. t*	29 = *2,5%*	—	1,6	0,05
Förderung 1929	*Mill. t*	174 = *74%*	—	1,2	0,8
Vorrat reicht sicher	*Jahre*	**170**[11]			
Gesamtverbrauch **1929**[2], umgerechnet in Steinkohle	* *Mill. t*	168	179	94	16
je Einwohner	*t*	2,6	3,9	2,2	0,4
davon					
Zechenselbstverbrauch	*t je Einwohner*	0,22 = *8%*	0,3 = *8%*		
Industrie		1,1 = *42%*	1,75 = *45%*	1,9 = *86%* (Industrie, Hausbrand, Eisenbahn, Schiffe)	
Hausbrand		0,72 = *28%*	0,9 = *23%*		
Eisenbahn		0,23 = *9%*	0,31 = *8%*		
Schiffe		0,05 = *2%*	0,04 = *1%*		
Elektrizitätswerke		0,18 = *7%*	0,22 = *5,5%*	0,18 = *8%*	
Gaswerke		0,12 = *4%*	0,37 = **9,5%**	0,13 = *6%*	
Außenhandel					
in Steinkohle umgerechnet					
Einfuhrüberschuß bezogen auf Verbrauch	%			*28*	*93*
Ausfuhrüberschuß bezogen auf Förderung	%	*17*	*31*		
Veredelung					
Förderung + Einfuhr roher Kohle	*	211 = *100%*[12]	262 = *100%*	78 = *100%*	14 = *100%*
In Kokereien verkokt		50	17	11,4	1
In Gaswerken verkokt		7,3	19	3,6	?
Insgesamt verkokt		57,3 = *27%*	36 = *14%*	15 = *19%*	
Brikettiert[2]	*Mill. t*				
Steinkohle	*in Stein-*	5,5 = *3%*	1,3 = *0,5%*	6 = *8%*	
Braunkohle	*kohle um-*	25,2 = *12%*			
Verschwelt	*gerechnet*	[6] 0,8 = *0,4%*			
Hydriert		0,3 = 0,2%[6]			
Zu Brennstaub vermahlen		3,7 = 2%[7]			
davon verbrannt in[8]					
Dampfkesseln		2,65 = 1,5%			
Öfen		1,05 = 0,5%			
In Strom umgewandelt		11,4 = 5%	10 = *4%*	8 = *10%*	
Insgesamt veredelt		104,2 = **50%**	47 = *18%*	29 = *37%*	

Schweiz	USA.	Canada	Welt	
4,1	123	10,4	2000	
6	380	25		
Keine Kohle 99% Wasserkraftstrom = 48% der Gesamtenergie. $^1/_5$ Stromausfuhr, stärkster elektrischer Bahnbetrieb. Hoher Gasverbrauch	Kohle 52% des Weltvorrates, 40% der Förderung. Öl $^2/_3$ der Weltförderung, weil $^3/_4$ aller Autos. Erdgas beherrscht Gasindustrie. 78% elektrischer Antrieb, vorwiegend aus Zentralen versorgt	Braunkohle $^1/_3$ des Weltvorrates schwach ausgenutzt. 57% Kohleneinfuhr. Wasserkraftwerke gut ausgenutzt, viel Elektrodampf	Den europäischen Ländern steht USA. mit einem viel höheren Energiebedarf gegenüber und die nichtindustriellen Lander, durch die der Weltdurchschnitt weit tiefer liegt. Der Durchschnitt ist hier Ausnahme	
∼ 0	1975	286	4039= *77%*	Der wahrscheinliche Kohlenvorrat reicht 3800 Jahre, der sichere nur 400 Jahre, in Frankreich nur 90 Jahre. USA. hat 52% der Vorräte und 40% der Förderung, die Kohle reicht dort wahrscheinlich für 5000 Jahre. Mit Deutschland, England, Frankreich und Canada zusammen haben 5 Lander $^3/_4$ des Weltvorrates und $^4/_5$ der Förderung. Braunkohle, die dem Heizwert nach $^1/_4$ des Weltvorrates ausmacht, wird vorwiegend in Deutschland ausgenutzt; dort liegen $^3/_4$ der Weltförderung, aber nur 2,5% des sicheren Vorrates, der in 170 Jahren erschöpft ist[11]
—	750	380	1177= *23%*	
—	2725=*52%*	666=*13%*	5216=*100%*	
0,007	551=*40%*	14= *1%*	1385=*100%*	
	5000		3800	
—	207=*39%*	30= *6%*	528=*100%*	
0,007	550=*42%*	12= *1%*	1319=*100%*	
	375	250	400	
—	756=*65%*	385=*33%*	1173=*100%*	
—	2,6	3,6	236	
3,5	534	31	1385	Der hohe Zechenselbstverbrauch in Deutschland, über 11% nach anderer statistischer Berechnungsweise, ist größtenteils zu Kraftzwecken verwertete Abfallkohle. In USA. hat die Eisenbahnkohle durch die langen Strecken den größten Anteil, in England die hoch entwickelten Gaswerke, wogegen der Kohlenanteil der USA.-Gasindustrie am kleinsten ist, weil sie vorwiegend Erdöl verarbeit und Erdgas verteilt
0,9	4,4	3,4	0,69	
	0,04= *0,8%*			
	2 =*45%*			
	1 =*23%*			
	0,9 =*21%*			
	0,04= *0,9%*			
	0,35= *7,8%*			
	0,07= ***1,5%***			
100		*57*		England führt fast $^1/_3$ seiner Förderung aus, der Ausfuhrüberschuß ist in Deutschland 17%, in USA. nur 4%
	4			
2,1=*100%*	552=*100%*	30 =*100%*		Von der Kohle wird $^1/_3$ veredelt, in Deutschland die Halfte, wenn man Industriestrom aus Kohle einschließt, 53%. Brikettieren macht Braunkohle erst für Warmezwecke transportfähig
—	79[3]	2,7	190[4]	
0,5	8,3	0,4	50	
0,5= *24%*	87= *16%*	3,1= *9%*	240=*17%*	
	1= *0,2%*		18,8= *1,3%*	
			25,2= *1,8%*	
			?	
			?	
	30= *5,5%*[8]		40 = *2,9%*	
	12= *2,2%*			
	18= *3,5%*			
	41= *7,5%*		150 =*11%*	
0,5=*24%*	159=*29%*		475 =*34%*	

		Deutschland[19]	Groß-Britannien	Frankreich	Italien
Öl					
Vorrat[9]	*Mill. t*	Europa ohne Rußland *2,5*%, Asien mit Rußland *45*%			
Förderung 1929[1]	*Mill. t*	0,1 = *0,5*‰[13]		0,075	0,005
Vorrat reicht	*Jahre*				
Verbrauch 1929	*Mill. t*	3,2	8,3	3,1	1,27
davon					
Benzin und Benzol	*Mill. t*	1,5 = *47*%	2,9 = *35*%	1,7 = *55*%	0,4 = *31*%
Leuchtöl	*Mill. t*	0,15 = *5*%	0,9 = *11*%	0,25 = *8*%	0,16 = *13*%
Gasöl	*Mill. t*	0,37 = *11*%	0,5 = *6*%	0,2 = *6*%	} 0,58 = *46*%
Heizöl	*Mill. t*	0,5 = *15*%	1,7 = *20*%	0,6 = *19*%	
Schmieröl	*Mill. t*	0,6 = *19*%	0,4 = *5*%	0,28 = *9*%	0,07 = *6*%
Verarbeitetes Einfuhröl	*Mill. t*	0,1 = *3*%	1,0 = *23*%	0,02 = *1*%	0,05 = *4*%
Wasserkraft					
Vorhanden bei tiefstem Wasserstand	*Mill. PS*	2,0 = *0,5*%	0,85 = *0,2*%	5,4 = *1,2*%	3,8 = *0,8*%
Ausgebaut 1930	*Mill. PS*	2,0 = *4,5*%	0,4 = *0,9*%	2,3 = *5*%	4,84 = *10,5*%
In % der bei tiefstem Wasserstand vorhandenen	%	*100*	*47*	*43*	***127***
Kraft					
Verkehr 1929					
Autos	*etwa Mill. PS*	15	35	31	6
Lokomotiven	*etwa Mill. PS*	19	18	16	6
Schiffe	*etwa Mill. PS*	3	14	2,3	2,2
Zusammen		37	67	48	14
je Einwohner	*PS*	0,6	1,5	1,2	0,35
Kraftanlagen (ausschließlich Landwirtschaft)		Zahlung 1933			
Elektrizitätswerke	*Mill. PS*	11 = *42*%	9,5	} 10	4
Elektrische Industrieanlagen	*Mill. PS*	7 = *27*%	3 ?		0,5 ?
Mechanische Industrieanlagen	*Mill. PS*	8 = *31*%	8 ?	?	0,5 ?
Zusammen		26 = *100*%	21,5	10	5,0
je Einwohner	*PS*	0,4	0,45		0,1
Elektromotore ausschließlich Reserve	*Mill. PS*	18			
% elektrischer Antrieb	%	*73*	*51*		
Gesamtkraft					
Verkehr	*Mill. PS*	37 = *60*%	66	48	14
Kraftanlagen (ausschließlich Landwirtschaft)	*Mill. PS*	26 = *40*%	21,5	10	5
		63 = *100*%	87,5		
Elektrizität					
Erzeugung 1929[15]					
Öffentliche Kraftwerke	*Mrd. kWh*	16,4	12,0	14,3	10,7
Eigenanlagen	*Mrd. kWh*	14,2	4,3	?	1,5
Zusammen		30,6 = *11*%	16,3 = *6*%	14,3 = *5*%	12,2 = *4*%
je Einwohner	*kWh*	480	365	370	270
davon (Verluste eingerechnet):					
Haushalt	*kWh je Einwohner*	} 50 = *10*%	} 70 = *19*%	} 275 = *80*%	27 = *10*%
Kleingewerbe	*kWh je Einwohner*				110 = *40,5*%
Landwirtschaft	*kWh je Einwohner*	15 = *3*%			4 = *1,5*%
Großindustrie	*kWh je Einwohner*	295 = *62*%	} 270 = *74*%		35 = *13*%
Elektrochemie	*kWh je Einwohner*	90 = *19*%		75 = *20*%	67 = *25*%
Bahnen	*kWh je Einwohner*	30 = *6*%	25 = *7*%		27 = *10*%
Ausfuhr	*kWh je Einwohner*				
% versorgte Haushalte	%	*61*	*44*[16]		
% elektrischer Antrieb	%	*73*	***51***		
% elektrische Vollbahn-km	%	*4*[17]	*2*	*5,5*	*12*
% Elektrizität aus Wasserkraft	%	*12*	*2*	*42*	*97*
Ausnutzung der Kraftwerksleistung (einschließlich Industrie)	*h im Jahr*	2400 = *27*%	1700 = *20*%	2900 = *33*%	2600 = *30*%

Schweiz	USA.	Canada	Welt	Bemerkungen
	1000=*17*%	140 =*2,5*%	6000	Vom bekannten **Erdölvorrat**, der nur für 30 Jahre[14] reichen würde, hat Asien mit Rußland 45%, USA. nur $^1/_6$, das nur für 7 Jahre reichen würde, weil USA., wo $^3/_4$ aller Autos laufen, $^2/_3$ der Weltförderung bestreitet
—	145=*68*%[10]	0,14=*0,7*%	~ 200	
	7[14]		30[14]	
0,26	137	5,3	200	
0,14=*54*%	44 =*32*%	0,6 =*11*%	63=*34*%	
0,03=*11*%	4,5= *3,5*%	—	16= *9*%	
} 0,07=*27*%	} 85,5=*62,5*%	} 0,13= *3*%	} 98=*53*%	
0,02= *8*%	3 = *2*%	0,07= *1*%	7= *4*%	
—		4,5 =*85*%	Rest: Pech, Verluste und Lagerzugang	
2,5=*0,6*%	38,0= *8,5*%	20,3= *4*%	446 =*100*%	Von den verfügbaren **Wasserkräften** fallen auf Afrika 43%, die praktisch überhaupt noch nicht ausgenutzt sind. Nordamerika und Europa haben annähernd gleich viel und gleich stark ausgenutzte Wasserkräfte. Italien hat mehr Wasserkraft ausgebaut als die Leistung beträgt, über die es bei seinem trockenen Sommer bei tiefstem Wasserstand verfügt
2,3=*5*%	14,9=*33*%	5,7=*12,5*%	45,6=*100*%	
92	*39*	*28*	*10*	
	[5] Schätzung 1930			Von allen **Kraftmaschinen** haben die Autos mehr als $^2/_3$ der Leistung, die Lokomotiven mehr Leistung als die Kraftwerke, sie sind aber viel schlechter ausgenutzt. In Deutschland ist die Industriekraft stark, das Auto aber so schwach entwickelt, daß die Verkehrskraft nur wenig überwiegt
2	890	35	1100	
1	75	5,5	185	
	12	?	50	
3,1	977	40	1335	
0,8	8	4	0,7	
1,6	44= *66*%	5	110= *65*%	
0,6	11= *16*%	0,9	25= *15*%	
0,1	12= *18*%	0,7	35= *20*%	
2,3	67=*100*%	6,6	170=*100*%	
0,55	0,55	0,65	0,08	
0,7	31	2,2	75	
91	*78*	*75*	*68*	
3,1= *57*%	977= *94*%	40= *87*%	1335= *90*%	
2,3= *43*%	67= *6*%	7= *13*%	170= *10*%	
5,4=*100*%	1044=*100*%	47=*100*%	1505=*100*%	
3,7	97,4	17,6	225	Die **Elektrizität** wird in Deutschland noch fast zur Hälfte in industriellen Eigenanlagen erzeugt, in USA. überwiegend in Kraftzentralen. England ist im elektrischen Industrieantrieb zurückgeblieben, der in Deutschland und USA. zu $^3/_4$ durchgeführt ist. USA. erzeugt 42%, die 7 aufgeführten Länder $^3/_4$ der Weltelektrizität, die zu 35% aus Wasserkraft entsteht. Die Wasserkraftländer Canada und die Schweiz haben ihren hohen Verbrauch je Einwohner überwiegend durch Industrie. Canada heizt in einem Teil seiner umfangreichen Zellstoffindustrie mit Elektrodampf. Die Schweiz hat den stärksten elektrischen Zugbetrieb und fuhrt Sommerstrom aus, der den umliegenden Ländern fehlt. In Canada sind (nächst Norwegen) die Kraftwerke am besten ausgenutzt
1,8	27,6	2,9	75	
5,5=*2*%	125=*42*%	20,5=*7*%	300=*100*%	
1350	1030	**2040**	150	
120= *9*%	110=*10,5*%	120		
} 380=*28*%	130=*12,5*%			
	} 730=*71*%			
405=*30*%				
205=*15*%	60= *6*%			
240=*18*%				
	67	*75*		
91	***78***			
55	*0,8*	*0,1*	*1,5*	
99	*36*	*98*	*35*	
3400=*39*%	2900=*33*%	3600=*41*%	3000=*35*%	

		Deutschland[19]	Groß-Britannien	Frankreich	Italien
Gas					
Stadtgas 1929	*Mrd. m³*	3,8	8,4	1,8	0,45
je Einwohner	*m³*	60	**180**	43	11
Versorgte Bevolkerung	%	*55*	*78*	*39*	*22*
Gesamtgas 1929					
Steinkohlengas		3,3 = *41%*	5,4 = *64%*	1,8	0,45
Ölkarburiertes Gas			3,0 = *36%*	—	—
Ölgas	*Mrd. m³*	—	—	—	—
Erzeugtes Gas		3,3 = *41%*	8,4 = *100%*	1,8	0,45
Kokereiabgas		**4,7** = *59%*	?	?	
Erdgas / Abgas der Ölraffinerien (doppelter Heizwert)		— / —	— / ?	— / —	0,007
Zusammen		8 = *100%*	8,4	1,8	0,45
je Einwohner	*m³*	125	185	43	11
Gesamtenergie[20]	*				
Förderung 1929					
Steinkohle		163 = *75%*	262 = **98%**	54 = *83%*	0,2 = *1%*
Braunkohle		39 = *18%*	—	0,4 = *0,6%*	0,2 = *1%*
Erdöl und Benzol (Schmieröl abgezogen)		0,7 = *0,3%*	—	0,1 = *0,1%*	0,007
Erdgas		—	—		0,009
Wasserkraft		4,5 = *2%*	0,5 } = *2%*	6 = *9%*	13 = *81%*
Brennholz einschließlich Abfall- und Leseholz etwa		10,5 = *5%*	5 ? }	4,5 = *7%*	2,7 = *17%*
Torf		0,5		0,01	0,04
	Mill. t in Steinkohle umgerechnet	218 = *100%*	267 = *100%*	65 = *100%*	16 = *100%*
Verbrauch 1929					
Kohle		168 = *90%*	179 = *91%*	94 = *86%*	16 = *48%*
Erdöl, Erdgas, Benzol (Schmieröl abgezogen)		3,7 = *2%*	11 = *6%*	4 = *4%*	1,7 = *5%*
Wasserkraft		4 = *2%*	0,5 = *0,3%*	6 = *6%*	13 = *39%*
Brennholz einschließlich Abfall- und Leseholz etwa		10,5 = *5,5%*	5 ? = *2,5%*	4,5 = *4%*	2,7 = *8%*
Torf		0,5 = *0,3%*		0,01	0,04 = *0,1%*
Zusammen		187 = *100%*	196 = *100%*	109 = *100%*	33 = *100%*
je Einwohner	*t*	2,9	4,3	2,6	0,8
davon Elektrizität[20]	*Mrd. kWh*	30,6	16,3	14,3	12,2
entspricht Mill. t Steinkohle		30,6	16,3	14,3	12,2
% des Verbrauches		*16*	***8***	*13*	*37*
Wert 1929 einschließlich Verteilkosten					
Kohle		5,25 = *60%*	6 = *54%*	2,8 = *49%*	0,6 = *26%*
Autobenzin		0,7 = *8%*	1,6 = *14,5%*	0,9 = *16%*	0,25 = *11%*
Schwerol	*Mrd. M*	0,2 = *2%*	0,3 = *2,7%*	0,1 = *1,5%*	0,1 = *4,5%*
Erdgas und Kokereigas		0,1 = *1%*	—	—	—
Brennholz		0,5 = *6%*	0,5 = *4,5%*	0,5 = *9%*	0,3 = *13%*
Elektrizität		1,55 = *18%*	1,9 = *17%*	1,3 = *23%*	1,0 = *43,5%*
Stadtgas		0,4 = *5%*	0,8 = *7,3%*	0,1 = *1,5%*	0,04 = *2%*
Gesamtwert		8,7 = *100%*	11,1 = *100%*	5,7 = *100%*	2,29 = *100%*
Anteil am Volkseinkommen	%	*11,5*	*15,5*	*14*	*10*
je Einwohner	*M*	135	245	139	55
Anteil am Weltverbrauch	%	*9*	*11*	*6*	*2*

* Beim Umrechnen in Steinkohle ist bewertet: Braunkohle[9] für Deutschland mit $^2/_9$, für andere Länder durchschnittlich $^1/_3$, Brennholz 0,4 bis 0,5, Erdöl $^{10}/_7$ des wirklichen Gewichtes. Erdgas 9000 kcal/m³ gegen 7000 kcal für 1 kg Steinkohle. Wasserkraftstrom mit 1 kg Kohle je kWh (in USA. beim Übergewicht öffentlicher Kraftwerke 0,8 kg) + abgeschatzter Zuschlag für nichtelektrische Wasserkraft = gesamte Wasserkraft. — Quellen fur Deutschland und Schweiz: Statistische Jahrbücher; USA.: Commerce Yearbook. Allgemeine Quellen: Wasserkraft-Jahrbuch, Z. Petroleum, Regul: Vjh. Konjunkturforschung 1933 Sonderheft 34; im einzelnen: [1] Statistisches Jahrbuch 1932 S. 50*, 51*, 54*. — [2] Jahresbericht der A. G. Reichskohlenverband 1931/32. — [3] 1,45 × Gesamtkoksproduktion. Statistisches Jahrbuch 1932 S. 52*; Commerce Yearbook 1931 291. — [4] Jahresbericht der A. G. Reichskohlenverband 1931/32, S. 10 (Welt — USA.) × 1,25 + 79 Mill. t. — [5] VDI-Nachr. 1933 Nr. 16 S. 2. — [6] Geschatzt nach zur Nedden: Techn. u.

Elektrizität

Siemens, Edison, O. v. Miller

Siemens hat das dynamoelektrische Prinzip 1866 entdeckt und die elektrotechnische Fabrikation begründet, Edison hat 1879 eine Glühlampe für Dauerbetrieb erfunden und O. v. Miller 1882 in München 2 PS Elektrizität auf 57 km Entfernung übertragen, 1891 in

Schweiz	USA.	Canada	Welt	
(1934)[18]				
0,22 (0,26)	**20,5**		40 ?	Das meiste Stadtgas aus Kohle wird in England erzeugt. Die Schweiz kann trotz ihrer billigen Wasserkraft durch günstigen Koksmarkt je Kopf fast ebenso viel Gas wie Deutschland absetzen. Das erzeugte Gas entsteht in Deutschland ausschließlich aus Kohle, in England ist Öl bei $^1/_3$, in USA. bei $^2/_3$ des Gases beteiligt. Deutschland verwertet am meisten Kokereigas, USA. überwiegend Erdgas und Abgase der Ölraffinerien, wodurch der Gesamtverbrauch einschließlich Industriegas je Kopf fast 6mal größer ist als in Deutschland
54 (63)	165		20	
48	*46*			
0,22 (0,26)	3 = *3,5%*			
—	7 = *8,5%*			
—	1 = *1%*			
0,22 (0,26)	11 = *13%*			
	4,3 = *5%*			
	54 = *64,5%*	0,8	58	
	15 = *17,5%*			
0,22 (0,26)	84 = *100%*		130	
54 (64)	**700**		65	
0,007	554 = *61%*	12 = *32%*	1319 = *60%*	Von der Gesamtenergie macht Brennholz mit Einschluß von Abfällen und Leseholz noch $^1/_7$ aus, Erdöl und Erdgas $^1/_6$ und Wasserkraft $^1/_{20}$, Braunkohle $^1/_{30}$; für Steinkohle bleiben 60%. In Deutschland ist der Anteil der Braunkohle 18%, England ist zu 98% auf Steinkohle, USA. zu $^1/_3$ auf Erdöl und Erdgas gestellt. In Deutschland bedeuten Erdöl und Benzol nur $^1/_{50}$ des Energieverbrauches. In der Schweiz liefert Wasserkraft fast die Hälfte aller Energie, davon nur $^1/_{20}$ mechanisch; unter Einschluß von über 1 Mrd. kWh Ausfuhrstrom ist der Anteil elektrischer Energie mit 57% am größten, in England mit 8% am kleinsten. USA. braucht je Kopf $2^1/_2$mal mehr Energie als Deutschland
—	1	1,2 = *3%*	64 = *3%*	
—	200 = *22%*	0,2 } = *3%*	275 = *13%*	
—	70 = *8%*	1 }	75 = *3,5%*	
5,7 = *83%*	38 = *4%*	21 = *56%*	120 = *5,5%*	
1 = *14%*	45 = *5%*	2 ? = *5%*	} 325 = *15%*	
0,2 = *3%*				
6,9 = *100%*	908 = *100%*	37,4 = *100%*	2180 = *100%*	
3,5 = *36%*	534 = *61%*	31 = *50%*	1385 = *63%*	
0,35 = *4%*	261 = *30%*	8,5 = *14%*	350 = *16%*	
4,6 = ***48***%	38 = *4%*	21 = *33%*	120 = *6%*	
1,0 = *10%*	45 = *5%*	2 ? = *3%*	} 325 = *15%*	
0,2 = *2%*				
9,7 = *100%*	875 = *100%*	63 = *100%*	2180 = *100%*	
2,4	**7,1**	6,0	1,1	
5,5	125	20,5	300	
5,5	94	20,5	300	
57	*11*	*33*	***14***	
0,17 = *32,5%*	13,3 = *27%*	1 = *36,4%*	29 = *29%*	Der Wert der verteilten Energie, 100 Mrd. *M*, ist in Industrieländern $^1/_8$ des Volkseinkommens. Durch hohe Energiekosten tritt die Elektrizität, noch stärker das Autobenzin, hervor, das in USA. zu 29% des Gesamtwertes anwachst, wahrend der Wert der Kohle mit Einschluß der Verteilkosten auf 27% schrumpft. Dem Wert nach verbraucht USA. die Hälfte der Weltenergie
0,08 = *15%*	14,2 = *29%*	0,7 = *25,5%*	21 = *21%*	
0,01 = *2%*	4,6 = *10%*	0,2 = *7,3%*	6 = *6%*	
—	2,15 = *4%*	0,04 = *1,5%*	2,5 = *2,5%*	
0,02 = *4%*	4,15 = *9%*	0,2 = *7,3%*	14 = *14%*	
0,2 = *38,5%*	8,5 = *18%*	0,6 = *22%*	24 = *24%*	
0,04 = *8%*	1,35 = *3%*	?	3,5 = *3,5%*	
0,52 = *100%*	48,3 = *100%*	2,74 = *100%*	100 = *100%*	
8,7	*12,5*	*11,5*		
127	**400**	263	50	
0,5	*49*	*3*	*100*	

Wirtsch. 1928 S. 262. — [7] Statistik der Kohlenstaubfeuerungen. Arch. Wärmewirtsch. 1931 S. 308. — [8] Bleibtreu: Kohlenstaubfeuerungen, 1930 S. 3. — [9] Leiße: Vjh. Konjunkturforschung 1930 Sonderheft 19. [10] Einschließlich Naturgas-Benzin. — [11] Reicht wahrscheinlich 400 Jahre. RTA-Nachr. 1935 Nr. 28. — [12] Neuere Werte: zur Nedden: Arch. Warmewirtsch. 1934 S. 59. — [13] Bis 1934 auf über 0,3 Mill. t gestiegen. Petroleum 1935 Heft 5 S. 13. — [14] Nach neueren Schatzungen: 15 Jahre in USA., 35 Jahre für den Weltvorrat. Z. VDI 1935 S. 276. — [15] 1934 ist die Welterzeugung um 20 Mrd. kWh höher. Zuwachs in England, Frankreich und Italien: Friedrich: RTA-Nachr. 1935 Nr. 6 S. 2. — [16] RTA-Nachr. 1934 Nr. 28 S. 6. — [17] Z. VDI 1935 S. 405. — [18] 1934, RTA-Nachr. 1935 Nr. 9 S. 6. — [19] Ohne Saargebiet. — [20] Siehe auch Haidegger: Weltkraftkonferenz 1930 Bd. 6 S. 3; Techn. u. Wirtsch. 1933 S. 107.

Frankfurt 200 PS über 178 km mit 77% Wirkungsgrad. Rathenau schuf 1884 die erste Zentralstation (Berliner Städtische Elektrizitätswerke). Rathenau

Erst beschränkte sich der Staat auf Sicherheitsvorschriften und Diebstahlsgesetze für die unkörperliche Ware Elektrizität, dann zwang das Verlegen der Leitungen über fremden Staatseinfluß[1]

[1] Siegel: Die Elektrizitäts-Gesetzgebung, 1930.

Boden zu Enteignungsgesetzen und das hohe Anfangskapital der Elektrizitätswerke führte zur Gewährung monopolartiger Konzessionen, wogegen den Werken der Zwang zur Aufrechterhaltung des Betriebes und der Anschlußzwang auferlegt wurde. Dagegen wurde bald das Installationsmonopol der elektrotechnischen Fabriken gebrochen. Der ordnende Staatseingriff galt erst der Normalisierung von Periodenzahl und Spannung, dann der Schonung der Wasserkräfte. In England entwickelte sich ein staatlicher Generalplan, in Deutschland ein starker kommunaler und staatlicher Anteil am Besitz der Kraftwerke, in USA. nur eine öffentliche Kontrolle (public utilities).

Deutschland

Die Initiative in der Elektrowirtschaft lag bei den Großfirmen der Elektrofabrikation, die Kraftwerke als Tochtergesellschaften gründeten. Um 1908 ließ ihre Monopolstellung nach. Je günstiger sich die Wirtschaftlichkeit der Elektrizitätswerke gestaltete, um so mehr Interesse hatten die Städte nach Ablauf der ersten Konzessionen an ihrer Übernahme. Mit dem Wachstum der Versorgungsgebiete über Land setzten die Bestrebungen der Länder und des Reiches ein, die Kraftwerke und später den Vertrieb von Elektrizität in eigene Regie zu nehmen[1]. Auf den entstehenden Zusammenschluß der Fernleitungen über das ganze Reich hatte der Versuch eines Generalplanes[2] keinen Einfluß. Nur $^1/_{10}$ der deutschen öffentlichen Elektrizitätswerke sind noch rein privat, dem Vermögen nach 15%[3]. Die Werke der öffentlichen Hand wurden von 1921 ab vom Haushaltsetat losgelöst und in bilanzierende Aktiengesellschaften umgewandelt.

England

In das Durcheinander der zurückgebliebenen englischen Elektrizitätswirtschaft griff der Staat spät, aber um so radikaler ein durch den „Electricity act" von 1926[2]. Dieses Gesetz bildet die Grundlage für das „Grid"-System, das die einheitliche nationale Stromversorgung Englands sichern soll. Der Central Electricity Board übernimmt danach die Versorgung des Landes durch eine von ihm erbaute und betriebene Hochvolt-Ringleitung[4]. Elektrizitätskommissare bestimmen, welche Werke für den Electricity Board Strom liefern sollen, welche Werke anzukaufen, stillzulegen, neu zu erbauen oder zu erweitern sind. Den Elektrizitätsgesellschaften bleibt nur die Verteilung. Der Stromverbrauch stieg dadurch selbst während der Krise, bleibt aber noch gegen andere Länder zurück.

USA.

In den USA. decken die privaten Elektrizitätswerke 95% des Stromverbrauchs[5]. Sie sind aber dem Public Utilities Law unterstellt, das eine sehr weitgehende staatliche Kontrolle gestattet[6]. Roosevelt fördert gegen starken Widerstand den Ausbau staatlicher Werke.

Gas[7]

England

Die Gasindustrie stammt aus England, wo 1798 Watt zur Fabrikbeleuchtung Gas benutzte. 1810 wurde die erste Gas-Aktiengesellschaft gegründet und 1823 hatten bereits 52 englische Städte Gasbeleuchtung. Die weitere Entwicklung blieb Sache der privaten Gesellschaften, die noch heute etwa $^3/_4$ aller Gaswerke besitzen[8]. 1820 bekamen Paris, 1825 Hannover, 1826 Berlin Gaswerke[9].

Deutschland

Die Pionierarbeit leisteten auch in Deutschland die privaten Unternehmen mit meist englischem Kapital. Das älteste ist die Deutsche Continental-Gasgesellschaft in Dessau, gegründet 1855. 1867 wurde die Thüringer Gasgesellschaft gegründet, die sich heute zu einem der bedeutendsten Gruppengasunternehmen entwickelt hat und 450 Gemeinden versorgt.

Kommunale Gaswerke

Bis 1885 waren nur 25% aller Gaswerke im Besitz der Städte, 1908 waren es bereits über $^2/_3$ und 1927 bestanden über 80% kommunale oder gemischt wirtschaftliche Betriebe mit überwiegender Beteiligung der Städte. Die 20 größten kommunalen Gaswerke liefern über 50% des gesamten Gases, 1930 stellten dem Vermögen nach die rein privaten Werke nur 6% dar.

Ferngas

Die erste Ferngasleitung wurde 1903 von Lübeck aus gelegt[10], 1905 begannen die Ruhrzechen, zuerst Thyssen und 1909 auch Stinnes[11].

Ruhrgas A.-G.

Neuen Auftrieb erhielt die Ferngasversorgung erst, als 1926 die A.-G. für Kohleverwertung, die heutige Ruhrgas A.-G., durch den Ruhrbergbau gegründet wurde und ihren Plan veröffentlichte[12], Deutschland vom Ruhrrevier aus mit einem Ferngasnetz zu überziehen. Damit würde die Privatindustrie wieder den Einfluß der Kommunen zurückdrängen. Inzwischen ist Hannover angeschlossen worden. Verhandlungen

---

[1] Siegel: Die Elektrizitäts-Gesetzgebung, 1930 Bd. 1 S. 43, 44, Bd. 2 S. 187f. — Buggeln: Öffentliche Elektrizitätswirtschaft, 1930 S. 61f. — [2] O. v. Miller: Reichselektrizitäts-Versorgung, 1930. — [3] Wirtsch. u. Statist. 1932 S. 327. — Arch. Warmewirtsch. 1935 S. 81. — [4] Page, Marshall: Weltkraftkonferenz 1930 Bd. 14 S. 20. — Arch. Wärmewirtsch. 1934 S. 3. — [5] Arch. Warmewirtsch. 1934 S. 90. — [6] Umrath: Das Recht der gemeinnutzigen Betriebe in den USA., Diss. 1929. — [7] Das Gas 1929 S. 23, 256—295. — Arch. Wärmewirtsch. 1935 S. 81. — [8] Gas- u. Wasserfach 1931 S. 301. — Gas 1934 S. 315. — [9] Greineder: Die Wirtschaft der deutschen Gaswerke, 1914 S. 2. — [10] Lempelius: Glasers Ann. 1929 Heft 8. — [11] Lücke: Die Gasfernversorgung, 1933 S. 118, 133. — [12] Deutsche Großgasversorgung, 1927.

mit Berlin waren bisher ohne Erfolg[1]. Gegen die Pläne der Ruhrgas A.-G. haben die Gaswerke in ihrer Denkschrift[2] Stellung genommen, in der sie der Gruppengasversorgung, d. h. der zentralen Gasversorgung begrenzter Wirtschaftsgebiete von einem Großgaswerk aus den Vorzug geben, um sich selbständig zu erhalten. Die Großgaserei Mitteldeutschland A.-G. versorgt ein Netz von über 300 km[3]. Gruppengas

In USA. sollen die privaten Gaswerke 97% der Gasmenge liefern. Das Kohlengas hat hier aber gegenüber dem Naturgas, das $^2/_3$ des Bedarfes deckt, nur untergeordnete Bedeutung. Ein Netz von 93000 km Länge, in dem über 1,75 Mrd. $ investiert sind und das immer noch erweitert wird, versorgt das Land mit Naturgas aus den Ölfeldern[4]. USA.

Energiequellen

Zur menschlichen Arbeitskraft, die bei körperlicher Arbeit dauernd $^1/_{12}$ PS hergeben kann[5], kommt je Einwohner in Deutschland und England 0,4, in USA. etwas über $^1/_2$ PS, das wie die menschliche Arbeitskraft oft 2400 Stunden im Jahr ausgenutzt ist, bei Industrien, die nachts arbeiten, 7200 Stunden. Auf den Werktätigen in der deutschen Industrie[6] fallen im Mittel 1,5 PS, etwa 6 PS im Bergbau und in Eisenhütten. An elektrischem Strom fällt auf die Industrie-Arbeitsstunde, die mechanisch 0,06 kWh darstellt, im Mittel 0,8 kWh, das 13fache, in Hütten und Bergwerken fast 3, in der Chemie 8,5 kWh. Die gesamte mechanische Arbeit in PSh je menschliche Arbeitsstunde unter Einschluß der nicht elektrischen wurde als allgemeiner Vergleichsmaßstab der Energiestatistik vorgeschlagen[7]. Menschenkraft $^1/_{12}$ PS

So wirksam eine mechanische Arbeitsmenge als Wirtschaftsfaktor ist, die das mechanische Arbeitsvermögen der industriell Werktätigen etwa 18mal übertrifft, man muß sich hüten, wie die Technokraten[8], mechanische und menschliche Arbeit gleichzustellen, weil die mechanische Kraft nur eine Seite der menschlichen Arbeit, nicht aber ihre Initiative ersetzt. Darum kann auch die Energiewährung der Technokraten, das mechanische „Erg", nicht der Ersatz für das Wirtschaftsmaß „Geld" sein. Gerade bei der Forderung der Technokraten, die Gütermenge in wöchentlich 2 Arbeitstagen zu schaffen, wäre es unerläßlich, den Aufwand an menschlicher Arbeitskraft in jedem Gut zu messen, wie es das Geld tut. Bei Geld, das auf Gold gestellt ist, dient die Menschenarbeit bei der Goldproduktion als Maßstab. Geringster Erg-Aufwand wäre ebenso wenig ein Zeichen für wirtschaftlichen, d. h. Menschenarbeit sparenden Gang des gesamten Produktionsapparates, wie kleinster Kohlenverbrauch unbedingt ein Maßstab für wirtschaftlichsten Kraftmaschinenbetrieb ist. Der Technokrat wiederholt auf dem Gebiet der Gesellschaft die Denkfehler der ausschließlichen Kalorienjagd, die der Ingenieur auf seinem Teilgebiet zu überwinden beginnt. Technokratischer Irrtum

Vergleichbar ist die Verkehrskraft von 0,6 PS je Einwohner in Deutschland, die in USA. durch das Auto auf 8 PS ansteigt, mit dem Pferdebestand von 0,05 je Einwohner in Deutschland und 0,1 in USA., wo mehr landwirtschaftliche Maschinen arbeiten, was zu 2,05 statt 0,55 Pferden[9] je Landarbeiter führt. Ein Pferd leistet 3—4mal weniger als 1 PS. Mit Ausnahme der Landwirtschaft, wo das Pferd nicht nur Güter befördert, sondern Bearbeitungsmaschinen für Boden und Frucht antreibt, haben Bahn und Auto den Pferdeverkehr weitgehend verdrängt. Als Ergebnis ist der Landverkehr 10mal billiger und um ein Vielfaches schneller geworden. Bis etwa 1911 stieg der Pferdebestand der meisten Länder durch vermehrte Landwirtschaftsmaschinen, seither überwiegt der Ersatz durch das Auto im Nahverkehr: Von 1911—1921 sank der Weltbestand von 110 auf 100 Mill. Pferde, je Einwohner von 0,067 auf 0,059[10], in Deutschland seither weiter von 0,062 auf 0,052. Verkehrskraft

Energie spart nur da mehr Menschenarbeit als Menschenarbeit notwendig ist, um sie zu erzeugen, wo die Sonnenenergie von der Natur in verdichtete Form gebracht wurde: als Holz, Kohlenvorrat, Erdöl, gesammelte Wasserkraft, strömender Wind. Die Tatsache, daß viel mehr Sonnenenergie einstrahlt als verbraucht wird (S. 60), gewährleistet also noch nicht den Fortbestand wirtschaftlicher Energieversorgung. Auch bei den Kosten, die beim Verteilen erzeugter Energie hinzukommen, gibt die Verbraucherdichte den Ausschlag: Dampf kann nur Fabriken und Stadtteile versorgen, Gas noch dicht bevölkerte Gegenden, Strom gerade noch landwirtschaftliche Bezirke, große gesammelte Strommengen ließen sich über Energiedichte

[1] Gas- u. Wasserfach 1934 S. 205. — [2] Gasfernversorgung, 1927. — [3] Lücke: Die Gasfernversorgung, 1933 S. 121—127. — [4] Gas- u. Wasserfach 1931 S. 974. — [5] Rziha: Z. VDI 1894 S. 642. — Hütte 1931 Bd. 2 S. 288. — [6] Betriebszählung 1925; die Zählung 1933 gibt wegen der großen Arbeitslosigkeit keine vergleichbaren Zahlen. — [7] Falkner, Smit: Weltkraftkonferenz 1930 Bd. 16 S. 60, 130, 151. — [8] Witte, Lellek: Technokratie, 1933. — [9] Köttgen: Das wirtschaftliche Amerika, 1925 S. 13, 108. — [10] Woytinsky: Die Welt in Zahlen, 1926 Bd. 3.

Länder fortleiten. Damit verdichtete Energie entsteht, die Menschenarbeit spart, kann

Ende der Kohle

es nach Erschöpfen der Kohlenvorräte darauf ankommen, daß man die Natur möglichst für sich arbeiten läßt, z. B. durch verstärkten Holzanbau für Wärmezwecke. In den Tropen wurden sogar schon jetzt schnellwachsende Eukalyptusbäume für Kraftanlagen gepflanzt[1]. Der industrielle Wärmeverbrauch ist heute so hoch, weil Wärmeenergie billig ist. Viele Verfahren ließen sich kalt durchführen oder es ließe sich Wärme durch Kraft ersetzen, wie dies schon jetzt in der Stickstoffsynthese und bei der Wärmepumpe geschieht.

Windkraft

Für Kraftzwecke kann man zur Windkraft zurückkehren. So soll als Versuchsanlage für abgelegene Landbezirke ein 700 kW-Windkraftwerk (Teubert) mit einem 4flügeligen Propellerrad von 50 m Durchmesser ausgeführt werden, in dessen Nabe die angetriebenen Gleichstromgeneratoren liegen. Nicht ausführungsreif sind Großkraftpläne[2] mit Windkraftwerken auf Türmen mit 250 m Höhe (Honnef). Sie sollen mit 5 Windrädern, deren Umfang den langsam laufenden Generator bildet, 100000 kW leisten. Es ist nicht erwiesen, wie sich Turm und Rad montieren und reparieren lassen, welche Unregelmäßigkeiten im Luftspalt auftreten können, wie groß die Unterhaltskosten so umfangreicher Bauwerke sind. Wegen der unregelmäßigen Drehzahl kann der Generator nur Gleichstrom erzeugen, der durch Stromrichter erst in frequenzsicheren Drehstrom umgewandelt werden müßte. Nach Untersuchungen soll der stetige Wind in großer Höhe einen besseren Jahresverlauf als Wasserkraft haben — der vollkommene Mangel von

[1] Thau, Schmidt: Weltkraftkonferenz 1930 Bd. 3 S. 112. — [2] Honnef: Windkraftwerke 1932.

Kosmische Übersicht der Energiequellen

Die Sonne als einzige ursprüngliche Energiequelle strahlt 2 Mrd. mal mehr aus als die Erde empfängt, die $^{1}/_{100000}$ dieser Menge verbraucht, aber nur konzentrierte Energiequellen wirtschaftlich verwerten kann: $^{1}/_{7}$ als Brennholz, das von sonnenbestrahlten Pflanzen laufend erzeugt wird, fast $^{2}/_{3}$ der Energie stammt aus dem Kohlenvorrat, der aus Pflanzen in geologischen Zeitspannen entstanden ist und in wenig Jahrhunderten verbraucht wird. Die unvergangliche Wasserkraft ist der 30000. Teil der Wasserbewegung, die durch Sonnenwarme entsteht und von der Natur selbst in ausnutzbaren Flußläufen zusammengefaßt wird. Nur fur Kraftzwecke verwertet kann sie bedeutende Kohlenmengen ersetzen und über $^{1}/_{3}$ statt heute $^{1}/_{20}$ des Energieverbrauches decken; in Wärme verwandelt könnten aber 100% der ausnutzbaren Wasserkraft nur 15% des Warmeverbrauches decken. Bei Rückkehr zum Brennholz könnten Baume, die nicht den Hauptteil der Energie durch abgeworfene vermodernde Blatter verlieren, wesentlich mehr als jetzt $^{1}/_{45}$ energetisch verwerten lassen. Eukalyptuspflanzungen in den Tropen[4] nutzen statt durchschnittlich $^{1}/_{200}$% von der ganzen Oberflachenstrahlung 2% aus oder 0,4%, wenn in Kraft umgesetzt. Die Rückkehr zur Windkraft[3] bietet grundsatzlich so große Energiemengen dar, daß sich selbst in Wärme umgesetzt das Vielfache des heutigen Verbrauches decken ließe.

	Energiemenge kcal/Jahr[1,2]	
Sonnenenergie		
Gesamte Strahlung	3×10^{30}	
davon empfangt		
Erde + Lufthulle	133000	
Erdoberfläche	53000	
Äquatorgurtel bis 30°	31800	
Wuste Sahara	780	
Pflanzenwuchs		
Pflanzen setzen um	13,2	
davon Walder 67% auf 8% der Erdoberfläche	8,9	
Brennholzverbrauch	**0,2**	
Kohlenvorrat 5 Bill. t	3500[1]	
davon sicherer Vorrat	700[1]	
Erdol 6 Mrd. t	6[1]	
Kohlenförderung 1,4 Mrd. t	**1**	
Wasser und Wind		
Wassergewicht der Wolken	280000[1]	
Wasserverdunstung	34000	$\times 10^{16}$
Fallender Regen	800	
Abfließendes Wasser	5,5	
Ausnutzbare Wasserkrafte		
445 Mill. PS. Falls 5000 h		
für Kraftzwecke verwertet	1,1	
fur Warmezwecke verwertet	0,14	
fur ganzen jetzigen Kraftverbrauch ausgebaut	**0,6**	
1930 ausgebaut 45 Mill. PS		
3000 h ausgenutzt	**0,07**	
Windenergie der bewegten Luft	3300	
theoretisch ausnutzbare windstarke Gebiete (1,5% der Landfläche) 100 Mrd. kW[3]	**40**	
Energieverbrauch 1929		
Kraft ($^{4}/_{10}$)	0,6	
Warme ($^{6}/_{10}$)	0,9	
zusammen 2,2 Mrd. t, in Steinkohle umgerechnet	1,5	

[1] Fur Vorrate an Energie kcal statt kcal/Jahr. — [2] Arrhenius: Chemie 1922 S. 203—216. — Dunlop: Power Resources of the World 1929 S. 7. — [3] Honnef: Windkraftwerke 1932 S. 111. — [4] Thau, Schmidt: Weltkraftkonferenz 1930 Bd. 3 S. 112.

Tagesspeichern ist aber durch Reserven zu ersetzen — und die ausbaufähigen Windkräfte 100 Mrd. kW sein, über 200mal mehr als die Wasserkräfte. 5 solche Türme würden, von Reserven abgesehen, den Stromverbrauch der Stadt Berlin decken können, während das unmittelbare Auffangen der Sonnenstrahlung selbst in den Tropen und bei 10% Wirkungsgrad eine vollständig mit Sonnenmaschinen[1] bedeckte Fläche erfordern würde, die etwa $^1/_{10}$ der Stadtfläche ausmacht. Das Trockenlegen des Mittelmeerbeckens[2] durch Absperren bei Gibraltar würde nach 600 Jahren 450 Mill. kW Wasserkraft durch Zulauf aus dem Atlantik geben. Anlagen, die aus Ebbe und Flut Kraft gewinnen, sind im Versuchsstadium. Im Atlantik gewinnt ein Dampfer, der durch ein Rohr in der Meerestiefe verankert ist, aus dem Temperaturgefälle zwischen 26⁰ an der Oberfläche und 5⁰ in 650 m Tiefe 2100 kW, um damit Eis zu erzeugen (Claude)[3].

Sonnenmaschinen

Meerkraft[1]

Statt aber zu den ältesten Energiequellen, Brennholz und Wind, zurückzukehren, eröffnet die neuere Forschung die theoretische Möglichkeit für neue Energiequellen: Durch Wandlung von Stoff in Energie auf Kosten seiner Masse[4]. Beim Zerfall von Atomen, der sich in kleinem Maß und unverwertbar langsam bei radioaktiven Stoffen vollzieht, könnten auf Kosten der Stoffmasse Millionen mal größere Energien frei werden als beim Verbrennen, also bei der chemischen Verbindung mehrerer Atome. Hierin kann eine unerschöpfliche konzentrierte Energiequelle liegen.

Atomzerfall

3. Brennstoffe

Alle Brennstoffe sind aus einheitlicher Sonnenenergie entstanden. Trotzdem gibt es verschiedene Arten, Steinkohlen mit verschiedenem Gasgehalt und Backvermögen, Braunkohle und flüssiges Erdöl: Weil neben zellstoffhaltigen Landpflanzen auch fetthaltige mikroskopisch kleine Seepflanzen (oder Tiere) an ihrer Bildung beteiligt sind, weil die Art und das Alter der Wandlung und außerdem das Mischungsverhältnis der Wandlungsprodukte verschieden sind[5]. Chemisch kennzeichnen sich alle Brennstoffarten durch verschiedenen Anteil der Elemente: Kohlenstoff (C), Wasserstoff (H_2) und Sauerstoff (O_2). Die festen Brennstoffe Holz und Kohle enthalten alle drei Elemente, durch den Sauerstoff *zersetzen* sie sich in der Hitze in Koks und Flüchtiges statt zu schmelzen oder zu verdampfen, sie sind *wärmeunbeständig* und deshalb bis jetzt praktisch nur für Feuerungen, nicht für Motore geeignet. Alle übrigen Brennstoffe sind wärmebeständig. Koks (Kohlenstoff) brennt nur, nachdem er mit Sauerstoff vergast ist, im entstehenden Schwachgas sind Kohlenstoff und Sauerstoff verbunden (CO). Aus Kohlenstoff und Wasserstoff sind die Kohlenwasserstoffe zusammengesetzt: Flüssige Brennstoffe aus Erdöl und Kohlenteer (Benzin, Benzol, Leuchtöl, Gasöl, Heizöl) und zum Teil das Starkgas, das beim Entgasen von Kohle entsteht. Ferner unterscheidet die Kohlensorten der Ballast an Asche und Wasser und die Stückgröße, mit der sie beim Abbau anfallen, während aus Erdöl eine Kette von schweren und leichten Fraktionen mit verschiedenen Siedeeigenschaften gewonnen wird.

Entstehung zahlreicher Arten

Chemische Systematik[6]

Sorten und Fraktionen

Diesen verschiedenen Brennstoffen stehen die Verbrauchergruppen gegenüber, Feuerungen, Gaserzeuger, Motore, die zunächst bestimmte Brennstoffe in bestimmten Mengen verwenden. Weniger begehrte Kohlensorten, wie magere Feinkohle und schwere Ölfraktionen, die beim Gewinnen anfallen, sind dann auch bei hohem Energiegehalt minderwertige Brennstoffe, die weit unter dem Durchschnittspreis verkauft werden müssen. Durch den Anreiz der Preisspanne greift die Technik von zwei Seiten ein: Der *Erzeuger* veredelt die minderwertige Kohlensorte durch Aufbereiten und Brikettieren und er wandelt künstlich schweres Öl durch Kracken oder Hydrieren in nachgefragtes Benzin um. Der *Verbrauch* schafft Sonderfeuerungen für feinkörnigen und aschereichen Brennstoff oder vermahlt die Kohle zu Staub, die Schiffahrt stellt sich von Kohle auf Öl um und der Kraftverkehr von Benzin auf Schweröl. Beides hat die Tendenz, die Preisspanne, von Schutzzöllen abgesehen, auf die Kosten herunterzudrücken, die der ehemals „minderwertige Brennstoff" tatsächlich an Mehraufwand erfordert. Verzögert wird dieser Vorgang durch die Zeit, die bei Erzeuger und Verbraucher notwendig ist, um sich für die vollen Brennstoffmengen, um die es sich handelt, technisch umzustellen und das kann einen vorausschätzbaren Zeitabschnitt beanspruchen. Der volkswirtschaftliche Einblick in die verfügbaren Brennstoffmengen und in den Kostenaufbau bis zur veredelten Energie gibt mehr Voraussicht über die Entwicklungstendenzen, als die Kenntnis der eigenen Verhältnisse und der Marktpreise, in denen sich mehrere Einflüsse durchkreuzen.

Tendenz zum Preisausgleich

[1] Arrhenius: Chemie 1922 S. 210. — [2] Hodgson: The Time-Journey of Dr. Barton, 1929 S. 29. — [3] Büggeln: Elektr.wirtsch. 1931 S. 439. — Ludin: Elektrotechn. Z. 1931 S. 1477, ferner S. 1037. — Z. VDI 1935 S. 53. — [4] Meitner: Z. VDI 1931 S. 977. — Rupp: Z. VDI 1933 S. 581, 1277. — [5] Stadnikoff: Chemie der Kohlen, 1931 S. 123, 128. — [6] Aufhäuser: Brennstoff u. Verbrennung 1926 Bd. 1 S. 6, 14, 15.

Kohlen

Brennstoffeigenschaften

Heizwert

Maßgebend für das Brennstoffkonto der Feuerungen ist der untere Heizwert, bei dem die Verdampfungswärme für den Wassergehalt abgezogen ist. Er sinkt durch den Ballast an Unverbrennlichem, Wasser und Asche.

Brenngeschwindigkeit

Die festen Kosten der Energie (Kapitaldienst) lassen sich durch höhere Durchsatzgeschwindigkeit der Roste vermindern, wozu die Brenngeschwindigkeit der Kohle beiträgt. Je nach der Kohle leistet der gleiche Rost z. B. stündlich 1 statt 1,5 Mill. kcal/m² und die Flamme über dem Rost erfordert Feuerräume von z. B. 5 statt 4 m Höhe[1].

Flüchtige Bestandteile

Die jüngeren Brennstoffe enthalten viel flüchtige Bestandteile, die eine lange „trokkene" Flamme bilden; sie ist durch ihren CO_2-Gehalt matt. Die Fettkohlen haben die beste stark leuchtende „fette" Flamme aus Kohlenwasserstoffen; ihre Strahlung steigert die Wärmeleistung von Industrieöfen bis zum Vierfachen. Die alten mageren Kohlen haben überwiegend Wasserstoff in der „mageren" Flamme, die kurz brennt und nicht leuchtet. Die jüngeren gasreichen Kohlen brennen leicht, ohne künstlichen Zug, aber unruhig und neigen zu Ruß und Rauch, die älteren gasarmen Kohlen und der Koks brennen langsam, ruhig und rußfrei. Magerkohle und Koks geben teerfreies Gas und verrußen in Brennöfen das Gut nicht. Sie sind für selten bediente Dauerbrandöfen und Zentralheizungen geeignet, weil der Entgasungsvorgang wegfällt, dem man die Luftzufuhr anpassen müßte. Hohe Rostleistung erfordert künstlichen Zug und vorgewärmte Luft, wenn die gasarme Kohle nicht genügend zündet.

Verkokungsrückstand, Backvermögen

Hochofenkoks, der die über 20 m hohe Brennstoffsäule zu tragen hat, muß aus gut backenden Kohlen hergestellt sein, für Gaswerke genügt weniger backfähige aber gashaltigere Kohle. In Feuerungen vermindert backfähige oder, wie beim Braunkohlenbrikett, wenigstens „stehkräftige" Kohle das Durchfallen zwischen den Roststäben, während umgekehrt das Backen für Gaserzeuger hinderlich ist. Man sucht nach eindeutigen Maßstäben für das Backvermögen zur Auswahl der zweckmäßigsten Kokereikohlen und versucht darüber hinaus durch exaktes Mischen verschiedener Arten beste Eigenschaften zu erzwingen.

Petrographie

Die Petrographie hat festgestellt, daß jedes Stück Steinkohle ein Gemisch aus backfähiger Glanzkohle, schlecht backender Mattkohle und nichtbackender Faserkohle ist. Die petrographische Aufbereitung trennt die drei Bestandteile durch elastischen Schlag[2].

Praktische Systematik (Aufhäuser) ordnet die festen Brennstoffe nach dem Gehalt an Flüchtigem, das beim Verkoken entweicht. Die jüngsten Brennstoffe (Holz) haben am meisten Flüchtiges, die ältesten (Anthrazit) am wenigsten; Koks ist künstlich vom Flüchtigen befreit. Andere Eigenschaften erreichen ihren Höhepunkt nicht beim extremen, sondern beim mittleren Gehalt an Flüchtigem, bei den Fettkohlen, weil sie am meisten backendes Bitumen und heizstarke Kohlenwasserstoffe enthalten, wogegen das Flüchtige bei jüngeren Kohlen mehr heizwertsenkenden Sauerstoff, bei älteren vorwiegend heizschwachen Wasserstoff enthält. Während stärkstes Backvermögen, höchster Heizwert, stärkste Leuchtkraft der Flamme und höchster Zweitluftbedarf zu ihrer rußfreien Verbrennung in der Mitte liegen, nehmen Flammenlänge und Brenngeschwindigkeit ständig ab. Deshalb gibt es Verbraucher, die nur Brennstoffe mit viel Flüchtigem brauchen können, andere (verkoken) nur mittlere fette Kohlen, wieder andere (vergasen) keine mittleren aber beide Extreme.

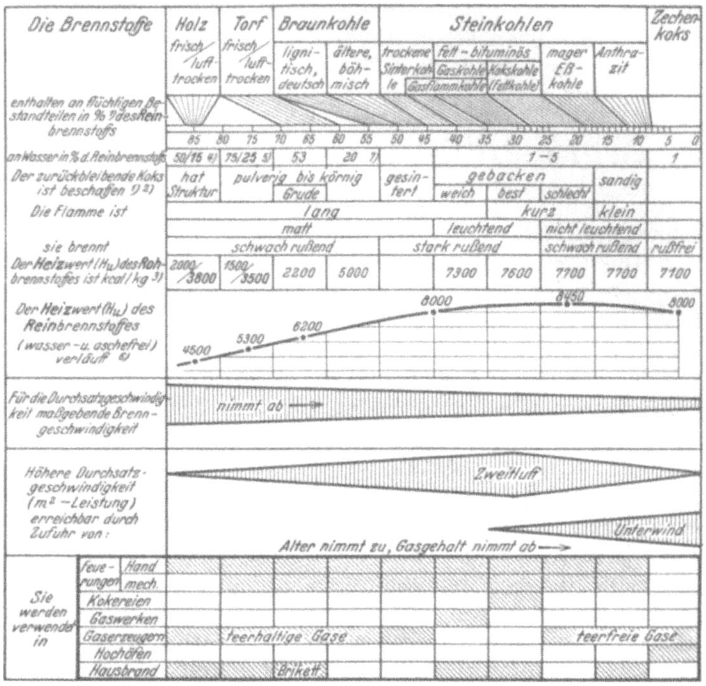

[1] Aufhäuser: Weltkraftkonferenz 1930 Bd. 6 S. 102, 110. — [2] Stadnikoff: Die Chemie der Kohlen, 1931 S. 303. — [3] Gilt bei Steinkohlen für Nuß-Sorten, Ruhrkohlen-Handbuch, 1932 S. 83. — [4] Monroy: Das Holz, 1929 S. 51, 297. — [5] 26. Hütte, Bd. 1 S. 900, 902, 903. — [6] Dubbel: Taschenbuch, 1935 Bd. 1 S. 503. — [7] Handbuch der Kohlenwirtschaft 1926, S. 175.

[1] Ruhrkohlen-Handbuch, 1932 S. 101, 106. — [2] Lehmann, Stach, Hoffmann: Glückauf 1930 S. 289. — Brennstoff-Chem. 1932 S. 21.

Kostenaufbau der Ruhr-Steinkohle

Ende **1928**[8] je Tonne absatzfähige Kohle (Förderung abzüglich 11% Selbstverbrauch). Die Kosten bestehen fast zu $^2/_3$ aus Arbeit, was den Endpreis entscheidet (im Gegensatz zum kleinen Lohnanteil in Kraftwerken und Gasanstalten). Deshalb ist hier die Förderleistung je Mann und Schicht das Maß für die Produktivität. Mangelhafte Überschüsse zwangen zum Zusammenschluß mit Hüttenwerken, die aus ihren Gewinnen den Bergbau rationalisieren konnten.

Die jahreszeitlichen Schwankungen sind nur 4%, was bei 40% fixen Kosten die Kohle um nur 1,7% verteuert[4]; dagegen ist die Elektrowirtschaft durch veränderlichen Bedarf (Tag und Nacht, Sommer und Winter) nur $^1/_3$, das Netz noch weit schlechter ausgenutzt, was den Strompreis auf ein Vielfaches steigert.

Der durchschnittliche Syndikatspreis enthält außer den Erlösen für Kohle und ihre Veredlung, die den Kostendurchschnitt der Gruben decken, die Preisspanne für Handel und Nachlässe.

Der Preisdurchschnitt ist auf die verschiedenen Sorten zu verteilen. Kokereien verbrauchen die Feinkohlen der Fettkohle, die sie zu Koks schmelzen. Sie bringen fast den Durchschnittspreis und die Nußkohle braucht deshalb im Preis nicht viel höher zu liegen. Dagegen sind bei Magerkohle $^2/_3$ Feinkohle und kleine Nußsorten nur weit unter Durchschnitt, zum Teil oft überhaupt nicht absetzbar. Obgleich das Gewinnen und Aufbereiten von Magerkohle annähernd gleich teuer wie bei Fettkohle ist, müssen die begehrten Sorten im Preis auf ein Vielfaches steigen, weil ihre kleine Menge den Hauptteil der Kosten aufbringen muß. Die steigende Verwertung der Magerfeinkohle durch Sonderfeuerungen und Brikettfabriken hat den Mehrpreis von Magernuß I (Gruppe I) gegen Feinkohle seit 1927 bis 1934 von 310% auf 160% gesenkt.

Kostenaufbau

Anlagekosten[1]	Je t Jahresförderung *M*/t	%	Kohlekosten *M*/t	%
Erwerbskosten				
Bergwerksfeld	10,—	32	0,70	
Grundeigentum	1,60		0,10	
Grubenbau	7,75	*22*	0,50	
Förderanlage	2,70	*7*	0,18	
Bewetterung und Wasserhaltung	0,85	*2,5*	0,06	
Kraftzentrale	2,10	*6*	0,14	
Aufbereitung mit Wäsche	1,90	*5*	0,12	
Kokerei	4,65	*13*	0,31	
Gleisanschluß	1,25	*3,5*	0,07	
Wohngebäude usw.	3,20	*9*	0,22	
	36,—	*100*	2,40	
4,9% Abschreibung[2]			1,74	*10*
1,8% Gewinn			0,66	*4*
			2,40	*14*
Betriebskosten[2]	***M*/t**	**%**		
Löhne[1,3]				
Grubenausrichten	0,45	*6*		
Kohlenhauen	1,80	*22*		
Bergeversatz	1,20	*14*		
Aufladen usw.	1,15	*14*		
Förderung	1,40	*17*		
Wasserhaltung und Wetterführung	0,15	*2*		
Aufbereitung	0,70	*9*		
Maschinenbetrieb	0,60	*7*		
Werkstatt, Versand	0,35	*4*		
Kokerei für 30% der Kohle	0,40	*5*		
	8,20	*100*		
Sozialversicherung	1,20			
Gehalter	1,—		10,40	***61***
Material				
Grubenholz	1,—			
Eisen und Metalle	0,90			
Energie	0,20			
Sonstiges, wie Sprengstoffe, Baustoffe	0,60		2,70	*16*
Unkosten				
Bergschäden	0,30			
Steuern ([2], S. 133)	0,85			
Sonstige	0,40		1,55	*9*
Gesamtkosten ab Grube (Durchschnitt) einschließlich Kokerei			17,—	*100*

Syndikatspreise[7]

	M/t	%
Erlös aus[2]		
Kohle	15,60	*80*
Veredlung zu Koks	0,20	
Kokereinebenprodukte	0,90	
Brikettveredlung	0,10	
Handelsgewinn	0,20	
Gesamterlös (Durchschnitt)	17,—	*88*
Nachlaßspanne für Verkäufe unter Syndikatspreis an Großabnehmer und zu Konkurrenzpreisen in „bestrittenen“ Gebieten, durch Syndikatsumlage erhoben	1,50[5]	*7,5*
Großhandelsspanne 6% auf Syndikatspreise . . 1,10 abzüglich oben eingesetzten Handelsgewinn . . 0,20	0,90	*4,5*
Syndikatspreis = Verkaufspreis ab Grube für unbestrittene Gebiete, Durchschnitt	19,40	***100***

Kostenteilung für die Syndikatpreise der Kohlensorten

	M/t	%
Fettkohle		
Unaufbereitete Förderkohle	16,87	*87*
Stücke und grobe Nüsse	22,—	*113*
60% Feinkohle für Kokereien	18,10	*93*
Gaskohle		
Unaufbereitete Förderkohle	19,15	*99*
Stücke und grobe Nüsse	22,—	*113*
35% Feinkohle für Gaswerke usw.	18,10	*93*
Eßkohle		
Unaufbereitete Förderkohle	16,—	*83*
Gewaschene Nußkohle . . . bis	32,50	*167*
12% Nuß IV/V (18—6 mm)	19,—	*98*
52% Feinkohle	14,25	*73*
Magerkohle (Anthrazit)		
Unaufbereitete Förderkohle	14,20	*73*
Aufbereitete Nüsse . . . . bis	48,60	***250***
19% Nuß IV/V (18—6 mm)	17,—	*88*
45% Feinkohle	12,70	*65*

[1] Kegel: Bergwirtschaft, 1931 S. 294, 422, 526. — [2] Jüngst: Wirtschaftsfragen des Ruhrkohlenbergbaues, 1929 S. 22, 61, 84, 133. — [3] Bornitz: Glückauf 1931 S. 1456. — [4] Regul: Glückauf 1931 S. 164. [5] Denkschrift zum Schmalenbach-Gutachten. Glückauf 1929 S. 306. — [6] Statistisches Heft des Vereins für Bergbauliche Interessen 1931 S. 73. — [7] Loose: Kohlenwirtschaftsgesetz, 1930 S. 229. — [8] Neuere Werte: Vjh. Konjunkturforschg. 1933, Sonderheft 34, S. 36.

Kosten und Ergebnisse der Kohlenaufbereitung (1929) Gegen rohe Förderkohle, wie sie auf Schiffen verbrannt wird, spart aufbereitete Nußkohle (a) in Industriefeuerungen z. B. bis 3,80 *M*/t; sie darf deshalb um 3,40 *M*/t teurer sein. Grobe Nußkohlen und Stücke fur Lokomotiven bringen noch höhere Preise. Deshalb lohnt es sich, die Stücke auszusondern und die ubrig bleibende, an Grobgehalt arme Förderkohle mit 3,50 *M*/t Zusatzkosten aufzubereiten. Der Durchschnittspreis der gewaschenen Sorten liegt um diesen Betrag höher. Die beim Aufbereiten abgesonderten mageren Feinkohlen waren früher nur in Kohlenstaubfeuerungen mit bis zu 5 *M*/t Zusatzkosten zu verbrennen (b); darum mußten fast 8 *M*/t Preisspanne als Anreiz dienen. Die Hälfte dieser Feinkohlen wurde mit über 4 *M*/t Zusatzkosten durch Brikettieren vollwertig gemacht (d). Die Zonenroste, die Feinkohle mit weniger als 4 *M*/t Zusatzkosten verbrennen (c), haben die Kohlenstaubfeuerung zuruckgedrangt und verkleinern die Preisspanne, seitdem sie sich weiter ausbreiten. Schürroste machen die abfallenden Waschberge der Aufbereitung für nicht zu entfernte Verbraucher verwertbar (e).

	Art der Aufbereitung oder Verwertung	Veränderte Brennstoff-Eigenschaften	Veränderte Kosten beim Verbraucher 1929 [1, 2] *M*/t	Preisspanne 1929 *M*/t	Aufbereitungskosten 1929 *M*/t aufbereitete Kohle
a	**Aufbereiten der Rohkohle** Entaschen der Rohkohle von z. B 12 auf 6 % Asche und Sortieren in Sorten mit annahernd gleichem Verhältnis von größtem zu kleinstem Korn	Hoher Aschengehalt vermindert für die Verbrennung Heizwert, Leistung und Wirkungsgrad, verschlechtert in Kokereien den Koks und senkt die Ausbeute an Gas und Nebenprodukten. Sortierte Kohlen geben höhere Rostleistung	Wanderrostfeuerung **Minder**kosten bei aufbereiteter Kohle gegen Forderkohle durch: z. B. um 8 % besseren Heizwert und um 5 % besseren Wirkungsgrad . 2,40 Weniger Kosten fur Ascheabfuhr . . . . . 0,25 Geringeren Kapitaldienst fur 20 % kleineren Rost 0,45 **3,10** Weniger Fracht für das kleinere Kohlengewicht bei 150 km . . . . . 0,70 insgesamt z. B. **3,80**	Durchschnitt aufbereiteter Fettkohlensorten . . 19,— Förderkohle mit 10 % Grobgehalt 15,50 **3,50** Fettnuß IV . 20,30 Förderkohle mit 25 % Grobgehalt 16,90 **3,40**	Aufbereiten von Rohkohle zu Nußkohle [3] Lohn . . . . 0,70 Betriebskosten 0,80 Kapitaldienst 0,12 1,62 11 % Kohlenabfall, z. T. für Selbstverbrauch . 1,88 **3,50**
b	**Verwerten von Magerfeinkohle** Kohlenstaubfeuerung mit Mahlanlage	Gasähnlicher Brennstoff verbrennt mit höchstem Wirkungsgrad, macht von Kohlenbeschaffenheit unabhängig	Kohlenstaubfeuerung **Mehr**kosten gegen Zonen-Wanderrost mit Nußkohle bei Einschichtbetrieb: 7 % geringerer Heizwert der Feinkohle erfordert bei 1 % besserem Wirkungsgrad fur größere Kohlenmenge . . . . 0,75 Teurer Feuerraum und Mahlanlage erhohen Kapitalkosten z. B. um 130 % = ... 3,30 Hohere Betriebskosten . 0,65 Mehrfracht bei 150 km . 0,35 8-Stundenbetrieb. . . . **5,05** Dauerbetrieb . . . . . **3,—**		
c	Zonen-Wanderrost	— Feinkohle verbrennt mit verringerter Rostleistung und schlechterem Wirkungsgrad unmittelbar auf dem Rost	Zonen-Wanderrost **Mehr**kosten gegen Zonen-Wanderrost mit Nußkohle bei Einschichtbetrieb: 7 % geringerer Heizwert der Feinkohle erfordert bei 3 % schlechterem Wirkungsgrad fur großere Kohlenmenge . . 1,30 Großerer Rost erhoht Kapitaldienst um 45 % = 1,10 Großere Kohlenmenge verteuert Betrieb um 25 % = ... 0,45 Ascheabfuhr um 10 % = 0,30 Mehrfracht bei 150 km. 0,60 8-Stundenbetrieb. . . . **3,75** Dauerbetrieb **3,05**	Brikett oder Fettnuß . . 20,30 Magerfeinkohle . . . 12,70 **7,60**	

	Art der Aufbereitung oder Verwertung	Veränderte Brennstoff-Eigenschaften	Veränderte Kosten beim Verbraucher 1929 [1,2] *M*/t	Preisspanne 1929 *M*/t	Aufbereitungskosten 1929 *M*/t aufbereitete Kohle
d	Brikettieren (Steinkohle) mit 7% Pechzusatz bei 300 at nach Trocknen von 13 auf 3% Wasser [3]	Gleichmäßige große Stücke brennen mit höherem Wirkungsgrad, Pechzusatz und verringerter Wassergehalt erhöhen Heizwert. Pech gibt künstlich Backfähigkeit	— Briketts sind Nußkohlen gleichwertig.	Brikett oder Fettnuß . . 20,30 Magerfeinkohle . . . 12,70 **7,60**	Brikettieren von Magerfeinkohle [4] Mehrkosten von 7% Pech zu 45,— *M*/t gegen Feinkohle zu 12,70 *M*/t . 2,25 1 Std. Arbeit 1,— 2,5 kWh zum Antrieb + 0,14 t Dampf zum Erwärmen . 0,50 Kapitaldienst [5] 0,40 **4,15**
e	**Verwerten von Waschbergen**	— Waschberge verbrennen auf Sonderrost	Schurrost Mehrkosten gegen Wanderrost mit Nußkohle bei Einschichtbetrieb: 60% geringerer Heizwert erfordert für größere Kohlenmenge . . . . 3,70 Mechanisch geschurter Rost mit maschineller Kohlenaufgabe erhöht Kapitaldienst um 55% = ... 1,35 Verschleiß der im Feuer bewegten Teile verteuert Betrieb um 6% = 0,15 Die 26fache Aschenmenge erhöht Abfuhrkosten um . . . . 4,50 Mehrkosten bei Verbrauch auf der Grube **9,70** Mehrfracht bei 150 km . 11,— **20,70**	Fettnuß IV . 20,30 Waschberge 2,— **18,30**	—

[1] Schulte: Weltkraftkonferenz 1930, Bd. 7 S. 113. — [2] Ruhrkohlen-Handbuch 1932, S. 101. — [3] Treptow: Bergbaukunde, 1925, Bd. 2, S. 197; umgerechnet auf 1929 S. 300, 301, 316. — [4] Lehmann, Hoffmann: Glückauf 1931, S. 798. — [5] Jüngst: Wirtschaftsfragen 1929, S. 76.

Bitumen

Außer dem Abtrennen des Flüchtigen durch Erhitzen, dem petrographischen Zerlegen durch Zerschlagen benutzt man als dritte Untersuchung das Herauslösen des löslichen „Bitumen" durch Kohlenwasserstoffe (z. B. Benzol). Bei Braunkohle bedeutet hoher Bitumengehalt große Teerausbeute beim Schwelen. Bei Steinkohle sucht man im Bitumengehalt nach einem Maß für das Backvermögen, muß aber das ausgelöste Bitumen durch Petroläther nochmals in „Ölbitumen" und „Festbitumen" zerlegen. Ölbitumen ist zum Backen unentbehrlich, aber nur wirksam, wenn außerdem der unlösliche Kohlenrest mit Ölbitumen zusammen zum Erweichen neigt. Dies fehlt bei der Mattkohle, sie backt deshalb schlecht, obgleich sie mehr Ölbitumen haben kann als die gut backende Glanzkohle. Das Festbitumen bewirkt das Treiben (Blähen) der backenden Kohle im Feuer[1].

Wassergehalt

Der Wassergehalt, bei Rohbraunkohlen bis zu 60%, vermindert zwar den Heizwert und erfordert durch den Wasserdampfballast größere Heizflächen, er öffnet aber die Poren der Kohlen, wodurch sie besser brennen und die Gasstrahlung des Wasserdampfes hebt den Mehraufwand an Heizfläche zum Teil wieder auf. Die Asche der Kohle senkt nicht nur den Heizwert und erhöht die Transportkosten, sie hüllt darüber hinaus das Brennbare ein, verschlechtert den Ausbrand und vermindert Wirkungsgrad und Leistung, z. B. kann bei Braunkohle jedes % Asche die Leistung um $2^1/_2$% und den Wirkungsgrad um $^3/_4$% senken[2]. Außerdem kostet die Ascheförderung 2 *M*/t Asche, also je % 2 *Pf*/t Kohle. Schmelzende Flugasche greift das Mauerwerk an, der Aschenschmelzpunkt, meist 1200°, soll deshalb hoch sein. Für die Schlackenbildung in Rostfeuerungen ist außerdem der Verlauf des Erweichens maßgebend,

Aschegehalt

[1] Broche, Schmitz: Brennstoff-Chem. 1932 S. 83. — [2] Rosin: Arch. Wärmewirtsch. 1932 S. 304.

Stein, Energiewirtschaft 5

Produktivität für den Steinkohlenbergbau in verschiedenen Ländern 1929[11]. Die amerikanische Fettkohle (Weichkohle) kann bei mehr als doppeltem Lohn halb so teuer sein wie Ruhrkohle, weil doppelt so dicke, flache faltenlose Flöze Mechanisierung erleichtern und über dreifache Schichtleistung ermöglichen. Der rationalisierte Ruhrbergbau übertrifft England in der Schichtleistung, besonders nach Stillegen der unwirtschaftlichen Werke in der Krise und erreicht Oberschlesien, das sich Amerika nähern könnte, da seine Kohle ähnlich gelagert ist[3]. Die englische Kohle kann 1,80 *M*/t Preisvorsprung gegen Ruhrkohle einhalten, weil tiefere Soziallasten die höhere deutsche Schichtleistung aufwiegen, 0,60 *M*/t ist auf tiefere Steuern zurückzuführen, der Rest auf hohere Abschreibungen bei den rationalisierten Ruhrwerken.

	Deutschland		USA.		England
	Ruhrgebiet	Oberschlesien	Weichkohle	Hartkohle	
	Fettkohle und Anthrazit	Fettkohle	Fettkohle	Anthrazit	Fettkohle und Anthrazit
Steinkohlenförderung 1929 in % der Landesförderung	75	14	88	12	
Naturbedingungen[1]	2	3	4	5	6
Mittlere Flözdicke . . . . m	1,2	2,5		2,0	1,2
Lagerung der Flöze	steil, gefaltet	flach und regelmäßig		gefaltet	
Mittlere Tiefe . . . . m	600	300	80	125	300
Arbeitsmethoden					7
Anteil in % der geförderten Kohle					
Tagebau	—	—	4	2,5	—
Abbaumaschinen	6	20	75	1,5	30
Mechanische Abbauwerkzeuge . .	88				selten
Mechanisch auf Abbaustrecken befördert	54	19	vorwiegend		17
Stutzen der Grube durch Bergeversatz	ja	selten	fast nie	selten	
Entaschen der Kohle	größter Teil	kleiner Teil	22	kleiner Teil	30
Betriebskonzentration: t Jahresleistung je Grube	**650000**		80000	220000	100000
Lohnkostenbasis					
t Kohlenförderung je Mann und Schicht der gesamten Belegschaft 1929[9]	**1,3**	**1,4**	**4,4**	**2,0**	**1,1**
1932	1,6	1,7	4,8	2,1	1,1
Stunden Schichtdauer[8]	8	8	8,6	8	8,5
Gesamteinkommen[10] je Mann und Schicht einschließlich technischer Beamte[8]	9,60	7,20	23,—		9,50
Arbeitgeberlasten . . . . . . *M*/t	1,20				0,70
Steuern (ausschließlich Ertragssteuer) . . . . *M*/t	1,—				0,40
Durchschnittserlös je t absatzfähige Kohle ab Grube . . . *M*/t	15,60	13,—	**8,30**	24,—	13,80

1 Handbuch der Kohlenwirtschaft, 1926 S. 31, 212. — 2 Glückauf 1931, Jüngst, S. 961; 1005; Wedding, S. 1319, 1329; Glückauf 1932, Jungst, S. 15. — 3 Dresner: Glückauf 1931 S. 490, 532; 1044. — Griese: Glückauf 1932 S. 451. — 4 Funke: Glückauf 1926 S. 37; 1931 S. 239. — Jüngst: Glückauf 1931 S. 1302. — 5 Glückauf 1931 S. 240. — 6 Institute of Fuel, Preparation of Coal, 1931 S. 45. — 7 Jüngst: Glückauf 1932 S. 14, 45, 68, 455. — 8 Jüngst: Wirtschaftsfragen, 1929 S. 6, 49, 89, 127. — 9 Jahresbericht Reichskohlenverband, 1931/32, 1932/33. — 10 Statistisches Heft Verein für Bergbauliche Interessen, 1931 S. 90. — 11 Neuere Werte, Regul: Vjh. Konj-Forschg. 1934, Sonderheft 34, S. 36.

das schon bei 1000° beginnen kann. Die Schmelzlinien sind im Laboratorium durch Messung der Höhenabnahme eines Aschezylinders bei steigender Temperatur (Bunte, Baum) feststellbar[1]. Ganz aschefrei soll die Kohle aber nicht sein, weil Asche das Zusammenbacken der Kohle auf dem Rost begünstigt, die Zündung katalytisch fördert[2] und die Roststäbe vor zu hohen Temperaturen schützt[3]. Da außerdem die letzten Hundertteile nur mit großem Aufwand durch „Waschen" (S. 10) zu entfernen sind, entsteht ein wirtschaftliches Optimum zwischen Aufbereitungskosten und Feuerungskosten, in der Praxis bei etwa 6% Restasche für gewaschene Ruhrnußkohlen[4]. Beim Verkoken vermindert der Aschegehalt nicht nur die Ofenleistung, kieselsaure Asche macht den Koks auch brüchig, da sie sich am Schmelzvorgang (Backen) nicht beteiligt[5].

Fusitgehalt

Der Anteil an nichtbackender Faserkohle (Fusit) ist in

1 Bunte, Baum: Gas- u. Wasserfach 1928 S. 97, 125. — 2 Gropp: Arch. Warmewirtsch. 1931 S. 89. — 3 Marcard: Warme 1932 S. 399. — 4 Schönfeld: Arch. Wärmewirtsch. 1931 S. 72. — 5 Gluud: Handbuch der Kokerei, 1927 Bd. 1 S. 108.

Rationalisierung Einfluß verschiedener Maßnahmen auf die Kosten der Ruhrkohlen (1929) zeigt, daß die Abbauorganisation durch gesteigerte Leistung ein Vielfaches von dem bringt, was sich sonst verbessern läßt. Bei den dicken und flachen Flözen in USA. läßt sich die Mechanisierung noch weiter treiben und z. B. durch Lademaschinen 10 statt 5,6 t Schichtleistung erreichen. Vollmechanisiert würde die USA.-Kohle statt 640000 weniger als 300000 Bergleute brauchen.

Arbeitsvorgang	Beeinflußte Kosten M/t	Beeinflußte Kosten %	Mögliche weitere Verbesserung durch	Ersparnis M/t	Ersparnis %
Abbauorganisation[1] vermindert durch gesteigerte Leistung Lohn und feste Kosten	16,—	*100*	Maschinenabbau (Schramverhieb)	1,80	
			Abbau auf weniger Betriebspunkte konzentriert	2,—	
				3,80	*24*
Antrieb der Abbauwerkzeuge[2]	0,70	*4,5*	bis auf einige Antriebe elektrisch statt Druckluft	0,30	*2*
Kohlenförderung[3]:			Mechanisierung		
Abbauförderung	0,40		schon eingeführt	—	
Abbaustrecke	0,40		statt Kohlen schleppen	0,10	
Blindschacht	0,30		mechanische Bedienung	0,10	
Hauptstrecke	0,40		elektrische Lokomotive statt Druckluft	0,15	
Schachtförderung	0,40		mechanisch füllen	0,05	
	1,90	*12*		0,40	*2,5*

[1] Bornitz: Glückauf 1931 S. 1456. — [2] Fritzsche: Glückauf 1930 S. 1381. — [3] Wedding: Glückauf 1931 S. 1317.

Das Sortenproblem Der erschwerte Absatz für Sorten mit kleiner Stückgröße (Feinkohle) bestand 1929 im Ruhrgebiet nur für 4% der geförderten Kohle (magere Arten), in Oberschlesien für 1/4 der Kohle. Seither kann im Ruhrgebiet umgekehrt der Absatz der groben Magerkohle nicht Schritt halten, weil sich Sonderfeuerungen für magere Feinkohle ausbreiten und sich durch billiges Pech die Feinkohle vorteilhaft brikettieren läßt[5].

	Kohlenarten	Eigenschaften der Feinkohle	Ruhrgebiet[1] Förderung	Ruhrgebiet[1] davon Feinkohle	Ruhrgebiet[1] in % der Förderung	Ruhrgebiet[1] Minderpreis je t gegen Durchschnitt 1929	Oberschlesien[2] Förderung	Oberschlesien[2] davon Feinkohle	Oberschlesien[2] in % der Förderung	Oberschlesien[2] Minderpreis je t gegen Durchschnitt 1929
	Förderung 1929, Mill. t		123,6				22			
Gut absetzbar	Fettkohle	kein Problem, da Kokereien die Feinkohle verbrauchen	67%	60%[3]	(40%)	—	22%			
Gut absetzbar	Gas- und Gasflammkohle	gasreich, braucht aber auf Rosten Unterwind (Brennstoffbett läßt Luft schwer durch). Kohlenstaubfeuerung braucht wegen Gasgehalt große Feuerräume	22%	35%	(8%)	—	78%	32%	25%	50%
Schwer absetzbar	Eßkohle	gasarm, braucht vorgewärmte Luft, damit Feuer zündet, besonders bei tiefer Belastung von Kohlenstaubfeuerungen	6%	64% einschl. feinste Nußsorten	7%	bis 30%				
Schwer absetzbar	Magerkohle		5%			35%				
Schwer absetzbar	Von der geförderten Kohle ist schwer absetzbar				7%				25%	
Schwer absetzbar	Zu Brikett wird verarbeitet[4]				3%	= 3,5 Mill. t			1,5%	= 0.35 Mill. t
Schwer absetzbar	Bleibt als Feinkohle abzusetzen Mill. t im Jahr				4% 5				23,5% 5	

[1] Schulte: Glückauf 1927 S. 1073; 1932 S. 475. — [2] Wesemann: Feuerungstechnische Berichte 1929 Heft 1. — [3] Kemper: Gasfernversorgung, 1930 S. 35. — [4] Jahresbericht Reichskohlenverband 1931/32 S. 21. — Statistisches Jahrbuch 1932 S. 98. — [5] zur Nedden: Öl u. Kohle 1934 S. 284.

den feinsten Kohlenkörnern am größten. Deshalb scheidet bei fusitreicher Kohle für Kokereien der Staub unter 0,2 mm aus. Ruhrkohlen enthalten 1,2% gebundenen Stickstoff. 14% davon lassen sich beim Verkoken als Ammoniak gewinnen. Stickstoff

Sorten Die rohe Förderkohle wird zum größten Teil auf Sorten mit annähernd gleichem Korngrößenverhältnis gesiebt. Die kleinsten Sorten haben am meisten Asche. Durch „Waschen“ entaschte Sorten haben weniger Asche, dafür aber mehr Wasser. Man beginnt deshalb, sie trocken aufzubereiten.

Während man in Deutschland bis zur Hälfte der geförderten Menge als Feinkohle unter 8—10 mm unsortiert läßt, wird der USA.-Anthrazit für den Handel bis zu $^3/_{32}$″ = 2,4 mm herunter sortiert. Bis zur Hälfte der Feinkohle unter 10 mm hat feinere Körner[5]. Dieser Rest geht aber in USA. größtenteils unverwertet in die Grube zurück.

	Ruhrgebiet[1]		Oberschlesien[2]		England[3] (Suden)		USA.[4]-Anthrazit	
	Sorte	mm	Sorte	mm	Sorte	engl. ″	Sorte	engl. ″
Korngröße (übereinstimmende Werte stehen ungefähr auf der gleichen Zeile)							Lump	über $6^1/_2$
			Stücke	über 120			Steamboat	$6^1/_2$—$4^1/_2$
	Stücke	über 80	Würfel I	120—90			Broken	$4^1/_2$—$3^1/_4$
			„ II	90—70			Egg	$3^1/_4$—$2^5/_{16}$
	Nuß I	80—50	Nuß Ia	70—40			Stove	$2^5/_{16}$—$1^5/_8$
	„ II	50—30	„ Ib	40—25			Nut	$1^5/_8$—$^{15}/_{16}$
			„ II	35—25				
	„ III	30—18			Nut	$1^1/_8$—$^3/_4$		
			Erbs	25—15	Beans	$^6/_8$—$^5/_8$	Pea	$^{15}/_{16}$—$^5/_8$
	„ IV	18—10	Gries	25—10	Peas	$^5/_8$—$^3/_8$	Buckwheat I	$^5/_8$—$^7/_{16}$
	„ V	10— 6	—	—	Smalls	unter $^3/_8$	„ II	$^7/_{16}$—$^1/_4$
	—	—	—	—	—	—	„ III	$^1/_4$—$^3/_{32}$
	Feinkohle	8— 0	Staub	10— 0	Duff			—
	Nußgrus I	80— 0	Kleinkohle	70— 0				—
	„ II	30— 0	Rätterklein	40— 0				—

	Ruhrgebiet	Asche %	Wasser %	Oberschlesien	Asche %	Wasser %	England	Asche %	Wasser %	USA.-Anthrazit	Asche %	Wasser %
Ungewaschene Sorten	Förderkohlen 25% Stückgehalt	10	2	Stücke	< 4	< 4	Förderkohle (unscreened)	< 10	< 10	Broken	9	2
	Fördergrus 10% Stückgehalt	10		Würfel	4	2,5—5	Gesiebte Mittelklasse (screened)	2—5	1	Egg	10	
	Bestmeliert 50% Stückgehalt	7		Nuß	7	4	Small	12	1	Stove	11	
	Stückkohlen (abgesiebt)	5		Erbs	9	3,5—7	Duff	14	1	Nut	12	4
	Feinkohlen	12		Gries	11	4—8				Pea	14	
				Staub	12	4—10				Buckwheat I	18	
										„ II	20	5
										„ III	23	
Gewaschene Sorten	Nuß I/III	5	3									
	„ IV/V	6	5									
	Feinkohlen	7	9									

[1] Wiedemann: Wärme 1931 S. 472. — Ruhrkohlen-Handbuch, 1932 S. 78, 81. — [2] Aufhäuser: Weltkraftkonferenz 1930 Bd. 6 S. 105. — Wesemann: Feuerungstechnische Berichte 1929 Heft 1. — [3] Handbuch der Kohlenwirtschaft 1926 S. 581—585. — [4] Trans. Inst. min. metallurg. Engr. 1911 Bd. 42. — Haslam: Fuels and their Combustion, 1926 S. 66. — [5] Kieckebusch: Glückauf 1932 S. 251.

Sorten

Rohe Förderkohle enthält grobe und feine Körner. Stückkohlen sind die abgesiebten größten Stücke. Mit Stückkohle angereicherte Förderkohle heißt „melierte“ Kohle. Nußkohlen haben bestimmte gesiebte Stückgröße im Gegensatz zu rohen Förderkohlen, bei denen zwischen den groben feine Teile liegen, die auf dem Rost leicht weggeblasen werden, wodurch sie die zulässige Luftmenge und damit die Brenngeschwindigkeit beschränken. Das Sieben in Sorten mit annähernd gleichgroßen Stücken (S. 10) erlaubt höhere Luftgeschwindigkeiten und erhöht dadurch die Brenngeschwindigkeit, also die Rostleistung. Am schnellsten brennen die Nußsorten, Körner von 7—80 mm, die in 5 Stufen gesiebt sind, in denen das größte Korn nur 1,7mal größer als das kleinste ist. Die über 80 mm großen Stückkohlen haben je kg eine kleinere Stückoberfläche zum Brennen. Feinkohlen unter 10 mm neigen zu Flugkoks und Kraterbildung im Feuerbett und sie bieten der Luft großen Widerstand. Beide brennen also langsamer aus. Die Feinkohlen werden bei den fetten Arten von den Kokereien verkokt. Die mageren Feinkohlen werden entweder zu Brikett gepreßt oder in Sonderfeuerungen (S. 20) verbrannt (Unterwindroste oder Kohlenstaubfeuerungen). Steinkohlen mit 35—70% Asche (Waschberge) werden auf Schürrosten mit vorgewärmter Luft verfeuert. Braunkohlen brennen durch hohen Gasgehalt so gut, daß sie nicht gesiebt werden. Es gibt also keine Stückgröße-Sorten. Sie enthalten aber soviel Wasserballast, daß sie zum Transport von mehr als 60 km brikettiert werden müssen. Salzhaltige Braunkohle erschwert den Kesselbetrieb, weil sich Salz an den Rohren absetzt. Ohne Unterwind gibt die gas-

Verbraucher für Feuerkohle

reiche Gasflammkohle die höchsten Rostleistungen (S. 19), mit Unterwind kann man bei

Untere Heizwerte von Arten und Sorten. Gegen Reinkohle sinkt der Heizwert der Sorten je nach ihrem Ballast an Asche und Wasser. Außerdem hat die Reinkohle der Arten verschiedenen Heizwert. Die leicht zugängliche billige deutsche Braunkohle ist nicht nur durch Wasserballast heizschwach, die Reinkohle hat auch geringeren Heizwert, weil sie jünger, gasreicher ist. Dagegen hat die bituminöse USA.-„Weichkohle", obgleich sie leicht abzubauen ist, die gleichen Heizwerte wie europäische Kohlen für den gleichen Verwendungszweck. Wenn man Kohlen mit gleichem Gasgehalt gegenüberstellt, sind bei den gasreichen Kohlen die USA.-Heizwerte sogar höher. Da man aber für den gleichen Zweck in USA. jüngere Kohlen mit höherem heizwertsenkenden Gasgehalt verwendet, findet man praktisch die gleichen Heizwerte.

	Arten							
	Braunkohle [1]			Steinkohle [2]				
Reinkohle ohne Asche und Wasser	deutsch	USA.	böhmisch	Gaskohlen	Fettkohlen	Eßkohlen	Anthrazit	Zechenkoks
Europa	6200		7100	8000	8400	8450	8400	
USA.[3, 4]		6500		8100	8500	8400	8000	
Sorten	Rohkohle			Ruhrgebiet-Sorten				
Förderkohle . .	2200	3000		7100	7300	7400		
Melierte Kohle .					7600	7600		
Stückkohlen . .				7500	7700	7800		7100
Nußkohlen . . .			5000	7300	7600	7700	7700	
Feinkohlen								
gewaschen . .				6800	7000	7000	7000	
ungewaschen .			4800	7000	7200	7300	7200	
Kohlenstaub getrocknet								
auf 1% Wasser				7350	7700	7750	7700	
auf 10% Wasser	5000							
Brikett	4800					7700	7700	

In USA.[3] rechnet man mit dem oberen Heizwert, Umrechnung siehe [4].
[1] Aufhäuser: Brennstoff-Untersuchungen. — [2] Ruhrkohlenhandbuch 1932 S. 82, 83. — [3] Haslam: Fuels and their Combustion 1926 S. 68—70. — [4] Münzinger: Dampfkraft, 1933 S. 22—24.

backfähiger Fettkohle die Rostleistungen am stärksten steigern. Kleine Schiffe können bei ihren geringen Rostbelastungen Förderkohle brauchen, große Schiffe verwenden teilweise höherwertige melierte Kohlen. Lokomotiven müssen bis 600 kg/m² Rostleistung erreichen statt 200—250 kg/m² bei ortsfesten Anlagen. Dazu muß man auf vollkommenen Ausbrand verzichten und grobkörnige melierte Kohlen oder höchstwertige Stückkohlen anwenden, damit sich im Feuerbett keine Krater bilden. Für mechanische Industrieroste gibt Fettnuß IV bei gutem Ausbrand die höchsten Rostleistungen. Für Kohlenstaubfeuerungen braucht man einen Mindestgasgehalt zum Zünden. In USA. bewertet man außerdem die Mahlbarkeit, d. h. den Stromverbrauch je Tonne, der beim Mahlen den Brennstoff so zerkleinert, daß die gesamte Kornoberfläche auf ein bestimmtes Vielfaches anwächst. Im Haushalt ist hohe, anpassungsfähige Brenngeschwindigkeit nur für Kochherde notwendig. Zimmeröfen brauchen stetiges, aber drosselbares Feuer. Beiden Zwecken genügen Steinkohlennüsse und Braunkohlenbriketts. Zentralheizungen verbrennen hauptsächlich Koks, der ruhig und mit wenig Bedienung brennt, weil der lebhafte Entgasungsvorgang wegfällt. Brennöfen verwenden Koks oder Magerkohle, wenn das Gut vor Ruß zu schützen ist. In Gaserzeugern (S. 16) vergasen Braunkohlenbriketts mit guter Leistung und geben das heizkräftigste Gas. Von den Steinkohlen scheiden die fetten Kohlen aus, weil das Backvermögen, das beim Verkoken unentbehrlich ist, beim Vergasen stört. Verwendet werden die beiden extremen Steinkohlen: Gasflammkohlen oder, wenn man teerfreies Gas braucht, gasarmer Anthrazit oder Koks. Die kleinen Nußsorten sind die geeignete Stückgröße, bei Sauggas verwendet man größere Stücke, um den Saugwiderstand zu senken. Förderkohle gibt $^1/_4$ weniger Gasleistung. Anthrazit wird als rauchloser Brennstoff in USA., wo in einigen Staaten Gesetze gegen Rauch bei Wohnheizungen bestehen, viel für Hausbrand verwendet, obwohl die grobkörnigen Sorten viel teuerer als andere Kohle sind. Die Rolle des USA.-Anthrazit vertritt in Deutschland mit seinem ausgedehnten Braunkohlenbergbau das Braunkohlenbrikett für Hausbrand und Gaserzeuger. Es liefert 14% der Kohlenenergie und drängt den Anthrazit auf 3% zurück gegen 12% in USA.

Generatorkohle

Deutsches Braunkohlenbrikett statt USA -Anthrazit

Steinkohle

S. 4, 10

Kohlenfloze

Die auf große Flächen unterirdisch verzweigte Arbeit erschwert die fabrikmäßige Konzentration und Mechanisierung besonders bei dünnen, steil und gefaltet gelagerten Flözen, die im Ruhrgebiet bis herunter zu 40 cm Dicke abgebaut werden, während die Flöze in USA. (Weichkohle) und in Oberschlesien von 2—3 m Dicke mit flacher ungefalteter Lagerung rationellen Abbau wesentlich erleichtern. Auch kostet das Stützen der Grube durch Bergeversatz zum Schutz der bevölkerten Erdoberfläche im Ruhrgebiet oft über 10%. In USA.,

USA.-Weichkohle kostet 1/3

wo der Bergbau abseits liegt, kann man das Deckgebirge einstürzen lassen. Auch sind die dickeren Flöze nicht so von unverbrennlichen „Bergen" durchwachsen, wodurch das Entaschen, das die Aufbereitungskosten bis auf 20% steigert, meist entbehrlich ist. Für USA.-Anthrazit ist dagegen der Bergbau ebenso schwer wie im Ruhrgebiet. So kommt es, daß sich die Bergbaukosten im Ruhrgebiet für fette Kohlen und mageren Anthrazit kaum unterscheiden. Dagegen trennt sich in USA. der Bergbau scharf in wenige, teuer arbeitende Gruben für anthrazitische „Hartkohle" und in den 3mal billiger arbeitenden umfangreichen Bergbau für fette „Weichkohle". Die billige Weichkohle ist nicht etwa heizschwach wie Braunkohle, sondern sie erfüllt genau die gleichen Zwecke wie europäische trockene und fette Steinkohle und hat praktisch den gleichen Heizwert.

Tiefe

Nicht so entscheidend wachsen die Kosten mit der Tiefe, die jetzt im Ruhrgebiet 600 m gegen 80—300 m bei USA.-Weichkohle beträgt und 5 m im Jahr zunimmt. Die Förderkosten[1] steigen bei 1000 m um 25*Pf*/t = 1,5% vom Endpreis, doch werden höhere Temperaturen und Gebirgsdrücke auch den Abbau verteuern.

Preisdynamik der Aufbereitung

Der Ruhrbergbau, der 75% der deutschen Steinkohle gewinnt, bereitet die Förderkohle durch Entaschen weitgehend auf (S. 10). Nur vorübergehend lagen die „Kohlenwäschen" still, unter dem Einfluß ungenügend gestufter Inflations-Zwangspreise für aufbereitete Sorten[2]. In freier Konkurrenz der Kohlesorten untereinander entwickeln sich die Preise (1929, Zahlentafeln S. 63, 64) etwa folgendermaßen: Gegen Förderkohle für 16,90 *M*/t sparen Industriefeuerungen, die aufbereitete Nüsse verbrennen, über 3 *M*. Das steigert den Preis der feinen Nußsorten auf 20,30 *M*/t. Stückkohlen und grobe Nüsse, z. B. für Lokomotiven, bringen 22 *M*/t; Förderkohlen, aus denen die wertvollen Stückkohlen ausgesiebt sind, brauchen deshalb nur 15,50 *M*/t einzubringen und wenn man sie mit 3,50 *M* Aufwand zu Nüssen und Feinkohle aufbereitet, im Durchschnitt 19 *M*/t. Magere Feinkohlen waren aber bisher nur weit unter Durchschnittskosten und nur zum Teil absetzbar, weil sie Sonderfeuerungen brauchen, die wohl entwickelt, aber nicht genügend verbreitet sind. Das steigert die unentbehrlichen, besten mageren Anthrazitsorten im Preis bis auf 48 *M*/t, weil immer der Durchschnittspreis die Kosten für Gewinnen und Aufbereiten einbringen muß.

Förderkohle konkurriert mit aufbereiteter Kohle

Ständig steigender Absatz an aufbereiteter Feuerkohle würde Verbrauchergruppen erfassen, bei denen die Vorteile gegen Förderkohle immer geringer werden, z. B. Verbraucher mit geringer Fracht, bei denen der Ascheballast der Förderkohle nicht ins Gewicht fällt. Diese zusätzlichen Verbrauchergruppen würden in Konkurrenz mit Förderkohle schlechtere Preise zahlen und den Durchschnittserlös der aufbereiteten Kohle solange senken, bis er die Aufbereitungskosten nicht mehr trägt. So spielt der Markt zwangläufig das Mengenverhältnis zwischen roher Förderkohle, gesiebter und gewaschener Kohle ein. Das Ruhrgebiet liefert wenig Förderkohle und wäscht die Kohle überwiegend. In USA. wird nur 1/5 der Weichkohle gewaschen, weil die dicken Flöze meist weniger Asche enthalten und bei der ascheärmeren und dazu billigeren Rohkohle aufbereitete Sorten keine lohnenden Ersparnisse bringen.

[1] Wedding: Glückauf 1931 S. 1320. — [2] Krebs: Deutsche Kohlenpreise, 1924 S. 59.

Kostenaufbau der Braunkohle (1929).

Der zurückgedrängte Tiefbau bleibt nur überlegen, wenn mehr als 5 m³ Abraum über jeder Tonne Kohle liegen statt im Durchschnitt[3] 2 m³ (Steinkohle hat 20 m³ Deckgebirge). Der Abraumbetrieb im Tagebau kostet mehr als die Halfte und entscheidet den Endpreis. Die Förderleistung je Schicht ist in der Krise stark gestiegen, weil nur die besten Werke in Betrieb waren.

Nur getrocknet und zu Brikett gepreßt verträgt Braunkohle wirtschaftlich weite Transporte. Da Hausbrandkohle, die nur im Winter gebraucht wird, den Hauptanteil hat, verteuert sich durch Jahresschwan-

Grubenbetrieb	Tagebau	Tiefbau
Anteil des deutschen[1] Braunkohlenbergbaues, % 1931	**92**	8
1890	30	70
Förderleistung[2] t je Mann und Schicht in Mitteldeutschland 1929	8,7	4,6
1932	13,2	5,0
In der Grube bleibt an Kohle zurück[3]	5%	40%
Kostenaufbau[4]	*M*/t Rohkohle Heizwert 2200 kcal	
Abraumbetrieb[5]		
baggern	0,50	
fördern zur Kippstelle	0,30	
verkippen (wieder zuschütten der Grube)	0,40	
	1,20	
Kohlenabbau		
Arbeit	0,60	1,65
Material	0,05	0,60
Unkosten einschließlich Abschreibungen	0,45	0,65
Selbstkosten der Rohkohle	2,30	2,90
Durchschnittswert ab Grube fur **Rohkohle**	**2,85**[6]	

[1] Hirz: Braunkohle 1932 S. 456. — [2] Jahresbericht Reichskohlenverband 1931/32 S. 40. — [3] Delius: Braunkohle 1931 S. 659. — [4] Loose: Kohlenwirtschaftsgesetz, 1930 S. 228. — [5] Kegel: Braunkohle 1931 S. 386, 434. — [6] Statist. Jb. 1932 S. 95, 98, 265. — [7] Franke: Handbuch der Brikettbereitung, 1930 S. 547. — [8] Schone: Braunkohlenbrikettfabriken, 1930, S. 7, 8, 124, 125. —

kungen das Brikett stärker als Steinkohle, die überwiegend die durchlaufende Industrie beliefert. So steigen die Kosten für den im Werk gestapelten Anteil um fast 2,— *M*/t [9]. Hier liegen nicht bestimmte Sorten unter dem Preisdurchschnitt, sondern Großlieferungen an die Industrie und die ausgleichenden Sommerlieferungen für Hausbrand. Die Brikettfabrik ohne Grube ist auf den Heizwert 7000 der Steinkohle umgerechnet mit 47,— *M*/t um $^1/_3$ teurer als das ganze Steinkohlenbergwerk. Das zehrt zusammen mit zusätzlichem Lohn, Feuerkohle und anderen Unkosten den Vorsprung im Wärmepreis auf, den Rohkohle gegen Steinkohle hat.

Brikettfabrik	%	*M*/t Brikett Heizwert 4800 kcal
Anlagekosten je t Jahresleistung		7
Naßdienst	*8,5*	2,70
Trockendienst	*16*	5,20
Kühlhaus	*2*	0,70
Pressenhaus	*15,5*	4,90
Verladung	*7*	2,20
Gleisanschluß, Werkstatt	*17*	5,50
Kraftwerk 22 at	*34*	10,80
	100	32,—
5% Abschreibung		1,60
2 t verarbeitete Rohkohle mit 53% Wassergehalt zu 2,75 *M*/t		5,50 [6,8]
Löhne und Gehälter		1,85
0,6 t Feuerkohle (zum Teil Abfall) und andere Unkosten		1,65
Rohgewinn		1,50 [9]
Durchschnittswert ab Grube für **Briketts**		12,10
Preisspanne für Nachlässe, Handelsgewinn und Stapelkosten (bis *M* 2,— je gestapelte Tonne [9])		2,40
Syndikatspreis in Mitteldeutschland ab Grube		**14,50**
Kostenteilung für Brikett-Syndikatspreise ab Grube		6
Hausbrand, Winter		16,—
Sommer		14,—
38% [9] an Industrie		14,—

[9] Schmid: Einfluß der Stapelung. Dissertation 1930 S. 16, 26, 31.

Steigender Feinkohlenabsatz senkt Anthrazitpreis

Die fetten Feinkohlen schmelzen die Kokereien zu Koks, Stadtgaswerke schmelzen Gasfeinkohlen (mit gröberen Sorten gemischt) zu Gaskoks. Für je 1% zusätzlich anfallende Fettfeinkohle sinkt deshalb der Werkserlös nur um 7 *Pf*/t = 0,4%, dagegen bei Anthrazitfeinkohle, die schwer absetzbar ist, um 16 *Pf*/t = 1%. Nur durch Aufstellen von Brikettfabriken hat es der Bergbau in der Hand, unabhängig vom Tempo, in dem sich die Verbraucher umstellen, die Feinkohle vollwertig zu machen. Beim Anthrazit fallen 40% als Feinkohle an, etwa 20% beim Abbau, 20% beim Speichern, Fördern und Aufbereiten. Man sucht den Gesamtbetrag herunterzusetzen [1]. 1929 war die Preisspanne 37% (12,70 *M*/t für Magerfeinkohle gegen 20,30 *M*/t für Fettnuß IV). Sie nähert sich durch Verbreitung der Zonenroste, die Magerfeinkohle mit weniger als 4 *M*/t Zusatzkosten verbrennen, diesem Betrag. Das wird den übersteigerten Preis der Anthrazitnüsse weiter senken [2].

USA.-Anthrazit wird nicht billiger

Anders in USA. [3], wo 72% grobe Sorten als Hausbrand- und Lokomotivkohle dienen und der Rest als Feinnußkohle für Kessel in Konkurrenz zur 3mal billigeren Weichkohle immer nur diesen Bruchteil der Kosten einbringen wird.

Selbstverbrauch macht 7% absatzfähig

Wo der Bergbau die Kohle weitgehend aufbereitet, verbraucht er einen Teil der Abfallkohle und früher unabsetzbaren Feinkohle unter Kesseln für Antriebszwecke. Deshalb hat in USA. [3] die Weichkohle unter 1% Selbstverbrauch, der in zahlreichen Sorten gebrochene Anthrazit 7%. Der Ruhrbergbau verbraucht 11% heizschwache Kohle, das macht etwa 7% vollwertige Kohlen für den Verkauf frei.

Trockene Aufbereitung

Das nasse Aufbereiten (Entaschen) der Kohle ist im Ruhrgebiet verbreitet (S. 10), weil es sich für diese stark mit Asche durchwachsene Kohle eignet. Bei naß aufbereiteter Kohle ist aber der Ascheballast durch Wasser ersetzt, gewaschene Feinkohle hat deshalb noch tieferen Heizwert als ungewaschene. Für fette Feinkohle unter 10 mm eignet sich Luftaufbereitung [4, 5], die in Pensylvania (USA.) für 42% der aufbereiteten Kohle angewendet wird. Ein Luftstrom, der 200mal in der Minute unterbrochen wird (Luftsetzmaschine) oder ein stetiger Luftstrom mit hin- und herbewegtem Kohlenbett (Luftherd) trägt die leichte Kohle

[1] Cleff: Glückauf 1932 S. 157. — [2] zur Nedden: Öl u. Kohle 1934 S. 285. — [3] Glückauf 1931 S. 239, 240. — [4] Madel: Met. u. Erz 1929 S. 428. — Prockat: Z. VDI 1930 S. 595. — Baum: Glückauf 1931 S. 281. — Luycken: Met. u. Erz 1929 S. 297. — [5] Dupierry: Glückauf 1931 S. 585.

Abraumbetrieb durch Förderbrücken

setzt die Betriebskosten (1929) auf einen Bruchteil herunter und läßt Braunkohlenlager mit immer größerem Deckgebirge im Tagebau gewinnen (Abraum : Kohle in m³/t war 1,0 im Jahre 1890, jetzt im Durchschnitt über 2, in ungünstigen Revieren über 4 m³/t) [1].

Abraumbetrieb [1]	Abraumkosten-Durchschnitt *M*/m³	*M*/t Kohle	Grenze [2] Abraum / Kohle
Reiner Handbetrieb	1,10	2,20	2,5 : 1
Bagger mit Lokomotivzügen, Anlagen meist abgeschrieben	0,45	0,90	3,5 : 1
Förderbrücke oder Kabelbagger dazu Kapitaldienst [2, 3]	0,20 0,05	0,40 0,10	6 : 1

[1] Kegel: Braunkohle 1931 S. 385, 432. — [2] Delius: Braunkohle 1931 S. 659. — [3] Gold, Voigt: Braunkohle 1933 S. 520, 522.

Versand der Braunkohlenenergie 1929 ist fur Rohkohle mit ihrem hohen Wassergehalt nur in nächster Nähe für $1/_{10}$ der Menge wirtschaftlich. $2/_3$ werden in Brikettfabriken für Wärmezwecke — vorwiegend Hausbrand — transportfahig gemacht, $1/_7$ versorgt, als Strom ferngeleitet, 47 %[5] der öffentlichen Elektrizitätswirtschaft. Vom Rest wird der größte Teil durch angesiedelte Industrie, der kleinere durch die Gruben selbst verbraucht. Mit Einschluß der Industriekraftwerke erzeugten 1929 etwa 37 Mill. t also 21 % der Braunkohle, in 12 Mrd. kWh verwandelt, 39 % der deutschen Gesamt-Elektrizität; Steinkohle erzeugte 37,8 %[5].

		Rohkohle %	Rohkohle Mill. t im Jahr 1929 in Deutschland	Rohkohle %
	2 Mill. t Brikett mit Heizwert 4800 kcal/kg			
	Auf der Grube			
	Brikettfabriken machen für Wärmezwecke Rohbraunkohle durch Trocknen und Pressen transportfähig		[1]	
1	Verarbeitete Rohbraunkohle		84,3	*48*
2	Selbstverbrauch an Feuerkohle 0,74 t je t Brikett geschätzt		31,0	*18*
3			115,3	***66***
4	davon für Hausbrand[2]	*62*		
5	für Industrie	*38*		
		100		
	59,2 Mill. t Rohkohle mit Heizwert 2200 kcal/kg		[3]	
	Auf der Grube			
6	Öffentliche Elektrizitätswerke wandeln in transportfahige Kraft um (7,69 Mrd. kWh[5])	*40*	24,0	***14***
	Chemische Industrie, vorwiegend auf der Grube angesiedelt, verbraucht	*19*		***6***
7	für elektrischen Kraftantrieb (1,54 Mrd. kWh[4])		4,8	
8	für mechanische Kraftantriebe und Wärmezwecke		4,0	
9	als Rohstoff für Schwelereien[1]		2,3	
10	Selbstverbrauch der Gruben fur Dampfkraft und Bergmannskohle (als Restglied gerechnet)	*11*	6,6	*4*
	Versand im Aktionsradius der Grube:	*30*		***10***
	Nichtchemische Industrie, vorwiegend nicht auf der Grube, verbraucht			
11	fur elektrische Kraft (2,46 Mrd. kWh[4])		7,5	
12	für mechanische Kraft und Warmezwecke		8,8	
13	Hausbrand		1,2	
		100		
14	**Gesamtförderung** in Deutschland 1929		174,5	*100*

[1] Statist. Jb. 1932 S. 95, 98. — [2] Schmid: Einfluß der Stapelung, Diss. 1930. — [3] Stahl u. Eisen 1930 S. 1046. — [4] Wirtsch. u. Statist. 1930 S. 486. — [5] Schreiber: Z. VDI 1931 S. 830.

Der Wassergehalt der Rohbraunkohle schwankt zwischen 50 und 58 %[5]. Das beeinflußt den Wärmepreis für Rohkohle und Brikett um rund $1/_5$: Der höhere Wassergehalt senkt den Heizwert der Rohkohle um $1/_5$ und es ist um $1/_5$ mehr nasse Rohkohle und auch Feuerkohle je Tonne getrocknetes Brikett aufzuwenden, um den Wasserballast auszutreiben.

Wassergehalt der Rohkohle	58 %	55 %	50 %	53 %	40 %	30 %	20 %	10 %
	Deutsche Rohbraunkohle				USA.		Böhmen	Bayern
Rohkohle								
Unterer Heizwert . . kcal/kg				**2200**	3000	4000	Nußkohle 5000	Nußkohle 5600
Grenzwerte[1]								
Mitteldeutschland		2150	2400	gewo-				
Niederlausitz (Osten)	1900	bis	2400	gener				
Rheinland	1800	bis	2300	Durch-				
Hessen		2350	2500	schnitt				
Bayern			2300					
Durchschnitt, Deutschland . .	1850	2250	2400	2200				
Brikett								
Unterer Heizwert . . kcal/kg				**4800**[4]				
Rohkohlenverbrauch[2] für 1 t Brikett mit 14 % Wassergehalt								
Verarbeitete Rohkohle . t/t	2,1	1,90	1,75	1,85[3]				
Feuerkohle . . . . . . t/t	0,65	0,60	0,55	0,6				
Zusammen . . . . . . t/t	2,75	2,50	2,30	2,45				

[1] Aufhäuser: Handbuch der Kohlenwirtschaft, 1926 S. 175. — Äußerste Grenzfälle 40—60 % Wassergehalt: Weltkraftkonferenz 1930 Bd. 6 S. 107, 108. — [2] Schöne: Braunkohlenbrikettfabriken, 1930 S. 93, 125, umgerechnet nach Tafeln S. 7, 8. — [3] Statist. Jb. 1932 S. 98, ergibt 2 t als Reichsdurchschnitt. — [4] Kegel: Bergwirtschaft, 1931, nach Tafel S. 614 bestimmt. — [5] Deutsche Rohbraunkohle.

nach oben, wodurch die schwere Asche nach unten sinkt. Elastizitätsabscheider[1] werden in England für trockene harte Kohle über 20 mm verwendet, die kein Durchwachsenes enthält. Die elastischere Kohle, die man auf eine Glasplatte fallen läßt, springt weiter ab als die Aschestücke (Berge). Petrographische Aufbereitung[2] wird in Deutschland entwickelt, um durch elastischen Schlag die Kohlenkörner in spröde Glanzkohle, in grobkörnige Mattkohle und in blasfertigen Faserkohlenstaub zu trennen.

Braunkohle

S. 5

Tagebau

Die Braunkohlenindustrie, die es nur in Deutschland in diesem Umfang gibt ($^1/_3$ des Energiewertes der Steinkohlenförderung), hat den Tagebau zum Großbetrieb organisiert und durch verbesserte Abraummethoden erreicht, daß der Tagebau 92% statt früher 30% der Kohle gewinnt, obgleich gegen früher durch Erschöpfen der günstigsten Gruben 2 statt 1 m³ Abraum je t Kohle zu bewegen sind[3]. Der hohe Wasserballast, bis zu 60%, den man neuerdings schon in der Grube herabzusetzen sucht[4], beschränkt den Transport wirtschaftlich auf 60 km. Da auf der Grube der Wärmepreis nur halb so hoch ist wie bei Steinkohle, hat sich dort chemische Industrie angesiedelt. Kraftwerke auf der Grube erzeugen 39% der deutschen Elektrizität, wodurch sie die Braunkohlenenergie für Kraftzwecke transportfähig machen. $^2/_3$ der geförderten Kohle werden aber von 55 auf 15% getrocknet und brikettiert für Wärmezwecke transportfähig gemacht. Der Heizwert steigt von 2200 auf 4800 kcal/kg, erreicht aber den Heizwert 7000 der Steinkohle nicht. Die Brikettierkosten zehren den Vorsprung im Wärmepreis auf. Das verhindert zusammen mit den höheren Frachtkosten der heizschwachen Briketts, daß sich die Steinkohle weiter zurückdrängen läßt. Der wechselnde Ballast, Abraum und Wassergehalt, hat bei der Braunkohle besonders starken Einfluß auf den Wärmepreis. Wenn je t Kohle 4 m³ Abraum statt 1,4 in den besten Gebieten abzuräumen sind, so wachsen beim Baggerbetrieb (45 *Pf*/m³) die Abraumkosten von 0,65 auf 1,8, also um 1,15 *M*/t Rohkohle, die durchschnittlich 2,80 *M*/t kostet (1929). Diese starken Unterschiede verschärfen sich noch, wenn durch 58 statt 50% Wassergehalt der Heizwert um $^1/_5$ absinkt. Mit neuen Förderbrücken (25 *Pf*/m³) schafft der benachteiligte Betrieb den Abraum aber mit 1 *M*/t, ist also nur noch um 35 *Pf*/t teurer. So hat sich von 1890 bis jetzt der immer schwerere Tagebau gegen den Tiefbau durchsetzen können, weil er 2 m³ Abraum mit Baggern heute für 90 *Pf*/t schafft, während der früher übliche Handbetrieb (1,1 *M*/t) für damals 1 m³ Abraum 1,1 *M*/m³ erforderte.

Konkurrenzgrenze

Naturbedingungen werden schlechter

Steigende Produktivitat überwiegt

Öl

S. 6

Bergbaukosten 65 *M*/t (1929)

Öl ist teurer als Kohle (der Heizwert ist 10000 statt 7000 kcal/kg), weil das ölhaltige, poröse Gestein der Ölfelder nur 12% Öl enthält, während die Steinkohlenflöze aus 90% Brennbarem bestehen. Durch Bergbau, wie er in Deutschland und im Elsaß betrieben wird[5], läßt sich der Ölsand mit schätzungsweise 6 *M*/t gewinnen, einschließlich Kapitaldienst und 10% für das Auswaschen des Öles statt 3 *M* bei der weicheren Braunkohle und 17 *M* bei der härteren Steinkohle. Erst liefert der Bohrlochbetrieb $^1/_4$ des Öles, dann der Bergbau die übrigen $^3/_4$. Bei 6 *M*/t Ölsand kosten die $^3/_4 \times 12\% = 9\%$ gewonnenes Bergbauöl $6 : 0{,}09 = 65$ *M*/t. Da aber der Bohrlochbetrieb das erste Viertel zu 45 *M*/t liefert, muß man auf $^3/_4$ des Öles verzichten, weil es sich bei Kosten von 65 *M*/t in Konkurrenz mit Kohle nicht absetzen läßt. Deshalb ist Ölbergbau selten, man versucht vielmehr, durch künstlichen Druck die Grenzausbeute des Bohrloches von 25 auf 70% zu steigern. Das Ölbohren ist teurer als Steinkohlenbergbau, weil ein Bohrloch nur 5 Jahre verwendbar ist und z. B. nur 1900 t im Jahr hergibt statt 650000 t, für die sich die zentralisierte Kohlengrube ausbauen läßt. Wenn alle jetzt bekannten Bohrquellen erschöpft sind, weil sie nur für 35 Jahre reichen, kann der übrigbleibende noch 9%ige Ölsand durch neue Druckgasfördermittel oder mit 65 *M*/t durch Bergbau die 2—3fache bisherige Menge liefern, bis auf Ölfelder, die durch Salzwasser gestört sind. Ölsand mit unter 10% Ölgehalt gibt es fast unbegrenzt. z. B. in Canada in einem einzigen Feld einen Vorrat für über 200 Jahre Weltproduktion[6]. Außerdem gibt es Ölschiefer, aus denen sich in England und Estland bis 25%, in Brasilien bis 35% Öl gewinnen lassen. Während aber das Auswaschen des Öles mit warmem Wasser je t Ölsand nur 30 *Pf* kostet, muß man Ölschiefer mit Feuerhitze schwelen. Hier kommen zu 6 *M*/t Bergbaukosten etwa 7 *M*/t Schwelkosten, zusammen 13 *M*/t Schiefer, also bei 25% Ölausbeute etwa 50 *M*/t Öl. Italienisches Asphalt-

Bohrkosten 45 *M*/t (1929)

Erschöpfung

[1] Dupierry: Glückauf 1931 S. 585. — [2] Lehmann, Stach: Gluckauf 1930 S. 289. — Lehmann, Hoffmann: Brennstoff-Chem. 1932 S. 21. — [3] Kegel: Braunkohle 1931 S. 386. — [4] Hirz: Braunkohle 1931 S. 487. — Lehmann, Schultz: Braunkohle 1932 S. 687, 708. — [5] Schneiders: Gewinnung von Erdöl, 1927 S. 5, 65, 354. — [6] Schneiders: Gewinnung von Erdöl, 1927 S. 66. —

Überhohter Benzinpreis 170 *M*/t (1929)

gestein, das sich billig im Tagebau gewinnen läßt, soll bei nur 2,5% Ausbeute Öl zu 50 *M*/t liefern[1].

Die Durchschnittskosten der Erdölprodukte wachsen durch Destillation und Transport zum Seehafen von 43 auf 52 *M*/t an. (Rumänien 1928/29, nebenstehende Zahlentafel. Benzin kostet dazu noch 8% Raffination, also 56 *M*/t. Sein Preis ist aber 170 *M*/t. Das erklärt sich so: Benzin war bis 1904 eine schädliche Beigabe des Hauptproduktes „Leuchtpetrol". Durch das Anwachsen der Kraftfahrzeuge auf 35 Mill. Stück, von denen jedes (in USA.) 1,6 t Benzin im Jahre braucht[2], und durch das Vordringen der Elektrizität, die das Petrollicht verdrängte, wurde aus Benzin das Hauptprodukt, obgleich es von Natur aus nur $^1/_4$ des Rohöles ist und die Hauptmenge der Erdölprodukte wurde zu „Nebenprodukten". Wären die „Nebenprodukte" unverwertbar, dann müßte der Benzinpreis bei 22% Anteil auf 250 *M*/t steigen. Die Schweröle lassen sich aber in Konkurrenz mit Kohle verfeuern oder zum Teil in Dieselmotoren verbrennen. So braucht die Schiffahrt je Wellen-PSh 0,5 kg Kohle, aber nur 0,35 kg Heizöl, weil es höheren Heizwert und besseren Wirkungsgrad hat, was einen fast $1^1/_2$fachen Preis rechtfertigt, also z. B. 25 *M*/t Heizöl statt 17 *M*/t Kohle. Durch den besseren Wirkungsgrad des Dieselmotors gegen die Dampfmaschine ist der Dieselölverbrauch nur 0,18 kg, was einen 2,8fachen Preis, also praktisch die Durchschnittskosten rechtfertigt. 1929 waren die rumänischen Preise tatsächlich 25 *M*/t Heizöl und 52 *M*/t Dieselöl. Während der Heizölpreis in USA 1923—25 nur 8% unter dem Rohölpreis lag, mußte bis zum Rekordjahr 1929 die Preisspanne auf 30% anwachsen, um mit 26 *M*/t den Heizölabsatz zu erzwingen[3]. Um die Durchschnittskosten zu decken, steigt 1929 der rumänische Benzinpreis, da die Schweröle einen Teil der Kosten einbringen, statt auf 250 auf 170 *M*/t, das ist der 3,3fache Rohölpreis.

Kracken senkt Benzinpreis S. 12

Kracken spaltet Rohöl bei hoher Temperatur statt seine Teile nur zu trennen und steigert dadurch die Benzinausbeute z. B. von 25 auf 65%. Das Benzin trägt einen höheren Teil

[1] La Porta: Weltkraftkonferenz 1930 Bd. 8 S. 85. — [2] Dickinson: Weltkraftkonferenz 1930 Bd. 8 S. 4 — [3] Commerce Yearbook 1931 S. 312—314.

Kostenaufbau der Erdölprodukte

(Rumänien 1928/29)[1]. Die Bohrung ist das Teuerste; Verfahren, die schneller bohren und billiger abdichten, senken die Kosten z. B. von 360,— auf 200,— *M*/Bohrmeter. Hohe Anfangsausbeute durch günstigen Gasdruck bringt die Bohrkosten (in USA.) manchmal schon in 30 Tagen wieder ein. Der durchschnittliche Rohgewinn von 13% auf das Kapital = 28% auf den Umsatz ist durch die hohe aber später stark abnehmende Anfangsproduktion auf Kosten späterer Zeit vorübergehend bis doppelt so hoch, in Jahren

Bohrkosten			*M*/t	%
	%	*M*		
Je Sonde bei 500 m Tiefe:				
Bohrturm	5	7500		
Bohrmaschinen ($^1/_5$, da fur 5 Sonden verwendbar)	3	4000		
Kraftanlage	7	11000		
500 m Sondenrohre	55	82000		
Material	11	17500		
Arbeit	19	28000		
zusammen 300 *M*/m	100	150000	15,80	37
15% Fehlbohrungen		22500		
Rettungsversuche an eingeklemmten Geraten	17	2500	2,60	6
		175000		
Die Sonde gibt 5 Jahre lang Erdöl, im Jahresdurchschnitt 1900 t				
20% Abschreibung		35000	18,40	43
6% Bruttoabgabe (13% vom Umsatz)		10500	5,60	13
13% Gewinn, Zinsen, Steuern, Risikopramie		22500	11,70	27
Gewinnung	je Sonde			
	%	*M*/Jahr		
Bohrlochförderung				
Abschreibung	1	100		
Material, Instandhaltung	27	3000		
Energie	31	3400		
Arbeit und Zentralunkosten	41	4500		
1900 t/Jahr Erdöl	100	11000	5,90	14
		M/t		
Pumpen zur Raffinerie				
30 km Rohrleitung	30	0,20		
Öltanks	40	0,30		
Pumpenbetrieb	20	0,15		
Überwachung	10	0,10		
	100	0,75		
1,5% Leitungsverluste		0,65	1,40	3
Rohölkosten frei Raffinerie			43,—	100
Verarbeitung und Transport				
	%	*M*/t		
Destillation				
Abschreibung auf Apparate	16	0,35		
Energie (Heizöl und Dampf)	40	0,88		
Arbeit	6	0,13		
Sonstiges (Instandhaltung, Material)	38	0,84		
	100	2,20	2,20	4
Lagerung und Expedition		0,60		
200 km Rohrleitungstransport zum Seehafen		5,—		
1,5% Leitungsverlust		0,70	6,30	12
Schwerölkosten ab Seehafen			51,50	**100**

mit großem Anteil der neu erschlossenen Bohrungen: deshalb das „Bohrfieber". Die Verarbeitung auf Benzin erfordert nur 8% Sonderkosten. Das beim Destillieren anfallende Schweröl ist mehr als 6mal billiger als das stark nachgefragte Autobenzin, nicht weil es weniger Aufwand erfordert, sondern weil es in Konkurrenz mit anderen Energiequellen unter Durchschnittskosten verkauft werden muß, damit sein Absatz Schritt hält. Um die Durchschnittskosten zu decken, muß dann das Benzin, ein Bruchteil der Gesamtproduktion, im Preis auf ein Vielfaches steigen.

Sonderkosten	*M*/t	*M*/t	%
Benzin-Rektifikation, davon 20 *Pf* Abschreibung . . .	2,40		
Benzin-Raffination, davon 6 *Pf* Abschreibung	1,80	4,20	*8*
Leuchtöl-Raffination, davon 6 *Pf* Abschreibung		2,50	*5*
Benzin- Kosten frei Seehafen . .		55,70	***108***
Leuchtpetrol- Kosten frei Seehafen . .		54,—	*105*

Kostenteilung

	Verarbeitet in % der Produktion	Konkurriert mit	Preise frei Seehafen *M*/t	%
Benzin	*22*	—	170,—	***330***
Leuchtpetrol .	*18*	elektrisches Licht	60,—	*116*
Dieselöl . . .	*10*	Dampfmaschine	52,—	*100*
Heizöl	*48*	Kohle	25,—	***49***
Verluste . . .	*2*		—	

Vergleich der Veredlungskosten[2] für die Tonne verarbeitetes schweres Öl

Destillieren	2,30
Kracken auf flüssigen Rückstand	7,50
„ auf Koksrückstand	9,50
Hydrieren von Schweröl auf Mittelöl als Rückstand	21,—

[1] Abuav: Petroleum 1931 S. 830, 851, 901—908, 919. — [2] Kessler: Petroleum 1933 Nr. 30 S. 7, 8; gilt für USA. Anfang 1933.

der Kosten, das Schweröl verdrängt Kohle nur in den günstigsten Fällen, also zu einem höheren Preis. Beides nähert Benzin- und Schwerölpreis den Durchschnittskosten. Es bilden dann im Grenzfall nur noch die Krackkosten von höchstens 10 *M*/t gekracktes Öl und Krackverluste, die sich auf Primär- und Krackbenzin verteilen, die Preisspanne gegen Dieselöl. Der Übergang vom Benzinmotor zum Schwerölmotor durch Dieselautos oder Versuche mit Schwerölvergasern behalten nicht entfernt den heutigen Anreiz. In USA., wo 1932 die Benzinausbeute durch Kracken im Landesdurchschnitt 46% erreicht, ist der Benzinpreis ab Werk je Liter nur noch doppelt so hoch wie der Rohölpreis, das ist das 2,4fache auf die Gewichtseinheit bezogen. In Rumänien war statt dessen bei 26% Benzinausbeute 1929 (22 Gewichts-%) der Benzinpreis 3,3fach.

Schutzzölle
Öl aus Kohle

In ölarmen Ländern ermöglichen der heimischen Industrie Schutzzölle und Abgaben den Übergang zu teureren Gewinnungsmethoden. In Deutschland hat man zuerst damit begonnen, als Nebenprodukt der Kokereien und Gaswerke 3—4% Teeröl aus Steinkohle zu gewinnen und aus dem Gas wird ein weiteres % des Kohlengewichtes als Benzol ausgewaschen, das als Zusatz das Autobenzin klopffest macht, wodurch das Zylindervolumen mehr leisten kann. Mehr Teeröl liefert das Schwelen von Steinkohle bei niederer Temperatur. Für den Schwelkoks, der zurückbleibt, ist aber in Deutschland kein Markt[1]. In England kann man unter dem Einfluß eines Schutzzolles das Schwelen von Steinkohle deshalb ausbauen, weil der Schwelkoks für offene Haushaltskamine Absatz findet[2]. Von der deutschen Braunkohle haben 40 Mill. Jahrestonnen, d. h. $^1/_3$ der Förderung, mehr als 6,5% Teergehalt, aber nur 3,4 Mill. t wurden bisher geschwelt. Die Braunkohlen-Benzin A. G. soll die bestehende Schwelleistung auf das 3fache ausbauen, d. h. 7,5 Mill. t zusätzlich schwelen, weil das Schwelen zunächst der billigste Weg ist, um Öl aus Kohle zu gewinnen. Deshalb erwägt man auch das billige Kracken des Schwelteers[3], obgleich es nur 33% Benzin aus Teeröl liefert, während die I. G. Farben in Leuna durch Hydrieren

[1] zur Nedden: Öl u. Kohle 1934 S. 282. — [2] Gas- u. Wasserfach 1932 S. 366, 534. — Pott: Öl u. Kohle 1934 S. 243. — [3] RTA-Nachr. 1934 Nr. 51 S. 7, 1935 Nr. 7 S. 2.

Anhaltszahlen für die höchste Leichtölausbeute

(Benzin und Benzol) bei verschiedenen Grundstoffen und Verfahren in Gewichts-%. Bei Erdöl rechnet man oft in Raum-%, das gibt höhere Zahlen, weil das Benzin leichter ist, als die übrigen Ölbestandteile. Das Kracken auf flussigen Heizölrückstand statt auf Koksruckstand gibt geringere Ausbeuten, bei Erdöl ist der Rückgang der Ausbeute $^1/_4$.

	Kohle[1] Steinkohle %	Kohle[1] Braunkohle[2] %	Kohlenteer Steinkohle %	Kohlenteer Braunkohle[2] %	Erdöl Rückstand %	Erdöl deutsches Rohöl %	Erdöl USA. Rohöl %
Destillieren . . .	1	1	2	3	—	15	25
Kracken auf Koksrückstand.	3[2]	10	30[2]	33	40	50	65
Hydrieren	65	60	80	80	80	85	90

[1] Bezogen auf asche- und wasserfreien Brennstoff. — [2] Kohle geschwelt.

Hydrieren und Synthese S. 13

von Braunkohlenteer 80% Benzin gewinnt (etwa 5% Benzin aus Kohle). Bei $^1/_4$ der Leuna-Benzinproduktion ist die I. G. zum teureren direkten Hydrieren von Braunkohle übergegangen[1] (60% Benzin aus Kohle). Die Anlagekosten je t Treibstoff-Jahreskapazität sollen beim Hydrieren 420 *M*, beim Schwelen nur 225 *M* betragen[2]. Die Benzinproduktion der I. G. Leuna wird auf 300000 t ausgebaut. Der Zollschutz für Benzin ist 16,2 *Pf*/l bei 4,9 *Pf*/l Benzinpreis frei Hamburger Hafen[3]. Durch den hohen Zollsatz bringt die Mineralöleinfuhr, die nur 3% der Gesamteinfuhr ausmacht, 25% des gesamten Zollertrages ein. Die Ruhrchemie macht sich von der I. G. unabhängig, indem sie die Benzinsynthese von Fischer[4] im Großversuch erprobt. Diese Synthese kann überschüssigen Brennstoff (Kokereigas, Koks) verwerten und soll billiger sein, weil sie keine Hochdruckbehälter braucht. Hydrieranlagen haben in USA. nur den begrenzten Zweck, aus Rückständen hochwertiges Schmieröl (Essolub) zu erzeugen[5]. Von den Kohlenwasserstoffen, die beim Kracken und Hydrieren gasförmig bleiben, läßt sich ein Teil — Propan und Butan — unter Druck in Flaschen flüssig halten (Flaschengas). Beim Hydrieren fällt 8% der erzeugten Benzinmenge als Propan an. Kartoffelsprit, der den Brennstoff klopffest macht und durch hohe Verdampfungswärme die Ansaugtemperatur senkt, was die Ladung steigert, ließ sich erst beimischen, nachdem er bis auf 3‰ von Wasser befreit wurde[6]. Statt 22 *Pf*/l Großhandelspreis für Benzin (Deutschland 1935) ausschließlich Fracht aber einschließlich Schutzzoll und Ausgleichsabgabe kostet Sprit 50 *Pf*/l und verteuert bei 10% Beimischungszwang den Tankstellenpreis um 3 *Pf*/l = 8,5%[7]. 1934[8] wurde der deutsche Verbrauch von 1,79 Mill. t an leichten Treibstoffen durch 0,17 Mill. t = 10% aus Spiritus gedeckt, 0,28 Mill. t = 15% Benzol stammten aus Kokereien und Gaswerken und 0,25 Mill. t = 14% deutsches Benzin war zu $^4/_5$ Hydrierbenzin und zu $^1/_5$ Schwel- und Erdölbenzin. So wurden 39% der leichten Treibstoffe im Inland erzeugt, aber von 0,71 Mill. t Gasöl nur

Propan Butan

Sprit 50 statt 22 *Pf*/l

Deutsche Treibstoffbilanz

[1] Bosch: Petroleum 1933 Nr. 27. — Pier: Öl u. Kohle 1933 S. 104. — [2] Handelsteil DAZ 1934 2. u. 11. Nov. — [3] Petroleum 1935 Nr. 8. — [4] Fischer: Brennstoff-Chem. 1930 S. 489, 1935 S. 1. — Braunkohle 1932 S. 340. — [5] Arch. Wärmewirtsch. 1934 S. 24. — [6] Ricardo: Verbrennungsmaschinen, 1932 S. 80. — [7] Petroleum 1935 Nr. 8. — [8] Schulte, Lang: Z. VDI 1935 S. 275.

Grenzbereiche der flüssigen Brennstoffe

Rohes Erdöl (Rohöl) ist ein Kohlenwasserstoffgemisch. Seine leichtesten Teile sieden bei 40° und brauchen wenig Zeit, um sich zur Brennreife zu wandeln; die schwersten sieden über 400° und brauchen lange Zeit. Der Bedarf fordert Fraktionen mit engeren Grenzen von Siede-

Gesteigerte Benzinausbeute in den USA.[1]

die $^2/_3$ der Welt-Erdölmenge fördern. Der zunehmende Autoverkehr erfordert Benzin; es ist aber nur zu $^1/_4$ im Erdöl enthalten. Elektrisches Licht hat das Leuchtpetrol verdrängt. So entstanden immer größere Schwerölmengen, die unter Durchschnittskosten mit Kohle konkurrieren mußten, bis durch das Kracken die Benzinausbeute von 25 auf bis 70% gesteigert und 3% Benzin zusätzlich aus dem Erdgas abgeschieden wurden. Da das Krackbenzin klopffest ist, beginnt es das Primärbenzin zurückzudrängen. Der Schwerölanteil konnte seit 1923 von 52 auf 35% sinken. Durch Kracken (1865 erfunden) suchte man früher möglichst viel Leuchtpetrol zu gewinnen[2].

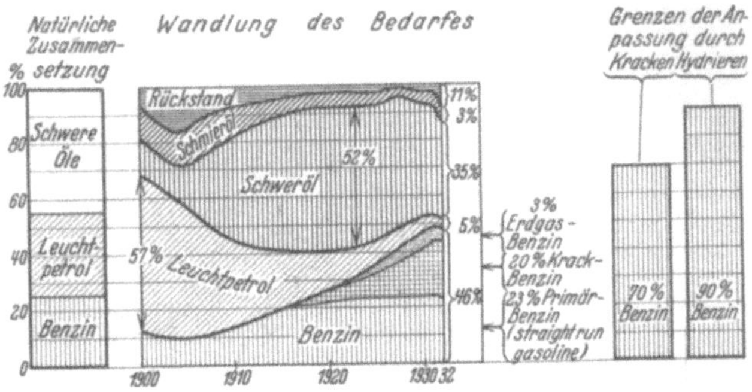

[1] Kewley: Weltkraftkonferenz 1930 Bd. 8 S. 43; Petroleum 1932 Chronik 22 S. 5, 6. — [2] Sava: Petroleum 1931 S. 133.

Gesteigerte Selbstversorgung in Deutschland[1]

Durch Kohlenzerlegung, Hydrieren, Spiritus und eigenes Erdöl ist die Eigenerzeugung von Treibstoffen auf 32,5% gestiegen[2]. Das Hydrieren[3] hat zunächst die Aufgabe (S. 13), aus Braunkohlenteer möglichst viel Benzin zu erzeugen. Bevor man das teure Hydrieren von Kohle stark ausdehnt, wodurch sich unbegrenzte Ölmengen herstellen ließen, wird aus Braunkohle mehr Schwelteer erzeugt und gekrackt, was billiger ist[4].

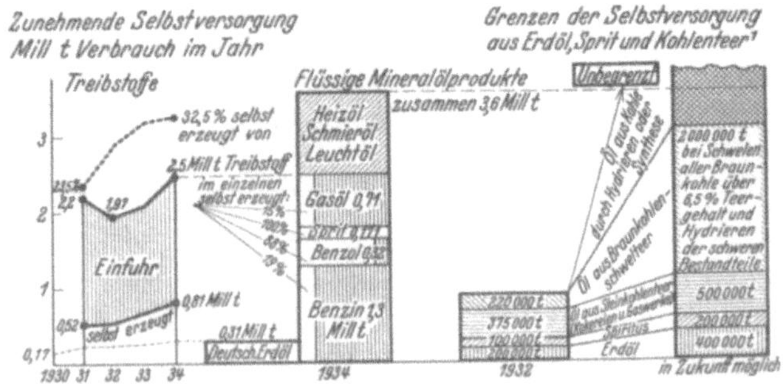

[1] Ubbelohde: Öl u. Kohle 1934 S. 146. — [2] Schulte, Lang: Z. VDI 1935 S. 275. — [3] Bosch: Petroleum 1933 Nr. 27 S. 9. — Pier: Öl u. Kohle 1933 S. 104. — [4] Plane der Braunkohlenbenzin A.G., RTA-Nachr. 1934 Nr. 51 S. 7.

punkt und Wandlungszeit und von bevorzugten Fraktionen möglichst große Mengen. Destillation zerlegt in Fraktionen, aber nicht vollkommen genau, es bleiben „Siedeschwänze" übrig. Deshalb können neuzeitliche exakter zerlegende Anlagen größere Mengen der bevorzugten Fraktionen liefern auf Kosten der anderen: von Dieselöl (Gasöl), das sich nach oben und unten ausweiten läßt, z. B. 60 statt 15%.

Ersatzstoffe. Steinkohlenteer hat höhere Siedetemperaturen als Rohöl, besonders Kokereiteer, weil er höheren zersetzenden Temperaturen beim Destillieren ausgesetzt ist. Kartoffelsprit und Benzol aus Kohle sind teuer und haben keine tiefsiedenden Teile[2], machen aber als Zusatz das Benzin klopffest. Benzin und Treiböl aus Braunkohle[4] sind den Erdölerzeugnissen gleichwertig. Steinkohlenteeröl hat höhere Selbstzündtemperatur und braucht im kompressorlosen Diesel zum Anfahren Gasöl und eine zweite Brennstoffpumpe[5].

Rohöl-Fraktionen [1,3]

	Auto-Benzin[2] (gasoline)	Leuchtöl Petroleum Traktorenol (kerosene)	Diesel-Treiböl Gasöl (gas oil)	Heizöl Masut, Pakura (fuel oil)
Obere Siedegrenze bedingt durch:	Schwersiedende Bestandteile verdampfen nicht rechtzeitig, kommen unverbrannt ins Schmieröl und verdünnen es, oder verbrennen zu spät, was unwirtschaftlich ist	Leuchtöl wegen rußender Flamme	Die schwersiedenden Teile verdampfen, zünden und brennen schlecht, setzen Zylinderkohle ab, trotz hoher Temperatur im Dieselmotor	Keine. Schwere Öle brauchen Vorwärmung
deshalb unter:	205°	310°	365°	—
Untere Siedegrenze bedingt durch:	Nur wegen Verdampfgefahr in Benzinleitungen Umgekehrt braucht der Motor zum Anspringen leichtsiedende Teile	Traktorenol: keine, fahrt mit Benzin an. Leuchtöl: leichtsiedende Teile geben zu tiefen feuergefährlichen Flammpunkt	Leichtsiedende Teile wandeln sich so viel schneller als schwersiedende zur Brennreife, daß bei zu großem Bereich der Zeitunterschied zwischen Zundanfang und Brennende zu groß wird	Vorgewärmtes schweres Heizöl darf nicht zu leichtsiedende Teile haben, weil sie in der Leitung stoßweise verdampfen, wodurch die Flamme flackert
deshalb:	unter 80°	über 150°	über 200°	über 250°

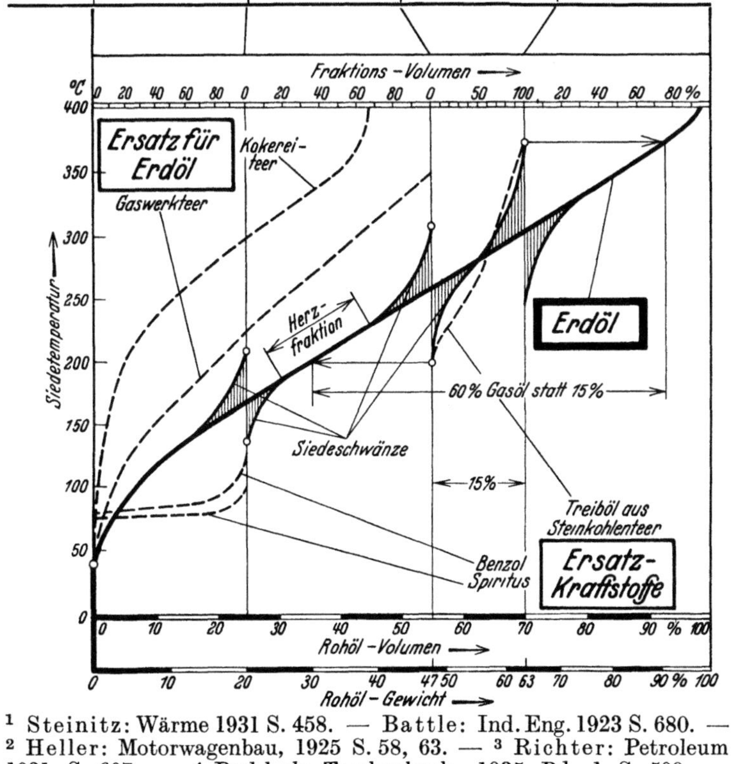

[1] Steinitz: Wärme 1931 S. 458. — Battle: Ind. Eng. 1923 S. 680. — [2] Heller: Motorwagenbau, 1925 S. 58, 63. — [3] Richter: Petroleum 1931 S. 607. — [4] Dubbel: Taschenbuch, 1935 Bd. 1 S. 509. — [5] Müller, Ihlder: Öl u. Kohle 1933 S. 39, 127.

0,6 Mill. t = 15%, von allen Treibstoffen zusammen 32,5%. Obgleich das Gasöl (Dieselöl) zum größten Teil vom Ausland bezogen wird, entlastet der fortschreitende Übergang zum Dieselauto die Devisenbilanz, weil sonst die entsprechende Menge von teurerem Benzin eingeführt werden müßte.

Erdgas

Vorkommen

Erdgas[1] ist als Erdöl anzusehen, das noch tieferen Siedepunkt als Benzin hat, so daß es gasförmig ist. 40 bis 4000 m³ begleiten jede Tonne Rohöl beim Austritt aus dem Bohrloch; wo nach Öl gebohrt wird, kommt oft statt dessen Gas und außerdem gibt es noch besondere Erdgasfelder. Erdgas und Erdölindustrie gehören zusammen und so wie man den Gasgehalt der Ölproduktion nicht mehr als üble Beigabe abbrennen läßt, sondern ihn absondert und fortleitet, so scheidet man in USA. auch aus über 90% der Erdgase die kondensierbaren Teile aus, in erster Linie Benzin.

Erdgasbenzin

Darüber hinaus werden als Propan und Butan die Kohlenwasserstoffe gewonnen, die unter Druck flüssig sind. Man scheidet Benzin, Butan und Propan durch selektive Adsorption mit Aktivkohle aus und trennt sie durch Druckfraktionierung. Die Ölraffinerien liefern noch Gas, das beim Destillieren und Kracken entsteht, und die Ölfelder und Raffinerien verbrauchen selbst 37% der Naturgase als Energiequelle und sie drücken verdichtetes Gas in die Erde, um die Bohrlöcher in Fluß zu halten. Neben dem Erdgas und Raffineriegas wird in USA. nur 13% künstliches Gas der Menge nach erzeugt, auf den Heizwert bezogen noch weniger.

[1] Egloff: Weltkraftkonferenz 1930 Bd. 2 S. 341—352. — Commerce Yearbook.

Produktivität der Ölfelder Bei den amerikanischen Bohrlöchern, die $^2/_3$ der Welt versorgen, ist die durchschnittliche Ausbeute (b) nur $^1/_{100}$ der Anfangsausbeute (a), weil es nur 4% neue Bohrlöcher (d) mit ihrer anfangs hohen Ausbeute gibt, gegen 23% in Rumänien, wo 1930 deshalb die Durchschnittsausbeute (b) 10mal höher war. Trotz tieferer Bohrlöcher (g) und höherer Löhne kann das amerikanische Rohöl billiger sein, weil je m Tiefe durchschnittlich 3mal schneller gebohrt wird (k). In Deutschland stieg die Förderung seit 1929 auf ungefähr das Dreifache durch neue Bohrungen in 1000 statt 300 m Tiefe, die Ersttagsausbeuten bis zu 300 t brachten[4].

			USA	Rumänien	Deutschland
			1	2	3
a	Tägliche Ölausbeute je Bohrloch am 1. Fördertag	t	120		
b	im Durchschnitt aller betriebenen Bohrlöcher, auch der bald erschöpften	t	1,2	12	0,4
c	Zahl der betriebenen Bohrlöcher, davon		320000	1340	770
d	neue, die den Hauptanteil liefern	%	4	23	6
	im Jahre		1930	1930	1929
e	Größte Jahresproduktion	Mill. t	138	7,7	0,3
f	in % der Welt	%	68	4	0,15
	im Jahre		1929	1933	1934
g	Tiefe der Bohrlöcher im Mittel	m	850	500	1000
h	Bohrkosten je m Tiefe	*M*	125	300	200[5]
i	„ je Bohrloch	*M*	105000	150000	200000
k	Bohrleistung im Tag	m	13	4	
l	Fehlbohrungen	%	30	15	
	Rohölpreis 1928/29	*M*/t	**37,—**	**43,—**	106,—

[1] Sell: Petroleum 1932 Heft 1 S. 10. — [2] Abuav: Petroleum 1931 S. 809, 903, 904, 907. — [3] Petroleum 1931, Chronik XXIII S. 7. — [4] Berendes: Petroleum 1932 Heft 48 S. 11. — [5] v. Zwerger: Z. VDI 1934 S. 530.

4. Verbrennung

Brennreife[1]

Die verschiedenen Brennstoffe, aus einheitlicher Sonnenenergie entstanden, müssen verbrennen ehe sie ihre Stoffeigenschaften verlieren und als Feuerhitze entbundene Energie werden. Neuerdings nimmt man an, daß schon der Verbrennungsvorgang selbst bei allen Brennstoffen der gleiche ist, nämlich die Verbrennung von Wassergas ($CO + H_2$) und daß sich alle Brennstoffe vorher in brennreifes Wassergas wandeln müssen. Handgreiflich ist die Wandlung bei der Rostfeuerung, in der flüchtiges Brennbares sich vom festen Koks trennt, der lange braucht, um zu brennreifem CO zu vergasen. Ebenso klar sind die Wandlungsstufen in der Kokerei und im Gasgenerator erkennbar. Aber auch die Kohlenwasserstoffe — ein Teil des Flüchtigen, das sich in Feuerungen bildet, ein Teil des Starkgases der Kokereien und Stadtgaswerke und das vergaste Öl der Brennmotoren — sind nicht brennreif, sondern müssen erst in Wassergas zerfallen. Deshalb brauchen gasreiche Kohlen größere Feuerräume, ebenso Industrieöfen, die von brennreifem Generatorgas auf kohlenwasserstoffreiches Ferngas umgestellt werden. Der Unterschied schwerer und leichter Motoröle und der Zwang, in Ölfraktionen zu trennen, erklärt sich daraus, daß ein Motor nur Öl mit ähnlicher Wandlungsdauer verbrennen kann, wogegen das Rohöl ein Gemisch von leicht und schwer wandelbaren Ölen ist.

Verkoken = Entgasen

Vorgang

Steinkohle, unter Luftabschluß erhitzt, gibt ihre flüchtigen Bestandteile Gas und Teer ab, aber erst bei 900° restlos. Zurück bleibt eine bei 400° erweichende plastische Masse, die durch entwickeltes Gas „gebläht" wird (Treiben der Kohle), bei 450° zu porösem Koks erstarrt[2] und bei höheren Temperaturen das noch vorhandene Flüchtige durch Nachentgasen abgibt.

Teer

Über 550° zersetzt sich aber Teer zum größten Teil in Gas und der restliche Teer ist dickflüssiger. Er enthält unentbehrliche chemische Rohstoffe, aber kleinere Mengen an wertvollem Leichtöl. Das Gas enthält Benzol (aromatisch) statt Benzin (aliphatisch). Soll Teer Hauptprodukt sein, dann „schwelt" man die Steinkohle bei 600°, die Braunkohle bei 450° und gewinnt teilweise entgasten „Halbkoks" und „Urteer".

Koks

Backende Kohle, die schon im festen Zustand stark vorentgast[3], verliert dabei Ölbitumen und backt schlechter. Kohle, die beim Erweichen besonders viel Gas hergibt, kann durch

[1] Aufhäuser: Brennstoff und Verbrennung 1928 Bd. 2. — [2] Huppert: Z. VDI 1929 S. 1293. — [3] Gras: Z. VDI 1930 S. 978. —

übermäßiges Treiben die Ofenwände gefährden. Starkes Nachentgasen der erstarrten Kohle erzeugt durch Substanzverlust Risse und kleinstückigen Koks. Man beeinflußt das Verkoken durch Mischen verschiedener Kohlen, durch Entfernen von feinstem Staub, der besonders viel nichtbackende Faserkohle enthält, durch Verarbeiten treibender Kohlen in schmalen Kammern, in denen sich der Kokskuchen weniger ausdehnt[1].

Kokerei

S. 14

Produkte

Der erzeugte Koks muß im Hochofen die über 20 m hohe Beschickung tragen und hohe Schmelztemperaturen hergeben. Er muß also druckfest und schwer verbrennlich sein. Der beste Koks entsteht in niederer Schicht. Gießereikoks muß noch schwerer verbrennlich sein, man erhitzt ihn beim Entgasen höher und länger[2]. In USA. und England benutzt man teils heute noch Bienenkorböfen, bei denen das entstehende teerhaltige Gas im Verkokungsraum selbst abbrennt und verloren geht. In Nebenproduktanlagen, die in Deutschland zuerst entwickelt wurden, entsteht der Koks in Batterien von schmalen, nebeneinander liegenden geschlossenen Kammern, aus denen wie in Gaswerken das teerhaltige Gas abgesaugt und verwertet wird, während die Kammern von außen durch eigenes Gas, vergasten Koks oder durch Gichtgase benachbarter Hochöfen beheizt werden.

Kokskohle

Den besten Koks gibt Fettkohle, die im Ruhrgebiet überwiegt. In Oberschlesien ist man auf schlechter backende, gasreiche Kohlen angewiesen. Durch hohen Gasgehalt schrumpfen sie stark. Man beugt dem durch Stampfen vor, wodurch die Kohle 20% dichter im Ofen liegt und festeren Koks gibt und man setzt Magerkohle oder Kokspulver zu, um den Gehalt an Flüchtigem herunterzusetzen. Der Koks ist trotzdem weniger fest und hat größere Poren. Man kann übermäßig treibende Kohlen, weil sie die Kammerwände zerstören, nur durch Mischen mit anderen Kohlen verwenden. Daß die Kokereien die anfallenden fetten Feinkohlen verbrauchen, ist für den Bergbau grundlegend wichtig. Das kleinste Korn unter 0,2 mm scheidet oft aus, weil es die meiste nicht backende Faserkohle (Fusit) enthält. Trocknet man die Feinkohle, die mit 12% Wassergehalt aus der Wäsche kommt, auf 6%, so steigt die Ofenleistung um $^1/_3$[3]. Jedes % weniger Ascheballast im Koks gibt 2,5% Koksersparnis im Hochofen[4]. Ohne Mischen und Zerkleinern unter 4 mm würde der Kokskuchen nicht homogen.

Grenzleistung

Bei den bisher üblichen Heiztemperaturen von 1300^0 dringt die Wärme stündlich nur 10—15 mm tief in den Kokskuchen ein. Man macht deshalb die Kammern höchstens 0,5 m breit und erreicht dann schnellste Verkokungszeiten von 22 h. Bei 0,35 m breiten Kammern braucht man nur 12 h, durch höhere Heiztemperatur (1500^0) verkoken aber 0,45 m breite Kammern ebenso schnell[5]. In Kammern von mindestens 500 mm Breite wird der Koks länger überhitzt, sie eignen sich für Gießereikoks. Besser verteilte und steifere Heizzüge haben die größte Kammerhöhe von 3,5 auf äußerst 6 m gesteigert. Die größte Länge ist durch die Knickfestigkeit der Koksausdrückstange auf 13 m begrenzt[6]. Der Ruhrbergbau hat sich auf Großkokereien umgestellt, die meist zentral für mehrere Gruben arbeiten.

Ferngas

Für die 375 kcal/kg Verkokungswärme braucht man zum Heizen bei 70% Wirkungsgrad 50% des erzeugten Starkgases, das sich auch durch Gichtgas oder durch 14% vergasten Koks ersetzen läßt[5], wodurch die volle Starkgasmenge, 290 m³/t[7] Kokskohle = 390 m³/t Koks, im Ruhrgebiet mehr als 10 Mrd. m³ (1929), als Ferngas frei würde. Um die gleichen Temperaturen zu erreichen, muß aber bei Schwachgas außer der Verbrennungsluft auch das Gas in besonderen Regeneratoren vorgewärmt werden. Mit Verbundöfen, die wahlweise mit Schwachgas und Starkgas heizen können, arbeiten im Ruhrgebiet etwa 38% der Kokereien, etwa die Hälfte mit Regenerativöfen, die mit 50% des Starkgases heizen. Ohne weiteren Umbau hätten 1929 die Ruhrkokereien von den 10 Mrd. m³ $4^1/_2$ Mrd. abgeben können. Davon wurden 2,4 Mrd. m³ in den Zechen unter Kesseln verbrannt. Die Lieferung an das Ferngasnetz stieg bis 1934 auf 1,4 Mrd. m³. Die chemische Verwertung der Kokereigase scheidet seine heizkräftigsten Bestandteile als Abfallgas aus. Die Stickstoffsynthese, soweit sie von Kokereigas ausgeht, entnimmt dem Gas durch Tiefkälteverflüssigung den Stickstoff und Wasserstoff, den sie braucht. Es bleiben 25% Methan (CH_4) zurück, das verdichtet als heizkräftiges Flaschengas mit 8700 kcal/m³ (H_u) zum Antrieb von Lastautos in Deutschland 100000 t Benzin jährlich ersetzen könnte. Durch Zumischen schwerer Kohlenwasserstoffe entsteht „Motorenmethan“ mit dem höheren Heizwert von 10000 kcal/m³ (H_u). Aus dem gleichen Abfallgas lassen sich Kohlenwasserstoffe mit 18000 kcal/m³ (H_u) zu „Ruhrgasol“ in Flaschen verflüssigen, bis jetzt aber nur 400 t jährlich[8], bei vollem Ausbau

Methan, Ruhrgasol

[1] Hauswald: Brennstoff-Chem. 1932 S. 89. — [2] Kayser: Jb. Brennkrafttechn. Ges. 1935 Bd. 15 S. 14. — [3] Taschenbuch für Gaswerke 1930 S. 271—283. — [4] Gluud: Handbuch der Kokerei, 1927 Bd. 1 S. 107. — [5] Baum: Glückauf 1932 S. 2, 5. — [6] Z. VDI 1930 S. 978. — [7] Je t nasse Kokskohle. — [8] Krämer: Z. VDI 1934 S. 1235.

Unterschiede zwischen Entgasen, Vergasen und Verbrennen

Wassergas, das die höchsten Flammentemperaturen erreicht, wird mit dem schlechtesten Wirkungsgrad erzeugt. Verbrennen kostet halb soviel wie Vergasen und hat kleinere Verluste.

		Entgasen		Vergasen		Verbrennen	
		Tieftemperatur	Hochtemperatur	Generatorgas	Wassergas	Rost	Kohlenstaub
Höchste Flammentemperatur, die sich ohne Vorwärmung praktisch erreichen läßt . .	$^0 C$	durch Verbrennen des erzeugten Gases 1900	1850	1550	1950	Verbrennen von Kohle 1600[1]	1600[1]
Höchste Arbeitstemperatur beim Herstellen des Produktes	$^0 C$	500	1000	1300	800	1500[2]	1300[3]
Höchste Wirkungsgrade . . .	%	90	88	80	55	93	94
Kohlenschicht	*mm*	50	400	1000	1000	100	—
Luftmenge je kg Kohle . . . zugeführt im	m^3/kg	—		2,8 Gegenstrom	—	12 Querstrom	12 Gleichstrom
Wasserdampf je kg Kohle . .	*kg/kg*	—	0,03	0,5	1,0	—	
Reaktionsdauer	*h*	6	12	6	6	10 min	0,5 s
Verfahren arbeitet		stetig	periodisch	stetig	periodisch	stetig	
Grenze der Durchsatzgeschwindigkeit wird bestimmt durch		Eindringen der Wärme ins Kohleninnere		beginnende Verbrennung	Kraterbildung im Feuerbett		Aschenschmelzpunkt, Ausbrennzeit
Kosten 1929: Niedrigste Anlagekosten je t Kohle Jahresleistung. . . .	*M*	22	35	16	25	2	4
Niedrigste Verarbeitungskosten	*M*/t	10[4]	11	6	9	2,50	3,50
Niedrigster Wärmepreis[5] einschließlich Kohlentransport für 7 Mill. kcal = Heizwert von 1 t Kohle zu *M* **20,—**	*M*	55,—		40,—	65,—	30,—	

[1] Bei Industrieöfen. — [2] Auf dem Rost. — [3] Im Kesselfeuerraum. — [4] Für Steinkohle. — [5] Für das erzeugte Gas. Beim Verbrennen von Kohle: für das erzeugte Feuergas.

2000 t. Aus dem gesamten Kokereigas könnten grundsätzlich etwa 2% = 15 g/m³ Gasol gewonnen werden, die jährlich 100000 t Benzin bei 6 Mrd. m³ Kokereigasanfall ersetzen würden, noch über 20000 t, wenn man sich auf die 1,5 Mrd. m³ beschränkt, die zum Fernleiten gereinigt werden, dazu fast 40000 t Benzinersatz, wenn man den 3 Mrd. m³ Gaswerksgas das Gasol entzieht. Ausscheiden des Gasols durch Aktivkohle soll billiger werden als das bisherige Tiefkälteverfahren[1]. Die Kokskosten werden durch Ausbreiten des Ferngases praktisch nicht herabgesetzt. Das Gas, das 1929 in Konkurrenz mit Kohle zu 1,5 *Pf*/m³ bewertet wurde, muß in der Industrie mit Generatorgas, in den Städten mit Gruppengaswerken konkurrieren, die mit 3 *Pf* Gas erzeugen können, und der Ferntransport zehrt die Unterschiede praktisch auf. Solange die Nebenprodukte nur wenig mehr als die Verarbeitungskosten decken und aus Kohle nur $^3/_4$ Koks entsteht, steigt sein Preis roh gerechnet fast auf $^4/_3$ des Kohlenpreises.

Preisbildung S. 83

Innenabsaugung

Ein Teil des Gases läßt sich getrennt aus dem nur 100 bis 250° heißen Innern der verkokenden Kohle absaugen, z. B. durch senkrechte Kanäle; das schont den Teer vor zersetzender Überhitzung (Still, Goldschmidt). So entsteht bis 40% mehr Benzol und bis 10% mehr Teer, was in Deutschland bei 50 Mill. t verkokter Kohle (1929) im Grenzfall zusätzlich 110000 t Benzol und 150000 t Benzin geben würde, $^1/_7$ des Verbrauchs an leichten Treibstoffen. Der zusätzliche Verkauf soll die Wirtschaftlichkeit der Kokserzeugung um 2 *M*/t verbessern[2].

S. 15

Stadtgas

Produkte

Größte Gasausbeute ist die Hauptsache. Deshalb wird vom entstehenden Koks $^1/_5$ zur Unterfeuerung benutzt und durch Dampfzusatz weiter $^1/_8$ der Koksmenge vergast, was die

[1] Martin, Börger: Jb. Brennkrafttechn. Ges. 1935 Bd. 15 S. 43, 46. — [2] Schmidt, Kuhn: Öl u. Kohle 1933 S. 93, 95. — Brennstoff-Chem. 1934 S. 41.

Brenngase Starkgas enthält die ausgetriebenen Kohlenwasserstoffe der Kohlen, die auch beim Zersetzen flüssiger Brennstoffe (Teer oder Öl) entstehen. Durch Teer oder Öl kann man deshalb den Heizwert der Wassergase auf den der Starkgase steigern. Hoher Heizwert ist aber nur für Ferntransport entscheidend. Zum Schweißen liefert Wassergas die höchsten Flammentemperaturen, nicht Kohlenwasserstoffgase: Wassergas hat zwar kleineren Heizwert, da es aber weniger Luft zum Verbrennen braucht, kommt die kleinere Feuergasmenge auf höhere Temperatur. Gichtgase (beim Beheizen des Hochofens teilweise verbrannte Abgase) haben den kleinsten Heizwert und die tiefsten Flammentemperaturen. Deshalb lassen sie sich nicht wirtschaftlich fernleiten und sie können nur mit Kokereigas vermischt Schmelzöfen beheizen. Gichtgas wird im Warmepreis (1929) mit 16,— *M* wie billige Kohle bewertet, Kokereigas mit 25,— *M*, weil es sich besser ausnutzen läßt. Generatorgas läßt sich nicht unter 40,— *M* herstellen, Wassergas nicht unter 60,— *M*. Stadtgas ist mit 140,— *M* Wärmekosten für Industriezwecke nicht konkurrenzfähig. Aus dem Stadtgaskoks mit Fremdteer „karburiertes" Gas kann mit 80,— *M* Wärmepreis billiger sein. Ölkarburiertes Gas macht in USA. $^2/_3$, in England $^1/_3$ der Landesmenge aus.

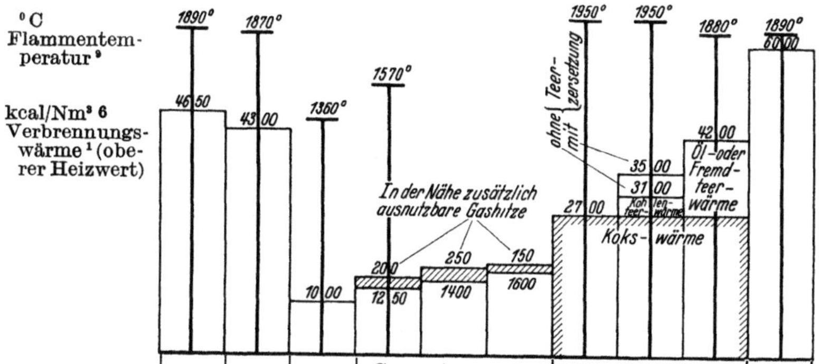

				Generatorgas aus			Wassergas aus			
								Steinkohle		
Gasart[2]	Kokereigas	Stadtgas	Gichtgas	Koks	Steinkohle	Braunkohlenbrikett[5]	Koks	mit Teerzersetzer	+ Teeröl	Ölgas
hergestellt durch	Entgasen von Kohle		Vergasen von Kohle					Öl- oder Teerzersetz.		
	Starkgas		Schwachgas				Wassergas	Kohlen-Wassergas	Karburiertes Wassergas	Spaltgas
Kosten 1929[3] *Pf*/m³ Gas	1,5	7,5	0,2	0,7	0,75	0,8	2,2	2,6	4,5[4]	
Unterer Heizwert kcal/Nm³ [6]	**4150**	**3850**	**900**	**1200**	**1300**	**1500**	**2450**	**2800**[7]	**3850**	
Wärmepreis für 7 Mill. kcal (Heizwert von 1 t Kohle) zu *M* 20.—[8]	25,—	140,—	16,—	40,—			65,—		80,—	

[1] Bunte: Gas- u. Wasserfach 1932 S. 80. — Rosin und Fehling: IT-Diagramm der Verbrennung, 1929. — [2] DIN-Blatt 1340; Gas- u. Wasserfach 1929 S. 944. — [3] Das Gas, 1929 S. 235. — [4] Czakó: Gas- u. Wasserfach 1932 S. 480, umgerechnet auf Preise 1929, Teer 80,—, Koks 30 *M*/t, Kapitaldienst 6,3 *Pf*/m³. — [5] Braunkohlenanhaltszahlen, 1929 S. 100. — [6] 1 Nm³ = 1 Normal-m³ bei 0° und 760 mm Quecksilber-Säule. — [7] Mit besonderem Teerzersetzer 3200 kcal/Nm³. — [8] In der Nähe der Gruben gibt es wesentlich billigere Kohlesorten. — [9] Bei 10% Luftüberschuß ohne Vorwärmung.

Verbrennungswärme des Gases von 5000 auf 4300 kcal/m³ senkt. Um dies möglich zu machen, liegen die Gasnormen in den meisten Ländern unter 5000, in der Schweiz jedoch nicht, weil dort durch geringere Konkurrenz anderer Brennstoffe der Koksmarkt gut ist.

Normen[1] für die Verbrennungswärme des Stadtgases (H_0) in kcal/m³.

Deutschland
4000—4300
England
4000—4500
Frankreich
3500—4500
Holland
4300
Schweiz
5000

Das Entgiften[2] des Gases durch katalytische Oxydation des giftigen CO-Gases mit Wasserdampf, wie es in Hameln durchgeführt wird, soll die Gaskosten nur mit 0,1 *Pf*/m³ belasten. Hauptverbraucher[3] für den Koks sind der Hausbrand, Zentralheizungen und Generatoren. Daß die gasreichen Kohlen beim Verkoken einen leichter verbrennlichen Koks geben als Kokereikohlen, ist eher ein Vorteil[3]. Der Koks muß druckfest sein, wenn auch nicht in dem Maß wie Hüttenkoks, schon damit beim Lagern im Sommer kein Feinkoks (Grus) entsteht. Nur in seltenen Fällen ist der Koksmarkt so groß (Zürich), daß die Öfen mit Gas statt mit Koks beheizt werden. Umgekehrt kann man bei schlechtem Koksabsatz im Grenzfall die ganze Koksmenge zu Wassergas (S. 17) von 2700 kcal/m³ vergasen, das man durch Karburieren mit Öl oder Teer auf

[1] Taschenbuch für Gaswerke 1930 S. 49. — [2] Gerdes: Gas- u. Wasserfach 1935 S. 86. — [3] Schäfer: Gaswerk 1929 S. 274—294.

Kosten der Kohlenzerlegung in Koks, Gas und flüssige Produkte 1929.

Die großen Preisunterschiede der Produkte bei den verschiedenen Verfahren erklären sich nicht allein aus den Verarbeitungskosten, sondern aus der Kostenverteilung auf die Produkte, außerdem durch die Fracht. Große billige Gruppengaswerke erzeugen Gas für 3 statt 7,7 *Pf*/m³, auch wenn der Koks, dessen Absatzgebiet nicht so nahe liegt, schlechter bezahlt wird. Für die Kosten des Gasverteilnetzes bleiben 4,7 *Pf*/m³ Preisspanne. Den Kokereien nehmen Gas und flüssige Produkte nur etwa die Verarbeitungskosten ab. Dadurch kostet der Zechenkoks, der $^3/_4$ des Gewichtes ausmacht, 30% mehr als die verarbeitete Kohle. Schwelen ist nicht teurer als Entgasen und es steigert den Anteil der Einkünfte aus flüssigen Produkten. Der zurückbleibende Halbkoks hat aber nur ein begrenztes Absatzgebiet für Hausbrand in offenen Kaminen bei Steinkohle (England) und in besonderen Grudeöfen für den feinkörnigen staubigen Braunkohlenhalbkoks (Deutschland). Durch Verarbeiten von Braunkohlenbriketts sucht man einen stückigen absatzfähigen Halbkoks zu erzeugen, um die Schwelbasis auszuweiten. Neue Verfahren gewinnen statt 60% fast den vollen Teergehalt und arbeiten dazu noch billiger. Wassergaserzeuger arbeiten billiger als Stadtgaswerke, geben aber heizschwaches Gas. Sie können den Stadtgaswerken Spitzenlast abnehmen und ihren Ausbau hinausschieben.

Der Wärmepreis (1929) von 20,— *M*/t für Kohle, der durch Fracht auf 25,— bis 28,— *M*/t steigt, wird bei Generatorgas 40,— *M*, bei Wassergas 65,— *M* und bei unverteiltem Stadtgas 140,— *M* für 7 Mill. kcal = Heizwert von 1 t Kohle.

Kosten je t verarbeitete Kohle		1	2	3	4	5	6	7
		Stadtgas 100 000 Einwohner [1]	Gruppengaswerk [4,1]	Großkokerei Nähe Grube [2,9]	Schwelanlage: Steinkohle [3,4,10]	Schwelanlage: Braunkohle [3]	Generatorgas [5]	Wassergas [1]
Hauptprodukt		viel hochwertiges Gas		bester Koks	viel Teer als Erdölersatz		nur Gas größte Menge	weniger aber heizkräftiges Gas
Arbeitsvorgang		Beheizen unter Luftabschluß					Vergasen mit	
		Dampfzusatz vergast Koks teilweise und steigert Gasausbeute			Kohle vor örtlicher Überhitzung geschützt		eingeschränkter Luftmenge	Dampf. Abgas verloren
Typische Ofenarten		Vertikalkammer	Schrägkammer	Horizontalkammer	Eiserne Retorten oder Drehofen	Vertikalofen [3] (Rolle)	Drehrost mit Kühlmantel	Periodischer Ofen mit Abgaskessel
Arbeitstemperaturen	°C	1100		950	600	450	1300	800
Anlagekosten je t Jahresdurchsatz	*M*/t	165,— davon 20,— Gasbehälter	35,— davon 7,— Gasbehälter	17,— ohne Gasbehälter	22,—	17,—	16,—	25,—
Anlagegröße Jahresdurchsatz	t	10000	100000	650000	25000	100000	25000	600
Höchste Tageslast ist ausgenutzt	%	70	70	100	90	90	70	70
Ausgangsstoff		Gaskohle		Fettfeinkohle	Gaskohle	Braunkohle	Koks (oder Steinkohle)	
Heizwert der Rohkohle H_u	kcal/kg	7200		7000	7100	2200	6800	
Flüchtige Bestandteile (Reinkohle)	%	32		25	35	60	0	
Wassergehalt	%	4		9	4	53	2	
Preis je t einschließlich Transport	*M*/t	28,—		17,—	28,—	3,—	25,—	25,—
Verarbeitungskosten Kapitaldienst (Instandsetzung in einigen Fällen enthalten)	%	10[11]	18	18	18	18	18	18
	M/t	16,50	6,30	3,—	4,—	3,10	2,90	4,50
Arbeit	*M*/t	4,50	1,—	0,90	1,40	1,40	1,—	1,90
Instandsetzung	*M*/t	4,80		oben enthalten			0,90	0,60
Betriebsstoffe (ausschließlich Nebenproduktenanlage)	*M*/t	0,90	0,70	0,60	1,10	} 0,80		
Strom und Dampf	*M*/t			0,70	1,50		(0,90)	1,—
Gutschrift für Überschußdampf	*M*/t						(0,60)	
Restbetrag	*M*/t						0,30	
Ofenheizung durch		0,17 t Koks	0,1 t Koks	140 m³ Gas	0,08 t Feinkoks	0,03 t Kohle	—	—
zu		30,— *M*/t	29,— *M*/t	1,5 *Pf*/m³	25,— *M*/t	3,— *M*/t		
	M/t	5,10	2,90	2,10	2,—	0,10		
Kühlwasser	*M*/t						0,20	1,—
Steuern	*M*/t			0,30				
Verarbeitungskosten	*M*/t	31,80	10,90	7,60	10,—	5,40	5,30	9,—
Gesamtkosten		**59,80**	**38,90**	**24,60**	**38,—**	**8,40**	**30,30**	**34,—**

Produkte bringen diese Kosten folgendermaßen ein		1	2	3	4	5	6	7
		Stadtgas 100 000 Einwohner[1]	Gruppengaswerk[4, 1]	Großkokerei Nähe Grube[2, 9]	Schwelanlage Steinkohle[3, 4, 10]	Schwelanlage Braunkohle[3]	Generatorgas[5]	Wassergas[1]
Koks		Gaskoks		Zechenkoks	Halbkoks	Grude		
Heizwert H_u	*kcal/kg*	6800		7100	6600	6000		
Beschaffenheit		geschmolzen, matt		druckfest, glänzend	nicht geschmolzen	Körner		
Absatzgebiet		Zentralheizungen	über Stadtgebiet hinaus	Hochofen	Hausbrand			
Konkurriert mit		Steinkohle	Steinkohle	—	Steinkohle	Brikett		
Konkurrenzpreis	*M/t*	28,—	28,—	—	28,—	14,—		
Erreichbarer **Preis**	*M/t*	**30,—**	**29,—**[6]	**22,—**	**28,—**	**14,—**		
Koksausbeute	%	67	65	74	77	27		
davon Eigenbedarf	%	17	10	—	8	—		
bleibt für Verkauf	%	50	55	74	69	27		
Einnahme	*M/t*	20,—	18,80	16,30	21,60	3,80		
von den Gesamtkosten	%	33,5	48	66	57	45		
davon Eigenverbrauch	%	8,5	7	—	6	—		
also Einnahme durch Verkauf	%	25	41	**66**	51	45		
Gas								
Oberer Heizwert	*kcal/m³*	4300[7]	4300[7]	4650	**7300**	4800	1250	2700
Unterer Heizwert	*kcal/m³*	3850	3850	4150	6600	4200	1200	2450
Gasmenge	*m³/t*	455[7]	480[7]	290	110	60	4400	1550
Untere Heizwertzahl, bezogen auf nasse Kohle	*kcal/kg*	1750	1850	1200	725	250	5300	3800
In Gas umgesetzter Kohlenheizwert je t Kohle	%	24	26	17	10	11	78	56
Eigenbedarf	%	—	—	8	—	11	—	—
In überschüssiges Gas umgesetzte Kohlenwärme	%	24	26	9	10	—	78	56
Konkurriert mit		—	—	Steinkohle	Stadtgas	Gaszahlen gelten für neue Schwelverfahren	—	—
Erreichbarer **Preis** rd.	*Pf/m³*	**7,7**	**3,0**	**1,5**	**7,5**		**0,7**	**2,2**
Wärmepreis für 7 Mill. kcal = Heizwert von 1 t Kohle zu **20,— *M***	*M*	140	55	25			40	65
Einnahme	*M/t*	35,—	14,60	4,30	8,20			
von den Gesamtkosten	%	58	38	18	21,5		100	100
davon Eigenverbrauch	%	—	—	8	—		—	—
also Einnahme durch Verkauf	%	58	38	10	21,5		100	100
Flüssige Produkte		Hochtemperaturteer			Urteer		Beim Vergasen von Koks keine flüssigen Produkte. Beim Vergasen von Steinkohle wird der Teer entweder mitverbrannt oder ausgeschieden oder in Gas zersetzt (was den Heizwert erhöht) oder als Urteer im Schwelaufsatz gewonnen.	
Teerausbeute je t Kohle	%	4	4,5	3	6,5	4,5		
Konkurriert mit		Erdölprodukten						
Preis von 1 t Teer		80,—	80,—	50,—	80,—	85,—		
Einnahme	*M/t*	3,20	3,60	1,50	5,20	3,80		
Benzolausbeute je t Kohle	%	0,5	0,6	0,8[8]				
Konkurriert mit		Erdöl-Benzin						
Preis von 1 t Benzol		250,—	250,—	250,—				
Einnahme	*M/t*	1,30	1,50	2,—				

Produkte bringen diese Kosten folgendermaßen ein		1	2	3	4	5	6	7
		Stadtgas 100 000 Einwohner [1]	Gruppengaswerk [4, 1]	Großkokerei Nahe Grube [2, 9]	Schwelanlage Steinkohle [3, 4, 10]	Schwelanlage Braunkohle [3]	Generatorgas [6]	Wassergas [1]
Leichtölausbeute	%				1,5	0,4	Beim Vergasen von Koks keine flüssigen Produkte. Beim Vergasen von Steinkohle wird der Teer entweder mitverbrannt oder ausgeschieden oder in Gas zersetzt (was den Heizwert erhöht) oder als Urteer im Schwelaufsatz gewonnen.	
Konkurriert mit					Erdöl-Benzin			
Preis von 1 t Benzin . .					200,—	200,—		
Einnahme	*M/t*				3,—	0,80		
Stickstoff NH_3 je t Kohle	%	0,2						
		Synthetisches Ammoniak						
Reingewinn	*M/t*		250.—					
Einnahme			0,50					
Flüssige Produkte zusammen								
Einnahme	*M/t*	5,—	5,60	4,—	8,20	4,60		
von den Gesamtkosten	%	8,5	14	16	21,5	55		

[1] Kemper: Gasfernversorgung, 1930 S. 14, 22, 24, 81, 84. — [2] Gras: Z. VDI 1930 S. 985. — [3] Thau, Schwelung, 1927 S. 599, 625; enthalt auch neuere Bauarten. — [4] Barash: Weltkraftkonferenz 1930 Bd. 2 S. 44, 53. — [5] Hilgenstock: Glückauf 1931 S. 1201; auf 70% Ausnutzung umgerechnet. — [6] Der erreichbare Preis sinkt, da man Absatz über die Stadt hinaus suchen muß. — [7] Der deutsche Durchschnitt ist auf 480 m³/t gestiegen. Die Normen lassen als untere Grenze des oberen Heizwertes 4000 kcal/m³ zu. — [8] Benzolausbeute bis 1932 auf 1% gestiegen. Arch. Wärmewirtsch. 1934 S. 24. — [9] Neuere Werte fur Kokereien: Weittenhiller: Öl u. Kohle 1934 S. 254. — [10] Schröder: Öl u. Kohle 1934 S. 247. — [11] Zum Teil abgeschrieben.

4200 kcal/m³ anreichert. Im Gegensatz zu Kokereien wird das Benzol nicht allgemein aus dem Gas ausgewaschen, weil der Gasheizwert sinkt. Die deutschen Gaswerke haben 1929 statt 44000 t Benzol (Grenzwert) nur 19000 t gewonnen. Gesteigerte Benzolausbeute mit Ersatz des Auswaschens durch adsorbierende Aktivkohle soll die Gaskosten bis 0,5 *Pf*/m³ senken[1]. Das notwendige Ausscheiden des Ammoniaks bringt durch die Konkurrenz des synthetischen Stickstoffs keinen Gewinn mehr.

Gaskohle

Gaskohlen[2] mit 30—35% Flüchtigem in der Reinkohle geben höchste Gasmengen und Koks, der fest genug ist. Die Fettkohlen unter 30% geben wohl besseren Koks, aber Gas von geringerem Heizwert. Gasflammkohlen mit 35—40% Flüchtigem enthalten mehr Sauerstoff, wodurch sie mehr Teer aber nicht mehr Gas hergeben; ihr Koks ist unbrauchbar. Durch Mischen zu gashaltiger und zu fetter Kohlen nähert man sich den Eigenschaften der Gaskohle. Reine Feinkohlen, wie sie in den horizontalen Kokereiöfen verwendet werden, würden in den hohen Vertikalöfen der Gaswerke zu dicht lagern und es würden beim Durchtreten des Gases zu hohe Drücke entstehen. Man mischt deshalb mit Nußkohlen. Oft werden Förderkohlen oder Nußkohlen bezogen und im Gaswerk durch Zerkleinern unter 10 mm und Mischen trocken aufbereitet, seltener gewaschene Feinkohlen. Frisch zerkleinerte Kohle gibt festeren Koks als zerkleinert gelagerte Kohlen. 10% Kohlenasche, die sich im Koks auf ein kleineres Gewicht verteilt wiederfindet, bedeutet 14% Asche im Koks. Niederer Aschegehalt der Kohle verbessert außer dem Koksheizwert das Backvermögen. Mit fortschreitender Pflege des Koksmarktes, teils in Konkurrenz mit Hüttenkoks verkokt man ascheärmere Kohle[3].

Sorten

Garungszeit 12 oder 24 h

Aus horizontalen eisernen Destillierretorten mit 4 h Garungszeit haben sich steinerne Vertikalkammeröfen entwickelt, bei denen man es in der Hand hat, in breiten Kammern in 24 h zu verkoken oder in 12 h in schmalen Kammern, bei denen die Wärme schneller ins Innere des Kokskuchens eindringt. Bei 24stündigem Betrieb lassen sich die Hauptarbeiten tagsüber durchführen, was Löhne für Nachtschichten spart und aus breiten Kammern fällt der Koks großstückiger an[4]. Die längere Periode braucht größere Gasbehälter, denn beim Verkoken entweichen anfangs größere Gasmengen mit 7000 kcal/m³ und viel Methan, das mit der steigenden Temperatur gegen Schluß zerfällt, so daß nur noch wenig und wasserstoffreiches Gas mit 4000 kcal/m³ entsteht. Dem Verbraucher muß aber durch Mischen im Gasbehälter gleichmäßige Verbrennungswärme gesichert werden. Gasbehälter

Gasbehälter

[1] Engelhardt: Öl u. Kohle 1933 S. 100. — [2] Ruhrkohlenhandbuch 1932 S. 141—160. — [3] Kayser, Schuster: Das Gas, 1929 S. 52, 67. — [4] Litinsky: Öfen 1928 S. 179.

sind für 50—80% des höchsten Tagesverbrauches vorzusehen, bei kleinen Werken für 100%, bei Werken mit Wassergasgeneratoren kleiner. Sie kosten vom Gaspreis 3% = 0,6 *Pf*/m³. Trockene, teergedichtete Scheibengasbehälter sind 30% leichter, liefern trockenes Gas mit geringen Druckunterschieden und brauchen keine Heizung, um gegen Einfrieren gesichert zu sein.

Um die Verbrennungswärme von 5000 auf 4300 kcal/m³ zu senken, kann man als Streckgas entweder 43% Wassergas mit 2700 kcal/m³ zumischen oder 22% Generatorgas mit 1200 kcal/m³ oder 16% verbranntes Rauchgas. Nur kleine Anlagen strecken durch Rauchgas, indem sie durch starkes Absaugen des Gases einen Unterdruck herstellen, der Rauchgas durch undichtes Mauerwerk aus den Heizzügen in den Entgasungsraum saugt. Rauchgas verschlechtert das Gas durch Verbranntes. Das billigste Wassergas (1,8 *Pf*/m³) entsteht durch Einblasen in die Ofenkammer, wodurch ein Teil der verkokten Kohle vergast wird[1]. Trotzdem werden besondere Wassergasgeneratoren (2,3 *Pf*/m³) aufgestellt, um das Gaswerk von Bedarfsspitzen zu entlasten und weil mittelgroße Gaswerksöfen den Heizwert von 1 m³ Wassergas = 2700 kcal mit Destillationsgas nicht unter $3^1/_2$ *Pf* herstellen können (1929). Auch vorübergehende Erweiterungen lassen sich durchführen, indem man auf das zeitraubende Dampfen in der Kammer verzichtet, durch kürzere Garung die Destillationsgasmenge steigert und durch Wassergas aus Generatoren streckt. **Streckgas**

Zersetzen von Öl gibt ähnliche Kohlenwasserstoffe, wie Entgasen von Kohle, aber Verbrennungswärmen bis 10000 kcal/m³. Ölgas ist der Ursprung der englischen Gasindustrie[2]. Später wurde Kokswassergas kalt durch Benzol oder heiß durch Ölzusatz „karburiert", um es leuchtkräftig zu machen. Seit es Glühstrümpfe gibt, ist dies überflüssig. Bei dem billigen Öl stellt aber USA. $^2/_3$ des künstlich erzeugten Gases aus Wassergas von 2700 kcal/m³ her, das durch Öl auf über 4000 kcal/m³ angereichert wird. England erzeugt $^1/_3$ karburiertes Wassergas, vorwiegend aus entgastem Koks, Deutschland nur $^1/_6$% [3]. Ein Gaswerk, das seinen ganzen Koks vergast, kann aus 1 t Kohle statt 480 m³ Gas und 0,55 t Koks durch Karburieren mit 0,28 t Öl oder Teer 1350 m³ vollwertiges Stadtgas machen und der Koksverkauf fällt weg (S. 17). Dies ist aber nur wirtschaftlich, solange Schweröle zum Karburieren auf den Markt kommen, die als Nebenprodukte des nachgefragten Benzin unter Durchschnittskosten verkauft werden. **Ölgas** **Karburieren ersetzt Kohlengas durch Ölgas**

Früher deckten in Deutschland die Nebenprodukte Koks und Teer, in denen sich nur 60% des Kohlengewichtes wiederfinden, die ganzen Kohlenkosten, da sie sich je Tonne wesentlich teurer verkaufen ließen. Das Gas brauchte nur die Kosten für Verarbeitung und Verteilung zu tragen, heute trägt es außerdem „ungedeckte Kohlenkosten", da die Konkurrenz die Überpreise von Koks gegen Kohle und von Teer gegen schwere Erdölfraktionen gesenkt hat. Diese Konkurrenz schwächt sich weit von den Bergbauzentren ab, die Überpreise nehmen zu und die ungedeckten Kohlenkosten nehmen ab. Dies erklärt die merkwürdige Tatsache, daß kleine, entlegene deutsche Gaswerke trotz hoher Kohlenfrachten und kleiner Anlagen ebenso billig arbeiten können wie große Städte[4] und daß der Schweizer Durchschnittspreis von 18 *Pf*/m³ (auf deutschen Heizwert umgerechnet) tiefer liegt als der deutsche Gaspreis (19 *Pf*/m³)[5]. Die Frachten verteuern Kohle und konkurrierendes Produkt in gleichem Maß, sie haben auf den Überpreis, auf den es allein ankommt, keinen Einfluß. So kommt es, daß 1 m³ Normalgas nahe am Ruhrgebiet 1929 soviel wie 10 kg Kohle kostet, in der Schweiz (34 *M*/t Kohle) soviel wie 5,3 kg Kohle, relativ 47% weniger; es konkurriert also leichter gegen Kohlenheizung. Deshalb ist in der Schweiz trotz überwiegender Wasserkraft der Gasverbrauch je Kopf ebenso hoch wie in Deutschland, wenn man den höheren Heizwert berücksichtigt (S. 81, Zahlentafel S. 56). **Ungedeckte Kohlenkosten** **Billiges Gas in bergbaufernen Gegenden**

Für Stadtgas aus Braunkohle[6] wurden langjährige Versuche mit vier verschiedenen Verfahren gemacht. Im Betrieb ist in Kassel eine Anlage mit 7000 m³ Tagesleistung für Rohbraunkohle. Man muß bei Braunkohle auf den hohen Wassergehalt Rücksicht nehmen, außerdem den entstehenden Teer weitgehend zu Gas aufspalten und den hohen Kohlensäuregehalt senken. Das geschieht in Kassel durch stetig betriebene Kammern, in denen die Gase im Gegensatz zu Steinkohlenöfen im Gleichstrom in Richtung der herabsinkenden glühenden Koksmasse strömen, was den Teer aufspaltet und den Kohlensäuregehalt heruntersetzt. Es folgt dann ein Auswaschen von Kohlensäure. Praktisch bleibt kein verkäuflicher Koks. Die Stadtgasausbeute ist bis 550 m³/t bei Rohbraunkohle und bis 900 m³/t bei Brikett. Die Gaskosten sollen 2,5 *Pf*/m³ betragen und durch Verkauf von Kohlensäure als Trockeneis auf 2 *Pf*/m³ sinken[7]. **Braunkohlen-Stadtgas**

---

[1] Kemper: Gasfernversorgung 1930 S. 24, Preise 1929. — [2] Gothau: Das Gas, 1929 S. 41. — [3] Czakó: Gas- u. Wasserfach 1932 S. 445. — [4] Kemper: Gasfernversorgung 1930 S. 17. — [5] Weltkraftkonferenz 1930 Bd. 2, Escher, Ott, Grimm, Zollikofer, Schläpfer, S. 11; Tiemessen, S. 317; Nübling, S. 489. — [6] Heinze: RTA-Nachr. 1935 Nr. 13 S. 3. — Z. VDI 1935 S. 93, 445. — [7] DAZ-Handelsbl. 20. Marz 1935.

S. 18

Schwelwerk

Braunkohle

Um aus Braunkohle, die 3 *M*/t kostet, 4,5% Urteer zu gewinnen, muß man 5,40 *M*/t Schwelkosten, also 8,40 *M* Gesamtkosten aufwenden (Kosten 1929, Zahlentafel S. 82). Das Schwelgas wird verheizt, 0,4% Benzin, die außerdem anfallen, bringen 80 *Pf*/t Kohle ein. Die Teerkosten würden auf (8,4—0,8) : 4,5% = 170 *M*/t steigen und gegen 80 *M*/t Ölpreis nicht konkurrieren können, wenn der entstehende Halbkoks unverkäuflich wäre. Er übernimmt aber 45% der Kosten und senkt die Teerkosten auf 85 *M*/t. Dieser Grudekoks ist feinkörnig und stäubt. Durch besondere „Grudeöfen" in den Haushalten umliegender Ortschaften, durch Verbrauch der Schwelereien selbst und umliegender Industrien ließ sich in Deutschland der Grudeabsatz nicht über 0,8 Mill. t steigern. So wurden nur bis 3,4 Mill. t Braunkohle verschwelt und nur 0,2 Mill. t Teer erzeugt, während mindestens 40 Mill. t, $^1/_3$ der geförderten Braunkohle schwelwürdig sind. Daraus ließen sich 2 Mill. t Mineralöle herstellen, mehr als die Hälfte des jetzigen Landesverbrauches, wenn der Schwelkoks Absatz findet[1]. Der tote Punkt, die „Koks-Teer-Schere", soll durch zwei Mittel überwunden werden. Brikettieren vor oder nach dem Schwelen schafft einen stückigen Schwelkoks, der mit Braunkohlenbrikett und Gaskoks konkurrieren kann. Für Kesselfeuerungen verwendbar wird der rohe feinkörnige Schwelkoks durch Sonderfeuerungen[2], von denen die Krämer-Mühlenfeuerung[3] am anpassungsfähigsten ist, weil sie wechselweisen Betrieb mit Rohbraunkohle und auch mit Steinkohle zuläßt. Die Braunkohlen-Benzin-A. G., die unter staatlichem Einfluß mit 100 Mill. *RM* Kapital gegründet wurde, soll 7,5 Mill. t Braunkohle zusätzlich verschwelen und 0,45 Mill. t Mineralöle liefern[4], mit den bestehenden Schwelereien zusammen fast 0,7 Mill. t = $^1/_5$ des jetzigen Mineralölverbrauches. Für die 1,6 Mill. t zusätzlichen Halbkoks kämen als Hauptverbraucher von unbrikettiertem Halbkoks die Braunkohlen-Kraftwerke in Betracht, die im Grenzfall mit 1,6 Mill. t Grude weniger als 2 Mrd. kWh erzeugen würden; öffentliche Kraftwerke haben 1929 in Deutschland mit Braunkohle 7,7 Mrd. kWh, industrielle Kraftwerke weitere 4,3 Mrd. kWh erzeugt. Das Kuppeln von Schwelerei und Kraftwerk zum Schwelkraftwerk[5] bringt bei gleichbleibender Grundlast die Ersparnis, daß der Schwelkoks statt erst abzukühlen, heiß verfeuert wird. Gegen 2,4 *Pf*/kWh Stromkosten (1929) des gewöhnlichen Kraftwerkes soll das Schwelkraftwerk bei 7,5% Teergehalt der Rohkohle den Strom für 2,1 *Pf*/kWh erzeugen und für 1,8 *Pf*/kWh, wenn außerdem Schwelgas verkauft wird[6]. Es gibt bis jetzt erst ein Schwelkraftwerk von 24000 kW (Wölfersheim)[7] und eine Schwelerei (Edderitz) mit Fernleitung von Schwelgas[2].

Koks-Teer-Schere

Braunkohlen-Benzin-A. G.

Schwelkraftwerk

Steinkohle

Urteerkracken 2,6 statt 0,5% Benzin

In England, wo noch 1930 das Schwelen von Steinkohle unwirtschaftlich war[8], breitete sich seither unter dem Einfluß von 7,5 *Pf*/l Schutzzoll gegen die Benzineinfuhr die Steinkohlenschwelerei aus[9]. Das Schwelen gibt nicht nur bis 9% statt 4% Teer[10], der Urteer gibt außerdem beim Kracken z. B. 29 statt 12% Treibstoff[8]. Es entstehen also je t Kohle 2,6% statt 0,5% Treibstoff aus Kohlenteer. Der Halbkoksmarkt für offene Kamine ist in England noch nicht gesättigt. Es werden aber nur etwa 0,3 Mill. t Steinkohle[9] = 0,1% der Förderung geschwelt und 20000 t Teer = 0,25% des Mineralölbedarfes erzeugt. Man darf nicht übersehen, daß durch Kracken nicht nur beim Kohlenteer die Benzinausbeute höher wird, auch beim Erdöl wird durch Kracken die Ausbeute höher, das Benzin billiger. Die Schwelprodukte werden weiter mit Erdöl scharf konkurrieren müssen.

S. 16—17

Vergasen

Technologische Zwecke

Statt Kohle für 25 *M*/t unmittelbar zu verfeuern, wendet man beim Vergasen über 5 *M*/t auf und verliert über 20% Energie, was den Wärmepreis von 25 auf 40 *M* steigert (1929, Zahlentafeln S. 80, 81, 83). Bei Wassergas, das 9 *M*/t zusätzlich kostet und 45% Verluste erfordert, wird der Wärmepreis sogar 65 *M* (für 7 Mill. kcal = Heizwert von 1 t Steinkohle). Unentbehrlich ist das Vergasen bei Schmelzöfen, die über 1600° Temperatur brauchen, weil der Eisenrost der Kohlefeuerung die temperatursteigernde Vorwärmung der Luft auf 300° begrenzt gegen 1000° bei Gasfeuerung, die allein genügend heiße Flammen gibt. Das teurere Wassergas erreicht Temperaturen über 1900°, die man zum Schweißen braucht; außerdem dient es als chemischer Rohstoff z. B. bei der Stickstoffsynthese. Nur bei Gas läßt sich durch Zufuhr der Brennluft genau an der richtigen Stelle und nach Belieben gestuft die

[1] Ubbelohde: Öl u. Kohle 1934 S. 146. — Krämer: Z. VDI 1934 S. 1238. — [2] Heinze: Z. VDI 1935 S. 91. — [3] Rosin, Rammler, Kauffmann: Braunkohle 1933 S. 837. — Heinrich: Z. VDI 1935 S. 329. — [4] RTA-Nachr. 1934, Nr. 51 S. 7. — [5] Schulte, Lang: Z. VDI 1935 S. 277. — [6] Ploppa: Weltkraftkonferenz 1930 Bd. 11 S. 261. — [7] Z. VDI 1931 S. 638; 1934 S. 755. — Petereit: Elektr.-wirtsch. 1934 S. 277. — [8] Weltkraftkonferenz 1930, Bd. 2; Barash, S. 52; Egloff, S. 365. — [9] Gas- u. Wasserfach 1931 S. 276; 1932 S. 534. — Z. VDI 1934 S. 755. — [10] Fisher: Petroleum 1932 Heft 25 S. 4.

Wärmeentwicklung so beherrschen, daß z. B. die ausgedehnten Kammerwände von Kokerei- und Gaswerksöfen überall auf annähernd gleiche Temperatur kommen. Beim Brennen erleichtert Gas das genaue Einhalten oxydierender und reduzierender Flammen.

Wirtschaftlicher Zweck

Aber auch solche Industrieöfen, die sich mit Kohlefeuerung betreiben lassen, gehen zum zentralen Gaserzeuger über: Das Verfeuern der Kohle an vielen Einzelstellen kostet auch fast 5 M/t wie ein großer Zentralgenerator, der eigentliche Gasbrenner braucht keine Bedienung und entsteht ohne merkliche Zusatzkosten durch Ausgestalten des Ofenraumes. Also entscheiden die Energieverluste den wirtschaftlichen Vergleich. Statt z. B. 27% Wirkungsgrad eines kohlegefeuerten Hütten-Wärmofens (Zahlentafel S. 96) erreicht der gasgefeuerte ohne Vorwärmung 35% durch geringeren Luftüberschuß. Trotzdem nutzt er bei 70% Wirkungsgrad des Gaserzeugers und Rohrnetzes nur 25% der Kohle aus statt 27%. Der Gasbetrieb wird aber durch Luftvorwärmung sofort überlegen, das Gas wird mit 56%, die Kohle mit 39% statt 27% ausgenutzt. Dazu kommen alle Vorteile der Zentralisierung: Kleinere Zentralleistung und kleinere Leerlaufverluste durch Ausgleich der Spitzenlasten und der Stillstandszeiten, was beim hohen Leerlauf der Industrieöfen besonders stark ins Gewicht fällt, ferner Wegfall von Kohle- und Aschetransport zu und von Einzelstellen. Der Wegfall der umständlichen einzelnen Kohlefeuerungen vereinfacht die Öfen, spart tote Räume, die mit zu heizen sind, läßt die Arbeitsvorgänge leichter anordnen, was durch kürzere Strecken für das Arbeitsgut Zunderverluste und Löhne spart. Wo Kokereigas verfügbar ist, beginnt es, das Generatorgas zu verdrängen, weil es ohne Vorwärmer 43% Wirkungsgrad erreicht und die Vergaskosten wegfallen.

Gasarten S. 81

Vergasen mit Dampf gibt höhere Heizwerte und Temperaturen als Vergasen mit Luft. Während aber Vergasen mit Luft 30% des Kohlenheizwertes entwickelt, verbraucht umgekehrt Vergasen mit Dampf 30%. Der Hochofen muß ohne Dampf arbeiten, sein Gichtgas ist heizwertarmes „Luftgas", das nur mit Kokereigas gemischt hohe Temperaturen hergibt. Bei Generatorgas wird soviel wärmezehrender Dampf zugesetzt, wie der kontinuierliche Vorgang verträgt, ohne die Glutzone von 1300° zu stark zu kühlen. Die Gase verlassen den Generator mit mehr als 400°. Wenn er nicht ganz nahe am Verbraucher aufgestellt ist, geht diese Wärme verloren und außerdem entsteht teerhaltiges Gas, das man reinigen muß. Bei Mondgas wird, um die Stickstoffausbeute durch höheren Dampfzusatz zu steigern, der Wärmemangel durch Vorwärmen der Luft ausgeglichen.

Bei Wassergas wird nur Dampf, keine Luft zugesetzt. Die fehlende Wärme wird durch periodisches Heißblasen ersetzt, was Sonderkosten erfordert.

Durch Vergasen mit Sauerstoff statt mit Luft (Drawe) entfällt der Stickstoffballast der Luft. Man kann dadurch bei Wassergas zum stetigen Betrieb übergehen[1], oder ohne Karburieren normgerechtes Stadtgas ohne Koksanfall erzeugen.

Nebenprodukte wenig Wert

Der Teer wird im Generator weniger geschont als im Entgasungsofen. Er bringt bei Braunkohle nur $^1/_3$ des Schwelteerpreises. Man vergast deshalb bei Steinkohle vorwiegend teerarme Arten. Bei teerreicher Kohle wäscht man oft die Gase aus oder verbrennt den Teer oder reichert das Gas damit an, da sein Verkauf nicht lohnt. Stickstoff aus Mondgaserzeugern bringt bei gesunkenem Stickstoffpreis die Dampfsonderkosten nicht ein. Beim Vergasen muß also allgemein das Gas die Gesamtkosten allein tragen.

Extreme Kohlearten

Durchsatzgeschwindigkeit[2]

Gerade die fetten Arten, die für Feuerungen und Entgasungsöfen die besten sind, verkleben durch ihr Backvermögen das Brennstoffbett. Nach beiden Seiten hin eignen sich gasarme Anthrazite und Koks ebenso wie gasreiche Gasflamm- und Braunkohlen. Gleichmäßiges Kohlenbett ist noch wichtiger als bei Feuerungen und begrenzt die Durchsatzgeschwindigkeit. Statt zu vergasen geht sonst Kohle durch unvergaste Nester oder umgekehrt durch Verbrennen verloren, während bei Feuerungen höherer Luftüberschuß nur durch höheren Ballast schadet. Gleichzeitig ist es schwerer, das 10mal höhere Kohlenbett gleichmäßig zu halten. Deshalb ist man auch in den Sorten begrenzter. Unsortierte Fördersteinkohlen geben nur $^3/_4$ der Leistung sortierter Kohlen. Stückgrößen von 8—15 mm sind die geeignetsten. Sauggasanlagen brauchen grobkörnigen Brennstoff, da sie nur geringe Widerstände überwinden können. Feinkörnige Brennstoffe vergasen nur in niederer Schicht oder mit hohem Zug und sie neigen dazu, Staubnester zu bilden, die unvergast bleiben. Gut sortiert können sie bis 4 mm herunter vergast werden. Aschegehalt bis zu 50% ist kein Hindernis. Rohbraunkohlen lassen sich gewöhnlich nur bis 45% Wassergehalt vergasen, grobe Stücke dagegen bis 55%. Der Heizwert ist nur 1100 kcal/m³ (H_u). Die Wärmeleistung je Quadratmeter Schacht ist 5mal kleiner als bei Koks. Winklergeneratoren, die sich nur für die großen Einheiten der chemischen Industrie eignen, sind leistungsfähiger. Sie vergasen Feinkohle, die auf 8% getrocknet

Sorten[3]

Braunkohle

[1] Heinze: Z. VDI 1935 S. 93. — [2] Trenkler: Feuerungstechn. 1925 S. 103, 126, 133, 135. — [3] Trenkler: Feuerungstechn. 1925 S. 103, 126, 133, 135.

ist, in der Schwebe[1]. Darum vergast man bei Braunkohle vorwiegend Briketts, deren Wärmeleistung gegen Koks $^1/_3$, gegen Steinkohle 70% ist. Das Gas erreicht 1500 kcal/m³ (H_u) gegen 1200 kcal/cbm bei Koks.

S. 19—23

Feuerungen

Verbrennungsstufen

Die Feuerungen müssen wie ein Gaswerk Starkgas aus der Kohle austreiben, das sich erst in der Hitze zu Schwachgas (Wassergas) umwandeln muß, um brennreif zu werden. Daneben vergast die Feuerung wie ein Gaserzeuger Koks und der Feuerraum muß die verschiedenen entstehenden Gase mit möglichst geringem Luftüberschußballast verbrennen. Bei verschiedenen Brennstoffarten verlaufen diese Stufen verschieden. Außerdem muß sich die Feuerung wasserhaltigen Rohbraunkohlen, mageren Feinkohlen und aschereichen Waschbergen, den „Nebenprodukten" der Bergwerke, die beim Aufbereiten der Edelprodukte anfallen, anpassen können. **Sortenproblem** Die Feuerung konnte die wichtigsten Sortenprobleme lösen, weil das einheitliche Endprodukt, Feuergas bis 1500° für Industrieöfen und Dampfkessel, vom Ausgangsstoff nichts anderes fordert als genügenden Energieinhalt, was auch für die „minderwertigen" Sorten zutrifft. Magerfeinkohlen, die 1929 mit 12,70 *M*/t statt 20,30 *M*/t um 7,60 *M*/t = 37% billiger waren als Fettnußkohlen, erfordern, auf dem Zonenwanderrost verfeuert, selbst bei Achtstundenbetrieb weniger als 4 *M*/t Mehrkosten. **Breitenleistung** Außer den Arten und Sorten des Brennstoffs mußte sich die Feuerung den Kesseln anpassen, die je Meter Breite statt früher 120 m² mit je 25 kg/m² = 3 t/m Dampf bis 7mal mehr leisten, 200 m² × 100 kg/m² = 20 t/m Dampf. Die Roste lassen sich nur von 5 auf 7 m verlängern, das Übrige mußte das Steigern der Quadratmeterleistungen von 100 auf 200—250 kg Kohle tun. **Kohlenstaub** In USA., wo man zuerst größere Leistungen verlangte, erhielten als Radikalmittel bis zu 70% der Neuanlagen (1929)[2, 3] Kohlenstaubfeuerung, die selbst schwierige Kohlen in Mahlanlagen zu gasähnlichem Kohlenstaub mahlt, der die Entwicklungsschranken von der Feuerungsseite her fast aufhebt. **Stoker S. 20** Daneben wurde der Stoker von 1920—1930 auf etwa die doppelte Rostbelastung gebracht[3]. Er ist für amerikanische fette, teils feinkörnige Weichkohle besonders geeignet und hat dort 1928 die Hälfte aller Elektrizitätswerkskohle verbrannt. Das war bei dem ruhenden Rost und den günstigen Zündverhältnissen für die Kohle ohne neue Konstruktionselemente möglich und die Roste lassen sich breiter bauen als bewegte Wanderroste. **Zonenwanderrost S. 20** In Konkurrenz mit diesen Feuerungen hat in Deutschland der Wanderrost seine beherrschende Stellung bei $^2/_3$ der neuen Kessel für Steinkohle von 1928—31 wiedergewonnen, obgleich 1926 nahezu ebensoviel neue Kesselheizfläche Staubfeuerungen, 1930 halb soviel Kesselheizfläche Stoker erhielt. Das wurde durch Einbau von Unterwindzonen erreicht[4], die gegen den wandernden Rost abdichten müssen, dann aber stündlich bis äußerst 300 kg/m² und ohne viel Flugkoks über 220 kg/m² statt 130 kg gute Nußkohle verbrennen und am billigsten sind. Bei Magerfeinkohle, die sich auf Wanderrosten ohne Unterwind überhaupt nicht verbrennen läßt, leisten Zonenroste noch 150 kg/m². Sie nehmen darauf Rücksicht, daß die Kohle auf dem Rost verschiedene Stufen durchläuft (Trocknen, Entgasen, Vergasen, Ausbrennen), die verschiedene Luftmengen brauchen. Unterwind ohne Zonen steigert die Leistung nur von 120 auf 150 kg Nußkohle. Höherer ungestufter Winddruck gibt der eintretenden Kohle zuviel Luft zum Zünden und das dünne Feuerbett der ausbrennenden Kohle bekommt so viel Luft, daß es Krater bildet. Ungleicher Luftüberschuß bringt außerdem Verluste. Wanderzonenroste mit wandernden Zonen in großer Zahl teilen die Luft noch feinstufiger zu[5]. **Feuerraum** Höhere Rostbelastung erfordert zum Wandeln und Ausbrennen der entwickelten Gase längeren Flammenweg, dadurch Feuerräume, die 4 statt 3 m hoch sind und bei gasreicher Kohle bis 5 m, damit die Kohlenwasserstoffe Zeit zum Zerfallen haben. Das hat zunächst die Feuerraumleistung von 400000 kcal/m³ auf 100000 gesenkt, sie steigt aber, unter anderem durch Luftvorwärmung, bei Strahlungskesseln wieder auf den früheren Wert[6]. Die hohe Schicht der Feuerraumgase strahlt Wärme auf den Rost und ersetzt Zündgewölbe. Im gewölbelosen Feuerraum fehlen aber mischende Gaswirbel. Zum Durchwirbeln bläst man 5% Wirbelluft ein[7] und macht ferner den Flammenweg nicht größer als zum Ausbrennen nötig ist und formt ihn strömungstechnisch so, daß Wirbel entstehen. **Durchzünden[8]** Der Zündvorgang durchdringt die Brennstoffschicht des Wanderrostes bei Steinkohle nur 5—10 mm minutlich. Wasserreiche Rohbraunkohle entzündet sich erst, wenn sie trocken ist. Auch in Sonderfeuerungen mit Vortrocknung erreicht sie je Meter Breite nicht über 7 t/h[9] Dampfleistung, sie zündet nur langsam durch. Flugkoksglut, die abgesaugt und unter die Kohleschicht auf den Wanderrost

[1] Thau, Heinze: Z. VDI 1931 S. 913; 1935 S. 92. — [2] Bleibtreu: Arch. Wärmewirtsch. 1931 S. 244. [3] Schulte: Arch. Wärmewirtsch. 1932 S. 301, 1933 S. 37. — [4] Presser: Glückauf 1929 S. 984. — [5] Marcard, Presser: Z. VDI 1934 S. 801. — [6] Marcard: Wärme 1932 S. 397, 417. — [7] Schultes: Arch. Wärmewirtsch. 1935 S. 117. — [8] Rosin, Rammler: Arch. Wärmewirtsch. 1932 S. 117. — [9] Berner: Wärme 1929 S. 589.

Kosten der Kohlenverbrennung

(1929) Für gute Nußkohle und durchgehenden Betrieb ist der gewöhnliche Wanderrost am billigsten. Zonenroste haben durch ihre gesteigerte Durchsatzgeschwindigkeit mit 220 statt 110 kg/h m²-Leistung kleinere Anlagekosten, obgleich sie je m² teurer sind. Ihr hoher Kraftverbrauch für Unterwind verteuert aber den Dauerbetrieb. Im Achtstundenbetrieb ist der Zonenrost überlegen, weil seine niederen Anlagekosten stärker ins Gewicht fallen. Da die Feuerung billig ist und nur einen Bruchteil des Kessels und Industrieofens kostet, ist auch im Achtstundenbetrieb der Brennstoff noch zu $^4/_5$ an den Gesamtkosten beteiligt. Das mildert den Kosteneinfluß der Bauarten, solange die gleiche Kohle verfeuert wird. Um so stärker ist aber der Einfluß der Bauart, wenn sie zum Übergang auf billige Kohlensorten befähigt: Beim Verbrennen von Magerfeinkohle hat der Zonenwanderrost die Kohlenstaubfeuerung, besonders Zentralmahlanlagen geschlagen. Der Vorsprung verschwindet bei 24-Stundenbetrieb, wenn man die Mehrfracht durch größeren Kohlenverbrauch hinzurechnet (Zahlentafel S. 64). Waschberge, mit 2,— *M*/t bewertet, werden auf Schürrosten so billig verbrannt, daß sie Versand auf kurze Strecken vertragen, früher waren sie kaum auf der Grube verwertbar. Damit hat der Feuerungsbau die wichtigsten Sortenprobleme gelöst.

Brennstoff		Fettnußkohle			Waschberge	Magerfeinkohle		
kostet 1929 ab Grube	*M*/t	20,30			2,—	12,70		
Heizwert	*kcal/kg*	7400			3000	7200		
davon in den Feuergasen	%	93			80	94		90
	kcal/kg	6900			2400	6800		6500
Verfeuert auf		Wanderrost mit Zonen-Unterwind	Wanderrost ohne Zonen-Unterwind	Stoker (Unterschubfeuerung)	Schürrost	Staubfeuerung Einzel-Mahlanlage	Staubfeuerung Zentral-Mahlanlage	Wanderrost mit Zonen-Unterwind
Gibt normale m²-Leistung	*kg/m²h*	220	110	175	590			150
Leistungsabhängige Kosten								
Anlagekosten								
Rost allein je m²	*M*	3200,—	2200,—	3700,—	5000,—			3200,—
Ganze Feuerung je m²	*M*	4100,—	2600,—	4700,—	6000,—			4100,—
je kg/h Kohlenleistung	*M*	19,—	24,—	27,—	10,—	37,—	43,—	27,—
je t Jahresvollast	*M*	2,20	2,70	3,10	1,20	4,20	4,90	3,10
17% Kapitaldienst, wenn 100% ausgenutzt	*M*/t	0,37	0,46	0,53	0,20	0,71	0,83	0,53
Arbeitsabhängige Kosten								
Antriebskraft	*M*/t	0,95	0,55	1,20	0,30	1,30	1,45	0,90
Löhne	*M*/t	0,60	0,60	0,60	0,25	0,60	0,60	0,55
Instandhaltung	*M*/t	0,60	0,60	0,55	0,25	0,55	0,50	0,55
Insgesamt	*M*/t	2,15	1,75	2,35	0,80	2,45	2,55	2,—
Gibt zusammen Feuerungskosten								
wenn 100% ausgenutzt	*M*/t	2,55	2,20	2,90	1,—	3,20	3,40	2,55
Betrieb an 300 Tagen mit $^2/_3$ Last und $^1/_3$ Reserve, 24 h tägl. = 41% ausgenutzt	*M*/t	3,05	2,85	3,65	1,30	4,20	4,55	3,30
8 h tägl. = 14% ausgenutzt	*M*/t	4,80	5,05	6,15	2,20	7,55	8,45	5,80
Wärmepreis für 7 Mill. kcal Feuergase (Heizwert von 1 t Durchschnittskohle) ohne Kohlenfracht								
24-Stundenbetrieb	*M*	23,70	**23,50**	24,30	9,50	17,40	17,80	**17,20**
8-Stundenbetrieb	*M*	**25,50**	26,—	27,—	12,—	21,—	22,—	**20,—**

Schulte: Weltkraftkonferenz 1930 Bd. 7 S. 113. Werte für 3 t/h Kohle = 24 t/h Dampf = 600 m² Kessel. Energieverbrauch für Speisepumpen und Verdampfer abgezogen, ferner Strompreis von 6 auf 4 *Pf* gesenkt als Mittelwert von Fremdstrom und selbsterzeugtem Strom.

geblasen wird, soll durch Zündkerne die Glut gleichzeitig von unten anfachen und dadurch mit Rohbraunkohle die Steinkohlenleistungen von 12 t/m-h erreichen (Arbatsky-Rost)[1]. Steinkohle muß mit kalter Verbrennungsluft zusammen 22,4% ihres Heizwertes[2] aufnehmen,

Zündkerne

Vorgewärmte Luft

[1] Praetorius: Braunkohle 1931 S. 267. — [2] Marcard: Rostfeuerungen, 1934 S. 45.

ehe sie zündet, magere Kohle noch mehr, da sie zum Zünden noch heißer sein muß. Da der Hauptteil dieser Wärme zum Erhitzen der Luft dient, zündet vorgewärmte Luft besser. Die wirtschaftliche Vorwärmgrenze von 400° erreicht man nur bei Kohlenstaub, beim Rost geht man auf 200°, weil er sonst zu heiß wird. Beim Zonenrost kann man die Temperatur in der Zündzone steigern.

Kohlenstaub-sonder-feuerungen S. 23

Für Rohbraunkohle wurde die Mühlenfeuerung (Krämer) entwickelt, durch die sich Kohlenstaubfeuerung für nasse Rohkohle lohnen kann, weil teure Trockner entfallen (S. 23). Sie läßt sich auch wechselweise mit Schwelkoks oder feinkörniger Steinkohle betreiben. Für Steinkohlenrohstaub bis 3 mm Korngröße und 3% Feuchtigkeit gibt es Feuerungen (Hold), die diesen Rohstaub unvermahlen verbrennen[1].

Elastizität

Träge Feuerungen, wie es die früheren Roste waren, hatten Ausbrand- und Anheizverluste durch das nächtliche Abstellen. Beides wurde von der Feuerungsseite zuerst von der Kohlenstaubfeuerung überwunden, die sich wie Gasbrenner an- und abstellen läßt. Die tiefste Last, bei der sie noch zündet, ist aber z. B. $^1/_3$ der Vollast. Darunter muß man sie abstellen. Wanderroste mit dichten Zonen und leicht bedienbarer Luftzufuhr kommen durch Anblasen des Rostes in weniger als 1 min von $^1/_2$-Last auf Vollast und nach 12 h Stillstand in $2^1/_2$—4 min von 0-Last auf Vollast[2]. Sie übertreffen die Staubfeuerung und lassen sich außerdem bis Leerlauf herunter betreiben.

Asche[3]

Durch den leistungshemmenden Einfluß der Asche wird nicht nur die Feuerung, sondern auch Industrieöfen und Dampfkessel schlecht ausgenutzt, die ein Vielfaches der Feuerung kosten. Asche vermindert die Wärmeleistung, weil sie die Heizflächen verlegt und Schlackenrücksichten zu tieferen Feuertemperaturen zwingen. Außer der Aschenmenge ist das Ascheverhalten entscheidend. Hohe Schmelztemperaturen sollen verhindern, daß sich tropfbare Schlacke auf dem Rost bildet und daß bei Staubfeuerung die Kesselleistung wesentlich gesenkt werden muß, damit die Flugasche nicht flüssig Mauerwerk und Heizrohre erreicht und sie verschlackt. Dies ist bei staubgefeuerten Großkesseln so hemmend, daß man bei Sonderbauarten die Schmelztemperatur überschreitet und die Schlacke flüssig abzieht. Ganz aschefreie Kohle würde schlecht zünden und die Roststäbe verbrennen. In Städten kann der Abtransport der wertlosen Kohlenstaubasche bis 3 *M*/t kosten, der Verkauf der verwertbaren Rostasche umgekehrt 3 *M*/t einbringen.

Schürroste S. 21

Für Waschberge[4] mit 35 bis äußerst 70% Asche sind Schürroste wirtschaftlich. Bei 68 statt 40% Asche geht die Dampfleistung um 30% zurück. Der immer noch hohe Wirkungsgrad von 80% verhindert, daß nicht noch mehr Brennstoff zu verarbeiten und Asche wegzuschaffen ist. Das würde die wirtschaftliche Grenze senken, nicht weil der Brennstoff zu teuer käme, aber weil es zuviel kosten würde, ihn zu verarbeiten.

Abbaugrenze S. 5

Bei Braunkohle tritt das Problem auf, ob man aschereiche (oft auch salzhaltige) Schichten abräumen oder verfeuern soll. Zwischen 5 und 24% Asche sinkt je % Asche die Wärmeleistung um 2,5%, der Wirkungsgrad um $^3/_4$%. Da schon bei guter Rohbraunkohle 3mal mehr Gewicht als bei Steinkohle zu verarbeiten ist, rechnet der Aschetransport stärker und begrenzt oft den Abbau auf 16% Aschegehalt[5].

5. Wärme

Hohe Durchsatzgeschwindigkeit kcal/m²h

Es genügt nicht, die Wärme aus dem Brennstoff durch Verbrennen zu entwickeln, Wärme wird erst nutzbar, wenn sie im Fabrikationsprozeß direkt oder durch Heizflächen auf das Gut übergeht. Die Durchsatzgeschwindigkeit, mit der das geschieht, ist entscheidend für Größe und Kosten der Übertragungsapparate (Heizflächen, Feuergewölbe, Kochbehälter) und der Fabrikteile, die damit zusammenhängen (Fördermittel, Mauerwerk, Gebäude). Darüber hinaus wird der Wärmeverbrauch beeinflußt: Nur bei hoher Wärmeleistung je Quadratmeter Heizfläche läßt sich Abwärme weitgehend wirtschaftlich ausnutzen und Wärme durch hintereinander geschaltete Verdampfer mehrfach verwenden und damit der Verbrauch auf einen Bruchteil senken. Ausnutzen der Strahlung bei Feuertemperaturen, schnelle und wirbelnde Strömung bei tiefen Temperaturen, Bekämpfen der isolierenden Wasserhaut bei kondensierendem Dampf steigern die Wärmeleistung. Während man früher annahm, daß nur feste Körper und „fette“ Flammen Wärme strahlen — glühendes Mauerwerk, das Feuerbett des Rostes, der glühende Kohlenstaub und die „leuchtende“ teerhaltige Flamme —

Ausgenützte Gasstrahlung

---

[1] Haller: Arch. Warmewirtsch. 1934 S. 43. — [2] Schulte, Presser, Lang: Arch. Wärmewirtsch. 1931 S. 287, 1932 S. 283. — Rosin, Rammler, Stimmel, Kauffmann: Arch. Wärmewirtsch. 1930 S. 123, 387. [3] zur Nedden, Gropp, Marcard: Arch. Wärmewirtsch. 1931 S. 66—90. — [4] Hergt: Elektr.wirtsch. 1931 S. 8. — [5] Rosin, Quack: Arch. Wärmewirtsch. 1932 S. 304.

berücksichtigt man jetzt die Gasstrahlung[1] der CO_2- und H_2O-Dämpfe, indem man für dicke Gasschichten sorgt, die glühendes Mauerwerk und leuchtende Flammen ersetzen können. Gasstrahlung wirkt auch noch bei tiefen Temperaturen durch die Gasschichten zwischen den Rohrbündeln von Kesseln, besonders bei der wasserhaltigen Braunkohle[2].

Wärmeschutz

Durch Wärmeschutz sucht man den Wandverlust an die Umgebung einzuschränken, der bei Industrieöfen bis 50%, bei Kesseln bis 5% beträgt und auf ein Vielfaches ansteigt, wenn die Wand periodisch auskühlt: Bei Industrieöfen, wenn der Ofen nachts stilliegt oder periodisch mit dem Gut zusammen auskühlen muß, bei Dampfkesseln, wenn durch undichte Rauchgasschieber stillgelegte Kessel nachts von innen auskühlen[3].

Wärmeverbrauch kcal/kg

Nur in seltenen Fällen wird die Industriewärme wirklich chemisch verbraucht, wie beim Reduzieren von Erz zu Eisen im Hochofen. Sonst werden Gut und Hilfsstoffe, wie Wasser und Luft, nur physikalisch erwärmt und es ließe sich aus ihnen theoretisch beim Abkühlen die ganze Wärme zurückgewinnen. Ebenso steckt grundsätzlich beim Trocknen und Verdampfen die ganze aufgewendete Wärme in den abziehenden Brüden. Die theoretische Grenze für den Wärmeverbrauch der Industrie ist „Null" bis auf Ausnahmefälle. 100% des Verbrauchs lassen sich theoretisch wiedergewinnen[4], praktisch liegt die Grenze dort, wo die Sparmaßnahmen teurer sind als die ersparte Wärme. Wenn man dagegen als nutzbar die Wärme ansieht, die zum Erreichen der höchsten Prozeßtemperatur notwendig ist, kann der Wirkungsgrad bei gut verwerteter Abwärme z. B. in Kalköfen über 100% steigen.

100% theoretisch wiedergewinnbar

Industrieöfen

S. 29—35

Brennstoffe

Kohle kann bis 1400° in Flammöfen Metalle wärmen und Steine brennen. Im Schachtofen mit Schmelzgut gemischt erreicht Koks 1500°. Das Schmelzen von Stahl und Glas im Flammofen braucht aber Flammen über 1500°, sie entstehen nur durch Vergasen der Kohle und Vorwärmen von Luft und Gas auf 1000°. Die Chemie braucht Temperaturen über 2000° und elektrolytische Energie. Beides ist der Elektrizität vorbehalten. Beim Hauptstromverbraucher, Stickstoff, hat man hohe Temperaturen durch hohe Drücke ersetzt. Früher brauchte man je Kilogramm Stickstoff 80 kWh Elektrowärme, jetzt statt dessen bei der Stickstoffsynthese nur 8 kWh Kraft hauptsächlich um die hohen Drücke zu erzeugen, wozu noch Kohle oder Kokereigas als Rohstoffe kommen. Umgekehrt geht die Metallurgie dazu über, Kohle durch Gas und Elektrizität zu ersetzen. Den Anlaß bieten die verbesserten Hochöfen, die mehr Gichtgas und Koksöfen, die mehr Kokereigas abgeben. Gichtgas ist so heizschwach (900 kcal/m³), daß es sich nicht wirtschaftlich fernleiten läßt und daß es die Flammentemperaturen von vergaster Kohle nicht erreicht. Im Eisenwerk selbst kann Gichtgas aber Kohle in allen Öfen mit Ausnahme des Stahlschmelzofens ersetzen. Außerdem erzeugt Gichtgas billigen Strom. Das regte dazu an, die edelsten Produkte in Elektroöfen zu erzeugen, statt für den Strom Absatz zu suchen. Um auch Stahl mit Gichtgas zu schmelzen, mischt man $^1/_3$ Kokereigas von 4100 kcal/m³ zu und erhält Mischgas von 1800 kcal/m³, das höhere Temperaturen erreicht als vergaste Kohle (1300 kcal/m³). Ungemischtes Kokereigas wird auch in Schmelzöfen kalt verbrannt, weil es sonst zerfällt. Es braucht mehr Luft zum Verbrennen. Das Vorwärmen der Luft allein auf über 1000° kühlt die Rauchgase fast so stark ab wie bei vorgewärmtem Generatorgas und durch die heißere Flamme sinkt der Wärmeverbrauch. Damit können alle Industrieöfen ohne Kohle auskommen. Entscheidend für die Frage, ob die Werke Kohle verbrennen, Generatorgas erzeugen, Kokereigas als fertiges Ferngas beziehen oder elektrisch heizen sollen, sind außer dem Energiepreis die Ofenleistung, Verluste und Nebenkosten. Eine Übertemperatur der Flamme gegen das Gut muß die Wärme auf das Gut übertragen und ins Innere eindringen lassen. Mit 100° Übertemperatur durchwärmen Eisenblöcke in 4—15 min je Zentimeter Dicke. Bei Bolzen verkürzen je 60° die Wärmzeit bis auf die Hälfte[5]. Es genügt ferner nicht, daß die Quadratmeterfläche des Herdes ausreicht, auch die flammenbespülte Oberfläche des Wärmgutes muß groß genug sein. Bespülen von oben und unten gleichzeitig senkt die Wärmzeit auf $^1/_4$ und im fließenden Drahtofen ist das Gut allseitig umspült[6]. Bei den hohen Temperaturen gehen bis 80% der Wärme durch Strahlung über, nur 20% durch Leitung. Kohlen und ungereinigtes Generatorgas geben beim Heizen leuchtende Flammen, die beim gleichen Temperaturunterschied bis zu 4mal[7] mehr Wärme strahlen als die nicht leuchtende Kokereigasflamme. Dafür erreicht aber die Kokereigasflamme höhere Temperaturen, was die Strahlung steigert, besonders wenn man außerdem durch dicke Gasschichten die Gasstrahlung ausnutzt. Bei Schmelzöfen ist

Elektrochemie

Metallurgie

Gichtgas

Kokereigas

Ofenleistung

[1] Schack: Wärmeübergang, 1929. — [2] Münzinger: Dampfkraft 1933, S. 74, 212, 213. — [3] Praetorius: Arch. Wärmewirtsch. 1925 S. 29. — [4] Stein: Regelung, 1926 S. 4. — [5] Anhaltszahlen Eisenhütten 1931 S. 45. — [6] Schack: Arch. Eisenhütten 1931/32 S. 206. — [7] Trinks: Industrieöfen, 1928 Bd. 1 S. 28.

Der Wärmewiderstand der die Durchsatzgeschwindigkeit von Heizflächen begrenzt, entsteht 1. beim Übergang der Wärme vom Heizstoff an die Heizwand, 2. beim Durchgang durch die Heizwand, besonders wenn sie schlecht leitend, dick oder verschmutzt ist, 3. beim Übergang von der Heizwand an den beheizten Stoff. Sind die drei Widerstände sehr verschieden groß, dann ist der größte Widerstand, d. h. der kleinste der drei Übergangs- oder Durchgangswerte entscheidend und die übrigen beiden sind belanglos. So bildet sich bei gasförmigen Stoffen auf der Rauchgasseite der Dampfkesselheizflächen immer der entscheidende Widerstand, wogegen der Übergang auf der Dampfseite und der Durchgang durch die Eisenrohre verschwindet. Kesselstein wird bekämpft, weil sich die Kesselrohre gefährlich erhitzen können, nicht weil die Durchsatzgeschwindigkeit zurückgeht. Dagegen hat 1 cm Flugasche auf den Rohren ebenso hohen Widerstand wie der Wärmeübergang von Rauchgas an das Kesselrohr, die Durchsatzgeschwindigkeit sinkt also auf die Hälfte. Bei Wasservorwärmern und Kondensatoren sind die Wärmeübergänge so gut, daß dünnwandige, gut leitende und nichtrostende Messingrohre mehr leisten als Eisenrohre und das Beseitigen des Kesselsteins großen Einfluß auf die Durchsatzgeschwindigkeit hat. Beim Rekuperator bietet der Wärmedurchgang durch die Schamottewand ähnlichen Widerstand wie die Wärmeübergänge, beim Eisenrekuperator fällt dieser Widerstand praktisch weg, ferner kann man die Gase schneller strömen lassen, beides erhöht die Durchsatzgeschwindigkeit.

Den Wärmeschutz isolierter Dampfrohre soll man nicht überschätzen: Für den Vergleich mit dem nackten Rohr ist nicht der Wärmeübergang von Dampf innen (10000), sondern der umgebenden Luft außen (10) maßgebend. Isolierstoffe lassen dagegen bei Rohrleitungen und Öfen nur 1 kcal/m² h °C, bei Wärmespeichern nur 0,6 kcal/m² h °C durch.

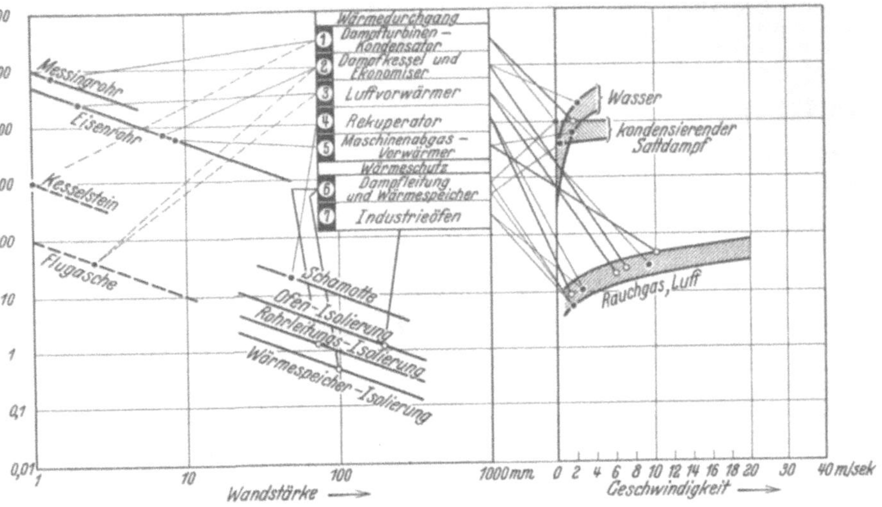

Wärmeleitung durch Heizwände und Isolierungen bei verschiedener Wanddicke

Wärmeübergang an Heizflächen bei verschiedener Stromungsgeschwindigkeit

das kalte Kokereigas in der höchsten Flammentemperatur mit 2300° gegen 2200° bei vorgewärmtem Generatorgas nur wenig überlegen, die heißere Kokereigasflamme leistet deshalb in Schmelzöfen nicht mehr als die leuchtende Generatorgasflamme[1]. Große Leistungssteigerung und Wärmeersparnisse entstehen aber bei Glühöfen[2] durch Übergang von Kohle mit höchstens 1600° heißer Flamme auf Kokereigas, das schon mit Kaltluft 1900° erreicht. Kokereigas ist stark überlegen für periodisch arbeitende Öfen, die oft nur 10% ausnützen, weil ihr Abgas ungenutzt entweicht.

Vorwärmen und Abkühlen des Gutes

Kontinuierlich arbeitende Öfen können auch bei Kohle 30—85% der Wärme ausnutzen: Das Abgas wärmt das eintretende Gut vor und entweicht kälter. Wenn man außerdem das Gut kalt aus dem Ofen entnehmen kann, weil sich das Verarbeiten im Ofen selbst vollzieht, kann das abkühlende Gut Brennluft vorwärmen oder in keramischen Betrieben[3] sogar Fremdluft für Trockenzwecke.

Wärmofen mit Luftvorwärmung

Die Arbeitsräume vieler Hüttenöfen geben aber Abgas mit über 900° ab (Zahlentafel S. 96). Die Kohlenheizung gibt zwar genügend heiße Flamme, aber die eiserne Rostfeuerung verbietet, die Luft höher als bis 300° vorzuwärmen. Der Übergang zu Generatorgas kann den Wirkungsgrad z. B. von 27 auf 39% steigern, wenn man das Rauchgas in Luftvorwärmern abkühlt, die sich bis 900° gasdicht aus Edelstahl herstellen lassen. Trotzdem gilt als Hauptvorzug des Kokereigases, daß es unter Fortfall aller Vorwärmer[4] bei gleichen Verhältnissen 43% Wirkungsgrad erreicht und erst in Einzelfällen[5] geht man dazu über, bei Kokereigas Luftvorwärmer für Öfen unter 1000° anzuwenden. Mit Luftvorwärmern erreicht Kokereigas z. B. fast

[1] Matejka: Stahl u. Eisen 1932 S. 482. — [2] Lent: Stahl u. Eisen 1930 S. 505. — [3] Gerbel-Reutlinger: Kraft u. Warme 1930 S. 183. — [4] Lent: Stahl u. Eisen 1930 S. 354. — [5] Lent: Gas- u. Wasserfach 1931 S. 907.

Größenordnung der Wärme-Durchsatzgeschwindigkeit

hängt außer vom Temperaturunterschied vom Wärmeübergang k ab, der bei Gasen mehr als 100mal schlechter als bei Flüssigkeiten ist, wenn nicht wie im hohen Temperaturgebiet und besonders bei leuchtender Flamme der Übergang durch Strahlung hinzukommt, der bei Industrieöfen 4mal, bei Kesseln 3mal stärker sein kann als durch Beruhrung. Am schlechtesten, oft unter $k = 10$, ist der Wärmübergang bei Heizflächen mit gasförmigen Stoffen auf beiden Seiten. Das gilt für Lufterhitzer, die Abgaswärme von Industrieöfen, Kesseln und Brennkraftmotoren verwerten, ferner für Kokereiöfen und endlich für Zimmeröfen, bei denen geringe Strömungsgeschwindigkeiten den Wärmeübergang noch weiter verschlechtern und ihn auf die Werte isolierter Rohrleitungen herunterdrücken. Durch hohe Übergangszahlen von mehr als 1000 für strömende oder siedende wäßrige Lösungen sinkt das Temperaturgefälle beim Vorwärmen und Eindampfen so sehr, daß sich durch Hintereinanderschalten mehrerer Stufen die gleiche Wärme mehrmals verwenden läßt. Beim Trocknen ist der Übergang schlechter, besonders bei Heißluft; deshalb ist Trockenwärme praktisch nur selten wiedergewinnbar.

	Art der Anlage	Beteiligte Stoffe	Heiße	Kalte	Wärmeubergang insgesamt k	davon Strahlung	davon Beruhrung	Temperaturgefalle Δt_m	Durchsatzgeschwindigkeit (m²-Leistung)
			Seite des Wärmeflusses						
			°C		kcal/m²·h·°C			°C	kcal/m²·h
1	Schmelzofen	Feuergas an Schmelzgut	1800	1600	35			200	7000
2	Wärmofen[1] an Wärmgut	Feuergas an Herd-Grundfläche	1350—1250	15—1200	100	80	20	700	70000
	Wandverluste	Wand außen an Luft	275	25	18	12	6	250	4500
3	Kokereiofen	Feuergas an Kohle durch Schamottewand	1300	20— 950	7			550	4000[2]
4	Ofenabwärme-Verwerter	Rauchgas an Luft							
	Eisen-[3] Rekuperator		750—400	20— 600	14			270	3800
	Stein-[4] Rekuperator		800—400	20— 500	4,5	0,4	4,1	330	1500
	Regenerator[5]		1400—300	100—1050	7,5	1,5	6	255	1900
5	Motorabwärme-Verwerter[6] Lufterhitzer	Kühlwasser an Luft	80— 40	15— 65	35	0	35	20	700
		Auspuffgas an Luft	300—150	65— 85	12	0	12	150	1800
6	Dampfkessel[7]	Rauchgas an Wasser	1260—470	250	45	34	11	675	30000
	davon: Kühlfläche		1260	250	67	67	0	1000	67000[8]
	Vorheizfläche		1260—800	250	34	17	17	760	26000
	Nachheizfläche		520—470	250	21	7	14	240	5000
7	Wasser-Vorwärmer[9]	Dampf an Wasser	100	20— 90				45	
	stehend				1650	0	1650		75000
	liegend				2240	0	2240		100000
8	Kondensator[10]	Kondensierender Dampf an Wasser	30	15— 25	2500	0	2500	10	25000
9	Verdampfer[11]	Dampf an Wasser	160	130—150	1500	0	1500	20	30000
10	Trockner[12] Dampf	Dampf an Gut und Trockenluft	130	40	50	0	50	90	4500
	Heißluft	Heißluft an Gut	50—40	35	10	0	10	10	100

[1] Trinks: Industrieöfen, Bd. 1 1928. — Schack: Wärmeübergang, 1929. — [2] Litinsky: Öfen, 1928 S. 270. — [3] Rummel: Stahl u. Eisen 1932 S. 562. — [4] Schack: Wärmeübergang, 1929 S. 349, 351. — [5] Schack: Wärmeübergang, 1929 S. 354. — [6] Balcke: Abwärmetechnik, 1928 Bd. 2 S. 76. — [7] Münzinger: Dampfkraft, 1933 S. 124. — [8] Bezogen auf ganze Kühlrohrfläche. — [9] Balcke: Abwärmetechnik, 1928 Bd. 1 S. 73, 74. — [10] Balcke: Kondensatwirtschaft, 1927 S. 75. — [11] Hausbrand-Hirsch: Verdampfen, 1931. — [12] Hirsch: Trockentechnik, 1932 S. 82, 392.

70% und kommt den elektrischen Wärmöfen nahe, die keinen Abgasverlust haben und deshalb 76% der Wärme ausnutzen, fast 3mal soviel wie Kohleöfen. Dabei ist vorausgesetzt, daß Gasöfen den Vorsprung der Elektroöfen einholen und den Arbeitsraum ebensogut isolieren und ausnützen. Obgleich das Umwandeln von Kohle in Elektrizität den Energiepreis auf das Vielfache steigert,

Elektrische Wärmöfen

Brennstoffbeheizte Öfen zum Schmelzen, Wärmen und Brennen sind Hauptverbraucher der Eisen- und Steinindustrien, die 27% der deutschen Kohle verbrennen. Die Kohle wird zum Teil vergast und neuerdings durch Gichtgas und Kokereigas (Ferngas) ersetzt, zu einem sehr kleinen Teil durch Elektrizität. Der Kohlenverbrauch steigt mit Temperatur und Wärmdauer und erreicht durch Schutzkapseln, die bei Porzellan (i) mit zu wärmen sind, das 3fache Warengewicht. Aus Eisenwerksöfen (b—d) und Glasöfen (h) wird das Gut zum Verarbeiten heiß entnommen, ihr Wirkungsgrad liegt unter 30%. In Tunnelöfen (e) wärmen die Abgase das Gut vor. Wo sich die Fertigung im Ofen selbst vollzieht, wärmt außerdem das abkühlende Gut die Brennluft vor. Wenn man die ganze Wärme zum Erhitzen auf höchste Ofentemperatur und zum Wandeln als Nutzwärme ansieht, steigt der Wirkungsgrad weit über 30%, besonders hoch beim Kalkofen (f) durch die Heizwirkung der ausgetriebenen Kohlensäure. Beim Rundofen (g) fur Schamotte bleiben die Abgase ungenutzt, deshalb steigt der Wirkungsgrad nicht über 30%. Siehe auch S. 29—35.

		Höchste Temperatur des Gutes	Energie je t Produkt				Ofenleistung in kg/h Ware je m² Herd	Dauer in Stunden	Wirkungsgrad z. B. rund	Warenpreis 1929	davon Brennstoff	Anteil am deutschen Kohlenverbrauch 1929
			Kraft	Wärme Mill. kcal theoretisch	Wärme Mill. kcal praktisch	Wärme kg Steinkohle						
		°C	kWh/t	z. B. etwa					%	M/t	%	%
a	**Eisen**[1]		[3]							[3]		[9]
	Hochofen	1600[2]	50	3	7	1000	1300		40	80	30	
b	Schmelzöfen					[1]	[1]					
	Stahlöfen (Siemens-Martin)	1600		0,3						105		
	beheizt durch											
	vergaste Kohle				1,8	250	200	6	15			
	Gichtgas mit Kokereigas gemischt				1,4				20		3,5	
	Gußeisen	1400	Nur Transportenergie	0,25	0,85	120	8000		30	300	1	einschließlich Erz und Metall 20,8%
c	Walzwerksöfen											
	Tiefofen	1200								105		
	warmer Einsatz				0,14	20	1500	2			0,3	
	kalter Einsatz.				0,7	100	600	6	30		1,5	
	Stoßofen (stetiger Betrieb)	1300		0,2						130		
	warmer Einsatz				0,5	70	450				1	
	kalter Einsatz.				0,7	100	300	2	30		1,5	
d	Schmiedeofen (gut ausgenützt)	1100		0,2	0,7	100	300	0,5	25	150	1,5	
	Glühöfen	900		0,15								
	Fließfertigung				0,3	40			50			
e	Rohre im Tunnelofen . .				0,4	60	200	0,5	35	300	0,3	
	Stahlguß im periodischen Ofen				1,4	200	100	10	10	500	1	
	Gußeisen im Temperofen[10]	1000		0,2	10	1500		1 Woche	2	800	3,5	
	Trockenofen für Gußformen	250			0,7	100		15	30			
	Baustoffe[6, 7]		[5]	[6]		[4]	[4]					
	Brennen von Zement (trocken)	1450	100	0,75						50	10	
	im Drehrohrofen.				1,6	230	40		45			
	Schachtofen				1,2	170	(je m³ Ofen)		60			
f	Kalk im Schacht- oder Ringofen	1200	Nur Transportenergie	1,2	1,4	200	150		85	25	20	4,6%
	Mauerziegel im Ringofen . .	1000		0,25	0,4	60			60	10	10	
g	Schamotte	1350		0,5								
	im Rundofen				1,7	250			30			
	„ Gaskammerofen . . .				1,1	150			45			
h	Schmelzen von Glas	1500								350	4	
	im Hafenofen				6	850	12		10			
	„ Wannenofen[8]				4	600	20		15			
i	**Keramik**[5]						Gewicht von Kapsel/Ware					1,6%
	Brennen in Schutzkapseln (ohne Abhitzeverwertung)					[5]						
	Steingutgeschirr	1200			17	2500		12		600	10	
	Porzellanisolatoren	1400			14	2000	3 : 1					27%
	Porzellangeschirr.	1400			21	3000	6 : 1	24	4			

[1] Anhaltszahlen für Eisenhüttenwerke, 1931 S. 25, 47—59, 65. — [2] Eisenhütte 1930 S. 327. — [3] Eisenhüttenwesen, 1929 S. 269. — [4] Ruhrkohlenhandbuch, 1932 S. 184, 192, 198. — [5] Gerbel-Reutlinger: Kraft und Wärme, 1930 S. 194, 200. — [6] Steger: Keramische Industrie, 1927 S. 128, 136. — [7] Bußmeyer: Zementindustrie, 1931 S. 26, 45. — [8] Lamort: Glasschmelzöfen, 1932 S. 172. — [9] Stahl u. Eisen 1930 S. 1046. — [10] Kohlebeheizter Kammerofen. Tunnelofen siehe S. 31.

Zu Seite 95:

[1] Statist. Jb. 1932 S. 48*, beachte [10], S. 53*, 69*. — [2] Pollitt: Weltkraftkonferenz 1930 Bd. 2 S. 148, 151. — [3] Gerbel-Reutlinger: Kraft u. Wärme 1930, gilt für 1927. — [4] Gerbel-Reutlinger: Kraft u. Wärme 1930, gilt für 1913. — [5] Brückner: Z. VDI 1931 S. 94. — [6] Sander: Gas- u. Wasserfach 1932 S. 326. — [7] Taussig: Kalziumkarbid, 1930 S. 236, 444. — [8] Knoops, Simon: Elektr.-Wirtsch. 1931 S. 91, 288. — [9] Engelhardt: Weltkraftkonferenz 1930 Bd. 1 S. 318, 337. — [10] Engelhardt: Weltkraftkonferenz 1930 Bd. 1 S. 390. — [11] Sisco-Kriz: Elektrostahl 1929 S. 129, 151—155. — [12] Anhaltszahlen für Eisenhüttenwerke, 1931 S. 65. — [13] Der tatsächliche Stromverbrauch war 1929 etwas geringer, weil die Kompressoren der Stickstoffindustrie teilweise nicht elektrisch arbeiten: 6,55 Mrd. kWh, genau zur Hälfte aus öffentlichen Werken (Elektr.-Wirtsch. 1930 S. 518) und aus Eigenanlagen (Wirtsch. u. Statist. 1930 S. 486). — [14] Knoops: Elektr.-Wirtsch. 1934 S. 229. — Z. VDI 1934 S. 1428.

Elektrochemie und Elektrometallurgie

Chemische Rohstoffgewinnung braucht in Deutschland $^1/_5$ der gesamten erzeugten Elektrizität (1929). Stickstoff hat den größten Verbrauch, aber nur $^1/_5$ davon (Kalkstickstoff) ist Elektrowärme; die Synthese braucht Elektrokraft. USA. erzeugt nicht halb soviel Stickstoff wie Deutschland, benutzt aber zum Veredeln allein für Hüttenöfen 5,7 Mrd. kWh[8] Elektrowärme zu 5,3 *Pf*/kWh (1929) gegen 1,3 Mrd. in Deutschland (1933). Siehe auch S. 33.

Produkt	Verfahren	Energiekosten je kg Produkt: Strom	Energiekosten je kg Produkt: außerdem Brennstoff	Energiekosten: Warenpreis 1929	Grenzstrompreis	Energiekosten in % des Warenpreises	Jahreserzeugung 1929: Deutschland	Deutschland	USA.	Welt	Welt
		kWh	*Pf*	*Pf*	*Pf*/kWh		1000 t	Mrd. kWh	1000 t	1000 t	%
Chemische Gewinnung											
Stickstoff[1,2,5]	(Zahlen sind bezogen auf kg Reinstickstoff)	[2]	[5]	[1]	etwa	bis	etwa[5,6]	etwa		etwa[2,6]	
Ammoniak	Synthese aus: vergaster Kohle	6	2,3 (5,7 kg Braunkohle)	50	2,5	35	500	3,0		800	36
	elektrolytischem Wasserstoff	14	—	50	0,5	15	—	—		120	5
	Kokereigas	2,9[5]	12 (7 m^3 Gas)	50	1,6	35	50	0,15		60	3
zuzüglich	Umwandeln in Ammonsulfat	+2	—	+40	2	10	(350)	0,7			
Kalkstickstoff (Cyanamid)	aus Karbid (Elektrowärmeofen)	12	7,5[2] (3 kg Koks)	90	1	20	95[1]	1,1		260	12
Luftsalpeter	mit Lichtbogen	80	—	90	0,5	45	—	—		20	1
Ammonsulfat	als Nebenprodukt von Kokereien und Gaswerken	—	—				125	—		475	22
Chilesalpeter	—	—					—	—		465	21
							770	4,95	300	2200	100
Karbid[7]	außer für Kalkstickstoff	4	1,5 (0,6 kg Koks)	30	1,5	25	110	0,4	125	600	
Chemie-Rohstoffe											
Chlorkali	Elektrolyse	3						0,55		410[4]	
Metalle											
Natrium	„	15						0,1			
Aluminium[1,9]	„	25	—	190	1,5	20	32	0,8	102	275	
Magnesium	„	20					2	0,04			
Zink, Nickel	„	4						0,01			
Eisen (Schweden)	elektrischer Hochofen	2,5	1,2 (0,35 kg)		0,8	20					
	gewöhnlicher Hochofen	—	3,5 (1 kg Koks)	10		35					
				Elektrochemie 1929:				6,85[13]			
Veredeln von Metallen[10, 11]											
Schmelzen											
Elektrostahl[8]		0,6		27	4	10	150	0,09	835	1500	
	Einsatz flüssig	0,4[11]									
	Einsatz fest	0,8[11]									
Gußeisen		0,6		45	4	5					
Aluminiumguß		0,4		190	4	1					
Messingguß		0,2		250	4	0,3		?			
Ferrosilizium	50%ig	6		25	2,5	60		0,12		200[3]	
	90%ig	15		55	2,5	70					
Ferromangan	80%ig	4		27	4	60					
Ferromolybdän	80%ig	15		800	4	10		0,01			
Wärmen (Glühen)											
Eisen[12]		0,3		12	4	1					
Metalle[10]		0,1		200		0,2		?			
Raffinieren[10]											
Elektrolyt-Kupfer		0,3		170	4	1	100	0,03	1900		
Galvanotechnik[10]	Elektrolyse							0,07			
				Elektroöfen 1933:				1,3[14]			

Wirkungsgradvergleich von Hüttenöfen

bei denen sich das Gut nicht durch Ofenabgas vorwärmen läßt. Je nach Brennstoff und Temperatur des Arbeitsraumes und der Abgase findet man Wirkungsgrade zwischen 18% (oft noch viel tiefer) bis zu 70%. Vorwärmen von Brennluft und Gas durch Ofenabgas steigert durch kälter abziehende Abgase den Wirkungsgrad und gibt heißere Flamme. Schmelzöfen brauchen über 1800° heiße Flamme, wozu man Kohle vergasen und Gas und Luft beide vorwärmen muß. Kokereigas ist so heizstark, daß es heißere Flamme und höhere Wirkungsgrade erreicht, obgleich man nur die Luft vorwärmen darf, weil das Gas beim Vorwärmen zerfallen würde.

Glühöfen erreichen mit vergaster Kohle nur höhere Wirkungsgrade, wenn man Vorwärmer anwendet. Kokereigas holt mit Vorwärmer fast die Elektroöfen ein und hat bei Öfen ohne Vorwärmer wesentlich besseren Wirkungsgrad als Generatorgas.

Elektroöfen haben die höchsten Heizwirkungsgrade, weil sie ohne Verbrennung, also ohne Abgasverlust arbeiten; trotzdem nutzen sie den Kohlenheizwert am schlechtesten aus, weil beim Erzeugen von Elektrizität aus Kohle $^4/_5$ der Wärme verloren gehen.

		Kohle 7000 kcal/kg	Generatorgas H_u = 1300 kcal/m³			Kokereigas (Ferngas) H_u = 4100 kcal/m³			Elektrizität 860 kcal/kWh
		mit Vorwärmung von[1]							
		—	—	Luft 800°	Luft + Gas 1000°	—	Luft 800°	Luft 1000°	
				Vorwärmer aus Eisen	Vorwärmer aus Stein		Vorwärmer aus Eisen	Vorwärmer aus Stein	
	Flamme Höchste Luftvorwärmung[1]	300°	1000° (1250° für vorgewärmte Luft. Bei 20% Falschluft 1000° für Gesamtluft.)						
	Kleinster Luftüberschuß	50%	10%						
a	Höchste Flammentemperatur	1600°	1600°	1900°	2200°	1900°	2200°	2300°	
b	**Schmelzofen**[2] (Siemens-Martin) Abgastemperatur hinter dem Ofen	**1800°**							
	hinter dem Vorwärmer			1450°	600°			650°	
	Ausgenütztes Temperaturgefälle (a—b)	—	—	450°	1600°			1650°	
	Wirkungsgrade: Beheizung	Umwandeln in Generatorgas	Temperaturgefälle deckt nicht einmal Wandverluste		38%			40%	90%
	Arbeitsraum				**55%**				
	Ofen nutzt aus Vorwärmer nutzt aus				9% 12%			11% 11%	50%
	Zusammen				21%			**22%**	**50%**
	Umwandeln von Kohle in Gas oder Elektrizität	Heißes Generatorgas 85%				Kokereiofen 89%			20%
	Vom Kohlenheizwert wird ausgenutzt	18%			18%			19%	10%
c	**Glühofen**[3] Abgastemperatur hinter dem Ofen	**950°**							
	hinter dem Vorwärmer			500°			300°		
	Ausgenutztes Temperaturgefälle (a—c)	650°	650°	1400°	—	950°	1900°	—	
	Wirkungsgrade: Beheizung	34%	44%	70%		54%	84%		95%
	Arbeitsraum	Gut isoliert und ausgenutzt 80%							
	Ofen nutzt aus Vorwärmer nutzt aus	27%	35%	41% 15%		43%	50% 17%		76%
	Zusammen	27%	35%	**56%**		**43%**	**67%**		76%
	Umwandeln von Kohle in Gas oder Elektrizität	—	[4] 70% (kaltes Generatorgas, große Leerlaufverluste)			89% (in Koks, Kokereigas, Teer und Benzol)			20%
	Vom Kohlenheizwert wird ausgenutzt	**27%**	25%	39%		38%	60%		15%

[1] Schack: Arch. Eisenhüttenwes. 1931/32 S. 199, 204. — Matejka: Stahl u. Eisen 1932 S. 481. — [2] Ruhrkohlenhandbuch, 1932 S. 185. — Anhaltszahlen Eisenhüttenwerke. — [3] Trinks: Industrieöfen 1928 Bd. 1 S. 109. — Rosin-Fehling: IT-Diagramm, 1929 S. 30. — [4] Lent: Stahl u. Eisen 1930 S. 354.

Grenzleistungswerte von Kesseln werden bei Kohlenstaubfeuerungen nur durch die Heizflächenleistung bestimmt. Roste können höchstbelastete Kessel nur bei Steinkohle voll ausnutzen. Braunkohlenroste leisten je m Kesselbreite so wenig, daß man bei 100 kg/m² Hochleistungskesseln auf den Heizflächengrenzwert von 200 m²/m verzichten muß, weil der Rost nicht 20 t/m hergibt. Kohlenstaubkessel nehmen im Preis mit der Leistung stärker ab als Rostkessel, so daß sie für größte Kraftwerke (USA.) am billigsten sein können. Man strebt danach, ihre Brennkammern so hoch wie bei Rostkesseln zu belasten, um Mauerwerk und Gebäudekosten zu sparen.

			Braunkohle	Steinkohle	Kohlenstaubfeuerung
			Rostfeuerung		
a	Heizfläche[1, 2] je m Breite	m²/m	nicht voll ausgenutzt	200	
	Trommellänge = größte Breite	m		10	
	ergibt für ganzen Kessel	m²	1500	2000	
	Rost verbrennt Kohle	kg/m²h	500	300[3] (250)	nicht begrenzt
	Kessel leistet kg Normaldampf je kg Kohle		3,1	10	
b	Rost verdampft	t/m²h	1,55	3[3] (2,5)	
c	Rostlänge	m	7	7	
	Breitenleistung[2]				
	Rost (b × c)	t/mh	11	20[3] (17,5)	
	Heizfläche bei Strahlungskessel mit 100 kg/m² Normaldampf × 200 m²/m	t/mh	geht nicht	20	**20**
	Grenzdampfleistung für rd. 10m breite Kessel (Einender)	t/h	120	200 (175)	200
	Brennkammerbelastung[2] (äußerste Werte)	kcal/m³h	450000	450000[4]	
	Luftgekühlte Wand				150000
	Wand teilweise Kühlrohre				200000
	Wand ganz mit Kühlrohren				250000
	Schlacke flüssig abgezogen				300000

[1] Marcard: Wärme 1932 S. 397. — [2] Münzinger: Dampfkraft 1933 S. 190, 196, 199, 237. — [3] Äußerste Werte, nur die eingeklammerten Zahlen lassen sich ohne übermäßigen Flugkoksanfall erreichen. — [4] Nur mit Kühlfläche, sonst 225000.

können elektrische Wärmöfen durch Ersparnis an Abbrand von Gut und Hilfsmitteln, an Lohn und Ausschuß wirtschaftlicher sein[1].

Wandverluste

Die hohen Temperaturen, die (außer beim Elektroofen) den Heizwirkungsgrad heruntersetzen, brauchen außerdem dicke Isolierwände, die neben dem Gut zu heizen sind und durch Arbeitsöffnungen strahlt Wärme aus. Die Wandverluste können ein Vielfaches der Nutzwärme sein, wenn langsames Wärmen notwendig ist, wodurch die Wände lange Zeit Wärme ausstrahlen, wenn der Ofen nachts stillgesetzt wird, oder wenn das Gut im Ofen abkühlen muß, wodurch die gespeicherte Mauerwerkswärme verlorengeht. Von diesen Fällen abgesehen sinkt oft der Wandverlust bei gut ausgenutzten und isolierten Öfen unter $^1/_4$ der Nutzwärme, d. h. $^4/_5$ gehen in das Gut und der Wirkungsgrad des Arbeitsraumes ist 80%.

Dampfkessel

S. 24—27

Bis 150⁰ Industriedampf statt Feuerhitze

Während man bei vielen Industrieöfen Kohle direkt verfeuert und nur teilweise zum edleren Brennstoff Gas übergeht, verwandelt man zum Heizen bis 150° die Kohlenenergie fast allgemein in Dampf oder Heißwasser. Dadurch entstehen hauptsächlich feste Kosten, was schlecht ausgenutzte Achtstundenbetriebe stark belastet. 26 *M*/t Steinkohle (1929) einschließlich Fracht bedeutet nur 3 *M*/t Dampf. Durch die übrigen Kosten steigt aber der Dampfpreis im Achtstundenbetrieb auf z. B. 6 *M*/t statt 4 *M*/t bei Dauerbetrieb (1929). Trotzdem lohnt sich der Umweg über Dampf. Sein guter Wärmeübergang führt zu kleinen Heizflächen der Apparate, die mit dem Kessel zusammen z. B. bei Trocknern kaum teurer sind als beim Heizen mit Feuergas[2]. Da der Dampf sich nicht abkühlt, sondern latente Wärme abgibt, sind die Heiztemperaturen im ganzen Apparat konstant und durch den Druck leicht regelbar. Es sind keine heißen Gase abzuführen und aus dem Temperaturgefälle läßt sich Heizkraft gewinnen. Hier und in Kraftwerken strebt man nach höheren Kesseldrücken, um durch höhere Temperaturen mehr Dampfwärme in Kraft umzusetzen. Das verteuert die Kessel nicht in dem Maß, wie man früher annahm[3].

Kraftwerke

Billiger Brennstoff ...

Nicht durch die Feuerung, sondern durch den Kessel, der bis zum 8fachen der Feuerung kostet, entstehen die hohen Festkosten, die den Betrieb schlecht ausgenutzter Anlagen verteuern (Zahlentafel S. 98). Das wirkt dem Übergang auf billige Brennstoffe entgegen. So bestechend die Preisspanne zwischen 18,70 *M*/t für magere Feinkohle statt 26,30 *M*/t für

[1] Paschkis: Arch. Eisenhütten 1928/29 S. 490. — [2] Bleibtreu: Kohlenstaubfeuerungen, 1930 S. 180, 181.
[3] Münzinger: Dampfkraft 1933 S. 225, 281, 284.

Dampfkosten 1929[1] (für Drücke bis 30 at 400°, 720 kcal/kg Dampf). Gegen hochwertige Fettnußkohle mit 150 km Fracht ist der Wärmepreis (11) bei Magerkohle 72%, bei Braunkohle ab Grube 38%. Braunkohlenkessel sind durch den Feuchtigkeitsballast der Kohle teurer (6), trotzdem sind die Dampfkosten bei Braunkohle im Dauerbetrieb (20) nur 60% der Kosten bei hochwertiger Steinkohle. Die Dampfkosten steigen bei kleinen Anlagen; viel stärker aber wirkt sich der Einschichtbetrieb verteuernd aus durch Zusatzverluste und höheren Kapitaldienst: Bei Steinkohle steigen die Dampfkosten (22) um die Hälfte, bei der billigeren Braunkohle um 75%. Noch weiter als angegeben steigt der Dampfpreis, wenn der Kessel tagsüber durchschnittlich weniger als Normallast leistet. Abgeschriebene verwendungsfähige Kessel, die weiterhin teure Nußkohle verbrennen, sind im Einschichtbetrieb (21) billiger als neue Unterwindkessel mit billiger Magerkohle. Ein Anreiz, sie stillzulegen und zu ersetzen besteht nur bei Dauerbetrieb. Für Braunkohle gelang es erst durch mechanische Roste, hochbelastbare Kessel (2) mit gutem Wirkungsgrad (13) zu bauen; kleine starre Braunkohlenroste geben im Einschichtbetrieb (21) so teuren Dampf, daß die mit 150 km Fracht fast doppelt so teure (11) Magerfein-Steinkohle konkurrieren könnte. Die höchsten Wirkungsgrade von 87%, die Zonenroste mit Fettnuß erreichen, scheiden hier aus, weil Zonenroste mit Magerkohle billigeren Dampf geben.

	Kostenaufbau		Fettnuß-Steinkohle 26,30 *M*/t ohne Unterwind verfeuert			Magerfeinkohle 18,70 *M*/t	Braunkohle 3 *M*/t	
			150 km Fracht				ab Grube	
			Vorwiegend Industriedampf					Kraftwerk
			Neuer kleiner Kessel	Neuer größerer Kessel	Alter abgeschriebener Kessel	Neuer Kessel mit Zonenunterwind	Kleiner starrer Rost	Großer mechanischer Rost
	Leistung des Kessels							
1	Heizfläche	*m*²	300	900	600		< 500	> 1000
2	verdampft normal	*kg/m²h*	40	40	20	40	23	50
3	also	*t/h*	12	36	12	24	12	50
4	= Kilowatt	*kW*	2000	7000	2000	5000	2000	10000
	Leistungsabhängige Kosten							
	Anlagekosten von Kessel mit Gebäude ohne Reserve							
5	je m² Heizfläche	*M*	1100	800	—	850	750	1300
6	je kg/h Normallast	*M*	28	**20**		**21**	33	**26**
7	je t Jahresnormallast	*M*	3,20	2,30		2,40	3,80	3,—
8	17% Zinsen und Abschreibung		0,54	0,39		0,41	0,64	0,50
	Leistungskosten bei							
9	24-Stundenbetrieb = 7200 h/Jahr	*M/t*	0,90	0,65	—	0,65	1,05	0,80
10	8-Stundenbetrieb = 2400 h/Jahr und 1/3 Reserve	*M/t*	2,65	1,90	—	2,—	3,10	2,45
	Arbeitsabhängige Kosten							
	Kohle							
11	Wärmepreis für je 7 Mill. kcal (Heizwert von 1 t Normalkohle)	*M*	25,—			18,20	9,50	
12	Heizwert	*kcal/kg*	7400			7200	2200	
13	Bester Wirkungsgrad	%	83	85	75	81	72	82
14	Dampfmenge : Kohlenmenge		8,5	8,7	7,7	8,1	2,2	2,5
	Kohlekosten							
15	24-Stundenbetrieb	*M/t Dampf*	3,10	3,—	3,40	2,30	1,35	1,20
16	8-Stundenbetrieb (15% Mehrverbrauch)	*M/t Dampf*	3,55	3,45	3,90	2,65	1,55	1,40
17	Energie	*M/t Dampf*	0,25	0,25	0,25	0,30	0,15	0,20
18	Löhne	*M/t Dampf*	0,15	0,05	0,15	0,10	0,15	0,10
19	Instandhaltung	*M/t Dampf*	0,10	0,10	0,15	0,10	0,20	0,10
			0,50	0,40	0,55	0,50	0,50	0,40
	Dampfpreis							
20	24-Stundenbetrieb	*M/t*	4,50	**4,05**	3,95	**3,45**	2,90	**2,40**
21	8-Stundenbetrieb	*M/t*	6,70	5,75	**4,45**	5,15	5,15	4,25
22	also teurer um		*50%*	*40%*	*15%*	*50%*	*75%*	*75%*

[1] Rosin, Schulte: Weltkraftkonferenz 1930 Bd. 7 S. 18, 125. — Praetorius: Kessel 1932 S. 123, 138.

Dampfverbrauch und Heizflächendurchsatz

Trocknen braucht theoretisch 1 kg Dampf (540 kcal) je kg ausgetriebenes Wasser, praktisch durch Miterhitzen von Trockenluft, Trockengut und für Abkühlverluste bis 2,5 kg; je nach dem Feuchtigkeitsgehalt braucht das kg Trockengut zwischen $^1/_5$ (Zeile 9) und 10 kg Dampf (7). Während der Wärmeverbrauch je kg Feuchtigkeit für Dampftrockner und Lufttrockner annähernd gleich ist, hat Luft als Wärmedurchsatz je m² bestrichene Trockenfläche höchstens 10 kcal/m² h °C, dagegen die Heizfläche der Dampftrockner für loses Gut 30 (8), für dichtes wärmeleitendes Gut z. B. 300 kcal/m² h °C (10), dadurch kann die Trockenleistung bis 60 kg/h Wasser/m² Heizfläche steigen (10). Gegen natürliches Trocknen, das keine Wärme braucht (1), steigt die Trockenleistung je m² durch Wärmeaufwand und Maschinerie von $^1/_{50}$ auf 60 kg/h Wasser, d. h. 3000fach. Eindampfen entfernt das Wasser nur teilweise, bei der dünnflüssigen Lösung leistet die Heizfläche deshalb bis z. B. 3000 kcal/m² h °C und z. B. 95 kg/h Wasser (19) je m², obgleich kleine Temperaturgefälle bis herunter zu 10° (18) statt 50—120° benutzt werden, wodurch mehrstufig hintereinander geschaltete Verdampfer und Wärmepumpen den Dampfverbrauch von über 1 kg beim Trocknen auf unter $^1/_2$ kg/kg Wasser (20) herunterdrücken können.

	Stoff	Verfahren	Temperatur			Heizfläche leistet je m²		Feuchtigkeit Trockenstoff [2]		Wärmeverbrauch	
			Trockengut	Heizstoff	Gefälle	kcal/h·°C	kg/h Wasser	Anfang	Ende	kg Dampf/kg Wasser	je kg Trockengut z. B. rund
1	**Trocknen**[1]	Zum Vergleich: natürliches Freilufttrocknen			2°	6	0,02	braucht keine Wärme			
	Brennstoffe[1]										
2	Steinkohle für Brikett	Feuertrommel	150°	300°		—	—	0,15	0,03	(1500 kcal/kg)	3% der Rohkohle einschließlich Staubverlust
3	Braunkohle für Brikett	Röhrentrockner	60°	3 ata Dampf	70° [6]	40	3,5	1,2	0,2	1,5	25% der Rohkohle einschließlich Staubverlust
		Tellertrockner	60°	3 ata Dampf	70°	85	7,5				
	Pflanzenstoffe[1]										
4	Zellstoff	dampfbeheizte Zylinder	80° [3]	130°	50°			1,5	0,2	1,5	2 kg Dampf
5	Papier	dampfbeheizte Zylinder				150	10	2	0,1		3 kg Dampf
	Bierherstellung										
6	Malz	Luftdarre, feuer- oder dampfbeheizt	90°	Luft		—	—	0,8	0,03	(1100 kcal/kg)	0,15 kg Kohle
7	Hefe	Walzentrockner	50° [3]	3 ata Dampf 130°	90° [6]	350	40	7	0,1	1,4	10 kg Dampf
8	Treber	Muldentrockner	65° [3]	3 ata Dampf 130°		30	5	1,5	0,1	1	1,4 kg Dampf
9	Getreide	Vakuumtrockner	45°					0,3	0,15	1,7	0,2 kg Dampf je kg Naßgut
10	Kartoffeln	Walzentrockner	80° [3]	6 at 160°	120°	300	60	3	0,15	1,2	0,9 kg Dampf je kg Naßgut
11	Obst	Luftdarre, feuerbeheizt	60°	Luft		—	—	5,5	0,3		
12	Gemüse	Luftdarre, feuerbeheizt	60°	Luft		—	—	7	0,15		
13	Holz	Kanal oder Kammer	80°	Luft		—	—	0,5	0,2	1,4	0,4 kg Dampf
	Textilwaren[1]										
14	Garn	Kanal oder Kammer	60°	Luft		—	—	1	0,15	1,5	1,3 kg Dampf
15	Stoffe	Spannrahmentrockner	70°	Luft		—	—	0,8	0,2	1,5	0,9 kg Dampf
16		Oxydieren	45°	Luft		—	—	0,8	0,2	2	1,2 kg Dampf
17		Karbonisieren	110°	Luft		—	—	0,8	0,2	2,5	1,5 kg Dampf
	Eindampfen[4]										
18	Zucker[5]		Flüssigkeit	Sattdampf							
	Vorkocher	einstufig kontinuierlich	120°	130°	10°	3000	55	6	0,5	0,6	0,6 kg Dampf je kg Zuckerrübe
	Dünnsaft	vierstufig kontinuierlich	90°	120°	13°	1500	30				
	Dicksaft	einstufig periodisch	100°	120°	30°	600	10	0,5	0,1		
19	Kesselspeisewasser aus Rohwasser destilliert	zweistufig mit Brüdenkondensator	70° im Kondensator	155° (Gefälleverlust zwischen den Stufen)	35° je Stufe	1400	95	über 25	über 10	0,6	0,6 kg Dampf je kg Speisewasser
20	Milch	Wärmepumpe	50°	65°	15°			10	3	0,45	3 kg Dampf je kg Trockenmilch

[1] Hirsch: Trockentechnik, 1932 S. 351—430. — [2] Der Unterschied beider Spalten zeigt, daß z. B. bei Braunkohle 1,2—0,2 = 1 kg Wasser je kg Trockenstoff zu verdampfen ist. Der sonst übliche „Wassergehalt" für den Anfangswert 1,2 ist 1,2 : (1,2 + 1) = 55%. — [3] Trockenluft zieht mit 40° ab. — [4] Hausbrand-Hirsch: Verdampfen, 1931 S. 307, 321, 341. — [5] Claassen: Zuckerfabrikation, 1930 S. 376. — [6] Bei Dampftrocknern ist Zeile 3—5 mit dem Gefälle bis zur Temperatur des Trockengutes gerechnet, dagegen Zeile 7, 8 und 10 mit dem größeren Gefälle bis zur Ablufttemperatur.

Fettnußkohle frei Kessel (1929) scheint, der Dampfpreis sinkt dadurch nur um 0,70 *M*/t. Die Magerfeinkohle braucht aber überdimensionierte Zonenroste oder Kohlenstaubfeuerungen. Wenn das Werk ohnehin erweitert wird oder die Feuerung zu erneuern ist, fallen die etwas größeren Anlagekosten nicht ins Gewicht, es bleibt eine Ersparnis im Dampfpreis bis zu 0,60 *M*/t = 15% bestehen. Sonst lohnt sich aber die Neuanschaffung von Kesseln für Magerfeinkohle nur bei Dauerbetrieb. Selbst wenn man vollständig abgeschriebene veraltete Kessel ersetzen würde, die für z. B. 1 *M*/t Dampf mehr Kohle brauchen: Im Einschichtbetrieb würde der Dampf bei der Neuanlage z. B. mit 2 *M*/t Kapitaldienst belastet, das ist mehr als die Ersparnis (1929). Deshalb stellen sich die Betriebe vorwiegend nur bei Erneuerungen oder Erweiterungen auf billige Kohle um. Nur in Zeiten der Neuinvestition läßt die Preisspanne von Magerfeinkohle gegen Fettnuß IV nach, so in der Bauperiode von 1926 bis 1929 von 57 auf 37%, in der Krise stieg die Preisspanne wieder auf 42%, bis 1934 ist sie auf 35% gesunken.

Nur für Erneuerungen

Anlagenkosten

Hochleistung bis 150 statt 25 kg/m²h

Am meisten verbilligt den Kessel gesteigerte Dampfleistung je Quadratmeter Heizfläche. Der Anstoß dazu ging von den sich stark entwickelnden Großkraftwerken aus. Dennoch soll man nicht übersehen, daß für Kleinbetriebe der Industrie und Drücke bis 15 at durch Flammrohrkessel und Sonderbauarten, die mit Kleinstoker und Kohlenstaub statt mit Planrost arbeiten, eine hochwirtschaftliche Kleineinheit geschaffen wurde. Dagegen sind kleine Wasserrohrkessel teurer und ihr Preis sinkt erst bei Kesseln über 500 m² auf die Preise der kleinen Flammrohrkessel[1]. Flammrohrkessel brauchen allerdings mehr Platz, also teure Kesselhäuser, wenn man nicht durch Unterteilen in kleine Einheiten Reserve spart. In Wasserrohrkesseln steigerte man die Leistung auf ein Vielfaches, obgleich man die Leistung in den höchstbeanspruchten Rohren senkte, indem man den Kessel durch die heiße Flamme besser bestrahlen ließ und im Grenzfall zur Innenfeuerung wie bei Flammrohrkesseln überging. Ferner hat man den hinteren Teil des Kessels abgeschnitten, weil er aus den abgekühlten Rauchgasen nur wenig Wärme aufnahm. Man ersetzt ihn durch billigere Vorwärmer. Luftvorwärmer steigern außerdem die Brenntemperatur, wodurch mehr Wärme im günstigen hohen Temperaturgebiet zu übertragen ist. Das Endergebnis darf man nicht überschätzen: Die Quadratmeterleistung des Kessels steigt wohl z. B. von 25 kg/h auf 35, bei teilweiser Innenfeuerung auf 80 und beim Strahlungskessel auf 150 kg/m²h. Das wirkt sich aber nur zum kleinsten Teil im Kesselpreis aus: Die Strahlungsheizfläche ist oft je Quadratmeter doppelt so teuer wie gewöhnliche Heizfläche und die notwendige zusätzliche Vorwärmerheizfläche erscheint überhaupt nicht in diesen Zahlen. Sie kostet allerdings je Quadratmeter nur einen Bruchteil. Ferner kostet der ganze fertig montierte Kessel bis zum 5fachen der Kesselheizfläche. Besonders Strahlungsheizfläche ist kein Allheilmittel für billige Kessel. Nur ein Flammrohr schließt die strahlende Flamme allseitig ein, die Wasserrohre der Strahlungsheizfläche werden nur einseitig angestrahlt, dadurch nur $\frac{1}{2}$ ausgenutzt, und wenn sie doppelt so teuer sind, müssen sie je Quadratmeter 4mal mehr Wärme aufnehmen, um gegen gewöhnliche allseitig bespülte Kesselrohre billiger zu sein, in denen noch Gasstrahlung wirksam ist, wie man neuerdings erkannt hat: Das ist nur für Hochdruck der Fall[2]. Selbst teurere Strahlungsfläche nimmt man soweit in Kauf, als zum Abkühlen der Rauchgase notwendig ist, damit die Flugasche nicht flüssig wird, weil sie sonst die Kesselrohre verschlackt und die Brennkammerwände angreift, die gegen flüssige Schlacke so empfindlich sind, weil sie ihr chemisch gleichen. Diese notwendige, aber teure „Kühlfläche" ist bei vorgewärmter Luft, also heißeren Rauchgasen, größer als bei Kaltluft. Bei niedrigem Aschenschmelzpunkt und nicht zu heißem Speisewasser kann man deshalb die Abgaswärme billiger im Speisewasservorwärmer unterbringen, da bei Kaltluft teure Kühlfläche wegfällt[3]. Brennstoffe mit tiefem Aschenschmelzpunkt leisten weniger, was den Kessel verteuert.

Strahlungsheizfläche teuer

Aschenschmelzpunkt

Kohlenstaubkessel S. 22

Wichtiger ist die Strahlungsheizfläche für Kohlenstaubkessel[4], wo sie und bessere Brenner die teuren gewaltigen Mauerwerkskammern durch kleinere, mit Eisenrohren ausgekleidete Feuerräume ersetzen. Der teuren Strahlungsheizfläche stehen hier billige Feuerräume und Gebäude gegenüber. In der Brennkammer müssen nicht nur, wie beim Rost, die Kohlenwasserstoffe zerfallen, sondern es spielt sich alles ab, was sonst der Rost besorgt. Deshalb leistet der Feuerraum, wenn er luftgekühlt ist, nur 150000 kcal/m³ statt bis äußerst 450000 beim Rost. So wie die Leistung eines Gasgenerators auf das Dreifache wächst, wenn man die Temperatur in der Glutzone bis zum Schlackenschmelzpunkt steigert, so kann eine heißere Flamme in einem Feuerraum verbrennen, der nicht viel größer ist als beim modernen Rostkessel. Man muß dazu die Asche schmelzen lassen und flüssig abziehen. Mauerwerk läßt

[1] Schulze: Z. VDI 1935 S. 280. — [2] Münzinger: Dampfkraft 1933 S. 281. — [3] Berner: Wärme 1932 S. 134. — [4] Bleibtreu: Kohlenstaubfeuerungen, 1930 S. 49, 376, 399.

Raumheizung Jahreskosten (1929) je m³ beheizter Raum (Zeile 13) sind im Wohnhaus bei Einzelöfen billiger als bei Zentralheizung, wenn man die ersparte Hausarbeit nicht bewertet: Der neuzeitliche Einzelofen nutzt die Kohle ebenso gut aus (9) wie Zentralheizungen[5] und hat geringere Anlagekosten (8). Fabrikheizung kostet weniger als die Hälfte (13): Die große Fabrikhalle auf 13 statt 20° geheizt (2) hat durch kleineren Wärmeverbrauch (3) je m³ nur etwa halbe Heizanlagekosten (8) und halben Kohlenaufwand; außerdem ist der Kohlenpreis nur halb so hoch wie bei Hausbrandkohle frei Keller (7). Bei Luftheizung verteuert der Motorstrom für die Luftventilatoren (12) den Betrieb. Wo man auf die tieferen Temperaturen der Warmwasserheizkörper verzichtet, an denen nie Staub ansengt („trockene Luft"), wird durch Dampfheizkörper die Anlage um $^1/_4$ billiger, die Jahreskosten je m³ beheizter Raum in Fabriken um 5 *Pf* = $^1/_6$, in Wohnhäusern um 7,5 *Pf* = $^1/_{10}$.

			Wohnhaus		Fabrikhalle	
1	Größe	m³	2000		70000	
2	Raumtemperatur	°C	**20**		**13**	
3	Wärmebedarf je m³ beheizten Raum	kcal/h				
	max. bei — 20°		40[1, 3]		25	
	mittel bei 0°		20		10	
4	Heizstunden	h	13 × 140 Tage = 1800		13 × 140 Tage = 1800	
	Kohle		Braunkohlenbriketts	Gaskoks	Steinkohlen	
5	Heizwert	kcal/kg	4800	7000	7000	
6	Preis frei Feuerung	*M*/t	34	50	25	
7	umgerechnet auf Steinkohle	*M*/t	**50**		**25**	
			Einzelofen	Warmwasser- Zentralheizung		Warmluft- Zentralheizung
8	Anlagekosten	*M*/m³	2,30[3]	2,80[2]	1,60[4]	1,40[4] ohne Kessel
9	Heizwirkungsgrad	%	55	55	55	Dampf aus der Fabrik 5 *M*/t
10	11% Kapitaldienst (15 Jahre Tilgung)	*M*/m³ im Jahr	0,25	0,31	0,18	0,16
11	Warme		0,47	0,47	0,12	0,16
12	Strom für Pumpen und Ventilator		—	—	Umlaufpumpe fast 0	0,07
13	Jahreskosten ohne Bedienung und Unterhalt		0,72	0,78	0,30	0,39

[1] Rietschel-Gröber: Heizg. u. Lüftg. 1934 S. 135; nicht zu verwechseln mit dem umbauten m³, wofür man bei öffentlichen Gebäuden mit max. nur 16 kcal/m³h rechnet, S. 136. — [2] Reutlinger-Gerbel: Kraft u. Wärme 1927 S. 234. — [3] Riedl: Die Wärmewirtschaft des Hausbrandes, 1927 S. 40—41, 81. — [4] Seelig: Arch. Wärmewirtsch. 1931 S. 214; Werte auf deutsche Verhältnisse umgerechnet. — [5] Raiss: Arch. Wärmewirtsch. 1931 S. 224.

aber im Feuerraum nur niedere Temperaturen zu, es wird sonst durch geschmolzene Schlacke zerstört. Aus Feuerräumen, die nur von Eisenrohren gebildet sind, kann man die Asche flüssig abziehen und erreicht durch höchste Temperaturen die kleinsten Feuerräume. Dieses Verfahren hat Aussichten für amerikanische Kohle mit ihrem ungünstigen Schmelzverlauf der Asche.

Plattenwand

Bailey-Platten (USA.) verbinden Strahlungsrohre zu einer geschlossenen Wand und steigern die Brenntemperatur auch wenn man nicht soweit geht, die Asche schmelzen zu lassen; denn bei der unempfindlichen Plattenwand kann man bis hart an die Schmelzgrenze gehen. Isolierbelag setzt die Wärmeaufnahme der Wand herunter und schützt überlastete Rohre. So kann man Kessel, die mit nackten Rohren zu stark gekühlt würden, vollständig auskleiden, also fast ohne Mauerwerk ausführen. Außerdem wird das Hauptübel der Strahlungskessel gemildert, sie lassen sich auf tiefere Last herunterregeln als bei nackten Rohren[1].

Kessel mit Mühlenfeuerung

Für wasserhaltige Brennstoffe (Braunkohle) erhält man durch Mühlenfeuerung (S. 23) billige Mahlanlagen, weil der Trockner wegfällt[2].

Braunkohlenkessel

Der hohe Wasserballast der Braunkohle gibt eine kältere Flamme. Das Temperaturgefälle sinkt, aber hohe Wässerdampfstrahlung hebt das zum Teil wieder auf. Es sind nur 20% mehr Heizfläche notwendig, um die gleiche Abgastemperatur zu erreichen wie bei Steinkohle, bei gleicher Abgastemperatur entstehen aber durch den zusätzlichen Wasserdampf z. B. 13,5 statt 10% Abgasverlust[3]. Strahlungsheizfläche fällt bei der kälteren Flamme meist fort. Die geringere spezifische Rostleistung würde ohnehin die Leistungssteigerung nicht auswerten lassen, die mit der Strahlungsheizfläche verbunden ist.

Kesselgröße

Großanlagen können den Kesselpreis dadurch herunterdrücken, daß sie wenige große Einheiten aufstellen. Dies mit dem Übergang zur Hochleistung zusammen konnte in günstigen

[1] Berner: Wärme 1932 S. 133. — [2] Rosin, Rammler, Kauffmann: Braunkohle 1933 S. 697. — [3] Münzinger: Dampfkraft 1933 S. 213, 217.

Energieverbrauch im Haushalt je Kopf

Raumheizen braucht am meisten Kalorien, in der kältesten Zeit 10mal mehr (g) als die Nahrung eines Handarbeiters (e), im Durchschnitt der Heizzeit täglich noch das 5fache (h), im Jahresdurchschnitt nur noch $^2/_3$ mehr. Kochen (i) braucht $^1/_{25}$ der Raumheizwärme in der Heizperiode, im Jahresmittel $^1/_{10}$, aber die Kohlen-Küche nutzt die Warme so schlecht aus, daß sie fast $^2/_3$ der Raumheizwärme braucht. Der statistische Durchschnittsverbrauch für den ganzen Haushalt (a) ist geringer, weil oft nur die Küche vom Herd angewärmt wird und als Wohnraum dient, wodurch das Raumheizen wegfällt[3]. Die durchschnittlich schlechteren Ofenwirkungsgrade schränken die wirklich verbrauchte Nutzwärme ein. Der Badeofen (k) braucht voll ausgenutzt mehr Nutzwarme als die Küche, er nutzt aber die Wärme besser aus und braucht gleich viel Gas und nur halb soviel Kohle. Der Gasverbrauch kann auch ohne Raumheizung (a, i, k) noch steigen. Den höchsten Verbrauch

		Energieverbrauch			Gedeckt durch					
		stündlich	täglich	jährlich	Kohle	Gas	Elektrizität	Kohle	Gas	Elektrizität
	Statistischer Durchschnittsverbrauch je Einwohner in Deutschland, etwa 1929, außer Nahrung (zum Teil geschatzt)	kcal	1000 kcal	1000 kcal	taglich kg	taglich m³	taglich kWh	jahrlich kg	jahrlich m³	jahrlich kWh
a	**Haushalt**							**450**	**40**	**30**
	außerdem Brennholz, auf Steinkohle umgerechnet							(160)	—	—
	Landesverbrauch							2600	60	480
b	Anteil des Haushaltes							$= ^1/_5$	$= ^2/_3$	$= ^1/_{16}$
	Angeschlossene Haushalte								55%	61%
	Nahrung[1]									
c	für Leerlauf		1,7	620						
d	Büroarbeit		2,3	840						
e	Handarbeit		3	1050						
f	Schwerarbeit		4	1350						
	Heizung voll ausgenutzt, 50 m³ Raum									
g	— 20⁰ maximal	2000	28		7,5	10	32			
h	0⁰ mittel	1000	14	1800	3,6	5	16	**470**	630[5]	2100
i	**Kochen,** einschließlich Küchenwasser		0,55	200	0,8	0,3[4]	0,85[2]	290	**110**	310
k	**Bad,** voll ausgenutzt		0,75	275	0,45	0,3	1,2	160	**110**	440
l	**Licht**			0,25		0,07	0,06		25	**20**

[1] Rietschel-Gröber: Heizg. u. Lüftg. 1930 S. 132. — [2] Mörtzsch: Elektrisches Kochen, 1932 S. 78. — [3] Raiss: Arch. Wärmewirtsch. 1931 S. 222. — [4] Richardt: Gas- u. Wasserfach 1932 S. 235. — [5] Walter: Gas- u. Wasserfach 1931 S. 1165, umgerechnet. — [6] Soll wegen Wasser- und Fettersparnis weniger

Fällen die Kesselkosten auf die Hälfte und den Dampfpreis um 15% senken[1]. Die Kesselgröße allein senkt die Kosten zwischen 200 und 1000 m² auf $^2/_3$, bei größeren Kesseln weniger.

Reserve

In Kraftwerken muß immer mindestens 1 Kessel in Reserve stehen. Deshalb muß man die Leistung auf mindestens 4 Kessel verteilen, sonst steigen die Reservekosten mehr als sich größere Kessel verbilligen. Kleinanlagen werden durch Aufteilen in mehrere Einheiten wesentlich teurer. Man strebt deshalb nach Kesseln, die so betriebssicher sind, daß die ganze Anlage aus nur einem Kessel ohne Reserve bestehen kann[2].

Wärmeverbrauch[3]

Bessere Teillastwirkungsgrade

Hochleistungsroste haben die Feuerverluste, die früher bei Überlast von 3 auf 6% anstiegen, über einen weiten Lastbereich auf 2% gesenkt. Vorwärmer verarbeiten die Abgase bis 150 statt 200⁰, der Abgasverlust sinkt von 10 auf 7%. Bessere Isolierung schränkt den Strahlungsverlust von 4 auf 2% ein. Entscheidend ist nicht nur, daß dies den Paradewirkungsgrad z. B. von 73 auf 87% ansteigen läßt: Früher sank bei 20% Teillast und bei Überlast der Wirkungsgrad um 25%, heute bleibt er über ein weites Lastgebiet praktisch gleich. Außerdem sind die Roste so elastisch geworden, daß Zusatzverluste durch Lastwechsel[4] sich bei guter Bedienung vermeiden lassen. Dadurch brauchen neue Kessel in schwankend belasteten Betrieben kaum mehr Kohle als bei konstanter Last und es lohnt sich, bei teurem Brennstoff soviel Heizfläche einzubauen, daß der Wirkungsgrad für Einschichtbetriebe auf 84%, für Dauerbetrieb auf 88% steigt[5]. Am stärksten nahm aber der Einschicht-Wirkungsgrad durch den täglichen Stillstand ab. 5% normaler Strahlungsverlust wurde nicht nur tags, sondern aus dem speichernden Mauerwerk auch nachts nach außen und an durchstreichende Luft abgegeben. Tagsüber mußte ein Vielfaches, über 20%, zum Aufheizen des Mauerwerks aufgebracht werden.

Optimum 84 bis 88% Wirkungsgrad

[1] Maas: Z. Bayer. Rev.-Ver. 1930 S. 171. — [2] Berner: Wärme 1932 S. 148. — [3] Praetorius: Kessel 1932 S. 109—132. — [4] Koeniger, Rosin: Arch. Wärmewirtsch. 1928 S. 274, 1929 S. 243, 1930 S. 123. — [5] Marguerre: Weltkraftkonferenz 1930 Bd. 7 S. 20.

hat England mit 180 m³, davon 70% = 130 m³ gegen 40 m³ für Haushaltungen, die zu 78 statt 55% in Deutschland angeschlossen sind. Der Elektrizitätsverbrauch entsteht zum geringsten Teil durch den Haushalt (b). Kleines Hausgerät kann den Verbrauch von 20 auf äußerst 75 kWh steigern, Großgeräte auf 800 kWh. In USA. wird verbraucht: für Licht 45, für Kleingerät 20, fur Kühlschrank, Herd und Heißwasser 35, zusammen 100 kWh, über $^1/_{10}$ der Gesamtelektrizität[8].

% Jahreswirkungsgrad			Energiekosten *M*/Jahr		
Kohle 7000 kcal/kg	Gas 3600 kcal/m³ bei 15°	Elektrizitat 860 kcal/kWh	Kohle 45,— *M*/t	Gas 20 *Pf*/m³	Elektrizitat 40 *Pf*/kWh
				29,—[7]	
				800,—[7, 9] = $^1/_{28}$	
55	80	100	21,—		
10	**50**	60[6]	13,—	22,—	
25	**70**	75	7,—	22,—	
	0,25	**1,5**		5,—	8,—

Nutzwärme brauchen. — [7] Statist. Jb. 1932 S. 231, Arbeiterhaushalt. — [8] Elektrotechn. Z. 1932 S. 581, 582. — [9] Gesamteinkommen je Kopf.

Zugsperre

Besser isolierte Kessel, bei denen eine Zugsperre das innere Auskühlen verhindert, erreichen Betriebswirkungsgrade von z. B. 70 statt 65% im Achtstundenbetrieb.

Betrieb

Hohere Elastizität

Die frühere Rostträgheit ist bei neuen Kesseln überwunden, soweit sie nicht vollständig kalt in Betrieb müssen, was außer bei Strahlungskesseln ohne Mauerwerk immer noch Stunden braucht. Solange die Kessel unter Feuer bleiben, schaffen sie durch anfachenden Unterwind jeden geforderten Lastanstieg. Dichtes Abstellen der Luft erzwingt den Lastabfall und erhält nachtsüber die Kohlenglut, wodurch die Kessel nach 12 h Stillstand in $2^1/_2$ bis 4 min auf Vollast kommen[1]. Das löst aber die Reservefrage bei Störung eines Kessels nicht. Um die Zeit zu überbrücken, die ein kalter Ersatzkessel braucht, bis er Vollast hergibt, kann man nach wie vor die Kessel im normalen Betrieb nie bis zur Höchstlast ausnutzen, sonst können sie nicht jederzeit durch „Überlast“ die Zeitlücke ausfüllen.

Störungsreserve

Speisewasser[2]

Bei höchstbelasteten Kesselrohren entsteht schon bei 15 at durch eine papierdünne Kesselsteinschicht eine unzulässige Übertemperatur, durch die das Rohr 400° erreicht und in der Festigkeit nachläßt. Bei Hochdruck von 100 statt 15 at hat das Kesselwasser schon 310 statt 200°, das verschärft die Gefahr. Teure Verdampfer, das Radikalmittel für kesselsteinfreies Wasser, sind wohl für Kraftwerke mit höchstens 5% Kondensatverlust tragbar, aber sehr belastend für Industrieanlagen, in denen bis 100% des Kondensates verloren gehen Das erschwert den Übergang zu solchen Hochdruckkesseln, die nur mit Kondensat arbeiten können, in Industrieanlagen. Gerade dort läßt sich aber durch Hochdruck die billige Heizkraft auf ein Vielfaches steigern. Solange mit den Hochdruckkesseln noch genügend alte Niederdruckkessel parallel laufen, reicht das zurückgewonnene Kondensat oft für die Hochdruckkessel aus, aber nur im ersten Ausbau. Sonderbauarten, die chemisch gereinigtes Wasser vertragen, sind solange keine Lösung, als mitgerissenes Salz den Betrieb der dahinterliegenden Absperrorgane und Turbinen stört. Die Chemikalien kosten auch bei 100% gereinigtem Wasser unter 1% des Dampfpreises[3]. Beim chemischen Reinigen hat man früher die Kieselsäure höchstens zur Hälfte beseitigt. Sie bildet den gefährlichsten Stein. Man verhindert durch Phosphatzusatz ihre Kristallisation. Dem Wasserinhalt des Kessels wird Dampf entnommen und Kondensat und Zusatzwasser zugeführt. Man muß den Kesseltrommeln je Liter Wasserraum des Kessels 0,1—0,4 g NaOH oder äquivalente Lauge zusetzen oder 0,2—1 g, wenn nicht außerdem Phosphatzusatz angewendet wird, weil reines Wasser den Kessel wie eine Säure angreifen würde. Durch die Salze des Zusatzwassers reichert sich die Gesamtsalzmenge des Kesselinhaltes mit der Zeit an, sie darf aber bei Hochleistungskesseln 3—4 g/l, bei hohen Drücken 1,2 g/l nicht überschreiten, weil sonst der Kessel schäumt. Geregelt wird durch „Absalzen“, d. h. Ablassen von angereichertem Kesselwasser und Nachspeisen von Zusatzwasser. Bei Verdampferdestillat als Zusatzwasser sind kleinere Mengen abzulassen, weil Destillat weniger als 0,012 g/l Salz enthält gegen z. B. mindestens 0,17 g/l bei chemisch gereinigtem Wasser. Der Sauerstoffgehalt des Wassers ist in Kraftwerken auf 0,1 mg/l, bei Hochdruck auf 0,05 mg/l zu senken, sonst werden die Rohre angefressen.

[1] Schulte, Presser, Lang: Arch. Wärmewirtsch. 1931 S. 287, 1932 S. 283. — Rosin, Rammler, Stimmel, Kauffmann: Arch. Wärmewirtsch. 1930 S. 123, 387. — [2] Stumper: Speisewasser und Speisewasserpflege, 1931. — Wärme 1932 S. 272. — Splittgerber: Z. VDI 1935 S. 339. — [3] Splittgerber: Weltkraftkonferenz 1930 Bd. 7 S. 51.

Das Maschinenkondensat wird im Kondensator, das Zusatzwasser besonders entgast. Wenn dagegen viel Heizkondensat zu entgasen ist, zieht man eine gemeinsame Entgasung vor[1].

Rauch

Bei älteren unvollkommenen Feuerungen hat man mit Ruß zu kämpfen, dagegen mit Flugasche bei neuzeitlichen hoch belasteten Rosten, besonders bei feinkörnigem aschereichen Brennstoff, ebenso bei Kohlenstaubkesseln. Das Abscheiden der Flugasche verteuert — wo es gefordert wird — die Kessel bis zu $^1/_{10}$, den Dampfpreis gut belasteter Anlagen[2] um 5 $Pf/$t = 1% beim Wanderrost, um 10 $Pf/$t = 2% bei der Kohlenstaubfeuerung, die bis $^2/_3$ des Aschegehaltes der Kohle durch den Schornstein auswirft. Bei schlecht ausgenutzten Anlagen verteuert das Abscheiden den Dampf noch mehr. Beim Rost ist Abscheiden durch Schwerkraft am billigsten; oft genügen auch hohe Schornsteine. Elektrofilter sind in der Anlage teuer, brauchen aber wenig Betriebsmittel. Sie eignen sich bei Kohlenstaub für bestbelastete Anlagen. Sonst benutzt man billigere Abscheider, die mit Fliehkraft oder Wasser arbeiten und deshalb mehr Betriebsmittel brauchen.

Asche

Fortschaffen von Asche durch Spülwasser kostet je Tonne Asche z. B. 1,80 M[3] (1929). Das belastet den Dampfpreis bei Rostfeuerungen mit Steinkohle um $^1/_4$%, mit Braunkohle um $1^1/_2$%. Bei Rostfeuerungen ist aber in Städten die Asche in Schlackenform bis zu 3 $M/$t für Bauzwecke absetzbar, dagegen ist bei Kohlenstaubfeuerungen die Asche wertlos und das Wegschaffen belastet den Strompreis bis zu 1%[3]. Das ist oft für die Wahl von Rost statt Kohlenstaubfeuerung entscheidend.

Lichtempfindlichkeit des Auges. Während volle Sonne mit 3000mal mehr Lichtenergie beleuchtet als helles künstliches Straßenlicht, hat das Auge für beide Lichtquellen annähernd gleiche „Unterschiedsempfindlichkeit", weil zu starkes Licht blendet. Ein normaler Arbeitsplatz ist nur 10mal stärker beleuchtet als eine Straße nachts. Für feinste Arbeiten, die volle Leistungsfähigkeit des Auges verlangen, ist aber die 15fache Beleuchtungsstarke notwendig, um die Unterschieds-Empfindlichkeit von 97 auf 99% zu steigern. Die allgemeine Raumbeleuchtung muß deshalb durch besondere Arbeitsplatz-Beleuchtung unterstützt werden. Aber nur dadurch, daß der **Lichteffekt auf das Auge viel langsamer abnimmt als der Lichtaufwand, ist es überhaupt möglich, ganze Straßen künstlich wirksam zu beleuchten,** denn bei Straßenteilen, die nur 0,5 Lux, also $^1/_{100\,000}$ des vollen Sonnenlichts, empfangen, bringt das Auge noch 23%, also fast $^1/_4$ der größten Unterschieds-Empfindlichkeit bei Tageslicht auf (1 Lux = 1 Lumen/m²).

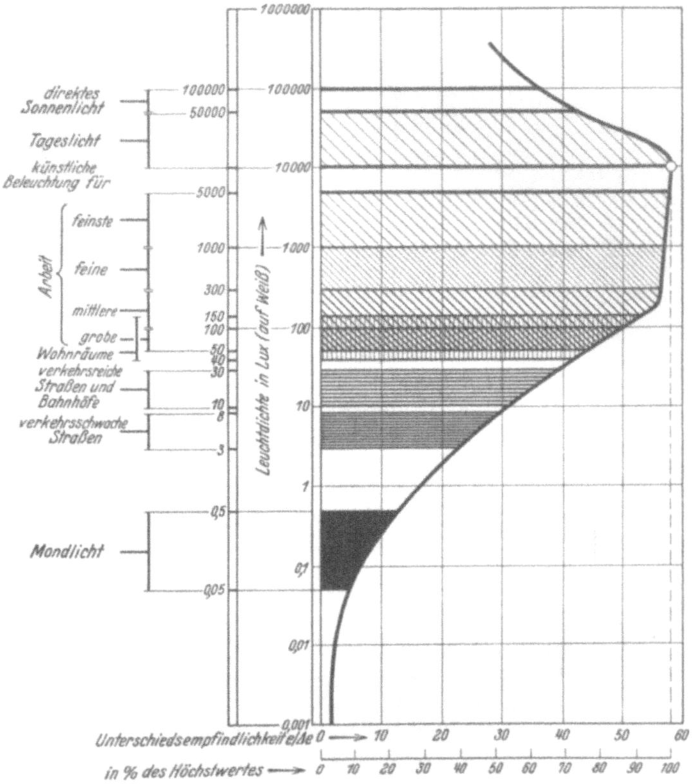

Speicher

S. 28

Produktionssteigerung

Ruths[4] hat festgestellt, daß durch träge Kessel oft ganze Fabrikabteilungen mit periodisch arbeitenden Dampfverbrauchern schlecht ausgenutzt sind und daß z. B. Zellstoffwerke 10% und Textilfärbereien bis 100% mehr produzierten, nachdem ein Ruths-Speicher zwischen Kesselhaus und Fabrik geschaltet wurde, der Spitzenbedarf bis zu 100% der mittleren Last augenblicklich hergab. In der besser ausgenutzten Fabrik sinkt der Anteil der Festkosten; verbilligte Produktion hat oft die Kosten der Ruths-Speicher in wenigen Monaten getilgt.

Kohlenersparnis

Außerdem brauchen träge Kessel besser belastet und stetig betrieben oft über 10% weniger Kohle.

Beim Erweitern bestehender Anlagen, die träge Kessel haben, durchbricht nur der Ruths-Speicher die produktionshemmende Grenze vollständig. Wenn die bestehende Anlage z. B.

[1] Wellmann: Weltkraftkonferenz 1930 Bd. 4 S. 43. — [2] Heitmann: Gesundheitsingenieur 1931 S. 385. — [3] Voigt: Arch. Wärmewirtsch. 1931 S. 86; 89. — [4] Ruths: Z. VDI 1922 S. 509, 537, 597.

Beleuchtung Nur ein ganz begrenzter Wellenlängenbereich wirkt auf das Auge als Licht und davon wird infolge der verschiedenen Empfindlichkeit des Auges für Licht mit verschiedenen Wellenlängen wieder nur ein Teil wahrgenommen. Man versucht bis jetzt ohne Erfolg, Strahlungsenergie zu erzeugen, die zum überwiegenden Teil in diesen Bereich fällt. Ein strahlender schwarzer Körper (b) würde bei der unerreichbaren Temperatur von 6500° als Grenzwert kaum 14% der zugeführten Energie als Licht wahrnehmen lassen, einfarbige Leuchtröhren (c) erreichen 8%, Kerzenlicht (l) nur 0,015%, der Rest gibt vorwiegend Wärmestrahlen. In den Energiekosten liegen fur Hausbeleuchtung Petroleumglühlicht (i), Gashängeglühlicht (f) und Metallfadenlampen (e) annähernd auf einer Stufe. Für kleine Straßenlaternen ist Strom nicht viel billiger als Gashängelicht (f), wahrend in der Großbeleuchtung Quecksilberleuchtröhren großer Leistung und Natriumleuchtröhren mit einfarbigem Licht (c) 5mal wirtschaftlicher sind als kleine elektrische Glühlampen.

		Absolute Temperatur	Lichtausbeute [6]	Wirkungsgrad	Farbe	Energieverbrauch	Kosten Preisbasis 1929	
		°C + 273	Lm/W [7]	%			*Pf*/1000 Lm·h [7]	
							Haus	Straße
a	Bei voller Umsetzung der zugeführten Energie in sichtbarste Strahlung .		690	100				
b	Schwarzer Körper maximale Strahlung . .	6500[1]	96	13,9	blauweiß			
		5000[1]	82	11,9	reinweiß			
		4000	56	8,1	gelbweiß			
		3000	21,4	3,1	,,			
		2000	17,3	0,25	,,			
	Elektrisches Licht					kWh/1000 Lm·h	40 *Pf*/kWh	12 *Pf*/kWh[4]
c	Leuchtröhren[6]							
	Natriumdampflampe 75 Watt		55	7,9	einfarbig	0,018		0,2
	Quecksilberhochleistungsröhre 1000 Watt		55	7,5		0,018		0,2
	75 Watt		27	3,9		0,037		0,45
d	Bogenlampe [2]	4200[3]	25	3,6	gelblich	0,04		0,5
e	Metallfadenlampe [2]							
	gasgefüllt (150—2000 W)	2745[3]	14—20[8]	2 —2,9		0,07 —0,05	2,8—2	0,75
	mit Vakuum (15—100 W)	2335[3]	8—13	1,2—1,9		0,125—0,08	5 —3,2	1,5—0,95
	Kohlenfadenlampe[1] . .	2135[3]	3	0,45		0,33	13,5	
	Gaslicht					m³/1000 Lm·h	20 *Pf*/m³	10 *Pf*/m³
f	Hängelicht		1,75[5]	0,25		0,13	2,6	1,3
g	Stehglühlicht	2000[3]	1,25[3]	0,2		0,16	3,2	
h	Gasschnittbrenner . . .	1900	0,3	0,04		0,7	14	
	Petroleumlicht					kg/1000 Lm·h	30 *Pf*/kg	
i	Glühlicht.		1,25[1]	0,2		0,07	2,1	
k	Lampe mit Docht. . .		0,3[2]	0,04		0,3	9	
	Kerzenlicht							
l	Stearinkerze	1700	0,1[3]	0,015			60	

[1] Rziha-Seidener: Starkstromtechnik, 1930 Bd. 1 S. 918—920, 922. — [2] Licht und Beleuchtung, 1928 S. 11, 13, 17. — [3] Illersperger: Die Praxis des Beleuchtungswesens, 1929 S. 16. — [4] Seeger: Elektr.-Wirtsch. 1931 S. 568. — [5] Bloch: Lichttechn. 1921 S. 557. — [6] Lux: Z. VDI 1934 S. 452. — RTA-Nachr. 1935 Nr. 3 S. 2; Nr. 14 S. 5. — [7] 1 Hefnerkerze (HK), die gleichmaßig nach allen Richtungen leuchtet, gibt 12,6 (= 4 π) Lumen „Lichtstrom"; wenn sie vorwiegend in eine Richtung leuchtet, ist der Lichtstrom größer. — [8] Überlastete Lampen für Sonderzwecke erreichen bei 3320° abs. bis 38 Lm/W. Lux: Z. VDI 1934 S. 451.

um $^1/_4$ zu erweitern ist, kann man für diese Zusatzlast neue Kessel aufstellen, deren voll ausgenützte Elastizität aber nur dieses Viertel Spitzenlast augenblicklich hergeben kann. Gleichdruckspeicher für das Speisewasser aller vorhandenen Kessel geben im Höchstfall 20%, bei vorgewärmtem Speisewasser oft nur 10% Spitze her. Vollständig neue Fabriken können für den ganzen Lastbereich elastische Kessel einbauen und sie praktisch ohne Zusatzverluste mit Wechsellast betreiben. Ruths-Speicher kosten aber für den Spitzenbedarf nur 5—10 *M*/kg gespeicherten Dampf[1], also für 1 h durchschnittliche Spitzendauer 5—10 *M*/kgh, gegen z. B. 20 *M* für Kessel mit Gebäude (1929). Bei 50% Spitze kann so durch den Ruths-Speicher der Gesamtpreis der Dampfanlage von 20 auf 15 *M*/kgh sinken. Gleichdruckspeicher können unter 5 *M*/kgh kosten[2]. Da sie aber dem Kessel meist nur 15% Last abnehmen können, sinkt der Gesamtpreis in diesem Fall nur von 20 auf 18 *M*/kgh.

[1] Frenne: Weltkraftkonferenz 1930 Bd. 11 S. 191. — [2] Goldstern: Dampfspeicheranlagen, 1933, S. 142.

Momentanreserve

Störungsreserve bis zum Vollbetrieb neu eingesetzter kalter Kessel ist in normalen Kesselhäusern die „Überlastbarkeit“ der Betriebskessel. Man hält deshalb oft zuviel Kessel unter Feuer, in Wasserkraftnetzen ganze Dampfzentralen, um im Störungsfall augenblicklich gerüstet zu sein. Ruths-Speicher als Momentanreserve geben den Dampf selbst in vollständig stillgelegten Anlagen augenblicklich her, bis kalte Kessel aufgeheizt sind.

Industriedampf

Verbraucher

Die Fabrikationsvorgänge der Industrie, wie das Kochen und Färben, sind mit höchster Reaktionsgeschwindigkeit oft nur bei höheren Temperaturen bis hinauf zu 150° und in stark wasserverdünntem Zustand durchführbar. Dem Vorgang muß dann ein Anwärmen vorangehen und ein Eindicken oder Trocknen folgen. Das Verdunsten des Wassergehaltes braucht zwar an der freien Luft beim Wäschetrocknen und auf dem Gradierwerk keine künstliche Wärme, aber viel zu viel Zeit. Eine Trockenmaschine treibt das Wasser bis über 3000mal schneller aus, braucht aber je Kilogramm Wasser bis 2 kg Dampf. Als Heizmittel dient fast ausschließlich Dampf. Man nahm früher an, daß die Überhitzung von Maschinenabdampf die Heizwirkung verschlechtert. Das ist aber nicht immer der Fall[1]. Verlustreich am Dampfbetrieb sind die Kondenstöpfe älterer Bauart, die heißes Dampfkondensat zum Zurückleiten ablassen sollen, dabei aber Dampf verlieren. Neuerdings versucht man, mit Heißwasser, das man abgekühlt zum Kessel zurückpumpt, den Dampf in Textilbetrieben zu ersetzen (Caliqua-Heizung)[2]. Um aber Maschinenabdampf auszunutzen, ist für die ganze Wärmemenge zwischen Abdampf und Heißwassersystem eine Heizfläche mit Temperaturverlust zu schalten. Heißlufttrockner haben Lufterhitzer, die meist mit Dampf, seltener mit Feuergasen beheizt sind. Direktes Trocknen durch Feuergas eignet sich nur für rohes Gut, wie z. B. Steinkohle und Rübenschnitzel. Periodisch arbeitende Verfahren können das Anwärmen, das dem Kochen vorangeht, als toten Vorgang sehr schnell durchführen. Deshalb können Ruths-Speicher, die während der Ankochperiode ihre Wärme beliebig schnell hergeben, die Produktion steigern und die Schwankungen vom Kesselhaus fernhalten. Zum Anwärmen von Flüssigkeiten dient oft eingeblasener Dampf, bis 100° in offenen Gefäßen (Färberei), über 100° in druckfesten Behältern (Zellstoff). Der Vorgang muß aber gegen Verwässern durch den kondensierenden Heizdampf unempfindlich sein. Man verliert beim Einblasen das Kondensat als Kesselspeisewasser; oft geht man schon deshalb zu Vorwärmern mit eingebauten Heizflächen über.

Heizmittel

Schnelleres Anwärmen

Hohe Durchsatzgeschwindigkeit

Gleichgültig, ob es sich um Vorwärmer oder Verdampfer handelt und ob das Heizmittel Dampf ist oder Saft, dessen Abwärme man wiedergewinnen will, entscheidend für die Art der Heizfläche ist, welcher der Stoffe zu beiden Seiten den schlechteren Wärmeübergang hat, also den größeren Widerstand entgegensetzt. Da allgemein der Übergang mit der Geschwindigkeit wächst und man hohe Geschwindigkeit bei Röhrenheizflächen (wenn man nicht Leitwände vorsieht) nur im Innern der Rohre, also nur für einen der Stoffe herstellen kann, leitet man durch die Röhren meist den Stoff mit dem schlechteren Wärmeübergang: Den Saft beim Vorwärmer und Verdampfer, das Kühlwasser beim Kondensator. Nur im Speisewasserverdampfer ist der Salzgehalt, der den Wärmeübergang des siedenden Wassers einschränkt, so gering, daß man den Dampf in die Rohre leitet und waagerechte Rohre nimmt, weil an beheizten senkrechten Rohren eine hemmende Wasserhaut niederrieselt, die den Wärmeübergang von 10000 auf unter 2000 kcal/m²h-° C herunterdrücken würde, also unter den Wert von 5000 des siedenden Speisewassers. Vorwärmer und Kondensatoren für reines Wasser, das mit über 1 m/s durch die Röhren fließt, hat im Innern über 5000 kcal/m²h-° C Wärmeübergang, also die gleiche Größenordnung wie kondensierender Dampf. Deshalb wirkt sich hier seine Wasserhaut stark aus: Stehende Vorwärmer erreichen nur 1600, liegende bei niederer Bauhöhe durch dünnere abtropfende Wasserhaut schon 2200 kcal/m²h-° C, wenn aber die liegenden Rohre so angeordnet sind, daß abtropfendes Wasser die unteren Rohre nicht erreicht (Ginabat-Balcke) bis 3400 kcal/m²h-°C[3].

Heißlufttrockner

Heißluft benutzt man bei Zerstäubungstrocknern oder man schaltet sie als Trockenmittel ein für Stoffe, die kein schnelles Trocknen vertragen oder temperaturempfindlich sind. Ebenso senken Vakuumtrockner die Temperaturen; der ganze Apparat muß aber luftdicht eingekapselt sein. Heißluft trocknet langsamer als Dampfzylinder, weil sie nur bis 12 kcal/m²h-°C überträgt und z.B. 10 statt 90° Temperaturgefälle verfügbar sind. Einschränkend auf dies Gefälle wirkt, daß man nicht durch Gegenstrom von Luft und Gut, wie bei Vorwärmern,

[1] Stender: Z. VDI 1925 S. 905, 1934 S. 1193. — Jakob, Erk: Z. VDI 1929 S. 176, 761. — Kaiser: Arch. Wärmewirtsch. 1930 S. 247. — Kirschbaum: Arch. Wärmewirtsch. 1931 S. 265. — Claassen: Z. VDI 1933 S. 1141, s. auch Z. VDI 1934 S. 1194. — [2] Aschof: Wärme 1931 S. 788. — [3] Balcke: Abwärmetechn. 1928 Bd. 1 S. 71—75.

mehr mittleres Temperaturgefälle erreichen kann, weil nur nasses eintretendes Gut die heiße eintretende Luft verträgt. Luft, die man weniger sättigt und abkühlt, hat mehr Temperaturgefälle, braucht aber mehr Dampf. Das fortlaufende Wiedererwärmen durch Innenheizung und das mehrmalige Umwälzen der gleichen Heizluft senkt den Dampfverbrauch etwas, die Trockenzeit nimmt aber zu, was nur bei Gut erwünscht ist, das man vor der anfangs starken Trockenwirkung eintretender Heißluft schützen will[1].

Theoretisch braucht man zum Ausdampfen von 1 kg Wasser 1 kg Dampf, gleichgültig ob es sich um Verdampfen wäßriger Lösungen oder um vollständiges Trocknen der letzten Wasserreste handelt. Während aber Verdampfer durch wiedergewonnene Wärme in mehreren hintereinander geschalteten Stufen praktisch weniger als 1 kg Dampf brauchen, steigt im Trockner durch Verluste und miterhitzte Luft und Rohstoff der Verbrauch bis auf 2 kg. Aus dem erfolgreichen Wiedergewinnen der Abluftwärme von Braunkohlenbrüden[2] oder Papiertrockenzylindern[3] darf man nicht schließen, daß allgemein bei Trocknern eine ähnliche Senkung des Dampfverbrauches unter 1 kg wie bei Verdampfern einsetzen wird, aus drei Gründen: Trockengut ist keine pumpfähige Flüssigkeit, die wie Zuckerrübensaft nacheinander mühelos beliebige Druckstufen durchläuft; Trockengut hat meist 10mal schlechteren Wärmeübergang als die Säfte der Stufenverdampfer und verträgt dazu trocken oft nur tiefere Temperaturen, man kommt deshalb nicht, wie bei Verdampfern, mit 10° Temperaturgefälle aus, sondern braucht das ganze verfügbare Gefälle bis 100°, um die Trockenapparate klein zu halten; der Brüden ist beim Verdampfer luftfreier Dampf mit hohem Wärmeübergang, Trockenbrüden sind lufthaltig und brauchen gewaltige Heizflächen zur Wärmeabgabe oder das Trennen von Dampf und Luft kann allein wie bei Braunkohlenbrüden 14° und große Anlagekosten verschlingen.

Wärmeverbrauch: Verdampfer unter 1 kg Trockner über 1 kg

Haushalt

Von den 30% der abgesetzten Landeskohlenmenge, die in Deutschland 1929 auf Haushalt, Landwirtschaft und Kleingewerbe fallen, geht ein Teil ins Kleingewerbe, es bleiben vielleicht 18%, die in Stadt und Land im Haushalt verheizt werden. Dazu kommen 17 Mill. t verbranntes Derb- und Reisholz und mit aufgelesenem Holz und Abfall zusammen 23 Mill. t Holz[4], was dem Heizwert nach über 6% des Kohlenverbrauches entspricht. Von den 5% des deutschen Kohlenverbrauches, die in Stadtgaswerken verarbeitet werden, ist vom Heizwert der Produkte $^3/_{10}$ Gas. Auf den Haushalt fallen davon $^2/_3$, das entspricht 1% des Landeskohlenverbrauches. Der Haushalt ist mit zusammen 25% der größte Verbraucher. Es folgen die Eisenindustrie mit 21%, die Eisenbahn mit 10%, die öffentlichen Kraftwerke mit 7% des Kohlenverbrauches.

Größter Energieverbraucher, 25%

Raumheizung

1926 wurde noch halb soviel Holz dem Heizwert nach verbrannt wie Kohle, hauptsächlich auf dem Lande. Dabei ist 1 Raummeter Buchenholz (1929) für 22 *M* ofenfertig 0,2 t Steinkohle gleichwertig, entspricht also 110 *M*/t Kohle. Auch entlegene Anwesen zahlen nicht mehr als 50 *M*/t und sparen, wenn sie 4 t Kohle statt 20 Raummeter Holz brennen, über die Hälfte, 240 *M* im Jahr[5].

Holz doppelt so teuer wie Kohle

Einzelöfen[6] erreichen heute die gleichen Wirkungsgrade wie mittlere Zentralheizungskessel, auf Prüfständen bis 80%, im Jahresmittel z. B. 55%. Hierzu müssen die Ofenwände dicht sein, speichernde Kachelöfen[7] müssen sich nach dem Abbrennen ganz dicht absperren, Dauerbrandöfen[8] gut und abgestuft drosseln lassen. Reichlich Feuerzüge innen und glatte Wände außen lassen Feuergas und Raumluft schneller strömen. Das steigert den Wärmeübergang und senkt bei gleicher Oberfläche die Abgastemperatur, also den Abgasverlust. Für die Zentralheizungen spricht außer Ersparnis an Hausarbeit nur der saubere Betrieb, wozu auch gehört, daß Zentralheizkessel leicht den rauchlosen Koks verbrennen. Das Gußeisen der Niederdruckkessel ist nicht wie das Schmiedeeisen gewöhnlicher Kessel gegen Anfressen durch abgekühlte nasse Rauchgase empfindlich. Trotzdem geht man bei größeren Anlagen, die zu viele kleine Gliederkessel erhalten würden, zu schmiedeeisernen Kesseln über, die bis 20% weniger kosten. Die Heizung wird aber nur 4% billiger, da der Kessel nur $^1/_5$ der Anlage ausmacht. Große Wasserrohrkessel sind praktisch nicht mehr billiger als schmiedeeiserne Zentralheizkessel. Deshalb hat das Fernheizwerk — die nächste Stufe der Zentralisierung —

Kohlenverbrauch

Anlagekosten

Fernheizung

[1] Hirsch: Trockentechn. 1932 S. 206—218. — [2] Josse: Z. VDI 1930 S. 1505. — [3] Hirsch: Trockentechn. 1932 S. 390. — [4] VDI-Nachr. 1931 Nr. 50 S. 1, 3. — [5] Riedl: Die Wärmewirtschaft des Hausbrandes, 1927 S. 10. — [6] Über Bauarten: Rietschel-Gröber: Heizg. u. Lüftg. 1934 S. 2. — [7] Volz: Z. VDI 1934 S. 281. — [8] Schemmann: Z. VDI 1934 S. 284.

höhere Anlagekosten. Das zusätzliche Fernleitnetz kostet bis 60% des Kessels und Warmwasserheizungen brauchen zum Anschluß an Ferndampf hausweise Vorwärmer, wenn man nicht das Heißwasser fernleitet. Den Nutzen besserer Wirkungsgrade der großen Zentralkessel, die mit Vorwärmern arbeiten, heben meist die Fernleitverluste auf. Nur in besonders günstigen Fällen[1] überwiegt der tiefere Kohlenpreis von z. B. 27 *M*/t Steinkohle für die Zentrale gegen 50 *M*/t Koks einschließlich Verteilkosten frei Haus die höheren Anlagekosten. Die Anlagekosten fallen stark ins Gewicht, weil die Anlage im Jahresdurchschnitt nur 15% der Vollast ausgenutzt ist. Fernheizung hat sich deshalb außer in Fabriken nur bei dicht gedrängtem Heizbedarf eingeführt: In amerikanischen Hochhausvierteln, in Deutschland in einzelnen Stadtgegenden von 9 Städten[2], in Rußland begünstigen lange Winter und die staatliche Zentralisierung die Fernheizwerke.

Stadtgas

Raumheizen durch Gas konkurriert nur bei stark gesenkten Tarifen im Industriegebiet. In Essen wurden 22% des Stadtgases für Raumheizung (1930/31) abgegeben mit 5 *Pf*/m³ für Zentralheizungen[3], in USA. werden 5% des Stadtgases zum Raumheizen verwendet[4].

Küche und Bad

Gas

Durch Verteilungskosten wächst bis zum Haushalt der Kohlenpreis von 20 auf 50 *M*/t an (1929), das Gas von 7 auf 20 *Pf* für 1 m³ = 3600 kcal (unterer Heizwert bei 15⁰), entsprechend 390 *M*/t Kohle: Die Spanne ist fast 8 : 1. Im Wärmeverbrauch stark überlegen ist der Gasherd, den man jederzeit an- und abstellen kann, gegen den Kohleherd, der den ganzen Tag brennt und nur 3mal kurz benutzt wird. Der Gasherd erreicht z. B. 50%, der Kohleherd 10% Wirkungsgrad, das macht 5 : 1 statt 8 : 1. Rechnet man aber Anheizholz und verminderte Hausarbeit hinzu, so erklärt sich der Übergang zum Gaskochherd im Sommer. Im Haushalt werden fast soviel Arbeitsstunden geleistet wie in der Industrie[5]. Wöchentlich 3 ersparte Hausarbeitsstunden, mit je 30 *Pf* bewertet, macht 3,80 *M* im Monat. Die Gasrechnung des vierköpfigen Haushaltes mit 0,3 m³ je Kopf und Tag macht monatlich 7,20 *M*. Ersparte Hausarbeit macht mehr als die Hälfte der Gasrechnung aus. Im Winter heizt aber der Herd zugleich die Küche und macht dadurch 35%[6] der Kohle nutzbar. Darum gehen viele Gas- und Elektroküchen im Winter zu Kohle über. Auch für das Bad ist Gas teurer, denn 70% stehen 25% Wirkungsgrad bei Kohle (Einzelofen) gegenüber. Das Verhältnis 3 : 1 kann nicht den Wärmepreis 8 : 1 ausgleichen. Trotzdem ist der Gasbadeofen verbreitet, wo keine kohlenbeheizte zentrale Warmwasseranlage besteht, weil er sofort betriebsbereit ist. Beim Raumheizen bleibt noch eine Spanne von 80 gegen 55%, also nur 1,5 : 1. Hier führt sich das Gas nur in Sonderfällen ein.

Elektrowärme[7]

Mit Gas konkurriert Elektrowärme, um die Kraftwerke besser auszunutzen. Bei 20 *Pf* Gaspreis für 1 m³ = 3600 kcal (bei 15⁰) müßte bei gleichem Wirkungsgrad die Kilowattstunde Strom (860 kcal) unter 6 *Pf* kosten statt 20 *Pf* Tarif für zusätzlichen Lichtstrom. Das Wärmekraftwerk braucht aber für Strom, der nicht in die hoch belasteten Abendstunden fällt, nur mit Brennstoff- und Verwaltungskosten zu rechnen, nicht mit Kapitaldienst für Kraftwerk und Stromnetz. Die untere Grenze ist mit Übertragungsverlusten je Kilowattstunde z. B. 1 kg Kohle = 2 *Pf*. Bei Wasserkraft fällt diese untere Grenze weg. In Konkurrenz mit Gas kann der Preis so hoch gesetzt werden, wie es dem Mengenverbrauch von Gas und Strom entspricht. Bei Heißwasser verhindern Abkühlungsverluste des Elektrospeichers, daß der Wirkungsgrad merklich besser als bei Gas wird. Deshalb ist der Grenzpreis für Heißwasserstrom 5 *Pf* einschließlich Grundgebühr und Mehrkosten der Apparate. Kochstrom liegt günstiger, weil wiederholtes Benutzen der elektrischen Herdplatte ihre Speicherverluste zurücktreten und ihren Bestwirkungsgrad von z. B. 80 statt 60% bei Gas hervortreten läßt. Weniger Fett- und Wasserzusatz soll weitere Wärme sparen. Das Preisverhältnis soll beim Kochherd, auf dem kein Wasser bereitet wird, von 4 auf 2,3[8] sinken, so daß bei 20 *Pf* Gaspreis Kochstrom mit 8 *Pf*/kWh konkurrieren kann. Ein höherer Preis als bei Heißwassernachtstrom ist auch wegen der Selbstkosten notwendig: Ein Teil des Kochstromes fällt auf die Hauptlastzeit, besonders in Großstädten. Wo die Bevölkerung mittags zu Hause ißt, entsteht mittags die höchste Kochspitze: Beim 5-kW-Herd im Mittel 3 kW, sein Anteil flacht über einen ganzen Bezirk auf 0,75 kW ab. Trotzdem kann beim jetzigen deutschen Stromverbrauch ein Überlandwerk höchstens 30% der Haushalte anschließen. Sonst wird

Sondertarife

Preisverhältnis kWh/m³
Heißwasser: 4
Kochen: 2,3

Anschlußgrenze

[1] Mengeringhausen: Wärme 1931 S. 800. — [2] Rietschel-Gröber: Heizg. u. Lüftg. 1930 S. 89. — [3] Nerreter: Gas- u. Wasserfach 1932 S. 413. — [4] Gas- u. Wasserfach 1930, S. 119. — [5] American Home Economies Ass., Weltkraftkonferenz 1930, Bd. 1 S. 254. — [6] Raiss: Arch. Warmewirtsch. 1931 S. 224. — [7] Mörtzsch: Elektrisches Kochen, 1932. — Elektrowärme Jb. 1931. — [8] Siehe auch Raiß: Z. VDI 1934 S. 888 Abb. 16. — Arch. Wärmewirtsch. 1934 S. 217. — Bei hohem Gasverbrauch in Haushalten mit großer Kopfzahl und großen Wohnungen verschiebt sich diese „Äquivalenzzahl" zu Ungunsten der Elektrizität bis zu 2,7.

die Mittagslast höher als die Abendlast und die Ausnutzung des Kraftwerkes, die durch den Anschluß z. B. von 29% auf 35% steigt, verschlechtert sich wieder. Der Kochstrom muß sich an den vollen Anlagekosten beteiligen und der Sondertarif läßt sich für hinzukommende Kochherde nicht aufrecht erhalten. Anders in Ländern mit allgemein höherem Haushaltstromverbrauch wie Canada: In einer Stadt mit 18000 Einwohnern wuchs schon 1921 die Mittagsspitze über die Abendspitze und senkte 1 Jahr lang den Belastungsfaktor. Er stieg aber dann durch andere Last weiter von 36 auf 51%. Eine 60000-Einwohner-Stadt erreichte 40% Belastungsfaktor, obgleich 78% der angeschlossenen Haushalte elektrisch kochen. Im ganzen Überlandbezirk haben 23% der Haushalte elektrische Küchen und 9% Heißwasserspeicher[1]. In der Schweiz kochen 18% der Haushalte elektrisch, von neu eingerichteten Küchen 43%. Ende 1933 waren in Deutschland 150000 Haushalts- und 60000 Heißwasserspeicher in Betrieb[2]. Der günstigste Kochstromverbraucher ist die dünn besiedelte Landwirtschaft, in der sich kein Gas mehr lohnt, die Kochspitze sicher mittags auftritt und Strom gegen teures Brennholz besonders überlegen ist. Die Stromverbrauchsgrenze des vierköpfigen Haushalts, die für reinen Lichtverbrauch 100 kWh ist, steigt durch Kleingerät auf 300, durch Kochen auf 1300, durch Küchenwasser weiter auf 2100 und mit elektrischem Bad auf 3100 kWh[3]. Dem 31fachen kWh-Anstieg würden aber bei den geltenden Tarifen nur 8fache Stromeinnahmen entsprechen.

Stromverbrauchsgrenze

Licht

Tiefer Belastungsfaktor

Lichtenergie ist teuer, weil weitverzweigte teure Verteilnetze für kleine Energiemengen auszubilden sind. Dazu werden die Anlagen das Jahr über nur schlecht ausgenutzt, nur an wenigen Wintertagen entsteht die höchste „Lichtspitze" der Belastung. Während der Belastungsfaktor bei Straßenlicht mit 30% günstig ist, sinkt er bei Gewerbelicht auf 20%, bei Hausbeleuchtung auf 5%. Dieser große Unterschied wirkt sich aber nicht voll aus: Bei Gas nur auf das Rohrnetz, vom Gaswerk hält der Gasbehälter die Schwankungen tagsüber fern. Es bleibt nur der Unterschied der Tagesdurchschnitte das Jahr über auszugleichen. Hierfür ist der Belastungsfaktor 50%. Bei Elektrizität nimmt in Städten die Gewerbekraft meist schon um 15 Uhr ab und erst um 17 Uhr ist das Gewerbelicht, erst um 20 Uhr das Wohnlicht auf dem Höhepunkt. Diese „Ungleichzeitigkeit" senkt die Höchstlast oft um $^1/_5$, vom Wohnlicht fällt z. B. nur die Hälfte auf die Hauptlastzeit. In Überlandwerken kann der Ausgleich so stark sein, daß die städtische Abendspitze die ländliche Morgenspitze nicht erreicht. Durchschnittlich verteuert sich die Energie für Hauslicht gegen Straßenlicht bei Gas von 10 auf 20 *Pf*/m³, bei Elektrizität stärker von 12 auf 40 *Pf*/kWh (einschließlich Grundgebühr).

Konkurrierende Energiearten

Petrol hat mit Beginn der Erdölbohrungen Kerze und Öllampe verdrängt. Dann hat in der Stadt das Gas durch den Glühstrumpf die Beleuchtung übernommen, bis die Metallfadenlampe das Gas in Haushalt und Gewerbe abgelöst hat, nicht weil die Energiekosten entscheidend billiger sind, sondern weil elektrisches Licht einfach, gefahrlos und anpassungsfähig ist. In Wasserkraftländern wurde das Gas auch stark von der Straße verdrängt. In Kohleländern beleuchtet man noch 80% der Straßenlänge mit Gas[4]. Obgleich in Deutschland das elektrische Straßenlicht doppelt so schnell zunahm wie der Gesamtstrom der öffentlichen Kraftwerke, ist sein Anteil am Gesamtstrom nur 1%[5]. Das teure örtliche Anstecken der Gasbrenner, das früher bei Gas notwendig war, wurde durch Dosenschalter beseitigt, die zentral betätigt werden, indem man vorübergehend Druckwellen im Gasnetz erzeugt.

6. Kraft

Mittelbare Energiewandlung

Brennstoffenergie läßt sich bis jetzt nur auf dem verlustreichen Umweg über Wärme in Kraft umsetzen. Öl und Gas sind rein genug, um im Motor selbst zu verbrennen, Öl im Bestfall mit über 40% Wirkungsgrad. Bei Kohle ist der weitere Umweg über Dampf oder Gas (Sauggasmotor) notwendig. Versuche mit Kohlenstaubmotoren (Pawlikowski) waren bis jetzt ohne wirtschaftliches Ergebnis[6]. Die besten Dampfanlagen setzen bis zu 28% der Wärme in Kraft um. Bei Wasserkraft und Wind ist der Wärmekreislauf schon in der Natur abgeschlossen. Deshalb können die Anlagen 85% der Naturkraft ausnutzen. Der weitere Umweg über Elektrizität macht die Kraft mit 20% Wandlungs- und Fernleitverlust transportfähig, verbindet billige Energiequellen mit dem Verbrauchsschwerpunkt und ermöglicht, abgelegene

[1] Gaby: Weltkraftkonferenz 1930 Bd. 1 S. 20, 26, 28. — [2] Z. VDI 1934 S. 1428. — [3] Mörtzsch: Elektrisches Kochen, 1932. — [4] VDI-Nachr. 1930, Nr. 25, Beilage. — Gas- u. Wasserfach 1932 S. 285. [5] Elektr.-Wirtsch. 1931 S. 565. — [6] Pawlikowski: Öl u. Kohle 1933 S. 135; ferner Glückauf 1933 S. 903; 1934 S. 1189; Z. VDI 1934 S. 795, 1007, 1458; 1935 S. 277.

Wirkungsgrade der Wärmekraft

Wärme ist ungeordnete Molekularbewegung, die sich nur zu einem Bruchteil in Kraft (gerichtete Energie) umwandeln läßt (zweiter Energie-Hauptsatz). Der Grenzwirkungsgrad steigt mit dem Temperaturgefälle, das sich aber nur von einem idealen Carnotprozeß voll ausnützen ließe, der sich im Entropiediagramm (a) als Rechteck darstellt. Die wirklichen Kreisprozesse arbeiten um die schwarz angelegten Flächen schlechter.

Dampfanlagen mit Kondensation verlieren nichts vom unteren Temperaturgebiet. Bei Übergang zum höchsten „kritischen" Druck und hoher Überhitzung steigt wohl das Temperaturgefälle, der Vorgang weicht aber immer stärker vom idealen Rechteck ab: Durch Regenerativvorwärmer und Zwischenüberhitzer verbessert, gibt der Wärmekreislauf schon bei 100 at statt 225 at besseren Wirkungsgrad, weil im Vergleich zu Carnot 78 statt 75% verwertbar sind (d).

Brennkraftmotore verlieren die Abgase, nachdem sie auf Atmosphärendruck entspannt sind, mit hoher Temperatur, sie nutzen deshalb im Gegensatz zu Dampfkraft das untere Temperaturgebiet schlecht aus. Ihre hohen Wirkungsgrade entstehen nicht, weil sie mit Endtemperaturen bis über 2000° arbeiten, sondern weil die Wärmeaufnahme aus dem Brennvorgang nach der Verdichtung sofort mit hoher Temperatur einsetzt, beim Auto mit 375°, beim Diesel mit 550°.

Nur steigende Anfangstemperatur durch hohe Verdichtung steigert den Wirkungsgrad: Im Gegensatz zu Dampfkraft sinkt der Wirkungsgrad mit steigender Temperatur im Verlauf der Wärmeaufnahme (b), weil durch höhere Brenntemperaturen weniger gewonnen als durch höhere Abgastemperaturen verloren wird. Hoher Luftüberschuß, der bei Dampfkraft die Abgasverluste des Kessels vergrößert, verbessert im Gegenteil bei Brennkraft den theoretischen Wirkungsgrad, weil Luft hier kein Ballast, sondern der Kreisprozeßträger ist und man sich dem idealen Luftmotor nähert. Der Zylinder leistet aber bei hohem Luftüberschuß weniger, der mechanische Wirkungsgrad sinkt und die Zündung wird schlechter. Transportverluste (k) entstehen bei Dampfkraftwerken durch die weit auseinander-

---

Einzelverbraucher aus billigen Großkraftwerken zu speisen. Entgegen dieser Zentralisierung der ortsfesten Kraftanlagen dezentralisiert der schnellaufende Benzinmotor durch das Auto den Landverkehr, der früher ausschließlich von der zentralisierten Eisenbahn beherrscht wurde.

Kraftmaschinen

Hohe Drehzahl

Die Anlagekosten lassen sich durch höhere Durchsatzgeschwindigkeit senken, die man durch hohe Drehzahlen und gesteigerte Zylinderleistung erreicht. Hohe Drehzahlen geben bei allen Maschinenarten billigen und leichten Bau: Bei Kolbenmaschinen hängt der Baustoffaufwand vom Zylindervolumen ab, das bei doppelter Drehzahl halb so groß wird. Die zulässige Grenzdrehzahl ist bei Automotoren, bei denen man hohe Abnutzung zuläßt, mehr als 3mal so hoch wie beim ortsfesten Motor. Bei Dampfturbinen fordert der schnell strömende Dampf eine bestimmte hohe Umfangsgeschwindigkeit der Räder. Bei doppelter Drehzahl hat die Turbine deshalb nur den halben Durchmesser. Die Drehzahl ist durch die Fliehkraft begrenzt.

Vielfache Zylinderleistung

Bei Brennkraftmotoren läßt sich der Zylinder durch 3 Mittel verstärkt ausnutzen: Durch Aufladen (S. 39), durch Doppelwirkung, d. h. Kraftleistung zu beiden Seiten statt auf einer Seite des Kolbens und durch Übergang vom Viertakt- zum Zweitaktverfahren, indem man durch Luftspülung erreicht, daß sich die 2 Takte für Auspuff und Neufüllen zwischen die 2 Arbeitstakte einschieben lassen. Man kann nicht alle Mittel zusammen voll anwenden, weil sonst die Temperatur unzulässig steigen würde. Großgasmaschinen werden doppeltwirkend und mit mäßiger Aufladung ausgeführt. Bei Großdieselmaschinen steigt im Vergleich mit der einfach wirkenden Viertaktmaschine durch Aufladen die Zylinderleistung auf 1,3, der doppeltwirkende Zylinder leistet 1,7, mit Aufladen 2,2 und mit Zweitakt 3,1. Automotoren baut man nur einfachwirkend und verwendet nur selten Zweitakt, der hier weniger überlegen ist, weil bei der hohen Drehzahl die Spülung aus Zeitmangel schlecht wird. Viertakt beherrscht das mittlere Leistungsgebiet, Zweitakt größte und zugleich kleinste Leistungen (Schiffsdiesel, Kraftwerksdiesel — Motorrad).

Klopffeste Brennstoffe

Bei Automotoren steigert man die Zylinderleistung durch Übergang auf klopffeste Brennstoffe (Zahlentafel S. 112), die eine höhere Verdichtung zulassen, wodurch der mittlere Arbeitsdruck steigt und das gleiche Zylindervolumen mehr leistet.

Kolbenmaschine und Turbine

Tiefe Wandtemperatur

Kolbenmaschinen arbeiten mit periodischen Kolbenhüben. An den Zylinderwänden stellt sich durch den schnellen periodischen Wechsel nahezu die mittlere Temperatur ein, wodurch Brennkraftmotore erst möglich werden: Der Werkstoff ist im Mittel nur 500° ausgesetzt, obgleich die Brenntemperatur bei jedem Hub über 2000° erreicht.

Grenzdrehzahl

Nachteilig sind die hohen abnutzenden Massenkräfte, die mit der Leistung und dem Quadrat der Drehzahl steigen. Deshalb können Kleinmotore schnell laufen und billig sein. Großmotore müssen langsam laufen, das hemmt ihre Preissenkung. Die Massenkräfte begrenzen die Höchstleistung von Dieselmotoren je Zylinder auf 2800 PS. Ein 1000-PS-Motor nutzt sich mit der Drehzahl 120 liegenden Anlageteile und den Umlauf der vielen Hilfsstoffe. Die mit eingerechnete Speisepumparbeit ist ein Teil des Kreisvorgangs wie die Verdichtung beim Brennkraftmotor. Beim Zweitaktdiesel braucht die Spülluft viel Pumparbeit. Hochdruckkraftwerke nähern sich im Wirkungsgrad den Brennkraftmotoren (l). Gichtgasmaschinen mit Abwärme-Dampfturbinen und die neuesten Dieselmotore haben aber wieder einen weiten Vorsprung.

Temperaturverlauf während der Wärmeaufnahme für Brennkraft und Dampfkraft ist durch Arbeitsverfahren und Eigenschaften von Luft und Dampf festgelegt.

Das Entropiebild stellt Wärmemengen als Flächen dar, die von Temperaturlinien umgrenzt sind.

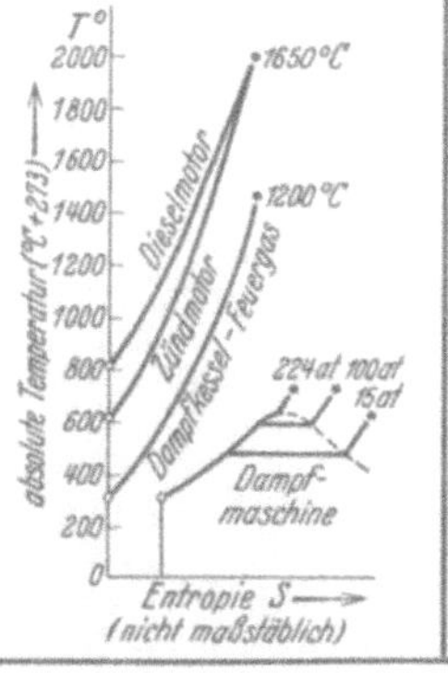

			Dampfkraft				Brennkraft[3], [4]		
			Lokomotive mit Auspuff[1]	Kraftwerke[2]			Vergasermotor (Auto)	Gasmotor (Gichtgas)	Dieselmotor
				15 ata 350° Niederdruck	225 at 450° Kritischer druck	100 at 450° Hochdruck			
							Verdichtung		
				ohne		mit	9 ata 375°	14 ata 330°	40 ata 550°
				Regenerativ-Vorwärmung und Zwischenüberhitzung					
			ohne	mit					
			Kondensation						
a	Kreisprozesse: Eine verlustlose Maschine könnte vom Temperaturgefälle die weiße Fläche in Kraft umsetzen. Mit einem Idealstoff würde ein Kreislauf nach Carnot zusätzlich die schwarzen Flächen gewinnen; aber auch für ihn wären die darunterliegenden senkrecht schraffierten Flächen verloren.		(siehe Bild)						
b	Wie der mittlere Wirkungsgrad des verlustlosen Kreisprozesses entsteht: Im Verlauf der Wärmeaufnahme steigt der Wirkungsgrad bei Dampfkraft, statt dessen sinkt er bei Brennkraft.								
c	Carnotscher Grenzwirkungsgrad, bezogen auf höchste und tiefste Temperatur	%	39	52	59	59	89	86	86
d	Kreisprozeß-Wirkungsgrad (verlustlos) bezogen auf den Carnot-Prozeß	%	45	64	75	78	41	52	66
e	bezogen auf die zugeführte Wärme (c × d)		17,5	33	44	46	36	45	57
f	Verbrennungswirkungsgrad (bei Dampf einschließlich aller Kesselverluste)	%	75	84	84	84	90	96	95
	Brennstoffe		Steinkohle	Steinkohle oder Braunkohle			Benzin	Gichtgas	Gasöl
g	Luftüberschuß	%	40				10	60	100[8]
h	Maschinen-Wirkungsgrade thermodynamisch		82	84		79	90	79	80[5], [9]
i	mechanisch (und elektrisch; Hilfspumpen außer für Schmieröl nicht mitgerechnet)	%	80 bis zum Zughaken	93 bis zu den Generatorklemmen		93	85[6] bis zur Kupplung	83[4]	92 (93)
k	Verluste für Fortleiten und Pumpen von Brennstoff, Luft, Dampf[11], Speisewasser, Kühlwasser	%	~0	7	9	8	0	0	8 (7)
l	Gesamtwirkungsgrad bei Vollast (e × f × h × i) abzüglich (k)	%	9 am Zughaken	20 an den Generatorklemmen		26 (28)[7]	25 an der Kupplung	28 (33)[10]	36 (41)

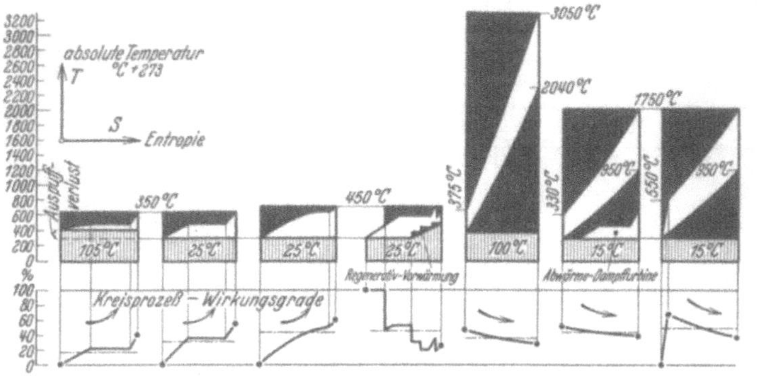

[1] Nordmann, Wagner: Weltkraftkonferenz 1930 Bd. 17 S. 70, 71. — [2] Schult: Z. VDI 1933 S. 782. — [3] Pye-Wettstädt: Die Brennkraftmaschinen 1933 S. 21, 36, 39, 148, 178. — [4] Dubbel: Öl- und Gasmaschinen 1926 S. 48. — [5] Laudahn: Z. VDI 1930 S. 571. — [6] Heller: Motorwagenbau, 1925 S. 223. — [7] Mit 80000-kW-Maschinen erreicht man bei 130 at, 480° Dampftemperatur mit 3stufiger Vorwärmung 28%. Wellmann: Weltkraftkonferenz 1930 Bd. 4 S. 40. — [8] Dubbel: Taschenbuch 1935 Bd. 2 S. 146: Kann bei Fahrzeugdiesel auf 10—20% sinken. — [9] Die eingeklammerten Werte wurden mit einem einfachwirkenden Schiffszweitaktdiesel von 5500 PS erreicht. Eichelberg: Z. VDI 1935 S. 132. — [10] Mit Abwärmedampfturbine, die Abgas- und Kühlwasserwärme ausnützt, bis 33%, mit Abgasdampf allein bis 30%. [11] Enthält bei Kraftwerten durchschnittlich 2% für Druck- und Temperaturverluste von Rohrleitungen und Vorwärmern.

Brennkraftmotore Gase und leichtflüchtige Brennstoffe sind annähernd brennreif, dagegen müssen sich Schweröle erst unter hoher Temperatur wandeln, ehe sie verbrennen. Leichte Brennstoffe (Benzin, Benzol) verdichtet man auf höchstens 10 at = 400° und zündet künstlich, Schweröl auf mindestens 25 at = über 500° zum Wandeln und Selbstzünden (Diesel). Dazwischen liegt ein **unüberbrücktes Gebiet.** Rohöl, das leichte und schwere Öle enthalt, muß man in leichte und schwere „Fraktionen" trennen, weil sonst Schwerolteile im Leichtolmotor unverbrannt bleiben und das Schmieröl verdünnen und umgekehrt Leichtöl im Schwerölmotor zu schnell selbst zündet.

Großgasmaschinen verarbeiten Hochofengas, Kleingasmotore Generator-Sauggas; der früher sehr verbreitete Stadtgasmotor ist durch den Elektromotor verdrängt. Obgleich sich die Gasheizwerte stark unterscheiden, weichen die Heizwerte des Gasluftgemisches nur wenig ab, weil die meisten Gase auf 1 m³ Brennluft bezogen ähnliche Heizwerte haben und man in Gasmaschinen bei heizstarken Gasen höheren Luftüberschuß anwendet. Im Automotor verbrennt man Gas mit kleinerem Luftüberschuß, dadurch steigt der Gemischheizwert, erreicht aber nur von Motorenmethan aufwärts die Werte flüssiger Brennstoffe. Deshalb geben die anderen Gase im Autozylinder weniger Leistung als Benzin, wenn man nicht höher verdichtet. Beim Auto-Vergasermotor steigert man durch höhere Verdichtung außer der Zylinderleistung den Wirkungsgrad z. B. beim Übergang von 1 : 4,5 auf 1 : 6,5 theoretisch um 7% aber durch bessere Verbrennung insgesamt um 21%. Die Grenze entsteht nicht durch Selbstzundung wie bei Gas, sondern durch das störende „Klopfen". Am wenigsten laßt sich reines Benzin verdichten. Zusatz von klopffestem aber teurem Benzol und Spiritus schiebt die Grenze der Verdichtung hinaus z. B. bei 50% Benzolgehalt von 5 auf über 6 : 1. Das gibt $^1/_{10}$ mehr Leistung und braucht $^1/_{10}$ weniger Brennstoff, der sich aber um den gleichen Betrag verteuert. Ebenso wirksam wie 40% Benzol ist $^1/_5$% Äthylzusatz. Spirituszusatz steigert außerdem die angesaugte Füllung des Motors, weil sie sich beim Verdunsten um 85° abkuhlt und zusammenzieht. Die technische Beimischgrenze von 25% ist durch schlechteres Anspringen gesetzt. Schnellaufende Fahrzeugdiesel müssen, um Zeit zu gewinnen, mit dem Einspritzen des Schweröles so fruh vor dem Arbeitshub beginnen, daß sie statt nach dem Gleichdruckverfahren explosionsartig wie Zündmotore arbeiten und Höchstdrücke bis 60 at treten auf. Trotzdem erreichen sie nur $^2/_3$ der Drehzahlen von Automotoren, die mit brennreiferem Benzin arbeiten.

Dubbel: Öl- und Gasmaschinen, 1926. — Ricardo: Verbrennungsmotoren, 1932. — Pye: Brennkraftmaschinen, 1933. — Heller: Motoren und Zubehör, 1925.

Motor	Brennstoffeigenschaften				Brennstoffzufuhr	Arbeitsverfahren
	Maßgebend für die Raumleistung des Motorzylinders sind nicht die stark abweichenden Brennstoffheizwerte, sondern der nach Mischen mit Luft entstehende weniger abweichende					
	Brennstoffheizwert	Gemischheizwert ohne Luftuberschuß	Gemischheizwert mit Luftuberschuß	zulässiger Verdichtungsdruck		
	kcal/N m³ H_u	kcal/N m³ H_u		at		
Gasmaschine (und Fahrzeugmotor) für gasförmige Brennstoffe:				**Höchstens** weil sonst Selbstzündung	Da Brennstoffe gasförmig, nur gewöhnliche Mischung mit Saugluft, was nur unvollkommen durchführbar, deshalb **20—60%** Luftüberschuß notwendig	Verpuffungs-(Explosions-)Motor saugt Gemisch von Luft und Brennstoff ein, verdichtet schwach auf 5—10 at, damit das leicht verbrennliche Gemisch nicht selbst zündet oder klopft, verwendet künstliche Zündung beim Arbeitshub, wodurch das Gemisch bei nahezu konstantem Volumen mit starkem Druckanstieg auf 25—40 at verbrennt
Hochofengas	900	530	450	13		
Generatorgas	1250	570	450	12		
Holzgas	1100	570	450	10		
Koksofengas, Stadtgas	4100	815	550	8		
und für heizstarke Flaschengase:						
Motorenmethan	10000	840				
Ruhrgasol	18000	900				
Propan	22000	880				
Butan	29000	900				
Vergasermaschine	Brennstoffe sind bei Atmosphärendruck und Lufttemperatur flüssig, dagegen ist das Gemisch (Benzin-Luft) gasförmig, der Taupunkt ist — 24°. Die Mischung im Vergaser erzeugt zunächst Brennstoffnebel, die hinter dem Vergaser verdunsten und das Gemisch abkühlen um °C					
für flüssige, leicht siedende Brennstoffe:	kcal/kg H_u			höchstens wegen **„Klopfen"**	Verdunsten gibt gute Mischung, daher durchschnittlich **kein Luftüberschuß** notwendig	
Benzin	10300	900		7	20	
Benzol	9700[1]	920		12	20	
Spiritus	6500	860		14	85	
Petrol	10600	900		6	15	
Dieselmotor für schwersiedende flüssige Brennstoffe:				**Mindestens** zum Wandeln und Selbstzünden	Einspritzen unter Druck ohne Luft (früher: Einblasen mit $^1/_{30}$ der Luftmenge) gibt keine vollkommene Mischung, deshalb **10—100%**[2] Luftüberschuß notwendig	Gleichdruckmotor saugt Luft ohne Brennstoff an, verdichtet hoch auf 25—35 at, führt allmählich beim Arbeitshub schwer verbrennliches Öl unter Druck ein, das durch Selbstzündung mit geringem Druckanstieg auf 40—60 at verbrennt
Gasöl (Treiböl)	10000			25—35		
Steinkohlenteeröl (Anfahren mit Gasöl und Vorwarmen auf 50°, damit dunnflussig)	9000			35		

[1] Auf den Liter Brennstoff bezogen ist der Heizwert bei dem schwereren Benzol höher als bei Benzin. — [2] Bis 100% und mehr für Großdiesel; Fahrzeugdiesel können mit 10—30% auskommen: Dubbel: Taschenbuch, 1935 Bd. 2 S. 146.

Anlagekosten und Wärmeverbrauch der Kraftanlagen

(Preisbasis **1929**). Während bei **100 kW** = 136 PS ein **schnell**laufender Automotor, der sich schnell abnutzen darf, nur 70,— *M*/kW kostet, ist der ortsfeste langsamlaufende, dauerhafte Dieselmotor mit 210,— *M*/kW 3mal so teuer und Dampfkraft mit 440,— *M*/kW kostet das 6fache. Dampfkraft[1] mit Kessel ist bei gleicher Leistung teurer als Ölmotoren und hat höheren Wärmeverbrauch. Kohle kostet aber in Europa im Wärmepreis $^1/_3$ gegen Öl und die Kraftwerkspreise sinken durch die hohen Grenzleistungen der Dampfturbinen von 600,— *M*/kW bei 300 kW-Maschinen auf 220,— *M*/kW[2] bei 100000-kW-Maschinen. Dieselkraftwerke[5] sind bei ihren viel kleineren Grenzleistungen nicht wesentlich billiger als große Dampfkraftwerke. Für Spitzenlast und Reserve vertragen Dieselmotoren höhere abnutzende Drehzahlen, wodurch sie 12,5—16% billiger sein können als die Kurven zeigen. Sie sind aber nicht billiger als Dampfwerke, die man für Spitzenlast einrichtet (Zahlentafel S. 119). Gasmotoren[3] bis 5 kW für Stadtgasanschluß, größere Sauggasanlagen einschließlich Gaserzeuger bis 50 kW und Kraftwerke[4] mit Großmaschinen für Hochofengas einschließlich elektrischem Teil und Gebäude sind je kW ungefähr gleich teuer; die 8mal kleinere Drehzahl der Großmaschine hemmt die Preissenkung, wodurch Dampfkraft für Hochofen-Gichtgas billiger wird. Elektromotore[3] sind auch bei kleinen Leistungen billig, besonders bei Drehstrom. Gegen äußere Einflüsse gekapselte Motoren kosten zusätzlich 10%, erhitzen sich stärker und leisten dadurch bis 60% weniger, das steigert ihren Preis je kW fast auf das 3fache. Der Preis für Motoren mit Kühlluftzufuhr oder Mantelkühler für umlaufende Luft liegt dazwischen.

Der Wärmeverbrauch sinkt bei Dampfkraft[6] so stark mit wachsender Leistung, weil höhere Dampfdrücke und Regenerativvorwärmung wirtschaftlich werden.

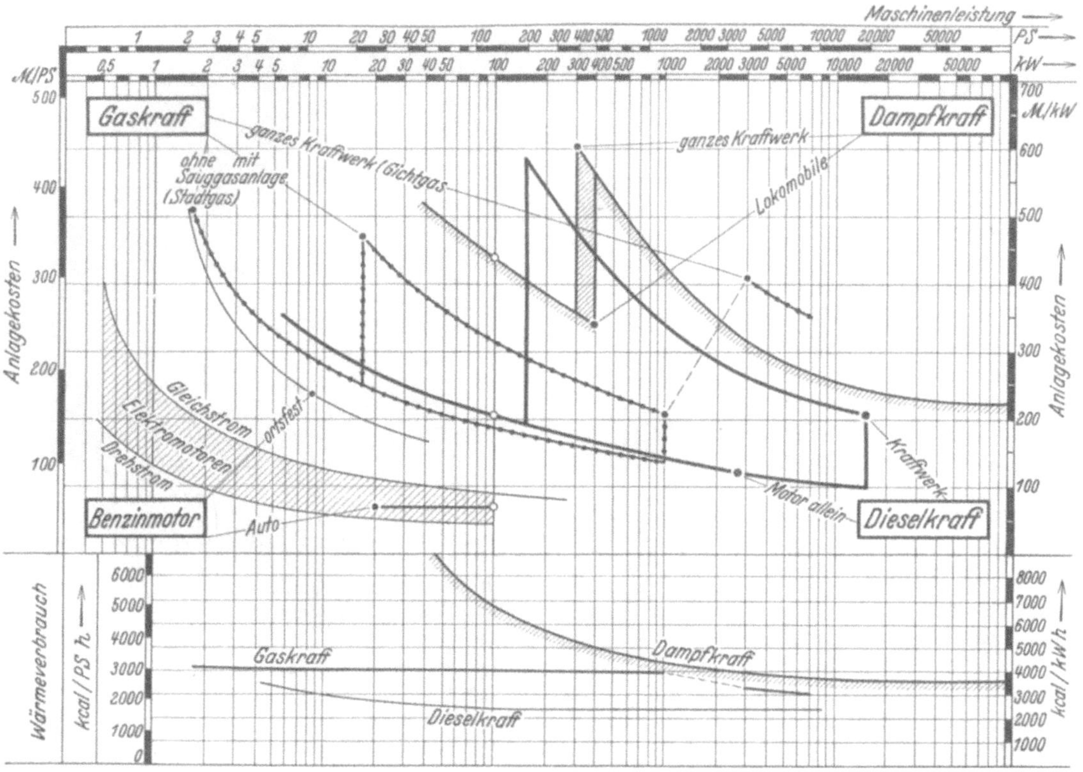

[1] Reutlinger-Gerbel: Kraft- und Wärmewirtschaft, 1927 (umgerechnet). — [2] Wellmann: Weltkraftkonferenz 1930 Bd. 4 S. 38, 40. — [3] Niemann: Kraftversorgung, 1930. — [4] Langer: Weltkraftkonferenz 1930 Bd. 5 S. 313. — [5] Gercke, Bannwarth: Neueste Entwicklung des Dieselmotors, 1930. — [6] Über etwa 1000 kW sind die Verluste des Stromerzeugers mit eingeschlossen.

---

ebenso schnell ab wie ein 25-PS-Motor, der mit 750 U/min je Liter Zylinderinhalt 6mal mehr leistet[1]. Beim billigen Automotor geht man bis über 3000 Umdrehungen und erreicht über 30fache Literleistung, nimmt aber in Kauf, daß man die Kolben alle 2 Jahre nach 50000 km, den Zylinderblock nach der vierfachen Zeit austauschen muß. Das ist beim Auto zulässig, weil es schwach ausgenutzt ist. Bei Dauervollast müßte man z. B. die Kolben vierteljährlich, den Block jährlich erneuern. **Schnelläufer**

Turbinen arbeiten stetig und setzen deshalb den Werkstoff der Höchsttemperatur aus, die das Arbeitsmittel bei seinem Eintritt hat. Deshalb ist die Gasturbine für Frischgas (über 2000°) bis heute ungelöst und nur für abgekühlte Abgase unter 500° verwendbar: bei Dieselmotoren (Büchi-Aufladeantrieb), Feuerungen (Veloxkessel) und Flugmotoren (Terry-Höhen- **Stetiger Turbinenbetrieb**

[1] Schultz: Weltkraftkonferenz 1930 Bd. 8 S. 358.

kompressor). So nachteilig bei Dampfkraft die tiefen Temperaturen von höchstens 500° für den Wirkungsgrad sind, sie machen den Turbinenbetrieb erst möglich, der die Grundlage zum Übergang auf billige Großmaschinen und damit zur elektrischen Zentralisierung ist. Bei der Kolbenmaschine muß der Dampf bis zu einer Sekunde in den Zylindern bleiben, um sich periodisch zu entspannen, während er die Schaufelkanäle der Turbine in $^1/_{30}$ Sekunde stetig mit 150 m/s Axialgeschwindigkeit durchströmt[1]. Dadurch werden Turbinen klein, leicht, billig und für mehrere 100000 kW ausführbar, gegen ungefähr 10000 kW für die Kolbendampfmaschine. Trotzdem kann unter 1000 kW die

Grenze Kolbenmaschine

Kolbendampfmaschine[2] besonders bei Hochdruck konkurrieren, weil sich die Grenzdrehzahl der Turbine direkt gekuppelt nicht ausnutzen läßt. Der schnellste Generator hat die Drehzahl 3000, bei 1000 kW könnte aber die Turbine

Getriebe

mit über 6000 U/min laufen[3], bei kleineren Leistungen und Hochdruck noch schneller. Zahnradgetriebe erweitern das Konkurrenzgebiet der Turbine nach unten, da man für die ganze Turbine oder den Hochdruckteil Grenzdrehzahlen anwenden kann. Langsam laufende Großverbraucher, wie Pumpen und Holzschleifer (240 U/min), lassen sich ohne elektrische Zwischenglieder mit Zahnradturbinen treiben. Im Schiffbau kommen so niedere Wellendrehzahlen vor (100 U/min), daß man auch bei Dieselmotoren Getriebe anwendet.

Bilanz der Betriebskraft in Deutschland Die ortsfesten Kraftmaschinen werden zu fast ¾ mit Kohle betrieben, Öl macht nur 1% aus, die 5% Ölmaschinen stehen also größtenteils zur Reserve. Gut ausgenutzt sind dagegen die 9% Wasserkraftmaschinen, sie leisten 16% der Arbeit. 11% Gas ist vorwiegend Hochofengas, es wird in 6% Gasmaschinen verarbeitet, der Rest wird in Dampfkraftanlagen verfeuert. In öffentlichen Kraftwerken stehen nur 43% der Maschinen, über die Hälfte davon dient dem Gewerbe, sie beliefern außerdem Haushalt, Bahnen und Landwirtschaft. Von den Primärkraftmaschinen der Industrie erzeugt einschließlich Reserve[1] noch nicht die Hälfte elektrischen Strom. In der Landwirtschaft stehen 20% der Arbeitsmaschinen-PS, sie sind aber so schlecht ausgenützt, daß die Elektromotoren nur unter 3% des Gesamtstromes brauchen. Im Gewerbe arbeiten 73%, in der Landwirtschaft 85% der Arbeitsmaschinen elektrisch. 43% der elektrischen Gewerbemotoren wurden aus öffentlichen Kraftwerken gespeist, das sind nur 31% aller gewerblichen Arbeitsmaschinen.

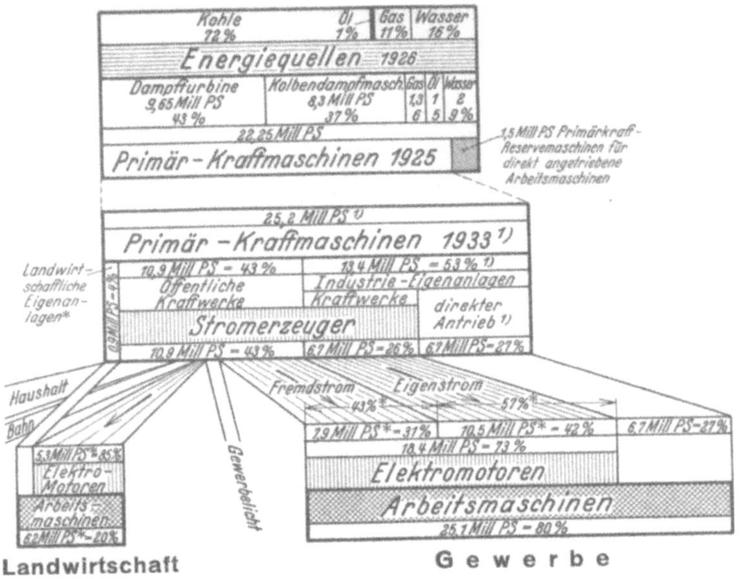

Statist. Jb. 1930 S. 60, 88, 90, 121; 1934 S. 65, 105, 147. — [1] Im Gegensatz zu den Werten von 1925, sind die Primärkraft-Reservemaschinen nur für die Stromerzeuger enthalten, für die direkt angetriebenen Arbeitsmaschinen dagegen noch nicht veröffentlicht. Beim Vergleich muß man dafür schätzungsweise 1,5 Mill. PS zuzählen. — * Geschätzt.

Grenztypen

Für Turbinen[4], die bis zur Festigkeitsgrenze ausgenutzt sind, gilt grundsätzlich das gleiche Gesetz, daß annähernd Drehzahl^2 × Leistung konstant ist. Bei der vierfachen Leistung muß man die Drehzahl annähernd auf die Hälfte herabsetzen, was die Preissenkung der Großmaschinen hemmt. Der Dieselmotor erreicht außerdem schon bei 15000 kW seine äußerste Grenzleistung. Kolbendampfmaschinen bis 5000 PS verwendet man für Schiffe. Die mehrgehäusige Dampfturbine ist dagegen in der Leistung praktisch unbegrenzt und sie kann die höchste Generatordrehzahl von 3000, weil sie für die Turbine bei kleinen Leistungen keine Grenzdrehzahl ist, unverändert bis 60000 kW aufrecht erhalten, um dann bis über 200000 kW auf die halbe Drehzahl überzugehen. Dadurch sinkt der Preis von Großturbinen in *M*/kW gegen 500-kW-Maschinen auf ⅓, beim Dieselmotor aber nur um 40%.

Wärmeverbrauch und Betrieb

Optimum

Den besten Wärmeverbrauch bei „Normallast" soll man durch höheren Bauaufwand nicht weiter als bis zum Optimum zwischen Anlagekosten und Brennstoffkosten verbessern (S. 45).

[1] Stein: AEG-Mitt. 1928, S. 344. — [2] Dubbel: Kolbendampfmaschinen und Dampfturbinen, 1923. — Puschmann: Die Kolbendampfmaschine, 1930. — [3] Kraft: Dampfturbine, 1930 S. 166. — [4] Löwy: AEG-Mitt. 1930 S. 311.

Betriebskraft (Preisbasis **1929**). Der Dieselmotor arbeitet für Kleinantriebe zu den halben Kosten von Stadtgasmotor und Benzinmotor; er ist der gegebene Eigenmotor für dezentralisierte Kleinbetriebe. Fabriken, die überwiegend Heizdampf brauchen, erzeugen aus Kohle unerreicht billige Heizkraft, weil nur mit den Zusatzkosten gegen reinen Heizbetrieb zu rechnen ist. Gegen Kondensationsmaschinen ist der Sauggasmotor billiger aber unelastisch, der Dampfkessel paßt sich durch den speichernden Wasserinhalt und das 10mal dünnere Feuerbett wechselnder Last besser an. Für größere Antriebe kann der Dieselmotor mit der Dampfmaschine bei schlecht ausgenutzten Betrieben und als Reserve konkurrieren, für Dauerbetrieb ist der Brennstoff zu teuer.

Bei Strombezug sind die festen Kosten des Elektromotors abzuziehen, um auf den Grenzpreis der kWh zu kommen. Am leichtesten verdrängt die Elektrizität die Kleinkraftmaschine. Betriebe, die Heizdampf brauchen und elektrischen Antrieb einführen, bauen eigene Heizkraftwerke, was mit dazu beiträgt, daß 46% des Stromes in Deutschland von industrieeigenen Kraftwerken erzeugt werden.

Kostenaufbau		Kleinmotor 10 PS			Transmission 500 PS			
		Leichtöl-(Benzin-)motor	Stadtgasmotor	Dieselmotor	Dampfkraft: Heizkraft	Dampfkraft: mit Kondensation	Sauggasanlage	Dieselmotor
Kraftmaschinen-Antrieb								
Leistungsabhängige Kosten								
Anlagekosten	*M*/PS	180,—	215,—	240,—	160,—	250,—	185,—	125,—
Jahreskosten (8% Zinsen, 5% Abschreibung, 2% Unterhalt)	*M*/PS · Jahr	27,—	32,30	36,—	24,—	37,50	27,80	18,80
Wenn Maschine ausgenutzt mit								
Vollast durchgehend = 80%	*Pf*/PS · h	0,4	0,45	0,5	0,35	0,55	0,4	0,25
Vollast einschichtig = 27%	*Pf*/PS · h	1,1	1,4	1,5	1,0	1,6	1,2	0,8
Halblast einschichtig = 14%	*Pf*/PS · h	2,2	2,7	3,0	2,0	3,1	2,3	1,5
Arbeitsabhängige Kosten								
Brennstoff-Preis		426,— *M*/t	12 *Pf*/m³	150,— *M*/t	25,— *M*/t		25,— *M*/t	150,— *M*/t
„ -Verbrauch	je PS · h	0,27 kg	0,75 m³	0,235 kg	0,17 kg	0,55 kg	0,45 kg	0,18 kg
„ -Kosten	*Pf*/PS · h	11,5	9,0	3,5	0,43	1,38	1,1	2,7
Schmierung	*Pf*/PS · h	0,4	0,4	0,4	0,15	0,15	0,20	0,20
Bedienung	*Pf*/PS · h	1,0	0,8	1,0	0,25	0,47	0,35	0,43
Kühlwasser	*Pf*/PS · h	0,2	0,2	0,2	—	—	0,35	0,12
Vollastkosten	*Pf*/PS · h	13,1	10,4	5,1	0,83	2,00	2,00	3,45
Betriebszuschläge auf Brennstoffkosten für Leerlauf in kurzen Pausen	*Pf*/PS · h	0,35 = 3%	0,3 = 3%	0,07 = 2%	—	0,04 = 3%	0,03 = 3%	0,05 = 2%
für Stillstand, wenn einschichtig	*Pf*/PS · h	—	—	—	—	0,24 = 17%	0,17 = 15%	—
für Halblast	*Pf*/PS · h	3,1 = 27%	2,4 = 27%	0,49 = 14%	—	0,28 = 20%	0,37 = 34%	0,38 = 14%
Betriebskosten, wenn								
Vollast durchgehend	*Pf*/PS · h	13,5	10,7	5,2	0,83	2,0	2,0	3,5
Vollast einschichtig	*Pf*/PS · h				0,83	2,3	2,2	
Halblast einschichtig	*Pf*/PS · h	16,5	13,1	5,6	0,83	2,6	2,6	3,9
Kraftkosten, wenn								
Vollast durchgehend	*Pf*/PSh	14	11	5,7	1,2	**2,6**	2,4	3,8
Vollast einschichtig	*Pf*/PSh	14,5	12	6,7	1,8	3,9	3,4	4,3
Halblast einschichtig	*Pf*/PSh	19	16	8,6	2,8	5,7	4.9	**5,4**
Elektrischer Antrieb								
Elektromotor								
Anlagekosten	*M*/PS		88,—			73,—		
Jahreskosten (8% Zinsen, 5% Abschreibung, 2% Unterhalt)	*M*/PS · Jahr		13,20			11,—		
Wenn Maschine ausgenutzt mit								
Vollast durchgehend	*Pf*/PS · h		0,2			0,15		
Vollast einschichtig	*Pf*/PS · h		0,55			0,5		
Halblast einschichtig	*Pf*/PS · h		1,1			0,9		
Stromverbrauch (1 PSh = 0,736 kWh)	kWh/PSh		0,875 = 84% Wirkungsgrad			0,78 = 94% Wirkungsgrad		
Konkurrenzfähiger Strompreis								
wenn Motor ausgenutzt ist mit Vollast durchgehend	*Pf*/kWh	15,5	12,5	6,3	1,3	3,1	2,9	4,7
wenn Motor ausgenutzt ist mit Vollast einschichtig	*Pf*/kWh	16	13	7	1,7	4,4	3,7	4,9
wenn Motor ausgenutzt ist mit Halblast einschichtig	*Pf*/kWh	20	17	9	2,4	6,1	5,1	5,8

Reutlinger-Gerbel: Kraft u. Wärme 1927. — Niemann: Kraftversorgung, 1930. — Schneider, Schnaus: Elektr.-Wirtsch. 1931 S. 160.

Kraftwerke (Preisbasis 1929). Großkraftwerke erzeugen den Strom um $1/3$ billiger als neue Kleinkraftwerke, abgeschriebene Kleinkraftwerke lassen sich aber wirtschaftlich weiter betreiben, wenn es sich nicht um reine Grundlast handelt. Braunkohle erzeugt ab Kraftwerk bei allen Lasten billigeren Strom als Steinkohle, für Fernstrom ist aber bei 200 km Stromtransportweg Braunkohle nur für Grundlast wirtschaftlich. Teure Wasserkraft (Süddeutschland) kann ferngeleitet mit Kohle nur bei Kleinkraftwerken als Grundlast, nicht aber bei Großkraft konkurrieren. Für billige norwegische Wasserkraft-Grundlast bestand ein Fernleitprojekt über 1000 km nach Deutschland[1]. Hochofengas

Kostenaufbau		Steinkohle		
		Kleinkraftwerk 5000 kW	Großkraftwerk 35 at 100000 kW	abgeschriebenes Kraftwerk
Leistungsabhängige Kosten				
Anlagekosten für die eingebaute Leistung von Kraftwerk mit Schaltanlage ohne Aufspannwerk	*M*/kW	400,—	230,—	—
Abschreibung	%	5	5	
Unterhalt und Bedienung (soweit feste Kosten[3])	%	2	2	
Verwaltung, Steuern	%	2	2	
Jahreskosten[4] bei 8% Zinsen	*M*/kW	17% = 68,—	17% = 39,—	15,—
wenn Kraftwerk[5] ausgenützt: 80% = Grundlast	*Pf*/kW · h	0,97	0,56	0,22
40% = Industrie 3 Schichten[6]	*Pf*/kW · h	1,94	1,12	0,43
30% = Durchschnittslast	*Pf*/kW · h	2,6	1,5	0,57
10% = Spitzenlast	*Pf*/kW · h	7,8	4,5	1,7
Arbeitsabhängige Kosten				
Brennstoff-Preis		20,— *M*/t		
„ -Heizwert (H_u)		7200 kcal/kg		
„ -Mindestverbrauch	je kW · h	0,6 kg = 4300 kcal	0,5 kg = 3600 kcal	0,75 kg = 5400 kcal
„ -Kosten	*Pf*/kW · h	1,2	1,0	1,5
Unterhalt und Bedienung (soweit arbeitsabhängig[3])	*Pf*/kW · h	0,4	0,25	0,4
Vollast-Kosten	*Pf*/kW · h	1,6	1,25	1,9
Betriebszuschlag auf Brennstoff				
wenn Kraftwerk ausgenützt[5]: 80% = Grundlast	*Pf*/kW · h			
40% = Industrie 3 Schichten[6]	*Pf*/kW · h	13% = 0,15	0,15	0,2
30% = Durchschnittslast	*Pf*/kW · h	20% = 0,25	0,2	0,3
10% = Spitzenlast	*Pf*/kW · h	75% = 0,9	0,75	1,1
Stromkosten ab Kraftwerk = Strompreis in Eigenkraftwerken der Industrie				
wenn Kraftwerk ausgenützt[5]: 80% = Grundlast	*Pf*/kWh	2,6	1,8	2,1
40% = Industrie 3 Schichten[6]	*Pf*/kWh	3,7	2,5	2,5
30% = Durchschnittslast	*Pf*/kWh	4,5	3,0	2,8
10% = Spitzenlast	*Pf*/kWh	10,3	6,5	4,7
Fernleitkosten		Nur 40 *M*/kW Höchstlast für Aufspannwerk, da Kraftwerk im Verbrauchsschwerpunkt		
Jahreskosten der Übertragung auf die eingebaute Leistung bezogen	*Pf*/kWh	15% = 6 *M*/kW Jahreskosten auf die Höchstlast bezogen[5] 4,50 *M*/kW		
Fernleitverluste[3, 5]	*Pf*/kWh	—		
Zusammen				
wenn Kraftwerk ausgenützt[5]: 80% = Grundlast	*Pf*/kWh	0,06		
40% = Industrielast	*Pf*/kWh	0,13		
30% = Durchschnittslast	*Pf*/kWh	0,17		
10% = Spitzenlast	*Pf*/kWh	0,51		
Stromkosten im Verbrauchsschwerpunkt				
wenn Kraftwerk ausgenützt[5]: 80% = Grundlast	*Pf*/kWh	2,65	1,85	2,2
40% = Industrie 3 Schichten[6]	*Pf*/kWh	3,8	2,65	2,65
30% = Durchschnittslast	*Pf*/kWh	4,7	3,2	3
10% = Spitzenlast	*Pf*/kWh	10,8	7	5,2
Stromerzeugung in Deutschland 1929[9]				
Öffentliche Kraftwerke	Mrd.kWh	6,275 = 38,2%		
Industrie-Kraftwerke	Mrd.kWh	5,339 = 37,4%		
Zusammen	Mrd.kWh	11,614 = 37,8%		

Kromer: Dissertation 1929. — Münzinger: Z. VDI 1932 S. 693. — Kühnert: Elektrotechn. Z. 1932, S. 434. — [1] Stuevold, Hansen, Kinck, Norstrand: Weltkraftkonferenz 1930 Bd. 16 S. 26. — [2] Langer: Weltkraftkonferenz 1930 Bd. 5 S. 313. — [3] Musil: Energiespeicherung, 1930 S. 73, 83. — [4] Wenn man die arbeitsabhängigen Kosten für Unterhalt und Bedienung hier mit einschließt, sind die Jahreskosten um durchschnittlich 3% höher. — [5] Zur Reserve sei die eingebaute Leistung um $1/3$ höher als die Höchstlast.

wird wirtschaftlicher in billigen Dampfanlagen als in sparsamen Gasmaschinen verwertet, weil das gesparte Gas mit den Kosten der ersetzten Kohle bewertet, den höheren Kapitaldienst nicht aufwiegt.

Die Ausnutzung von 40% für Industrie mit dreischichtiger Arbeitszeit und von 30% für durchschnittliche Kraftwerke sind statistische deutsche Werte[6], in denen Reservedienst, Stillstand und Teillast berücksichtigt sind. Schlecht ausgenutzte Dampfkraftwerke brauchen für Stillstand heißer Kessel und für Leerlauf hohe zusätzliche Brennstoffmengen. Die Strompreise ab Kraftwerk enthalten die Aufspannkosten nicht, weil die meisten Industrie-Kraftwerke den Strom ohne Aufspannen verteilen.

Braunkohle	Wasserkraft		Hochofengas	
Großkraftwerk mit Rückkühlung	teuer, Niederdruck und 8 % Zinsen	billig, Hochgebirge und 5 % Zinsen	Gasmaschinen mit verwerteter Abwärme	Dampfanlage
	200 km entfernt			
255,—	1000,—	450,—[1]	350,—[2]	250,—
5	1	1	5	5
2	3	3	2	2
2			2	2
17% = 43,50	12% = 120,—	9% = 40,50	17% = 60,—	17% = 42,50
0,62	1,7	0,58	0,86	0,61
1,24	3,4	1,15	1,7	1,22
1,66	4,6	1,55	2,3	1,62
5,0	13,8	4,6	6,9	4,9
3,— M/t	—	—	0,2 Pf/m³ [7]	
2200 kcal/kg			900 kcal/m³	
1,8 kg = 4000 kcal			3,1 m³ = 2800 kcal	4,7 m³ = 4200 kcal
0,54	—	—	0,62	0,94
0,27	—	—	0,3	0,3
0,81	—	—	0,92	1,24
0,07			20% = 0,12	20% = 0,2[8]
0,1			20% = 0,12	20% = 0,2
0,4			40% = 0,25	75% = 0,7
1,4	1,7	0,6	1,8	1,85
2,1	3,4	1,2	2,75	2,65
2,6	4,6	1,6	3,3	3,1
6,2	13,8	4,6	8,1	6,8
Anlagekosten auf Höchstlast bezogen[5]: Aufspannwerk 40 M/kW, Fernleitung 60 „, Abspannwerk 50 „			kein Aufspannwerk, da vorwiegend industrieeigene Erzeugung	
15% für Umspannwerke + 12% für Leitungen = 20,70 M/kW				
	15,50 M/kW		—	
	+ 8% der Stromkosten (Verluste)		—	
0,33	0,36	0,27		
0,61	0,71	0,54		
0,8	1,0	0,7	—	
2,3	2,9	2,1		
1,75	2,1	0,9	1,8	1,85
2,7	4,1	1,7	2,75	2,65
3,4	5,6	2,3	3,3	3,1
8,5	16,7	6,7	8,1	6,8
7,69 = 47%	2,285 = 13,9%		0,028 = 0,2%	
4,277 = 30%	1,2791 = 9 %		2,995 = 21 %	
11,967 = 39%	3,564 = 11,7%		3,023 = 9,9%	

Die „Benutzungsdauer" der Höchstlast ist deshalb $^4/_3$ der „Ausnutzung" des Kraftwerkes. — [6] Witte: Konzentration in der deutschen Elektrizitätswirtschaft, 1933 S. 11. 40% bedeuten, wenn von 4 Maschinen 3 in Betrieb sind ($^1/_3$ Reserve) und bei 300 Betriebstagen, daß die Kraftwerke durchschnittlich $^2/_3$ „belastet" sind: 300 : 365 (Tage) × $^3/_4$ (Maschinen in Betrieb) × $^2/_3$ (Belastung) = rund 40%. — [7] Das Gas, 1929 S. 235. — [8] Schwankende Last. — [9] Schreiber: Z. VDI 1931 S. 830.

Spitzenkraft (Preisbasis **1929**)[4]. Für den oberen Teil der Lastspitze ist die Betriebsdauer so kurz, daß Speicherwerke billiger sein können als andere Kraftwerke. Dazu trägt bei, daß man bei Speichern im Gegensatz zu Maschinen auf Reserven verzichten kann. Je mehr man von der Spitze abschneidet, um so mehr verlieren Speicherwerke ihren Vorsprung, weil man sie für größere Entladedauer bemessen muß. Ruths-Speicher sind fur die oberste Spitze am billigsten, es folgen für Falle mit geeignetem Gelände in genügender Nähe Pumpspeicher und natürliche Speicherwasserkräfte, die für tiefere Lastzonen geeignet sind, weil ihre Kosten langsamer oder gar nicht mit der Entladedauer zunehmen. Wenn der Pumpspeicher zum Teil natürlichen Zufluß hat, fällt für diesen Anteil der Brennstoffverbrauch weg. Die größten zusätzlichen Netzkosten haben Braunkohlenfernstrom und Speicherwasserkräfte, dann folgen das Steinkohlenwerk am Stadtrand, Ruths-Speicher und Großdiesel im Stadtinnern. Wo Platz ist, um bis zum Mittelspannungsnetz vorzudringen, können dezentralisierte Kleindiesel wirtschaftlich sein und Batteriewerke bis zu 1 h Vollastentladedauer. Auch Dampfkraftwerke kann man für reine Spitzenlast billiger bauen als für Grundlast (Zahlentafel S. 119).

Kostenaufbau		Spitzenkraftwerke						Grundlastwerke	
		Speicherwerke				Dieselwerk		Dampfkraft	
		Ruthswerk	Batteriewerk im Mittelspannungsnetz, mit Wechselstromumformer	Pumpspeicher 25 km entfernt	Natürliche Wasserkraft 150 km entfernt	Großzentrale 50000 kW	dezentralisiert im Mittelspannungsnetz	Steinkohle Stadtrand	Braunkohle 150 km entfernt
Anlagekosten der Höchstlast									
Maschinen	M/kW	100,—	110,—	200,—	300,—	190,—	220,—	230,—	255,—
Reserve hierzu		30,—	35,—	65,—	100,—	65,—	75,—	80,—	85,—
Speicher (braucht **keine Reserve**) für 1 h Vollastentladedauer	M/kW · h	40,—	170,—	25,—	—[1]				
Zusammen bei Vollastentladedauer von 1 h		170,—	315,—	290,—	400,—	255,—	295,—	310,—	340,—
2 h		210,—	400,—	315,—					
4 h		290,—	560,—	365,—					
Netz[2]									
Umspannwerke und Anschlüsse	M/kW	85,—	—	85,—	85,—	85,—	—	85,—	85,—
Fernleitungen und Stadtkabel		40,—	—	60,—	95,—	40,—	—	50,—	95,—
Zusammen		125,—		145,—	180,—	125,—	—	135,—	180,—
Jahreskosten bei 8% Zinsen									
Maschinen	%	16	16	13	12	16	16	17	17
Speicher		12	17	10					
Netz		Umspannen 15%, Leitungen 12%							
Zusammen bei Vollastentladedauer von 1 h	M/kW·Jahr	43,—	52,—	57,—	72,—	58,50	47,—	72,—	82,—
2 h		48,—	67,—	59,—					
4 h		57,50	94,—	64,—					
Brennstoffkosten						Gasöl	Gasöl		
Wärme-Verbrauch	kcal/kW · h	5800	6200	6200	—	2500[3]	2500[3]	3600[3]	4000[3]
„ -Kosten	Pf/kW · h	1,6	1,72	1,72		3,75	3,75	1,0	0,54

Stromkosten im Stadtnetz[2]

für die folgende **Lastzone**		Vollastentladedauer	Im Jahre benutzt (z. B. Stunden)		Ruthswerk	Batteriewerk	Pumpspeicher	Natürliche Wasserkraft	Großzentrale	dezentralisiert	Steinkohle	Braunkohle
ab Spitze gerechnet	0—20%	2,2	150	Pf/kWh	**34**	48	42	48	43	36	50	56
	20—30%	4	300		21	33	23	24	23	**19**	25	28
	30—40%	8	600		14		14	**12**	**13**	**12**	14	15
	40—60%		1600						8	7	**6**	**6**
und für reine Grundlast			8760						4,6	4,5	2,1	**1,8**

[1] Speicherbauten nicht notwendig, wenn Maschine zum Tagesausgleich einem vorhandenen Jahresspeicher angegliedert werden kann, dann sind auch Anlagekosten nicht höher als 300 M/kW. — [2] Niederspannungsnetz und zugehörige Abspanner nicht enthalten. — [3] Gilt nur für Vollast. — [4] Münzinger: Z. VDI 1932 S. 693. — Livonius, Wolle: Elektrotechn. Z. 1931 S. 1091, 1117. — Krohne: Weltkraftkonferenz 1930 Bd. 11 S. 115. — Witte: Konzentration in der deutschen Elektrizitätswirtschaft, 1933 S. 45. — Musil: Energiespeicherung, 1930. — Kromer: Dissertation, 1929.

Kraftwerkskosten 1933 in Deutschland nach Wellmann[1] ohne Aufspannwerk, Grundstück und Bauzinsen.

Bauart	Ausführung	Mindestleistung des Kraftwerkes kW	Ungefähre Anlagekosten *M*/kW
	Grundlastwerk, Dampfkraft	200000	180 —200
	Spitzenlastwerk		
	Dampfkraft		
	für Kohlenfeuerung normal ausgeführt		130 —160
Siemens-Benson	für Rostfeuerung und Staubzusatz	20000	105[2]—110
Münzinger	für Öl- oder Gasfeuerung mit schnellströmenden Rauchgasen	20000	85[2]—100
	Dieselmotor (fur Ölbetrieb) . . .	20000	145 —160
	Spitzendeckung durch Speicher		
	Elektrische Akkumulatoren mit 3 h Entladedauer		300 —350
Ruths	Dampfgefällespeicher je nach Entladedauer		140 —180
Marguerre	Thermodynamischer Speicher . .		180 (Projekt)

[1] Arch. Wärmewirtsch. 1934 S. 25. — [2] Bei günstigen Kühlwasserverhältnissen.

So entstehen besondere Typen für schlecht ausgenutzte Maschinen. Typen mit höchstem Wirkungsgrad sind nur für gut ausgenutzte Maschinen oder teuren Brennstoff anzuwenden[1] oder mit Rücksicht auf das Gewicht des Brennstoffvorrates für Schiffe und Flugzeuge. Lokomotiven sind so schlecht ausgenutzt, daß sich nicht einmal die Kondensation lohnt, obwohl sie ausführbar ist. Turbinen für Spitzenkraftwerke insbesondere Ruths-Turbinen, sind mit wenigen Stufen[2] und nur Grundlastmaschinen vielstufig und mit mehreren Gehäusen auszuführen. Bei kleinen Dampfvolumen haben vielstufige 3000 U/min-Turbinen enttäuscht, weil sie kleinere Schaufeln mit hohen Randströmungsverlusten haben[3]. Reichliche Überlastbarkeit ist für seltene Spitzenleistung, Störungsfälle und im Verkehr zum Anfahren wertvoll. Von der Überlastbarkeit der Wärmekraftmaschinen, die meist auf Dauer verfügbar ist und nur darum nicht dauernd ausgenutzt wird, weil der Wirkungsgrad zu stark abfällt, ist die Überlastbarkeit der elektrischen Maschinen zu unterscheiden, die sich nur benutzen läßt, bis sich die Maschine auf ihre vorübergehend zulässige Grenztemperatur erwärmt hat. Dampfkraft ist über 50% überlastbar: Kolbenmaschinen durch größere Füllung unter vermehrten Drosselverlusten am Einlaß und Auslaß, Turbinen durch Einleiten von Dampf in eine tiefere Druckstufe und Preisgabe von bestem Vakuum. Wo man in Dampfzentralen den besten Wirkungsgrad durch diese Mittel auf eine tiefe Teillast verlegt, kann man von einer „Überlast" nicht mehr sprechen, um so mehr, als doch der angetriebene Stromerzeuger für höchste Dauerlast zu bemessen ist. Dieselmotore sind durch Verstärken der Einspritzmenge, die mit unveränderter Luftmenge schlechter verbrennt, vorübergehend bis 20% beim Druckluftdiesel und bis 40% beim kompressorlosen Motor überlastbar, dagegen durch Aufladegebläse (Büchi) dauernd bis 30%. Beim Auto kann man den Vergaser vom sparsamsten Luftüberschuß von 15% auf 15% Brennstoffüberschuß umstellen, die größere Brennstoffmenge leistet 15% Überlast, verbrennt aber um 15% schlechter[4]. Sauggasanlagen sind höchstens 10% überlastbar, Großgasmaschinen dagegen durch Aufladegebläse um 20%.

Überlast

Teillast

Fahrzeugmotore müssen bei Teillasten in der Drehzahl zurückgehen, ortsfeste Antriebe für mehrere Verbraucher müssen die volle Drehzahl aufrecht erhalten. Dampfmaschinen passen sich durch veränderte Füllung, Dampfturbinen durch Abschalten von Düsengruppen oder Abdrosseln des Dampfdruckes allen Bedingungen mühelos an. Der „Leerlauf", der durch Reibung und verschlechterte Arbeitsweise entsteht, ist bei Dampfturbinen ohne reibende Dichtungsflächen besonders gering, 6—9% bei Kondensationsturbinen und Gegendruckturbinen mit großem Gefälle und wenig Stufen, aber bis 30% bei kleinen vielstufigen Gegendruckturbinen für kleines Gefälle[5], die sich auch aus diesem Grunde nicht für schwach ausgenutzte Last eignen. Bei konstanter Teillastdrehzahl müssen Brennkraftmaschinen kleinere Brennstoffmengen in gleichbleibendem Zylinderluftvolumen verbrennen, also mit höherem Luftüberschuß, der jenseits der Zündgrenze liegen kann. Gasmaschinen füllen deshalb den überschüssigen Raum mit einer Schicht reiner Luft. Trotzdem sind sie für Teillast ungeeignet, da sie bis zu $^1/_3$ Leerverbrauch haben. Beim Dieselmotor nimmt der eingespritzte Brennstoff von selbst bei Teillast nur die ihn umgebende Luft in Anspruch, der Leerlauf bleibt unter 15%. Der Auto-Benzinmotor paßt sich statt durch geschichtete Ladung durch Drosseln der Teillast an.

[1] Kraft: Weltkraftkonferenz 1930 Bd. 5 S. 218. — [2] Stein: Z. VDI 1930 S. 755. — [3] Kraft: Dampfturbine, 1930 S. 6. — [4] Ricardo: Verbrennungsmaschinen, 1932 S. 60. — Pye-Wettstädt: Brennkraftmaschinen, 1933 S. 148. — [5] Kraft: Die Dampfturbine im Betriebe, 1935 S. 188.

Kraftzuwachs und Elektrizität

Der stürmische Fortschritt der Elektrowirtschaft ist kein Maß für die industrielle Entwicklung, weil er zum kleinsten Teil durch gesteigerten Kraftaufwand der angewachsenen und stärker mechanisierten Industrie entsteht. Von 1914—1927 wuchs die Kraft der Arbeitsmaschinen in USA. nur um 75%, die Primärmaschinen um 80%, dagegen übernahmen durch die Abkehr vom direkten Antrieb die Elektromotoren fast $^4/_5$ statt $^2/_5$ des Arbeitsmaschinenantriebes und ihre Kraftleistung stieg dadurch um 250%; der Verzicht der Industrie auf eigene Kraftanlagen ließ darüber hinaus den Strombezug aus öffentlichen Kraftwerken um 400% wachsen. In Deutschland ist die Primärkraft im vergleichbaren Abschnitt von 1914—1925 wie in USA. um 70% gestiegen, von den Anfängen des elektrischen Antriebes ab 1907—1933 um 250%, die Elektromotoren dagegen um 900%. Der Zuwachs der öffentlichen Werke ist mit 1100% nicht wesentlich höher, weil der Lichtverbrauch nicht im gleichen Maß gestiegen ist und weil die deutsche Industrie den Strom für ihre Elektromotoren noch zu 57% selbst erzeugt, statt zu 37% in USA. Sobald der elektrische Antrieb den direkten vollständig verdrängt hat, kann die Elektrizität **nicht mehr schneller wachsen als die Mechanisierung** in Gewerbe und Landwirtschaft, wenn nicht Bahnen zu elektrifizieren sind oder die Elektrowarme in Haushalt und Industrie oder neue Gebiete Zuwachs bringen.

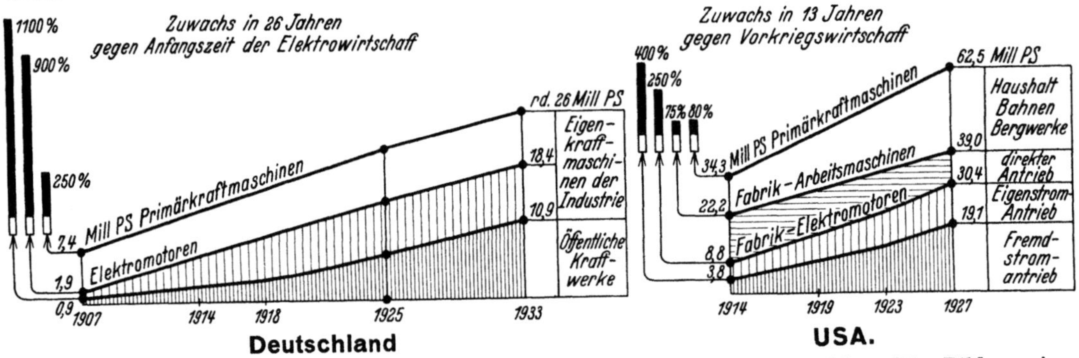

Die PS-Maßstäbe verhalten sich wie 2:1, annähernd wie die Einwohnerzahlen. Die Bilder zeigen also annähernd die PS-Zahl je Einwohner. — Statist. Jb. 1930 S. 89; 1934 S. 105, 147. — Weltkraftkonferenz 1930 Bd. 15 S. 355. — Commerce Yearbook 1931 S. 277.

Anfahren

Dampfkraft fährt aus dem Ruhezustand mit voller Kraft an und läßt sich deshalb direkt mit Fahrzeugen kuppeln. Brennkraft muß man anwerfen und leerlaufen lassen und braucht kuppelnde Zwischenglieder. Warme Dampfkraftmaschinen können elastischer als Brennkraftmotore sein, weil der Dampfkessel einen Druckvorrat herstellt. Dafür braucht aber das Anfahren für den kalten Kessel bei älteren Bauarten über 1 h, bei Röhrenkesseln im Notfall $^1/_4$ h, bei ölgeheizten Fahrzeugkesseln und Veloxkesseln 5 min. Die temperaturempfindliche kalte Kraftwerksturbine, deren Vakuum erst hergestellt werden muß, braucht über $^1/_4$ h, mehrgehäusige Turbinen um ihre volle Last herzugeben noch länger[1], während ein kalter Kraftwerksdieselmotor in 1 min mit Druckluft angeworfen, hochgefahren und elektrisch parallel geschaltet ist, kleine Notstromsätze sogar in 8 s[2]. Sauggasmotore sind am wenigsten elastisch, weil der Gaserzeuger noch träger als ein Dampfkessel ist und bis zu 2 h zum Anfahren braucht. Elektromotore lassen sich hohem Anzugsmoment durch besondere Mittel anpassen, der einfache Käfigmotor gibt bei doppeltem Nennstrom nur 60% Drehmoment. Bei Einphasenbetrieb mit den 2 Drähten der Lichtleitung würde der Käfigmotor kein Anzugsmoment geben, wenn man nicht Kondensatoren[3] anwendet oder ihn von Hand anwirft[4], was bei Kleinmotoren durchführbar ist.

Siehe auch S.134

Betriebskraft

Kraftantrieb kennzeichnet Industriezeitalter

Die industriellen Entwicklungsstufen (S. 48) kennzeichnen sich durch den jeweils vorherrschenden Kraftantrieb: Die Anfänge der Industrie waren durch das Wasserrad an den Flußlauf gebunden, mit der Dampfmaschine ließen sich Betriebe an beliebigem Ort errichten, aber nur soweit ausdehnen, als der angetriebene Wellenstrang reichte. Die Elektrizitätswirtschaft hebt jede Rücksicht auf die Kraftquelle auf, indem sie Zentralenmaschinen bis z. B. 100000 PS und beliebig viele dezentralisierte Antriebswellen elektrisch kuppelt: Durch Stromerzeuger, Leitung und tausende von Elektromotoren. 1933 waren in Deutschland 73% der Industrieantriebe Elektromotore, 1927 in USA. 78%. Industrieeigene Kraftwerke treiben in Deutschland 57% dieser Motore und erzeugen fast ebensoviel Strom wie die öffentlichen Kraftwerke. Umgekehrt in USA., wo die Industrie nur 37% der Motore mit Eigenstrom treibt und den Rest aus öffentlichen Kraftwerken speist. Das Sondermerkmal vieler Industriekraftwerke ist hoch entwickelte Energiekupplung: Hochofengas erzeugt in den deutschen

Eigenkraftwerke

Energiekupplung S. 145

[1] Kraft: Die Dampfturbine im Betriebe, 1935, S. 116, 126. — [2] Gercke: Arch. Wärmewirtsch. 1934 S. 129. — [3] Z. VDI 1931 S. 1053. — [4] Vormfelde: Z. VDI 1933 S. 515.

Elektrizität im Gewerbe Auf den Einwohner kommt in USA. mehr als doppelt soviel Elektrizität wie in Deutschland (p), aber nur 42% mehr primäre Kraftmaschinenleistung (i): Vom Gewerbe werden 78% statt 73% elektrisch betrieben (c), ein größerer Teil der Primärmaschinen arbeitet elektrisch und jedes elektrische Zentral-PS versorgt mehr Arbeitsmaschinen-PS als bei direktem Antrieb; ferner sind die Elektrizitätswerke 35 statt 25% ausgenutzt (l). Die Kleinabnehmer verbrauchen in USA. das $3^1/_2$fache (q), die Industrie nicht ganz das Doppelte (r) und sie erzeugt den Strom im Gegensatz zu Deutschland nur zum kleinen Teil in Eigenanlagen (b). In der USA.-Industrie mit weniger Eigenanlagen decken öffentliche Kraftwerke 49 statt 31% der Gewerbekraft (a) und 78 statt 54% des Landesverbrauches (m).

			Deutschland		USA.	
	Gewerbekraft		1925 einschließlich Handwerk und Bergbau	1933 vorläufig	1927 nur Fabriken ohne Bergbau	1930 geschätzt
	Elektromotorenantrieb		[1]	[1]	[2]	
a	durch öffentliche Kraftwerke		5,3 = 26%	7,9 = **31**%	19,1 = **49**%	
b	durch Eigenkraftwerk		7,9 = 40%	10,5 = 42%	11,2 = 29%	
c	Zusammen	*Mill. PS*	13,2 = 66%	18,4 = **73**%	30,3 = **78**%	
d	Direkter Antrieb		6,7 = 34%	6.7 = 27%	8,7 = 22%	
e	Gesamtkraft		19,9 = 100%	25,1 = 100%	39,0 = 100%	
	Primärkraftmaschinen				[3]	[5]
f	Gewerbe Bergwerke		15,2 = 68%	15 = 55%	19,7 5,1 } = 40%	20,1 2,8 } = 32%
	Landwirtschaft	*Mill. PS*	0,45 = 2%	1 = 4%	nicht berücksichtigt	4,0 = 6%
g	Elektrizitätswerke		6,6 = 30%	11 = **41**%	37,7 = 60%	44,0 = **62**%
h			22,25 = 100%	27 = 100%	62,5 = 100%	70,9 = 100%
i	Je Einwohner	*PS*	0,35	**0,41**	0,53	**0,58**
	Elektrizität		1929			
k	Öffentliche Werke	*Mill. kW*	7,5		32,0	
l	jährlich ausgenützt	*h*	2200 = **25**%		3050 = **35**%	
m	erzeugen jährlich	*Mrd. kWh*	16,4 = **54**%		97,4 = **78**%	
n	Eigenanlagen erzeugen		14,2 = 46%		27,6 = 22%	
o	Stromerzeugung zusammen		30,6 = 100%		125,0 = 100%	
p	Je Einwohner		**480** = 100%		**1030** = 100%	
	davon (Verluste eingerechnet):		[4, 1]		[3]	
	Haushalt Kleingewerbe		} 50		110 130	
	Landwirtschaft	*kWh*	15			
q	Kleinabnehmer zusammen		**65** = 13%		**240** = 23%	
	Orts- und Fernbahnen		30 = 6%		60 = 6%	
	Stadtlicht ähnliche Verbraucher		4 = 1%		} 20 = 2%	
r	Industrie (Rest)		**380** = 80%		**710** = 69%	

[1] Statist. Jb. 1932 S. 53, 82, 115; 1934 S. 65, 105. — [2] Weltkraftkonferenz 1930 Bd. 15 S. 355. — [3] Commerce Yearbook. — [4] Rohrbeck: Elektr.-Wirtsch. 1932 S. 80. — [5] VDI-Nachr. 1933 Nr. 16 S. 2.

Eisenhütten fast 3 Mrd. kWh, fast den ganzen selbst erzeugten Strom, fast $^1/_4$ des Stromes aller industriellen Kraftwerke[1], die chemische Industrie erzeugt ebensoviel Eigenkraft, davon 23% aus Heizdampf[2], $^1/_{10}$ des selbsterzeugten Stromes stammt aus der Papierindustrie, die in ihren Zellstoffabriken überwiegend Heizkraft erzeugt. Der Kohlenbergbau, der größte Industriestromerzeuger (30%) verwertet Abfallkohle, Braunkohlenbrikettfabriken erzeugen außerdem Heizkraft.

Primärmaschinen

Über die Wahl der Primärkraftmaschine entscheidet die geforderte Leistung und Rücksichten auf Anfahren und Energiekupplung. Elektrische Großanlagen beherrscht die Dampfturbine, auch wo Heizdampf zu liefern ist, den sie ölfrei abgibt. Direkten Turbinenantrieb verwendet man außer bei den Hilfsmaschinen des Kraftwerks nur bei Hüttengebläsen und Zechenkompressoren, Wasserwerkspumpen und Holzschleifern[3]. Bei hohem Dampfdruck konkurriert die Kolbenmaschine unter 1000 PS. Lokomobilen sparen Zwischenverluste, indem sie Kessel und Kolbenmaschine zur Einheit verbinden. Bei übereinstimmender Leistung von Kessel und Maschine können sie außer Maschinenabdampf keinen zusätzlichen Heiz-

[1] Statistisches Jahrbuch 1932 S. 113, 115. — [2] Marguerre: Weltkraftkonferenz 1930 Bd. 4 S. 258. — [3] Bei Holzschleifern nur mit Zahnradgetriebe.

dampf abgeben. Für Förderantriebe und Walzenstraßen hat man die anpassungsfähige und anspruchslose Kolbenmaschine für hohe Leistungen mit Auspuff betrieben und mußte den Abdampf durch umfangreiche Anlagen verwerten, bis der Elektromotor den Betriebsansprüchen genügte. Das Hochofengas wird durch Dampfkraft billiger ausgenutzt als durch Großgasmaschinen. Sauggasmaschinen sind billiger als Dampfkraft aber weniger anpassungsfähig und für Heizkraft ungeeignet. Die Betriebe, die das Generatorgas außer für Kraft auch zum Heizen gebrauchen, sind selten. Ölmotore sind in kleinen dezentralisierten Einheiten billig, sie sind der Gegenpol der zentralen Dampfturbine. Sie setzen sich aber selbst beim billigen Öl in USA. bei ortsfesten Anlagen nicht durch[1]. In der deutschen Landwirtschaft, deren Antriebe der Leistung nach zu 85% elektrisch sind, fällt der Rest von 15% zu annähernd gleichen Teilen auf Kolbenmaschinen und Ölmotore. Drehstrommotore mit Käfiganker sind billig und einfach aber nicht regelbar. Viele Antriebe können dies entbehren, z. B. in Papierfabriken 80% der Motore. Drehstrom-Nebenschlußmotore, die früher nur einen begrenzten Regelbereich hatten, lassen sich für Regelung bis auf 1 : 100 herunter ausführen[3]. Höchsten Ansprüchen genügen Gleichstrommotore, deren Drehzahl man stufenlos durch Regeln der Umformerspannung beeinflußt (Leonard-Schaltung). Damit treibt man z. B. im Gleichlauf geregelt die Einzelzylinder von Papiermaschinen. Neuerdings entwickelt man Reglungen durch gittergesteuerte Röhren. Für Walzenstraßen benutzt man Umformer mit ausgleichendem Schwungrad (Ilgner-Umformer). Walzenstraßenmotore baut man bis 30000 kW Spitzenleistung, umgekehrt senkt der Übergang von Gruppen- zum Einzel- und Mehrmotorenantrieb die Durchschnittsleistung.

Elektromotoren[2]

Dampfkraftwerke

Sinkende Stromkosten

Seitdem die Dampfturbine 1905 in Kraftwerken eingeführt wurde, stieg die Leistung der Maschineneinheit von 1000 auf über 80000 kW, in USA. auf über 200000 kW, was die Kosten der Maschinenhäuser wie 3,6 : 1 senkte. Die Kessel wuchsen von 1000 auf 40000 kW, in USA. über 100000 kW. Trotz höherer Drücke erfordern die Kesselhäuser nur die halben Anlagekosten. Das ganze Kraftwerk kostet je Kilowatt, obgleich es verteuernde wärmesparende Einrichtungen hat und nur halb soviel Kohle braucht, auf gleicher Preisbasis 2,3mal weniger[4], bei den durchschnittlichen Größen der Kraftwerke die Hälfte. Obgleich ein Teil dieser Entwicklung schon vor dem Kriege abgeschlossen war, sind die Stromkosten trotz höherer Zinsen und 60% Teuerung für Kohle und Bauten 1929 um über 10% tiefer als 1914[5]. Kraftwerke mit mehreren Einheiten kosten bei 200000 kW nur 4% weniger als bei 100000 kW. Noch größere Kraftwerke in USA. werden nicht billiger, brauchen aber weniger Platz.

Turbinengroße S. 37

In USA. verbindet man bis zu zwei Niederdruckturbinen mit einer Hochdruckturbine zu einer dreiwelligen Turbine von niederer Drehzahl (1800 U/min) und erhält so bis über 200000 kW. So große Einheiten kommen nur in USA. für Erweiterungen in Betracht, wo bestehende Anlagen den Reservedienst leisten. Neuanlagen, die selbst für Reserve sorgen müssen, unterteilt man in mindestens 4 gleiche Einheiten, weil sonst die überflüssig große Reserve mehr kostet, als sich der Maschinenpreis in *M*/kW durch die größere Einheit verbilligt[6]. In Europa sucht man die Grenzleistung der billigen einwelligen Turbinen höchster Drehzahl (3000 U/min) zu steigern, die mit 34000 kW für einen Neubau von 224000 kW in Berlin nicht teurer waren als 90000 kW-Turbinen bei der halben Drehzahl[7] (1500 U/min). Noch 10% billiger ist die eingehäusige Turbine, die sich bei Rückkühlung bis 30000 kW ausführen läßt (Trattendorf), aber bis zu 3% mehr Kohle braucht. Sie scheidet bei teurer Kohle aus, wenn die Turbine mehr als 30% ausgenutzt ist[8]. Über 60000 kW ist die schnellaufende ($n = 3000$) Turbine drei- bis vierflutig auszuführen und deshalb teurer als die langsam laufende ein- bis zweiflutige ($n = 1500$)[9]. Darum wurden beim Erweitern des 440000-kW-Kraftwerkes Golpa langsam laufende 85000-kW-Turbinen aufgestellt. Höhere Generatorspannungen[10] bis 36 kV und darüber werden oft 10 *M*/kW = 4% für das Aufspannen sparen können. Wasserstoff als Umlaufgas, Ölkühlung im Ständer und Wasserkühlung im Läufer steigern die Leistung der Generatoren.

Kesselgroße

Mit Rohbraunkohle sind kaum 20000 kW, mit Torf 25000 kW[11], mit Steinkohlenrosten bis 40000 kW und mit Kohlenstaub auch bei Braunkohle über 100000 kW erreichbar[12].

[1] Leisse: Die Energiewirtschaft der Welt in Zahlen, 1930 S. 39. — [2] Geyer, Philippi: Weltkraftkonferenz 1930 Bd. 1 S. 509. — [3] RTA 1935 Nr. 10 S. 2. — [4] Stein: AEG-Mitt. 1928 S. 344. — [5] Kromer: Arch. Wärmewirtsch. 1931 S. 144. — Dissertation 1929. — [6] Wellmann: Weltkraftkonferenz 1930 Bd. 4 S. 31. — [7] Rehmer: Elektrotechn. Z. 1930 S. 488. — [8] Kraft: Weltkraftkonferenz 1930 Bd. 5 S. 218. — [9] Gleichmann: Weltkraftkonferenz 1930 Bd. 11 S. 95. — [10] Pohl: Elektrotechn. u. Maschinenb. 1934 S. 145. — [11] In russischen Torfkraftwerken. In Deutschland gibt es nur zwei kleine Werke: Kaemmerer: Z. VDI 1935 S. 400. — [12] Münzinger: Z. VDI 1931 S. 509.

Der Zwang zu mehreren Kesseln je Turbine besteht nicht mehr. Aus Turbinen höchster Drehzahl, die man mit Kessel und Hochspannungsteil zur Einheit verbindet, können durch wegfallende Querverbindungen billigste Kraftwerke entstehen. Die Betriebsbereitschaft großer Kessel (85% der Jahresstunden) erreicht fast die von Turbinen (90%)[1]. Der verbundene Kessel engt also die Turbinenbereitschaft nicht ein. Die größeren Stillstandsverluste schlecht ausgenutzter größerer Einheiten können aber zur Wahl kleinerer Kesseleinheiten führen.

Grundlast- und Spitzenwerk

In hochbelasteten Grundlastwerken setzen sich die Kosten zur Hälfte aus Kapitaldienst, zur Hälfte aus Kohle zusammen, in Spitzenkraftwerken praktisch nur aus Kapitaldienst. Kraftwerke mit kurz gebauten Turbinen, niederen Drücken und wenig Stufen und mit Kesseln ohne viel sparende Vorwärmer sind billig, brauchen aber viel Kohle. Es ist auffallend, daß sparsamste aber teure Hochdruckwerke von 80—100 at gerade in USA. entstehen, obgleich man dort 50% teurer baut und Steinkohle nur halb soviel kostet wie hier. Das geschieht, weil dort durch größere Durchschnittsleistungen und niederen Zinsfuß die Jahreskosten kaum höher sind. Dazu fallen sie weniger ins Gewicht, weil schon durchschnittlich die Kraftwerke $^1/_4$ besser belastet sind, die neuen Einheiten aber in Steinkohlen-Grundlastwerken aufs äußerste ausgenutzt werden können. In Deutschland erzeugt Braunkohle, die billiger ist als USA.-Steinkohle (Weichkohle), 37% des Stromes, der ebenso wie 12% Wasserkraftstrom stark ausgenutzt werden muß, um die teuren Fernleitungen bezahlt zu machen. Statt 55% in USA. sind nur 36% durch teure Steinkohle zu decken, die vorwiegend schlecht ausgenutzte Spitzenlast übernehmen muß. Deshalb bildet man in Deutschland besondere Spitzenkraftwerke aus und baut die übrigen Werke vorwiegend für 25—45 at; außer in einem Großkraftwerk für Steinkohlengrundlast (Mannheim) verwendet man Drücke von 100 at und darüber nur in Heizkraftanlagen. Vom zentralisierten Kraftwerk hängen soviele Verbraucher ab, daß bei Störungen augenblicklich Reserveeinheiten einspringen müssen. Kalte Kessel brauchen über 1 h, kalte Turbinen $^1/_4$ h und mehr[2], um Vollast zu geben. Die Zentrale ist augenblicklich zur Lastübernahme bereit, wenn man sämtliche Einheiten unvollkommen, z. B. $^3/_4$ ausnutzt und nur im Störungsfall auf Höchstlast geht. Das kostet aber zusätzlichen Leerlauf, meist 12% des Vollastverbrauches der mitgeschleppten Reserveleistung. Überlastbare Kraftwerke erhalten deshalb den besten Wärmeverbrauch bei Teillast und steigern die höchste erreichbare Last auf Kosten des Wärmeverbrauches[3]: Bei Turbinen durch Einleiten von Überlastdampf in eine tiefere Druckstufe und Preisgabe von hohem Vakuum, beim Kessel durch Überlasten von Feuerung und Heizfläche unter gesteigertem Ventilatoraufwand. Das zusätzliche Kraftwerkskilowatt kostet für 50% Überlast nur 50 *M* und hat 45% schlechteren Kohlenverbrauch, der überhaupt nicht in Erscheinung tritt, wenn das Überlastgebiet den Reservedienst für das ganze Kraftnetz übernimmt, z. B. 25% Momentanreserve, wenn nur für die halbe Kraftwerksleistung überlastbare Maschinen aufgestellt werden. Durch die Überlastbarkeit sinkt der Kraftwerkspreis von z. B. 250 auf 185 *M*/kW. Ruths-Speicherwerke lassen sich für reine Spitzenlast bauen. Sie kosten für das oberste Lastgebiet 155 *M*/kW[4] (1929). Als Momentanreserve betrieben überbrücken sie Stromunterbrechungen lückenlos. Während bei dem überlastbaren Kraftwerk abgestellte Einheiten im Sommer als Momentanreserve ausscheiden, läßt sich die volle Leistung des Ruths-Werkes mit 5% Leerlauf als Momentanreserve zum Einsatz völlig stillgelegter Dampfkraftwerke bereithalten, wodurch sich Grundlastwerke und Wasserkräfte besser ausnutzen lassen[5]. Das größte Ruths-Werk mit 50000 kW und 67000 kWh steht in Berlin[6].

Warum Hochdruck-Grundlastwerke in USA.?

Momentanreserve

Überlastbare Kraftwerke

Ruths-Werk

Dampfkraft-Spitzenwerk

Dampfkraftwerke für reinen Spitzenbetrieb lassen sich auf Kosten des Brennstoffaufwandes billiger bauen als Grundlastwerke, besonders wenn man von der Kohlenfeuerung abgeht (Zahlentafel S. 119). Mit ölgefeuerten Kesseln, die vom Rauchgas mit 50 m/s statt 15 m/s durchströmt werden (Münzinger), soll das Spitzenwerk nur halb soviel kosten wie ein Grundlastwerk und mehr als $^1/_3$ billiger sein als ein Dieselkraftwerk[7]. Bei Preisvergleichen ist in Rechnung zu ziehen, daß Speicher im Gegensatz zu Maschinen keine Reserve brauchen. Ferner besteht ein Unterschied zwischen Momentanreserven, die Stromunterbrechungen lückenlos überbrücken können und den Kraftwerken, die verschieden lange Zeit zum Reserveeinsatz brauchen. Thermodynamische Speicher (Marguerre[8]) werden vorgeschlagen, um bei Heizkraftprojekten für Brikettfabriken den entstehenden Nachtstrom zu verwerten. Der

Thermodynamischer Speicher

[1] Gropp: Elektr.-Wirtsch. 1932 S. 156; Arch. Wärmewirtsch. 1932 S. 220. — Schulte: Arch. Wärmewirtsch. 1933 S. 35. — Kraft: Die Dampfturbine im Betriebe, 1935 S. 222. — [2] Peucker: Weltkraftkonferenz 1930 Bd. 4 S. 82. — Kraft: Die Dampfturbine im Betriebe, 1935 S. 116, 126. — [3] Mayer: BBC Mitt. 1930 S. 289. — Munzinger: Z. VDI 1931 S. 510. — Christie: Weltkraftkonferenz 1930 Bd. 5 S. 142. — [4] Wellmann: Z. VDI 1930 S. 752. — [5] Stein: Z. VDI 1930 S. 754. — [6] Wellmann: Z. VDI 1930 S. 752. — [7] Munzinger: Elektrotechn. Z. 1934 S. 294. — [8] Marguerre: Arch. Wärmewirtsch. 1934 S. 227.

Abdampf einer Dampfspeicherturbine soll in Warmwasser gespeichert und durch einen Kompressor, der Nachtstrom verwertet, zum Aufladen der Dampfspeicher verwendet werden. Die Anlage ist aber teurer als ein Ruths-Werk, das überwiegt gegen den Vorteil, daß sich billiger Nachtstrom ausnützen läßt, während das Ruths-Werk Brennstoff zum Aufladen braucht[1].

Schnellreserve braucht 1 min

Schnellreserven begnügen sich damit, durch Warmhalten die Bereitschaftszeiten auf etwas über 1 min wie bei Dieselmotoren und Pumpspeichern abzukürzen: Bei der Turbine durch Betrieb mit halber Drehzahl durch Hilfsmaschinenabdampf[2] oder bei stillstehender Turbine[3] durch Heizen mit elektrisch oder durch Dampf erwärmter Luft. Der Leerlaufverbrauch ist in beiden Fällen weniger als 1%. Die Kessel werden durch Dampfheizen des Wasserinhalts warmgehalten — was 1,5% Leerlauf braucht — und mit Ölbrennern angefahren. 33% Schnellreserve sollen den Strompreis mit weniger als $^1/_{100}$ *Pf*/kWh belasten[3].

Hochdruck

Hochdruckwerke von 100 statt 40 at verteuern sich mit gewöhnlichen Kesseln um 9% = 20 *M*/kW = 3,20 *M* Jahresdienst und sparen, wenn es sich nicht um Heizkraft handelt, nur 7% = 0,09 *Pf*/kWh bei teurer Kohle[4]. Das lohnt sich in reinen Kraftwerken nur bei mehr als 320 : 0,09 = 3500 h = 40% der Jahresstunden, also für Steinkohlen-Grundlast, die in Deutschland selten ist (Mannheim). Die Aussichten verbessern sich, wenn Sonderkessel nicht teurer sind als bei 40 at. Bei Betrieb mit Frischwasserkühlung braucht das Kraftwerk über 45 at Zwischenüberhitzer, wenn der Frischdampf mit 450° in die Maschine eintritt und über 55 at, wenn man auf 480° an der Maschine und 500° am Kessel übergeht[5]. Sonst entspannt sich in der letzten Turbinenstufe der Dampf auf mehr als 10% Wassergehalt, was die Schaufeln angreift. Besondere Zwischenüberhitzer-Kessel brauchen viel Dampfleitungen und sind umständlich und teuer. Wenn nicht mehr als 2 Kessel zu einer Turbine gehören, verteuert das Zurückführen des Dampfes die Anlagekosten kaum und spart 6% Wärme. Sonst nimmt man dampfbeheizte Zwischenüberhitzer an der Maschine, die nur auf 320° statt 450° erhitzen und nur 3% Dampf sparen aber einfach sind und 2 *M*/kW kosten[6].

Zwischenüberhitzer

Regenerativverfahren

Bei Hochdruck ist das Temperaturgefälle größer, es wird aber schlechter ausgenutzt, wenn man nicht das Speisewasser durch Anzapfdampf vorwärmt (Regenerativverfahren). Hochbelastete Anlagen in USA. haben bis 5 Vorwärmstufen der Hauptturbine. 4 Stufen sparen bei 40 at 10%, mit Zwischenüberhitzung etwa 13%[7]. In Deutschland begnügt man sich, weil die Anlagen schlechter ausgenutzt sind, meist mit 2 Stufen, die bis 7% sparen[8]. Bei Wechsellast sucht man die fast konstant belastete Hausturbine heranzuziehen, um bei Teillast der Hauptturbine dem Absinken der Stufendrücke und damit der Stufentemperaturen entgegenzuwirken.

Eigenbedarf

Die Kondensationspumpen haben 2%, der Kessel 4% Eigenbedarf, der durch unabhängige Hausmaschinen elektrisch gesichert wird oder durch Hilfsturbinen, die im Notfall einspringen. Dauerbetrieb mit Dampf erfordert keine elektrischen Zwischenglieder und beansprucht nicht einen Teil der Hauptmaschine. Das spart 10 *M*/kW = 4% Anlagekosten. Die Hälfte davon kann der schlechte Wirkungsgrad der dauernd laufenden Hilfsturbinen aufzehren[9].

Zweistoffanlage spart 20% Kohle

Quecksilberdampfturbinen (Emmet) in einigen Anlagen bis über 20000 kW in USA. verarbeiten die höchste Temperaturstufe bis 515° vollkommener und mit nur 9 at. Die Anlagen kosten ebensoviel wie gewöhnliche 100-at-Kraftwerke, die Quecksilberfüllung kostet aber zusätzlich 25 *M*/kW, das erfordert 4 *M*/kW jährlichen Kapitaldienst[10]. Der Wärmeverbrauch liegt um etwa 700 kcal = 0,1 kg Kohle = 0,2 *Pf*/kWh tiefer. Das lohnt sich über 400 *Pf* : 0,2 = 2000 h im Jahr. In Deutschland macht man Versuche mit Zinkammoniakat statt Quecksilber (Koenemann[11]).

Wasserkraftanlagen

Strom teurer statt billiger

Wasserkraft ist die einzige Energieform, die immer teurer statt billiger wird: In Mitteleuropa sind die günstigsten Wasserkräfte ausgebaut, so ähnlich wie die günstigsten Braunkohlenlager erschöpft sind. Während aber bei Braunkohle der Einfluß verbesserter Abbaumethoden überwiegt (S. 73), bieten bessere Wasserbaumethoden keinen genügenden Ausgleich. Die Maschinen kosten höchstens $^1/_4$ der Anlage, hohe Wirkungsgrade und geringe Kanalverluste senken nicht wie bei Wärmekraft die Betriebskosten, sondern die gesamten

[1] Föhl: Arch. Wärmewirtsch. 1935 S. 115. — [2] Nölle: Elektr.-Wirtsch. 1931 S. 284; Arch. Wärmewirtsch. 1932 S. 304; 1934 S. 18. — [3] Brown: Weltkraftkonferenz 1930 Bd. 4 S. 87, 99. — [4] Wellmann: Weltkraftkonferenz 1930 Bd. 4 S. 41. — [5] Über Versuche mit Überhitzung bis 600°: Marguerre: Z. VDI 1934 S. 567. — Höhne: Arch. Wärmewirtsch. 1934 S. 98. Bei 550° an der Turbine könnte man 105 at ohne Zwischenüberhitzer erreichen. — [6] Marguerre: Z. VDI 1931 S. 411; 1932 S. 291. — Münzinger: Z. VDI 1931 S. 505. — [7] Christie: Weltkraftkonferenz 1930 Bd. 5 S. 162. — [8] Kraft: Weltkraftkonferenz 1930 Bd. 5 S. 222. — [9] Schult: Elektrotechn. Z. 1931 S. 1109. — [10] Münzinger: Z. VDI 1931 S. 507. — Boese: Z. VDI 1935 S. 1125. — [11] Koenemann: Weltkraftkonferenz 1930 Bd. 5 S. 325.

Anlagekosten in *M*/kW, weil die verfügbare „kostenlose" Wassermenge mehr leistet. Da sich Wasserenergie von Natur aus immer erneuert, statt sich wie Brennstofflager zu erschöpfen, hat man in vielen Ländern den Ausbau der Wasserkräfte zu einem Prinzip erhoben, um die Brennstofflager zu schonen oder die Einfuhr zu senken. Das läßt sich aber nur bei teurer Kohle und billiger Wasserkraft durchführen. In Deutschland bringen steigende Kosten für Wasserkraft (1000 *M*/kW) und sinkende für Dampfkraft (250 *M*/kW) den Ausbau zum Stillstand (Preisbasis 1929). Die Wasserkraft darf nur um soviel teurer sein, als sich durch längere Lebensdauer und ersparte Kohle rechtfertigt. Strompreise unter 1 *Pf*/kWh als Grundlage zum Neuansiedeln chemischer Industrie gehören der Vergangenheit an. Bestehende abgeschriebene Anlagen sind aber konkurrenzlos, da sie praktisch kostenlos arbeiten im Gegensatz zu abgeschriebenen Kohlekraftwerken, die soviel Brennstoff brauchen, daß oft Neuanlagen mit ihrem hohen Kapitaldienst billiger arbeiten.

Unregelmäßiger Wasserabfluß

Die unregelmäßigen und unsicheren Wassermengen verteuern den Ausbau, weil sie einen Ausgleich durch Speicherbecken oder Dampfreserve erfordern. Im Hochgebirge frieren die Quellgebiete im Winter ein, die Schneeschmelze gibt im Sommer die größten Wassermengen. Umgekehrt im Mittelgebirge, wo der trockene Sommer das Minimum an Wasser gibt. Zusammenschluß gibt teilweisen Ausgleich. Das ist ein Hauptantrieb zum Kauf von Schweizer Hochgebirgsstrom für die angrenzenden Länder. Die volle Wassermenge läßt sich selten ausnützen, da meist die Höchstwassermenge ein Vielfaches, die zuverlässige Mindestwassermenge ein kleiner Bruchteil der mittleren Menge ist. Bei Niederdruckanlagen senkt außerdem der Hochwasserstau das Gefälle soweit, daß sich bei größten Mengen weniger Leistung als bei mittleren erzeugen läßt[1]. Bei einer gegebenen Wasserkraft ist ein großer Teil der umfangreichen Geländebauten fast unabhängig von der Ausbauleistung auszuführen. Deshalb sinken die Anlagekosten je Kilowatt bei stärkerem Ausbau oft auf die Hälfte. Je weiter man den Ausbau treibt, um so billiger wird er, um so weniger Stunden des Jahres steht aber Wasser zur Verfügung: Deshalb gibt ein mittlerer Ausbau den billigsten Strompreis, z. B. 1,3 *Pf* bei 5000 kW, während sowohl bei 2000 als auch bei 10000 kW Ausbau der Strompreis auf 1,5 *Pf* steigt. Dieser billigste Strompreis entsteht bei Hochdruckwerken und Stauwerken nur bis zu Leistungen, für die 70% der Jahresstunden Wasser da ist, bei anderen Niederdruckwerken bis zu Leistungen für 85% der Jahresstunden. Da der Bedarf zu anderen Zeiten auftritt als das Wasser sich darbietet, ist nur ein Teil des „Dargebots" ausnutzbar. Dadurch steigt der billigste Strompreis z. B. von 1,3 auf 1,4 *Pf* und liegt bei nur 3300 kW statt 5000 kW Ausbauleistung. In Konkurrenz mit Dampfkraft, die bei billiger Wasserkraft und teurer Kohle ein Vielfaches kosten kann, gibt aber ein weit höherer Ausbau z. B. bis 10000 kW die billigsten Gesamtkosten von verbundener Wasserkraft und Dampfkraft. Deshalb ist für den Ausbau nicht nur die Wasserkraft selbst bestimmend, sondern der Lastverlauf und der Anteil der mitarbeitenden Dampfkraft.

Wirtschaftlichster Ausbau[2]

Laufkraftwerke brauchen Reserve

Reine Laufkraft ohne Speichervermögen ist erst vollwertig, wenn für das obere Leistungsgebiet, das zeitweise unter Wassermangel leidet, Dampfreserven bereitstehen, deren Kosten hinzukommen. Man soll diese Kosten nicht überschätzen: Eine Laufkraft, die im billigsten Ausbau z. B. 550 *M*/kW kostet, läßt sich oft mit 300 *M*/kW erweitern, weil Stauanlagen und andere Geländebauten unverändert bleiben. Mit 250 *M*/kW für Dampfreserve zusammen macht das nur 550 *M*/kW wie der billigste Ausbau.

Speicherkraft spart Reserve und Kohle

Speicherbecken speichern überschüssige Wassermengen für Zeiten des Bedarfs. Das spart nicht nur Kohle in den Dampfkraftwerken: Wenn das gespeicherte Wasser eingesetzt wird, um bei Wassermangel Spitzenlast herzugeben, spart man für diese sichergestellte Spitzenleistung die Anlagekosten einer Dampfreserve[3].

Durch Jahresspeicher weitgehend auf Dampfreserve verzichten können nur Länder mit stark ausgenutzter Jahreshöchstlast wie Norwegen, das den billigen Strom seiner günstigen Wasserkräfte pauschal abgibt, und Italien, wo durch längere Wintertage die Lichtspitze abends zurücktritt. Italien hat Speicher für 10% der Jahresarbeit und nur knapp 20% Dampfreserve, die nur 3,5% erzeugt[4]. Die Schweiz hat auch für 10% Speicher aber nur 7% kalorische Reserve, die nur 0,5% der Jahresarbeit leistet. Sie ist aber mit ausländischen Dampfreserven gekuppelt[4, 5]. Bei dem wechselnden Lastverlauf in Deutschland, wo die Durchschnittslast nur 30% der Höchstlast ist, müßte eine Speicherwasserkraft ohne jede Dampfreserve z. B. 28% des Jahreswassers speichern. Die Anlagekosten, bezogen auf Höchstlast, würden durch die Reservemaschinen von z. B. 480 auf 550 *M*/kW steigen, das Speicherbecken 750 *M*/kW kosten, die Gesamtanlage 1300 *M*/kW. Der Strom würde 6 *Pf* kosten statt 2,9 *Pf*/kWh bei einem großen Dampfkraftwerk.

[1] Ludin: Wasserkräfte, 1913 S. 62. — [2] Seidner: Energiewirtsch. 1930 S. 54—56, 65, 70, 84. — [3] Seidner: Energiewirtsch. 1930 S. 95. — [4] Wasserkr.-Jb. 1931 S. 18, 29. — Comitato Nazionale Italiano, Weltkraftkonferenz 1930 Bd. 10 S. 96. — [5] Seidner: Energiewirtsch. 1930 S. 132.

Die teuren Jahresspeicher werden aber tragbar klein, wenn man sie ausschließlich für Spitzenlast benutzt und mindestens $^9/_{10}$ der Jahresarbeit Dampfkraftwerken überläßt. Wasserkraftwerke mit kleinen Tagesspeichern sichern in den entscheidenden Tagen der Höchstlast im Vergleich zum Jahresspeicher mehr als die Hälfte der Spitzenleistung und kosten höchstens $^1/_{20}$. Sie sind deshalb noch wirtschaftlich, wenn sie der Dampfkraft außer den Spitzen bis zur Hälfte der Gesamtarbeit abnehmen. Bei noch größerem Wasserkraftanteil sind Laufkraftwerke mit Dampfreserven billiger. Vollhydraulich wirtschaftlich sind Laufkraftwerke für die überwiegende Grundlast mit Jahresspeicherwerken für Spitze und Wassermangelreserve[1].

Für Spitzenlast und Reserve kann also die sonst so teure Speicherkraft mit der Dampfkraft konkurrieren, die z. B. 250 *M*/kW kostet, weil das Erweitern der Wasserkraft bei unverändertem Staubecken meist nicht teurer als 300 *M*/kW ist und sie durch längere Lebensdauer weniger Kapitaldienst braucht.

Pumpspeicher ersetzt natürliche Speicherkraft

Elektrisch angetriebene Pumpen verwerten Überschußstrom zum Auffüllen von Speicherbecken. Staubecken mit natürlichem Zulauf werden dadurch leistungsfähiger: Pumpwasser ersetzt mangelnden Zulauf und hält hohen Wasserstand aufrecht, dessen größeres Gefälle mehr leistet. Billige Tagespumpspeicher sichern bei vorwiegendem Wasserkraftbetrieb gegen Wassermangel, bei vorwiegender Dampfkraft können sie Spitzenlast decken. Reine Pumpspeicher ohne Zulauf liegen in den Anlagekosten zwischen Wasserkraft und Dampfkraft. Bauanlagen für den Zulauf fallen weg und die Maschineneinheiten sind größer. Die Kosten liegen über 400 *M*/kW. In Deutschland gibt es 450000 kW Pumpspeicher, das ist etwa $^1/_4$ der ausgebauten Wasserkraftleistung. Die größte Anlage hat das RWE in Herdecke mit 140000 kW und 560000 kWh.

Wasserstoff-Druck-elektrolyse[2]

Um überschüssigen Wasserkraftstrom zu verwerten, besteht der Plan, damit elektrolytisch Wasserstoff unter hohem Druck (100 at) zu erzeugen und in dünnen Rohren zu fernliegenden Wärmeverbrauchern fortzuleiten. Wegen der großen Speicherfähigkeit dieses Leitungsnetzes denkt man auch daran, den Wasserstoff zu Zeiten des elektrischen Spitzenstromverbrauchs in Brennkraftmaschinen im Verbrauchsschwerpunkt zu verwerten.

Verkehr

Niederes Gewicht kg/PS

Auto dezentralisiert Verkehr

Gesteigerte Drehzahl

Im Verkehr muß der Motor sich selbst fortbewegen, außer Anlagekosten und Brennstoffverbrauch wird hier das Motorgewicht zur entscheidenden Frage. Die spezifisch leichte elektrische Lokomotive steigert Zugfolge und Reisegeschwindigkeit bei Schnellbahnen und im Gebirge, der leichte Flugmotor hat das Flugzeug erst möglich gemacht. Im Gegensatz zu Landanlagen, wo man die Kraftmaschine zu großen Einheiten zentralisiert, um sie besser auszunutzen und die Anlagekosten zu senken, findet man im Verkehr das dezentralisierende individuelle Auto mit kleinsten Motoreinheiten, die trotzdem billiger sind als Großmaschinen. Das billige Auto-PS kann mit der zentralisierten Eisenbahn konkurrieren, obgleich es viel schlechter ausgenutzt ist. Durch die höhere Drehzahl des Automotors gegen einen ortsfesten 25-PS-Motor sinkt der Preis von 130 auf 50 *M*/PS[3]. Die hohe Drehzahl ist aber gerade deshalb möglich, weil es sich um einen kleinen und schlecht ausgenutzten Motor handelt: Die Massenkräfte sinken bei den kleinen Abmessungen, nur kleine Leistungen lassen sich leicht mechanisch durch Getriebe schalten und die geringe Lebensdauer der schlecht ausgenutzten Maschine von meist 5000 gegen 100000 Stunden läßt mindestens 3mal höhere abnutzende Drehzahl zu.

Öl statt Kohle durch Autoverkehr

Im Eisenbahnverkehr arbeiten ähnliche PS-Leistungen wie in den Elektrizitätswerken und verbrauchen ähnliche Kohlenmengen. Das Vordringen des Autoverkehrs in USA., dem Land mit $^3/_4$ des Weltbestandes und je einem Auto auf 4,6 Einwohner[4], hat die Brennkraftmotore in den Verkehr eingeführt. Die Gesamtleistung der Autos ist dort 10mal so groß wie die der Lokomotiven. Beim Herstellen von 44 Mill. t Autobenzin (1929) fallen 60 Mill. t Schweröl an, die 90 Mill. t Kohle ersetzen, das ist $^1/_6$ des USA.-Kohlenverbrauches. Sie werden unter Durchschnittskosten zu ähnlichen Wärmepreisen wie Kohle verkauft. Nur so, als Folge des Autoverkehrs, kann sich auch die Schiffahrt auf Öl umstellen.

Schweröl und Gas statt Benzin

Lastautos gehen zum Antrieb durch Dieselmotor über und damit von Benzin zu Gasöl, besonders in Deutschland, wo der Zoll hierfür 40 *M*/t beträgt statt 225 *M*/t bei Benzin. Der Dampfmotor, der mit 100 at Doble Kessel[5] nicht schwerer sein soll als der Benzinmotor,

[1] Seidner: Energiewirtsch. 1930 S. 93, 110—113, 124, 126. — [2] VDI-Jb. 1934 S. 59, Verfahren von Lawaczek, Noeggerath. — [3] Preisbasis 1929. 50 *M*/PS läßt sich ohne ausgesprochene Massenfabrikation erreichen. — [4] In Deutschland kamen 1934 auf 1 Auto 75 Einwohner, RTA 1935 Nr. 8 S. 4. — [5] Imfeld, Roosen: Z. VDI 1934 S. 65. — Elwert, Rosenthal: Arch. Wärmewirtsch. 1934 S. 87, 283.

weil das Getriebe wegfällt, gibt Aussicht auf Übergang zu Heizöl und Kohlenstaub. Bei Betrieb mit Flaschengas[1] könnten in Deutschland Methan und Gasol 260000 t Benzin = $^1/_7$ des Verbrauches an leichten Treibstoffen ersetzen (S. 79, 80). Das Flaschengewicht je 1000 kcal ist für Methan 1,4 kg, für die verflüssigten Flaschengase Propan, Butan und Ruhrgasol nur 0,15—0,2 kg. Stadtgas[2] hat 3 kg Flaschengewicht für 1000 kcal, soll aber gegen Benzin die Treibstoffkosten auf $^2/_3$ senken, Holz[3] auf dem Auto vergast sogar auf $^1/_8$. In England und Frankreich benutzt man Leichtflaschen, die nur halb soviel wiegen, sie sollen auch in Deutschland zugelassen werden[4]. Gegen den Dieselmotor ist Stadtgas nicht billiger. Der Betrieb mit dem heizschwachen Generatorgas hat den Nachteil, daß die Motorleistung bis zu $^1/_3$ zurückgeht, wenn man nicht, wie bei Holzgas, weil es besonders klopffest ist, auf höhere Verdichtung gehen kann. Durch Dampfautos und Fahrzeuggeneratoren, die z. B. mit Schwelkoks gespeist werden, sucht man in Deutschland einen Weg, um sich durch Übergang auf feste Treibstoffe vom Öl freizumachen[5].

Kohle als Treibstoff

Nahverkehr

Straßenbahn /Autobus[6]

Im Vergleich mit dem Autobus setzt bei der elektrischen Straßenbahn der Schienenweg die Reibung auf $^1/_{10}$ herunter und die Kraft läßt sich zentral durch billige Kohle erzeugen. Der 45plätzige Wagen braucht nur für 5 *Pf*/km Strom, dafür sind aber die Anlagekosten je Strecken-Kilometer durch Fahrdraht und Schiene bis zu 3mal höher. Dagegen hat der Autobus hohe Betriebskosten, darunter 15 *Pf*/km Benzin, die bei dem bestehenden Minderpreis für Schweröl beim Dieselmotor auf 5 *Pf* sinken. Nur bei stark ausgenutztem Schienennetz ist die Straßenbahn billiger als der Autobus, die Wagenfolge muß im Stadtverkehr unter $^1/_2$ h, über Land unter $^1/_4$ h sein. Im dichten Verkehr mit Anhänger ist aber die Straßenbahn immer billiger, im Durchschnitt kostet der Omnibus-Kilometer 80 *Pf* gegen 65 *Pf* Straßenbahn, d. h., wenn 30% von 45 Plätzen ausgenutzt sind und 3,5 km durchschnittlich gefahren werden, 21 gegen 17 *Pf* für eine Person. In England[7] sind Fahrdraht-Autobusse ohne Schienen eingeführt worden, die gegen den Wagen-Kilometer Straßenbahn bis zu 10 *Pf* Schienennetzkosten sparen und gegen den Autobus 10 *Pf* Strom statt 15 *Pf* Benzin brauchen. In Deutschland gibt es Versuchsstrecken[8]. Die elektrischen Schnellbahnen arbeiten wie die Straßenbahnen durchweg mit Gleichstrom: Im Gegensatz zu Wechselstrom, bei dem ein Regeltransformator im Wagen mitzuführen ist, lassen sich auch kleine Einheiten billig und mit kleinem Gewicht herstellen. Daß die Kraftübertragung teurer ist, fällt bei den kurzen hochbeanspruchten Strecken nicht ins Gewicht. Die Eisenbahn hat auf kurze Strecken die stärkste Konkurrenz, weil sie sich nicht im Ort verzweigt, was bei 15 min Zeitverlust für den Weg zum Bahnhof bei 10 km Strecke die Reisegeschwindigkeit von 60 auf 24 km/h heruntersetzt[9] gegen 30 km/h beim Autobus. Beim Privatwagen gewinnt man mit 45 km/h im Berufsverkehr je Kilometer und Person $^1/_{50}$ Arbeitsstunde: Für jede Mark, mit der man die Arbeitsstunde bewertet, verschieben sich die Fahrkosten um 2 *Pf*/km zugunsten des Autos. Vollbesetzt hat das Auto 5 *Pf*/Pers.km Gesamtkosten und für zusätzliche Fahrten 2 *Pf*/Pers.km reine Betriebskosten. Die Bahn kostet durchschnittlich 4 *Pf*/km[10] (Preisbasis 1929).

Fahrdrahtbus

Schnellbahn

Eisenbahn/Auto

Fernverkehr

Dampflokomotiven[11]

Dampflokomotiven sind schwach ausgenutzt. Deshalb müssen sie billig sein (70 *M*/PS, 1929) und man verzichtet auf hohe Drücke und läßt den Dampf ins Freie auspuffen. Das verbraucht 1 kg/PS_eh Kohle, wenn man Heißdampf anwendet und Abdampf-Speisewasservorwärmer wie bei $^3/_4$ der Reichsbahnlokomotiven. Durch Hochdruck von 60 at oder durch einen angefügten Niederdruckteil, der sich bei dem verfügbaren Platz nur als Turbine ausführen läßt, sinkt der Verbrauch rechnerisch auf 0,75 kg/PS_eh und auf 0,5 kg, wenn man beide Mittel zusammen anwendet oder auf Hochdruck über 100 at übergeht. Wegen der ungünstigen praktischen Ergebnisse hat man aber Pläne dieser Art vorläufig aufgegeben[12]. Turbolokomotiven sind je PS nicht schwerer aber bis 80% teurer und für häufiges Anfahren ungeeignet, weil sie im Stillstand für die Kondensationspumpen Dampf brauchen. Rechnet

---

[1] Krämer: Z. VDI 1934 S. 1235. — Arch. Wärmewirtsch. 1934 S. 333. — RTA-Nachr. 1935 Nr. 13 S. 3. — [2] Körting: Arch. Wärmewirtsch. 1935 S. 25. — RTA-Nachr. 1935 Nr. 13 S. 7. — [3] Arch. Wärmewirtsch. 1934 S. 249, 287, 331. — Z. VDI 1934 S. 1238, 1240, 1241. — [4] Börger: Jb. Brennkrafttechn. Ges. 1935 Bd. 15 S. 6. — [5] Pott: Schlußwort auf der Mineralöltagung. Öl u. Kohle 1934 S. 287. — [6] Verkehrstechn. 1930 S. 497, 618; 1931 S. 26—28, 98, 323. — [7] Verkehrstechn. 1931 S. 269. — [8] Benninghoff: Z. VDI 1934 S. 1465. — [9] Dietze: Weltkraftkonferenz 1930 Bd. 17 S. 280. — [10] Motorwagen 1929 S. 40. — [11] Weltkraftkonferenz 1930, Fuchs: Bd. 17 S. 53; Stodola: Bd. 5 S. 65, 67. — [12] Nordmann: Glasers Ann. 1934 S. 12. — Z. VDI 1934 S. 729.

Kraftantrieb im Verkehr (Preisbasis 1929)

1 PS Kraftantrieb bewegt im Wasser auf einem Frachtschiff 3000 kg (Zeile 1), auf der Eisenbahn 4mal weniger, im Auto auf der Straße, die 10mal mehr Reibung als Schienenwege hat, 40mal weniger und im Luftverkehr 500mal weniger, nur 6 kg. Der schnellere Personenverkehr braucht über 2mal mehr Kraft. Die Lokomotive läßt, um billig zu sein, den Dampf auspuffen und nutzt dadurch die Wärme 3mal schlechter aus als Brennkraftmotore (Zeile 24). Beides zusammen erklärt die Unterschiede im Wärmeverbrauch (29). Das Binnenschiff braucht je PSh mehr Kohle als das Seeschiff, weil die kleineren Maschinen schlechter sind (25) und es fährt viel langsamer, obgleich es ebenso viel PS für die beförderte Last braucht. Durch billig beförderten und zollfreien Brennstoff der Seeschiffe wächst die Spanne weiter (34), das Binnenschiff hat 7mal, die Lokomotive 17mal höhere Brennstoffkosten. Dagegen kosten bei den Seeschiffen die Maschinen am meisten (20), weil der Propellerantrieb kleine Drehzahlen erfordert (19). Die Fahrleistung ist aber so gut ausgenutzt (4 und 5), daß der Kapitaldienst die Fahrkosten nur wenig belastet (35), was seinen Teil dazu beiträgt, daß der km Seefracht 25mal billiger als bei der Bahn ist. Das Auto ist je PS am billigsten, obgleich es die kleinsten PS-Einheiten hat, weil die kurze geforderte Lebensdauer (18) die höchsten Drehzahlen (19) zuläßt. Das Lastauto kann nicht im Durchschnitt mit der Bahn konkurrieren (37), es nimmt ihr aber gerade die bestbezahlte Schnellfracht ab, die bis 55 statt 5 *Pf*/t km einbringt. Im Personenverkehr ist das Auto vollbesetzt billiger als die Bahn, besonders für zusätzliche Fahrten, bei denen nur mit Betriebskosten zu rechnen ist. In Deutschland leistet das Auto, vorwiegend im Nahverkehr, wenn man 20000-Pers.-km je Fahrzeug und Jahr annimmt, etwa $^1/_5$ der Eisenbahn (9). Der Wert des verbrauchten Benzins ist höher als der Wert der Eisenbahnkohle (32). In USA. leistet das **Personenauto schätzungsweise 8mal mehr als die Eisenbahn** (10) **und der Wert des Benzins ist höher als der Wert des Landeskohlenverbrauchs überhaupt** (33), **die PS-Zahl der Autos 20mal größer als die der Kraftwerke** (15).

			Bahn[1, 2]		Auto[1]		Flugzeug[1, 3]	Seeschiff[1, 4, 5]		Binnenschiff[1, 6]	Zum Vergleich
			Personen	Fracht	Personen	Fracht		Personen	Fracht		
	Fahrleistung										
1	Je PS bewegtes Bruttogewicht	kg/PS	**300**	**700**	**40**	**80**	**6**	**1000**	**3000**	**3000**	
	Geschwindigkeit										
2	höchste	km/h	120	70	120	50	200	50	22	12	
3	Reisedurchschnitt .		70	6[7]	50	30	150	45	20	3	
4	Jahresstrecke. . . .	km	46000*		10000	20000	200000	300000	100000	10000	
5	Volle km-Leistung ist im Jahr ausgenutzt	%	7%		**1%**	5%	10%	**70%**	55%	10%	
					8						
6	Weltbestand 1931. .	1000 Stück			35800* = 100%			32* = 100%			
7	Deutschland. . . .		24*		[19] 680* = 1,9%			2,1* = 6,5%		19*[9]	
8	USA..		58*		26700* = 75%			3,4* = 11%			
	Verkehr 1929										
	Personen-km										
9	Deutschland . . .	Mill.	47000*		10000		24*				
10	USA.		50000*		400000						
	Fracht										
11	Deutschland . . .	Mill. t-km	76000*		3000		1*			23000*	
12	USA.		653000*		60000						
	Kraftantrieb										öffentliche Kraftwerke
13	PS-Leistung Welt. .	Mill. PS			1100			35			
14	Deutschland. . . .		19*		15			2,4		0,72*	11*
15	USA..		75		890			12			44*[12]
	Fahrzeugleistung										
16	größte Einheit. . .	PS	5500		250		7000	200000[18]		1000	
17	durchschnittlich . .		800		33		250	5000		150*	
18	Lebensdauer in Betriebsstunden . . .	h	50000		**5000**			**100000**		50000	100000
19	Drehzahl.	U/min	250		3000		2000	100		300	1500
20	Kosten ohne Nutzraum 1929	*M*/PS	**70**		**50**		**70**	**350**		**200**	350
21	in % des Fahrzeuges	%			30			40		30	
22	Gewicht	kg/PS	100		6		0,9	200		100	
23	in % des Fahrzeuges	%	25	12	15	8	15	6		7	

Nr.			Bahn[1,2]	Auto[1]	Flugzeug	Seeschiff[1,4,5] Personen	Seeschiff[1,4,5] Fracht	Binnenschiff[1,6]	Zum Vergleich
	Brennstoff								Öffentliche Kraftwerke
24	Beste Wirkungsgrade	%	10	25	30	35 (40)		35	25 (28)
	Verbrauch je PSh								
25	Kohle	kg/PSh	1			0,5		1	0,35
26	Heizöl	kg/PSh				0,35			
27	Dieselöl.	kg/PSh		0,2	0,18	**0,18**		**0,18**	
28	Benzin	kg/PSh		**0,25**	**0,22**				
	Verbrauch je Brutto-t-km Transportleistung		Kohle	Benzin	Benzin	Kohle		Kohle	
29	stung.	kcal/tkm	**350***	**800[10]**	**2500**	**80**	**60**	**250**	Gesamtkohlenverbrauch
	Jahresverbrauch 1929 Gewicht								
30	Deutschland[11] . .	Mill. t	15* = 9%	1,5* = 1%	0,004	3,2* = 2 %[13]			170* = 100%
31	USA.[12]	Mill. t	110* = 21%	44* = [20]12%		7* = 1 %			530* = 100%
32	Wert Deutschland .	Mrd. *M*	0,4 = 8%	0,7 = 13%		0,06 = 1 %			5,3 = 100%
33	USA.	Mrd. *M*	2,1 = 17%	14,2 = 106%		0,1 = $^3/_4$ %			13,3 = 100%
	Fahrkosten (1929) für Fernfracht								
34	Brennstoff und Schmierung . . .	*Pf*/t km	0,35 = 7%	3 = 20%[14]	25 = 12%	0,02 = 10%		0,15 = 10%	
35	Kapitaldienst der Kraftmaschine . .	*Pf*/t km	0,25 = 5%	1 = 7%	10 = 5%	0,025 = 12%		0,15 = 10%	
36			0,6 = 12%	4 = 27%	35 = 17%	0,045 = 22%		0,3 = 20%	
37	Ganze Fahrkosten .		5* = 100%	15 = 100%	200 = 100%	0,2 = 100%		1,5 = 100%	
38	für Personen-Fernverkehr	*Pf*/km	4*[17]	10[15]	20[16]				

* Statistische Werte. — [1] Statist. Jb. 1931 S. 78*. — [2] Fuchs: Weltkraftkonferenz 1930 Bd. 17 S. 53. — [3] Langsdorff: Fortschritte der Luftfahrt, 1929/30 S. 46 — Z. Flugtechn. Motorluftsch. 1929 S. 655. — [4] Schiffbaukalender 1931 S. 269, 407, 437. — [5] Horn: Z. VDI 1931 S. 1242. — [6] Teubert: Binnenschiffahrt, 1932 S. 777, 859. — [7] Osburg: Verfrachtung und Frachtkostenberechnung im technischen Überseehandel, 1932 S. 12. — Bei Nahgüterzügen ist die Reisegeschwindigkeit auf 17 km/h, bei leichten Zügen auf 30 km/h gesteigert worden. Z. VDI 1935 S. 405. — [8] VDI-Nachr. 1932 Nr. 13 S. 3. — [9] Davon nur $^1/_4$ mit eigener Triebkraft. — [10] Z. VDI 1931 S. 210. — [11] Stahl u. Eisen 1930 S. 1046 — Petroleum 1931, Chronik 31 S. 4. — [12] Commerce Yearbook 1931 S. 280, 290, 291, 311. — [13] Nur Kohle, ohne Brennöl. — [14] Schultz: Weltkraftkonferenz 1930 Bd. 8 S. 379. — [15] Motorwagen 1929 S. 40. — [16] Weitere Angaben: Z. VDI 1934 S. 1182. — [17] Zugförderkosten für selbstentladende Großgüterwagen unter 1 *Pf*/tkm; Leibbrand: Z. VDI 1934 S. 1312. — [18] RTA-Nachr. 1935 Nr. 12 S. 3. — [19] Bis 1934 auf fast 870000 Stück gestiegen. — [20] 44 Mill. t Benzin in Steinkohle umgerechnet sind 63 von insgesamt 530 Mill. t Kohle = 12%.

man mit 50 *M*/PS Mehrpreis[1], so steigt der Kapitaldienst jährlich um 8 *M*/PS; 0,25 kg Kohlenersparnis gibt 0,7 *Pf*/PSh. Danach arbeiten Turbolokomotiven nur wesentlich billiger, wenn sie weit über 800 : 0,7 = 1150 Jahresstunden voll ausgenutzt sind, was für den Durchschnittsverkehr nicht zutrifft. Zur Wasserersparnis in Wüstengegenden hat man den Auspuffdampf bei Atmosphärendruck in einem Kondensator niedergeschlagen[2].

Elektrische Lokomotiven

Statt über 60 kg/PS wiegen elektrische Lokomotiven[3] nur die Hälfte, im Bestfall 30 kg/PS, weil die primäre Kraftmaschine hier ortsfest im Kraftwerk steht. Die höhere Zugkraft kürzt für Schnellbahnen und Gebirgsbahnen durch schnelleres Anfahren und Bergsteigen die Fahrzeiten entscheidend ab und steigert die Zugfolge. Die elektrische Lokomotive läßt sich stärker ausnutzen, bis zu 22 h im Tag. Der Heizdienst fällt weg und sie hat nur einen Bruchteil der Reparaturkosten. Gebirgsländer haben außerdem billige Wasserkraft und teure Kohle, die sie möglichst ersetzen wollen. Das Bahnstromnetz ist aber so teuer, daß eine Mindestzugfolge notwendig ist, damit seine Jahreskosten nicht die Kohlenersparnis aufheben. In der Schweiz, wo 55% der Streckenlänge mit 84% des Verkehrs elektrisch betrieben werden, mußten 1926 bei 33 *M*/t Kohlenpreis mindestens 510 kWh/km Strecke und Tag Bahnstrom entnommen werden. Der elektrische Betrieb war billiger, weil 550 kWh/km gebraucht wurden. Das entspricht auch genau dem europäischen Durchschnitt 1927. In USA. arbeiten wegen der billigen Kohle nur die dichtesten Nahverkehrsnetze mit durchschnittlich 1350 kWh/km elektrisch.

[1] Lorenz: Kruppsche Mh. 1924 S. 242. — [2] Z. VDI 1934 S. 1171. — [3] Weltkraftkonferenz 1930 Bd. 17, Parodi, S. 125, 127; Dietze, S. 268.

Bei Kohle als Energiequelle nutzt ein hochwertiges Kraftwerk der vorkommenden Größe bis zu 25% aus, davon geht $^1/_4$ beim Übertragen verloren. Es sind 19% des Kohlenheizwertes statt 11% bei der Dampflokomotive ausgenutzt, das macht bis zu 40% Kohlenersparnis. Genau wie bei Wasserkraft kommen Ersparnisse an Personal und Reparaturen hinzu, die mehr ausmachen als die Energiekosten und die Stromentnahme in Kilowattstunden je Kilometer entscheidet darüber, ob die bis 50% geringeren Betriebskosten die zusätzlichen Anlagekosten rechtfertigen, die bis zu 50% des im Dampfbetrieb investierten Kapitals sind. Ein Projekt für die gesamte englische Vollbahn-Elektrifizierung ohne verfügbare Wasserkraft ergab aus ersparten Betriebskosten 7% Gewinn auf über 5 Mrd. *M* Baukapital[1].

Stromart

Für große Entfernungen gibt Gleichstrom hohe Übertragungskosten. Deshalb arbeiten in Europa 70% der Strecken mit Wechselstrom, dagegen in USA. nur 38%, weil fast nur Nahverkehr elektrifiziert ist. Einphasen-Wechselstrom-Motor mit Regeltransformator, der verlustlos verschiedene Spannungen für verschiedene Drehzahlstufen abgibt, ist in der Schweiz und in Deutschland üblich. Italien verwendet für $^2/_3$ seiner elektrisch betriebenen Strecken Drehstrom, obgleich ein zusätzlicher Fahrdraht notwendig ist und sich die Geschwindigkeit nur in groben Stufen regeln läßt, durch Umschalten der Polzahl und der Motore parallel oder in Reihe. Die Maschinen sind einfach und billig.

Frequenz

Statt 50 Hz bei Industriestrom benutzt man bis auf Ausnahmefälle[2] Niederfrequenz mit $16^2/_3$ Hz, da Preis und Gewicht der Lokomotive je PS um 40% zurückgehen und der Leistungsfaktor von 70 auf 95% steigt. Gegen teure, langsam laufende Bahnkraftwerke für Niederfrequenz mit schlecht ausgenutztem teuren Übertragungsnetz senkt das Umformen von normalem Drehstrom aus dem Landesnetz die Anlagekosten um 50 *M*/kW = 8%. Das spart 0,2 *Pf*/kWh, wovon weniger als die Hälfte durch den 10% höheren Kohlenverbrauch bei umgeformtem Strom abgehen[3]. Man geht dazu über, die drehenden Umformer durch ruhende Umrichter zu ersetzen, die Drehstrom der Landesversorgung in Einphasen-Wechselstrom umformen[4].

Motorlokomotive[5]

Schwere Diesellokomotiven kommen für USA. und Dänemark[6] wegen des billigen Öls in Betracht, für Rußland auf Strecken in wasserarmen Gegenden, da sie nur 2 kg Kühlwasser statt über 7 kg/PS Speisewasser bei Dampflokomotiven brauchen. Der Nachteil des Ölmotors, daß er im Ruhezustand kein Drehmoment abgibt, macht die Kupplung zwischen leerlaufendem Motor und Fahrzeug zum Hauptproblem. Schwere Lokomotiven über 2000 PS müssen die Kupplung elektrisch durch Generator und Motor herstellen, sie sind mit über 110 kg/PS schwerer als Dampflokomotiven. Mittlere Lokomotiven können hydraulische Kupplung erhalten. Für Triebwagen geben Benzinmotore mit 35 kg/PS leichte Antriebe, deren Leistungen sich mechanisch übertragen lassen, wenn man für jede Schaltstufe eine besondere Kupplung verwendet. Trotzdem ist man in USA. vollständig zum stufenlos schaltbaren benzinelektrischen Triebwagen übergegangen, dessen Antrieb 30 kg/PS schwerer und über 50% teurer ist. Die deutsche Reichsbahn beschafft 250 Dieseltriebwagen zwischen 150 und 2 × 600 PS[7], davon über die Hälfte dieselelektrisch, ferner 900 Motorlokomotiven für Rangierbetrieb[8]. Der Dieselantrieb ist bei mittlerer Verkehrsdichte und mittelschweren Zügen wirtschaftlich. Bei hoher Verkehrsdichte ist selbst in Kohleländern die elektrische Lokomotive, bei kleinerer Verkehrsdichte selbst in Wasserkraftländern die Dampflokomotive überlegen[9].

Lastauto[5]

Unbestritten sind für das Lastauto außer dem Nahverkehr das Gebirge und dünn besiedelte abgelegene Gegenden. In Konkurrenz mit der Eisenbahn verbindet es ohne Umladen beliebige Orte um ein Vielfaches schneller, braucht einen Bruchteil des Kapitals und spart Umladekosten. Gegen 5 *Pf*/tkm Durchschnittseinnahme im Reichsbahn-Güterverkehr, die in der Hauptsache feste Kosten zu decken hat, braucht das hoch ausgenutzte 5-t-Auto 15 *Pf*/km, die zu 80% aus beweglichen Kosten bestehen, davon allein für 5 *Pf* Benzol. Das Dieselauto senkt bei der bestehenden Spanne für Dieselöl die Gesamtkosten um 4 *Pf* = $^1/_4$ auf 11 *Pf*/tkm, immer noch ein Vielfaches des Durchschnittstarifes der Bahn. Das Auto nimmt aber der Bahn die weit über Durchschnitt liegenden Frachtklassen ab, bei denen es durch schnelleren Transport und wegfallende Roll- und Umladekosten besonders gut konkurrieren kann. Die Bahn befürchtet, daß sie dann die Massengütertarife, die weit unter Durchschnitt liegen, erhöhen muß. Ein Bahntarifsystem einschließlich Rollgeld soll die konkurrenzfähige Grenzlänge für Lastautos auf 160 km bei Eilgut und 130 km bei Frachtgut begrenzen[10]. Güterbehälter sollen den Umschlag vom Lastauto zur Bahn schneller und billiger gestalten und die deutsche

---

[1] Elektrotechn. Z. 1931 S. 638. — [2] Z. VDI 1933 S. 415. — RTA-Nachr. 1934 Nr. 28 S. 5. — [3] Weltkraftkonferenz 1930 Bd. 17, Wechmann, Usbeck, Michel, S. 341; Müller, Reichel, S. 349. — [4] Z. VDI 1935 S. 405. — Elektrotechn. Z. 1934 S. 65. — [5] Weltkraftkonferenz 1930 Bd. 3, Schlesinger, S. 235; Lomonosoff, S. 307, Bearce, Bd. 17, S. 150; Schultz, Bd. 8 S. 379. — [6] VDI-Jb. 1934, S. 140. — [7] Breuer: Z. VDI 1934 S. 1202. — [8] Leibbrand: Z. VDI 1934 S. 1313. — [9] Treschel: Z. VDI 1933 S. 1244. — [10] Risch: Verkehrstechn. 1931 S. 394.

Reichsbahn betreibt selbst 1100 eigene und gemietete Lastkraftwagen[1]. In der Schweiz wurde ein Gesetz zur Verkehrsteilung zwischen Bahn und Lastauto 1935 verworfen. Im Personenfernverkehr reist das Auto langsamer als die Bahn. Das gefahrloseste Mittel, den Reisedurchschnitt des Autos zu heben, ist nicht höhere PS-Zahl, also größere Höchstgeschwindigkeit, sondern gesteigerte Beschleunigung durch größeres Hubvolumen je Kilogramm Wagengewicht, wodurch sich der Reisedurchschnitt der Höchstgeschwindigkeit nähert. Das andere Mittel, den Reisedurchschnitt stark zu heben, sind Straßen für reinen Autoverkehr, wenn man sie, wie in Deutschland, zu einem zusammenhängenden Netz ausbaut. Um dem Dauerbetrieb mit Höchstgeschwindigkeit standzuhalten, werden die Autos auch hierfür mäßige Drehzahlen und größeres Hubvolumen erhalten müssen. Im Gegensatz zur Benzinsteuer führt Hubvolumensteuer zu übertriebenen Drehzahlen. Geringeres Karosseriegewicht ist das gegebene zu wenig beachtete Mittel, den Reisedurchschnitt zu heben. Bei hohen Geschwindigkeiten senkt Stromlinienform den Luftwiderstand.

Personenauto

Autobahnen[2]

Für das Flugzeug ist das Motorgewicht, das von 4 auf unter 1 kg/PS gesenkt wurde, die Lebensfrage. Es verbietet sich, das Gewicht auf Kosten des Brennstoffverbrauches zu senken, nicht weil die Betriebskosten steigen, sondern weil das Gewicht des Brennstoffvorrates zunimmt. Eine Lokomotive führt bis zu $^1/_3$ ihres Gewichtes Brennstoff und Wasser mit, das Flugzeug für 10 h Vorrat das dreifache Motorgewicht. Dieselmotore sind vielversprechend, obgleich sie meist 0,3 kg/PS schwerer sind, weil sie 40 g/PSh weniger Brennstoff brauchen. Das entspricht bei 10 h Flugdauer 0,4 kg/PS Motorgewicht und außerdem ist Dieselöl nicht feuergefährlich. Zum mindesten für Langstreckenflug wird sich der Dieselmotor durchsetzen, auch wenn die Preisspanne von Benzin gegen Schweröl schrumpft.

Flugzeug

Schiffahrt

Zwei Forderungen widersprechen sich: Die Maschine soll schnell laufen, um leicht zu sein, der Propeller soll langsam laufen, um sich der Strömungsgeschwindigkeit des Wassers anzupassen, damit er Wirkungsgrade von etwa 75% erreicht. Das verteuert direkt gekuppelte Schiffsmaschinen mit der Drehzahl 100 auf 350 *M*/PS[3] und verschlechtert den Dampfverbrauch bei Turbinen. Durch zwischengeschaltete Getriebe werden schnellaufende Maschinen verwendbar aber nicht in dem Maß wie bei Automotoren, deren Preis sich auf 50 *M*/PS senken läßt; denn nur bei den kleinen Leistungen und der geringen Lebensdauer der Automotore läßt sich die Drehzahl bis hinauf zu 3000 U/min steigern. Beim Schiff wird auch der Brennstoffverbrauch zu einer Gewichtsfrage. Die Schiffahrt hat vom billigen Öl, das als Nebenprodukt des Autobenzins entsteht, Sondervorteile gegen den ortsfesten Verbrauch. Öl wiegt je kcal 30% weniger als Kohle und läßt sich leichter bunkern, spart Besatzung bei Dampfschiffen und durch Übergang zum Dieselmotor, der 35% statt 18% des Heizwertes ausnutzt, sinkt der Brennstoffvorrat von 0,5 auf 0,18 kg/PSh, also fast auf $^1/_3$. Außerdem faßt 1 m³ Laderaum 900 kg Öl aber nur 800 kg Kohle. Von Dampfschiffen sind $^1/_3$, in USA. 88% des Schiffsraumes auf Heizöl umgestellt und 58% der Neubauten 1934 sind Motorschiffe. Insgesamt werden 47% des Welt-Schiffsraumes mit Öl betrieben[4].

Langsamlaufende Propeller

Brennstoffgewicht beim Motorschiff nur $^1/_3$

Kolbenmaschinen, die 70% des Welt-Schiffsraumes antreiben[6], von den Neubau-PS aber nur noch 9%, sind bis 5000 PS wirtschaftlich. Darüber werden für 14% des Welt-Schiffsraumes und 43% der Neubau-PS Turbinen verwendet, die man jetzt vorwiegend mit Getriebe schnellaufend baut und bei denen man eine besondere Rückwärtsturbine vorsehen muß. Die beste Kolbenmaschine verbraucht 0,33, die beste Turbine 0,26 kg/PS Heizöl. Zwischen 2000 und 7000 PS schaltet man bei 2% des Schiffsraumes nach Bauer-Wach eine Abdampfturbine hinter eine Kolbenmaschine und läßt sie über ein Getriebe mit Flüssigkeitskupplung direkt auf die Kolbenmaschinenwelle arbeiten. Der Brennstoffverbrauch ist mit 0,28 kg/PSh fast so gut wie bei Großturbinen und durch den Anbau steigt die Leistung bis zu 25%.

Dampfschiff[5]

Der Dieselölpreis ist gegen den Heizölpreis der Dampfschiffe so abgestimmt, daß ein Vorteil im Brennstoffpreis nicht entsteht. Direkt gekuppelte Dieselmotore sind teuer und schwer und lassen sich selbst als doppelt wirkender Zweitaktmotor nur bis 2800 PS je Zylinder bauen. Die größte Schiffsleistung mit direktem Dieselantrieb ist 28000 PS. Getriebe bis 1 : 3 arbeiten im Handelsverkehr, stärkere Übersetzung ist bisher erst beim Panzerschiff Deutschland verwendet worden, wo mit Leichtbau verbunden das Motorgewicht von über 100 auf 22 kg/PS gesenkt wurde.

Motorschiff[7]

[1] Leibbrand: Z. VDI 1934 S. 1314; 1935 S. 405. — RTA-Nachr. 1935 Nr. 5 S. 6. — [2] Todt: Z. VDI 1934 S. 1305. — [3] Schiffbaukalender 1931 S. 437, 438. — [4] Statistisches Jb. 1934 S. 105*. — RTA-Nachr. 1935 Nr. 10 S. 5. — [5] Horn: Z. VDI 1931 S. 1242. — [6] VDI-Nachr. 1931 Heft 38 S. 3. — RTA-Nachr. 1934 Nr. 47 S. 2; 1935 Nr. 10 S. 5. — [7] Horn: Z. VDI 1931 S. 1242.

Elektrische Kupplung[1]

Die amerikanische Kriegsmarine hat den elektrischen Schraubenantrieb für manövrierfähige und größte Schiffe bis 180000 PS eingeführt. Die durchgehende Schiffswelle fällt weg, die Maschinen lassen sich besser anordnen, mit beliebiger Drehzahl ausführen und bei Teillast einzeln abschalten. Rückwärtsturbinen fallen fort. Generator und Motor, die Maschine und Propeller elektrisch verbinden, haben bis 90% Wirkungsgrad statt 98% beim Getriebe, das Gewicht steigt um 5 kg/PS, der Maschinenpreis um 5%. Deshalb geht man auf Handelsschiffen nur bei größten Leistungen[2] oder aus Platzgründen zum elektrischen Antrieb über.

Binnenschiff[3]

In Deutschland befördert der Binnenverkehr 18% der Gütermengen, die Seeschiffahrt 7%, aber auf längere Strecken. Die Binnenschiffe leisten in Tonnenkilometer $^1/_3$ der Bahn. Nur 24% der Schiffe haben eigene Triebkraft, 12% Schlepper und 12% Selbstfahrschiffe, von denen wieder die Hälfte Personenschiffe sind. Von den Binnenfrachtschiffen haben $^3/_4$ Ölmotore von durchschnittlich 80 PS, obgleich die Brennstoffkosten je PSh bei 130 *M*/t für Dieselöl und 25 *M*/t Kohle fast doppelt so hoch sind (1929). Das macht bei 100 PS stündlich 1 *M*. Entscheidend ist aber, daß der Heizdienst wegfällt. Die 12% Schlepper stehen zum Teil den übrigbleibenden 76% Frachtschiffen ohne eigene Triebkraft zur Verfügung. Über 90% der Schleppschiffe arbeiten mit Dampf, davon $^1/_5$ der Zahl nach mit $^2/_5$ der Leistung auf dem Rhein mit durchschnittlich 400 PS. Bei österreichischen Ölpreisen arbeiten Motorschlepper 15% billiger als Dampfschlepper[4]. Der Gesamtleistung der deutschen Binnenschiffe von $^3/_4$ Mill. PS steht die Seeschiffahrtsleistung mit schätzungsweise 2 Mill. PS gegenüber. Die Zunahme der Schiffe mit eigenem Antrieb forderte schnellaufende Dieselmotore, die aber statt der Drehzahl 1500 bis 2400 bei Auto-Dieselmotoren wegen der längeren Lebensdauer nur 300 U/min haben. Dennoch ist die Drehzahl 3mal höher als bei Seeschiffen. Das senkt den Preis von 350 auf 200 *M*/PS (1929).

7. Verteilung

Konkurrierende Fördermittel

Bahn, Lastwagen, Rohre für Gas, Dampf und Öl, Wellenstränge und der elektrische Draht sind zusammengehörige Fördermittel, um die Energie von der Gewinnungsstätte zum Verbrauchsschwerpunkt fortzuleiten und sie in Städten bis in die einzelnen Häuser zu verteilen, in Fabriken bis zu den einzelnen Arbeitsmaschinen und Heizstellen. Es ist das besondere Merkmal der Energie, daß sie sich technisch fast beliebig von einer Form in die andere umwandeln läßt. Deshalb konkurrieren für das Fortleiten und Verteilen fast alle Förderarten: Bahntransport von Brennstoff gegen Fernleiten von Strom und Gas — Wärme verteilen durch Kohlentransport gegen Verteilen von Gas, Dampf und Strom — Wellenstrang für mechanische gegen Draht für elektrische Kraftübertragung. Technisch beherrscht die Elektrizität alle Fördergebiete. Man kann sie beliebig zu größten Mengen zusammenfassen, leicht auf kleinste verzweigte Leitungen verteilen und einfach in Kraft oder Wärme umsetzen — aber der Umweg über Elektrizität kostet für Wärmeverbrauch praktisch 80%, theoretisch mindestens 40% Verlust beim Umsetzen von Wärme in Strom. Wenn der Amerikaner in einem Ausmaß, das uns unverständlich scheint, durch Quecksilberkraftwerke diesen Verlust einzuschränken sucht, schwebt ihm das Ziel vor, Wasserdampf und Gas als Träger für Kohlenenergie auszuschalten.

Grenzen der Elektrizität

Brennstoff

Hochwertige Steinkohle für Ferntransport

Die Transportkosten je Tonne belasten die Energie in heizschwachen Kohlen stärker als in hochwertigen. Deshalb verbrauchen die Gruben Kohlen mit dem höchsten Asche- und Wasserballast selbst und mit zunehmender Entfernung von den Gruben verschiebt sich das Preisverhältnis zugunsten der hochwertigen Sorten. Bei Feinkohlen ist aber die Preisspanne von 12 auf 20 *M*/t (1929) so groß, daß große Entfernungen kein Grund für den Übergang auf andere Sorten sind. Der Transport von trockenem brennfertigen Kohlenstaub ab Grube mit Sonderwagen, die vor Nässe schützen, hat sich nicht eingeführt. In Konkurrenz mit Ruhrsteinkohle erreicht oberschlesische Staubkohle bis über Berlin hinaus gleiche Wärmepreise, die Grenzlinie geht über Magdeburg, Nürnberg, München. Im norddeutschen Küstengebiet kann englische Kohle konkurrieren[5]. Die amtlichen Preise für alle Kohlenarten des

Geographische Zonen

[1] Stritzl: Elektrotechn. Z. 1931 S. 1213, 1250. — Z. VDI 1931 S. 698. — [2] Die „Normandie" mit 160000 PS hat turboelektrischen Antrieb, die stärkere „Queen Mary" mit 200000 PS aber nicht. RTA-Nachr. 1935 Nr. 12, S. 3. — [3] Teubert: Binnenschiffahrt 1932 S. 15, 697, 698. — [4] Roesler: Weltkraftkonferenz 1930 Bd. 17 S. 669. — [5] Schulte: Glückauf 1926 S. 740. — Verschiebung der Wettbewerbsgrenzen bis 1932 siehe Regul: Vjh. Konjunkturforsch. 1933, Sonderheft 34 S. 79.

Ruhrsyndikats werden nur im „unbestrittenen" Gebiet erreicht. „Bestritten" ist durch höhere Frachtkosten das Gebiet östlich der Elbe, an der Küste und das Ausland. Englands Preisvorsprung von 2 *M*/t ab Grube wächst auf dem Weltmarkt durch kürzere Landfracht um weitere 2 *M*/t. Nach Hamburg kommt fast $^2/_3$ englische Kohle, nach Berlin noch $^1/_{10}$ (1929). Die Wasserfracht kostet in Deutschland für 150 km z. B. unter 2 statt 6 *M*/t, weshalb 17% der Kohle auf Wasserstraßen befördert werden (1929).

Rohbraunkohle nur 60 km

Die Wärme der Braunkohle kostet ab Grube nur die Hälfte von Steinkohle. Die nasse Rohkohle verträgt aber wirtschaftlich nur kurze Transporte, am wenigsten im Rheinland in Konkurrenz mit Ruhrkohle, in der Lausitz etwa 60 km, in Mitteldeutschland, das von beiden Steinkohlenrevieren am weitesten entfernt ist, etwa 90 km. Durch 3 Mittel konnte trotzdem diese billige Energiequelle soweit ausgebaut werden, daß dem Gewicht nach in Deutschland etwa gleich viel Braunkohle wie Steinkohle gefördert wird, dem Heizwert nach $^1/_3$ (Zahlentafel S. 72): In der Nähe der Gruben haben sich chemische Werke und andere Industrien angesiedelt, die $^1/_6$ der Braunkohle roh verfeuern. Elektrizitätswerke auf den Gruben machen ein weiteres Siebentel der Braunkohlenenergie bis mindestens 150 km Umkreis transportfähig; nicht erreichbar sind von Deutschland nur die Nordküste, Oberschlesien und der Südwesten mit Stuttgart und Mannheim, dessen Steinkohlengrundlastwerk mit 100 at[2] ein berechtigter Sonderfall ist. Braunkohle erzeugt schon jetzt ebensoviel Strom wie Steinkohle. Auf weite Strecken läßt sich aber nur Grundlast wirtschaftlich fortleiten. Das schränkt das Vordringen von Braunkohle ein, die Spitzenlast bleibt der Steinkohle vorbehalten. Da für Wärmezwecke der Umweg über Elektrizität wirtschaftlich ausscheidet, können $^2/_3$ der Braunkohle auf größere Strecken nur getrocknet und brikettiert mit Steinkohle konkurrieren, davon $^2/_3$ als Hausbrand. Der Wärmepreis ist ab Grube, wenn man die Bahn-Abfertigungsgebühr einrechnet, gleich dem der Steinkohle, der Heizwert und damit der Aktionsradius 30% kleiner. Daraus ergeben sich geographisch und der Menge nach die Grenzen für das Vordringen der Braunkohle.

Braunkohlenstrom[1] bis 150 km

$^2/_3$ Braunkohlen-Brikett

Teure Ortsverteilung

Im Vergleich mit den Leitungsnetzen für Strom und Gas ist der örtliche Lastwagen und Abladebetrieb so primitiv, daß die Handelsspanne bis über 40% frei Keller nicht verwundern darf. Deshalb kann in günstigen Fällen die Stadtheizung durch Ferndampf billiger sein, weil sich das teure Stadtnetz aus der Handelsspanne der Kohle bezahlt macht[3].

Benzin

In USA. gibt es 180000 km Fernleitungen mit Einzelstrecken bis über 1000 km für Öl und Benzin, die jährlich 100 Mill. t fördern[4]. Das entspricht fast dem Energiewert der deutschen Steinkohle. Diese Transportart trägt zu den billigen Großhandelspreisen in USA. bei — 17 *Pf* für Benzin gegen 26 *Pf* in Deutschland 1929. Sie ist aber nur für große Mengen wirtschaftlicher als der Tankwagen. Die Verteilkosten des Kleinhandels waren 1929 in USA. 25%, in Deutschland dagegen nur 16%[5]. Was später den Benzinpreis von 3 *Pf* ab New York auf 34 *Pf* verteuert hat, war nicht die See- und Landfracht, die 3 *Pf* und 2 *Pf* kosten und nicht Groß- und Kleinhandelsgewinne von zusammen 8 *Pf* = 25%, sondern 18 *Pf* = 53% Abgaben[6] zum Schutz der landwirtschaftlichen Spritbeimischung und des Leuna-Hydrierbenzins gegen den Einbruch der Weltmarktpreise.

Elektrizität

Strompreise steigen von 2 auf 40 *Pf*/kWh

Der Strom, der im gut belasteten Großkraftwerk (1929) für 2 *Pf*/kWh erzeugt wird, steigt im Preis auf 5—10 *Pf*/kWh für Industriekraft mit Einschichtbetrieb und auf 40 *Pf*/kWh für Wohnlicht. In USA. ist der Erzeugerpreis durch billige Kohle trotz höherer Anlagekosten auch 2 *Pf*/kWh[7], Industriestrom wird zu 6 *Pf* und Haushaltstrom bei der hohen Durchschnittsentnahme von jährlich 450 kWh mit 28 *Pf*/kWh[8] verkauft[9].

Hohe Verteilkosten

Die oft beanstandeten hohen Verteilkosten entstehen, weil sich Elektrizität n i c h t wie Kohle billig speichern läßt. Die Anlagen sind deshalb durch Schwankungen zwischen Tag und Nacht, Sommer und Winter schlecht ausgenutzt. Ferner lassen sich die Transportleitungen bei der Elektrizität nicht wie z. B. bei der Eisenbahn für andere Zwecke ausnutzen. Deshalb wird der Transport erst bei großen Energiemengen billig. Dazu kommt, daß das Verteilen fast ausschließlich feste Kosten erfordert, was schlecht ausgenutzten Verbrauch wie das Wohnlicht besonders belastet. Wohnlicht hat außerdem die längsten verzweigten Leitungen für Strommengen, die mehr als 1000mal kleiner sind, als bei Industrieanschlüssen. Bei den hohen Lichtkosten darf man nicht übersehen, daß schon das Erzeugen von Spitzenstrom

---

[1] Münzinger: Z. VDI 1932 S. 696. — [2] Marguerre: Z. VDI 1929 S. 913, 993. — [3] Mengeringhausen: Warme 1931 S. 800. — [4] Z. VDI 1932 S. 95, 899. — Gas- u. Wasserfach 1931 S. 829. — [5] Schultz: Weltkraftkonferenz 1930 Bd. 8 S. 358. — [6] Roelen: Braunkohle 1932 S. 340. — [7] Jones: Weltkraftkonferenz 1930 Bd. 15 S. 7. — [8] Nash: Weltkraftkonferenz 1930 Bd. 15 S. 100. — [9] Neuere Werte: 600 kWh Haushaltstrom zu 24 *Pf*: Arch. Warmewirtsch. 1934 S. 90.

Transportvergleich für die Energieformen

dargestellt durch die Transportstrecke, die den halben Endpreis kostet. Sie sinkt von 18000 km beim Öl-Tankschiff (a) auf 0,1 km für den Rauchgastransport (i). Das zeigt, warum Öl Übersee-transport verträgt, er ist 10mal billiger als Rohrtransport über Land (b), der bei Mengen, wie sie in Mitteleuropa ublich sind, durch teuren Wagentransport (c) zu ersetzen ist. Elektrizität (e) läßt sich ungünstiger als Steinkohle, aber günstiger als Braunkohle (g), befördern. Braunkohlenenergie verwandelt man deshalb zum Fortleiten in Strom. Gas (f) ist nicht so transportfähig wie Steinkohle und Elektrizität; es kann nur dicht besiedelte Gegenden versorgen, Dampf (h) nur noch Fabrikkomplexe und einzelne Stadtteile. Bei Rauchgasen (i) vermeidet man jeden Transport, entwickelt die Feuergase am Verbrauchsort und baut z. B. die abgasausnutzenden Vorwärmer eng mit den Kesseln zusammen.

	Energieform	Fördermittel	Fördermenge im Jahr	entspricht kW	Forderkosten je km 1929 z. B.	Wert am entlegenen Verbrauchsort 1929 z. B.	Transportstrecke, die den halben Endpreis kostet km
a	Rohöl	Tankschiff	beliebig		0,22 *Pf*/t	80,— *M*/t	**18000**
b		Rohr			2,5 *Pf*/t	60,— *M*/t	**1200**
c	Benzin	Tankauto	beliebig		15 *Pf*/t	450,— *M*/t	**1500**
d	Steinkohle	Bahn	beliebig		4 *Pf*/t bei 150 km 1,7 *Pf*/t bei 1000 km	35,— *M*/t	**1000**
e	Elektrizitat	Draht				1,9 *Pf*/kWh	
	Projekt Norwegen—Deutschland		6 Mrd. kWh	1 Mill.	0,95 *Pf*/1000 kWh		**1000**
	Überlandnetz		600 Mill. kWh	100000	1,6 *Pf*/1000 kWh		**600**
	bei kleinen Strecken				3 *Pf*/1000 kWh		
f	Gas	Rohr					
	Ferngas		50 Mill. m^3	10000	0,75 *Pf*/100 m^3	4 *Pf*/m^3	**270**
	Gruppengas		5 Mill. m^3	1000	3,5 *Pf*/100 m^3	7 *Pf*/m^3	**100**
g	Rohbraunkohle	Bahn	beliebig		5 *Pf*/t bei 60 km	6,— *M*/t	**60**
						äußerst: 8,— *M*/t (in Konkurrenz mit Steinkohle von 25,— *M*/t)	120
h	Dampf	Rohr				6,— *M*/t	
		frei verlegt			0,85 *M*/t		**3,5**
		im Stadtkanal			2,— *M*/t		**1,5**
i	Rauchgas	Kanal					**0,1**

mindestens 7 statt 2 *Pf*/kWh kostet. Wenn sich die Ingenieurkunst so eindringlich mit der Senkung der über 700 *M*/kW Fernleit- und Verteilkosten befaßt, wie bisher mit den Kosten der Kraftwerke, die einschließlich Reserve kaum billiger als 250 *M*/kW (1929) werden können, so lassen sich die Gesamtkosten noch wesentlich unter 1000 *M*/kW senken.

Hoher cos φ spart Netzkosten

Die Blindleistung der billigen asynchronen Motore läßt die Leitungen beim Durchschnittswert von cos $\varphi = 0{,}8$ nur zu 80% ausnutzen. Belastete Synchronmotore, unbelastete Phasenschieber und neuerdings ruhende Kondensatoren wirken der Blindlast entgegen und sind unmittelbar am Verbraucher aufgestellt am wirksamsten, weil sie das ganze Leitungsnetz entlasten. Deshalb berechnen viele Kraftwerke die Blindleistung für Industriebetriebe in ihren Tarifen.

Industrie

Gruppenantrieb vorwiegend

Elektromotore treiben der Leistung nach in Deutschland 73% der Arbeitsmaschinen. Trotzdem wird aber bei 80% der Fabriken die Kraft im Innern nicht elektrisch sondern gruppenweise durch Wellenstränge verteilt: weil sich der Preis bei Kleinmotoren unter 5 kW stark verteuert und man elektrischen Gruppenantrieb für die kleinere Durchschnittslast statt für die höchste Summenlast der einzelnen Antriebe bemessen kann. Alte Wellenstränge haben gut ausgenutzt 20% Verlust, neue nur 5% und sie kosten oft unter 100 *M*/kW, 80 Einzelmotore von 0,3 kW kosten aber z. B. um 330 —100 = 230 *M*/kW mehr als der Gruppenmotor, der dazu nur 12 kW zu haben braucht statt 24 kW Summenleistung. Gesteigerte Produktion bei Wegfall der störenden Wellenstränge durch besseres Licht, geregelte Einzeldrehzahl und schnelleres Umstellen bei veränderter Produktionsweise kann den Kosten-

Einzelantrieb teuer

Kostenzuwachs bis zum Kleinverbraucher

(1929) entsteht durch den Ferntransport und die örtliche Verteilung. Bei Strom und Gas geschieht beides in stetigem Fluß durch Leitungsnetze, ein Transportmittel, das bei Kohle ganz ausscheidet und sich bei Benzin auch in USA. nur auf Hauptstrecken beschränkt. Der Ferntransport hat bei Kohle und Benzin trotz längerer Strecken einen geringeren Anteil am Endpreis. Die Ortsverteilung macht bei Gas mehr aus als bei Strom. Die Kohle wird durch das Verteilen in einzelne Häuser mit primitiven Transport- und Abladmitteln viel stärker verteuert als das Tankstellen-Benzin.

Transportstrecke	Kohle		Benzin		Elektrizität		Gas	
	Hausbrand frei Keller		frei Autotank[1]		Licht aus Überlandwerk[2]		aus Gruppengaswerk[3]	
	200 km		100 km		50 km		25 km	
	M/t	% rd.	Pf/l	% rd.	Pf/kWh	% rd.	Pf/m³	% rd.
Anfangskosten	22,—	***42***	24	***70***	11	***28***	4	***20***
Ferntransport	8,—	***16***	2	***5***	13	***32***	5	***25***
Ortsverteilung	22,—	***42***	8	***25***	16	***40***	10	***55***
Endkosten	52,—	*100*	31	*100*	40	*100*	19	*100*

[1] Roelen: Braunkohle 1932 S. 340. — [2] Kühnert: Elektrotechn. Z. 1932 S. 435. — [3] Kemper: Gasfernversorgung 1930.

unterschied aufwiegen[1]. In Werkstätten mit schlecht ausgenutzten alten Wellensträngen konnte der Einzelantrieb bis 35% Strom sparen und die Einrichtungskosten in 3 Jahren tilgen[2]. Größere Arbeitsmaschinen haben vorwiegend Einzelmotore. Langsame Maschinen erhalten billige schnellaufende Motore mit eingebautem Getriebe[3].

Mehrmotorenantrieb

Bei schwierigen Antrieben geht man weiter und verteilt die Kraft bis ins Innere der Maschine elektrisch, wodurch mechanische Verbindungen, Zahnradübersetzungen und Wechselräder wegfallen: Bei diesem Mehrmotorenantrieb sind die Teile der Maschinen mit ihren Motoren zusammengebaut. Elektrospinnmaschinen haben für jede Spindel Motore, deren Drehzahl man oft einzeln regeln läßt. Bei voller und leerer Spindel stellt sich dadurch die gleiche höchste Fadenspannung ein. Das steigert die Produktion bis 16% und soll die Mehrkosten in $1^1/_2$ Jahren tilgen[4]. Papiermaschinen mit mehreren gleichlaufend geregelten Motoren erreichen höhere Leistung und Qualität und kleinere Übertragungsverluste.

Hammerantriebe

Hämmer und Pressen trieb man früher ausschließlich mit Dampf, den man ins Freie auspuffen ließ oder durch Sammelrohrnetze in zentralen Abdampfturbinen verwertete. Da man diese stoßweise arbeitenden Maschinen nicht unmittelbar elektrisch antreiben kann, werden Hämmer neuerdings auf Druckluft, Pressen auf Druckwasser oder Drucköl[5] umgestellt. Elektrische Kompressoren und Pumpen erzeugen dann die Druckkraft. Luftspeicher, durch die man die Kompressoren zeitweise stillegen kann, sparen Leerlauf und senken den Stromverbrauch oft um $^1/_3$.

Bergwerksantriebe[6]

Im Bergbau muß man Bohr- und Abbauhämmer bis jetzt mit Druckluft betreiben, aber Schrämmaschinen, Ventilatoren und die Förderantriebe unter Tage (Haspel, Bänder, Rutschen), die 94% der Druckluft brauchen, kommen elektrisch angetrieben mit $^1/_8$ der Kraft aus: ,Durch geringere Verluste beim Erzeugen, Fortleiten und in der Antriebsmaschine. Der gemischte vorwiegend elektrische Betrieb ist in den Anlagekosten durchschnittlich 50% teurer, durch ersparte Kraftkosten ist er aber mit über 20 *Pf*/t = 1% des Kohlenpreises überlegen.

Fremdstrom

Wo nicht Abfallkohle wie im Bergbau den Strompreis auf 2,5 *Pf*/kWh senkt, bei Heizkraft noch tiefer, kann Strombezug mit 5—10 *Pf*/kWh auch über 1000 kW wirtschaftlich sein (1929). Zwar kommen zu den Anlagekosten des Großkraftwerkes von 300 *M*/kW (einschließlich Reserve) selbst für Hochspannungsabnehmer noch bis 200 *M*/kW für Aufspannwerk und Verteilanlagen hinzu, die Gesamtkosten sind je Kilowatt kaum billiger als beim Eigenkraftwerk. Da aber bei den verschiedenen Industriewerken die Höchstlast nicht gleichzeitig auftritt, braucht das öffentliche Kraftwerk oft nur einen Bruchteil der Kilowattleistung aufzustellen, z. B. wurden in Chikago für 12 verschiedene Industrien 35% festgestellt[7]. Durch die Ungleichzeitigkeit mit der Lichtlast, geringeren Reservebedarf und kleinere Brennstoffkosten können öffentliche Kraftwerke auch in weniger ausgeprägten Fällen überlegen sein.

Kapitalumschlag $^1/_3$ statt 1 bis 5

Entscheidend spricht für den Strombezug, daß der Industriebetrieb kein Kapital in Kraftanlagen festzulegen braucht, wo es höchstens alle 3 Jahre umschlägt statt 1—5mal jährlich, wenn es anderen Betriebszwecken dient.

Stadt

Mischlast hat kleinere Spitze

Für die verschiedenen Gruppen: Licht, Kleingewerbe, Industrie und Ortsbahnen ist der Gleichzeitigkeitsfaktor 90—95%. Obgleich 5—10% Kraftwerkersparnis im ganzen nicht viel bedeuten, wird doch der teuerste Verbraucher, das Wohnlicht mit seinen kleinen verzweigten

[1] Kammerer, Schlesinger: Weltkraftkonferenz 1930 Bd. 3 S. 291—302, 330. — [2] Wulff: Wärme 1932 S. 415. — [3] Altmann: Z. VDI 1932 S. 235. — [4] Geyer, Philippi: Weltkraftkonferenz 1930 Bd. 1 S. 509. — [5] Elektrotechn. Z. 1933 S. 825. — [6] Fritzsche: Glückauf 1930 S. 1403, 1423. — [7] Jones: Weltkraftkonferenz 1930 Bd. 15 S. 32, 34.

Fernleitkosten für Elektrizität

sind bei 1000 km und großen Leistungen nur 2,3mal höher als bei 100 km und kleinen Leistungen, weil man auf Hochspannungen übergehen kann, die nur bei großen Strecken und Leistungen wirtschaftliche Umspannkosten geben. Nur bei den großen Leistungen, wie sie z. B. dem Plan der Ausfuhr norwegischer Wasserkraft nach Deutschland zugrunde lagen, 1 Mill. kW auf 1000 km, sind die Fernleitkosten bei so weiten Strecken klein. Wenn man statt 1 Mill. kW nur 100000 kW auf 1000 km zu übertragen hat, steigen die Kosten fast auf das Doppelte, sie sind je 100 km nur um 1/4 billiger als bei einem 200-km-Transport. In Gebrauch sind Leitungen bis 400000 kW mit 200000 Volt für Strecken von 400—800 km. — Preisbasis **1929.**

Entfernung	km	100	200	400	1000		
Spannung (1 kV = 1000 Volt)	*kV*	60	110	220	400[3]	220[4]	Zum Vergleich:
Grenzleistung[1] (1 MW = 1000 kW) . .	*MW*	40	80	400	**1000** = 1 Mill. kW	**100**	
Querschnitt aus Kupfer .	*mm*²	voll 2 × 3 × 95	Hohlseil 2 × 3 × 120	Hohlseil 2 × 3 × 300	Hohlseil 2 × 3 × 500 mit Zwischenstationen alle 200 km		Dampfkraftwerk ohne Aufspannwerk mit Reserve
Freileitung mit Masten und Verlegarbeit[2]	*M/km*	20000,—	30000,—	80000,—			
	M/kW	50,—	80,—	80,—		400,—	
Aufspann- und Abspannwerk[2] mit Anschlüssen, Regel- und Schutzgerat	*M/kW*	100,—	100,—	100,—		250,—	
Anlagekosten	*M/kW*	**150,—**	**180,—**	**180,—**	**350,—**	**650,—**	300,—
d. h. für je 100 km . .		150,—	90,—	45,—	35,—	65,—	

[1] Windel: Europäische Elektrizitätswirtschaft, 1928 S. 206. — [2] v. Miller: Reichselektrizitätsversorgung, 1930 S. 21. — [3] Gosebruch: Elektrotechn Z. 1931 S. 689. — [4] Rüdenberg: Z. VDI 1932 S. 649.

3mal mehr Haushaltstrom bringt nur 35% mehr ein

und schlecht belasteten Anschlüssen vom halben Kapitaldienst entlastet, weil meist zur Zeit des höchsten Lichtverbrauches die übrige Last schon stark gesunken ist. Sonst würde der Lichtstrom z. B. auf fast 80 statt 40 *Pf*/kWh kommen. Bei starker Industrielast, wie in Berlin und im RWE sinkt der Lichtpreis auf 34 *Pf*/kWh[1]. In Großstädten entsteht durch Gewerbelicht eine Spitzenlast von 40 Watt, also 1 Glühlampe, je Einwohner. 40 *Pf* Lichtstrompreis enthält höchstens für 2 *Pf* Kohle, das übrige ist Kapitaldienst und Unterhalt. Danach müßte das Licht bei dem höheren Kapitaldienst der Wasserkraft eher teurer sein. Wo aber außerhalb der Höchstlastzeit des Lichtes, wie in der Schweiz, viel Elektrowärme gebraucht wird, die bei Wasserkraft keine Mehrkosten erfordert und in Konkurrenz mit Gas 5,6 *Pf*/kWh einbringt, kann der Lichtpreis auf 32 *Pf*/kWh[2] sinken. Der Spitzencharakter des Haushaltverbrauches verschwindet, der Stromverbrauch steigt auf das Dreifache, die Einnahmen aber nur um 35% und es würden nur 22% übrig bleiben, wenn die Schweizer Kraftwerke für 2 *Pf*/kWh Kohle auszugeben hätten. Vom Vorbild des vielfach höheren Haushaltverbrauches und Belastungsfaktors der Wasserkraftländer dürfen sich Kohleländer finanziell nicht zuviel versprechen, so vorteilhaft sich auch betriebstechnisch der Nachtstromverbrauch von Haushalt-Heißwasserspeichern auswirkt.

Billigere Ortsnetze

Durch das Verteilungsnetz wachsen die Anlagekosten je Kilowatt Kraftwerksleistung von 250 auf mindestens 1000 *M*[3]. Hier können Ersparnisse fühlbar den Strompreis senken. Gegen das Gleichstromnetz verbilligt Wechselstrom mit automatischem Betrieb die Kosten in USA. von 700 auf 550 *M*/kW und weiter auf 400 *M*/kW, wenn man von 4 kV Speisespannung auf 13 kV übergeht und auf 200 *M*/kW, wenn man Gebiete mit einer Lastdichte von 35000 statt 7000 kW/km² zu speisen hat und 22 kV anwendet[4]. Als nächsten Schritt läßt man die Zwischenspannung ganz wegfallen und geht mit 30 kV bis zu den einzelnen wasserdicht gekapselten Unterpflaster-Umspannern auf 380/220 V, die so zu einem Netz vermascht sind, daß man gestörte Kabel ausbrennen lassen kann, ohne andere Teile des Netzes zu stören. Ein solches Zweispannungsnetz für Berlin-Charlottenburg soll um 25% billiger werden, als das übliche Dreispannungsnetz mit Zwischenspannung[5]. Die Verbindungskabel zum Kraftwerk kosten (1929) je Kilometer bei 6 kV über 10 *M*/kW gegen 4 *M*/kW bei der höheren Spannung von 30 kV. Das erste 100 kV-Ölkabel in Nürnberg kostete bei besonders schwerer Verlegarbeit je Kilometer 4 *M*/kW statt 8 *M*/kW bei der Spannung von 20 kV. Kleine Orte haben

Fremdstrom

den Betrieb ihrer Kraftwerke eingestellt und beziehen Strom aus dem Überlandnetz, ebenso große Städte in Wasserkraftgebieten. Sie haben nur Notreserven. In Kohlegebieten halten Großstädte meist eigene Großkraftwerke in Betrieb, um die Lastspitzen zu decken und beziehen nur soweit Fremdstrom, als er billiger ist, z. B. Grundlast aus Braunkohlengebieten.

[1] Witte: Konzentration der Elektrizitätswirtschaft, 1932 S. 16. — [2] Elektr.-Wirtsch. 1932 S. 158. — [3] Windel: Europäische Elektrizitätswirtschaft, 1928 S. 220, rechnet für die bestehenden zum Teil älteren Anlagen mit 1500 *M*/kW. — [4] Richter: Weltkraftkonferenz 1930 Bd. 14 S. 174. — Elektrotechn. Z. 1932 S. 438. — [5] Krohne: Elektrotechn. Z. 1932 S. 645, 646, 720, 731.

Ferntransport der Kohle mit der Bahn wird durch Sondertarife erleichtert, die durchschnittlich um $^1/_3$ tiefer sind und über 400 km nur wenig steigen (1929). Steinkohle wird von der Grube zum Verbrauchsschwerpunkt billiger mit der Bahn befördert als durch elektrische Fernleitungen. Dagegen ist für Rohbraunkohle durch ihren Wasserballast nur Nahtransport mit der Bahn wirtschaftlich, der nur $^1/_{10}$ der geförderten Menge erfaßt. Für Kraftzwecke wird etwa $^1/_7$ der Braunkohle als elektrischer Strom auf weite Strecken befördert, ohne den Preisvorsprung gegen Steinkohle einzubüßen. Für Wärmezwecke werden etwa $^2/_3$ der Braunkohle entwässert und zu Brikett gepreßt mit der Bahn soweit befördert, als sie dort mit Steinkohle konkurrieren kann (S. 72).

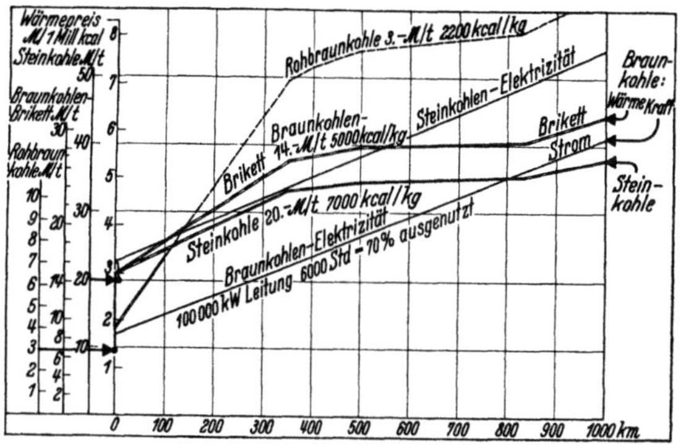

Fernleitkosten für Gas (1929) sind bei 50 Mill. m³ $^3/_4$ *Pf* statt 3,5 *Pf* bei 5 Mill. m³. Wenn man von Rücksichten auf bestehende Anlagen absieht, ist Ferngas bis über 200 km großen Gruppengaswerken überlegen und auf größere Strecken, wenn der Fernstrang mitten durch das Verbrauchsgebiet geht, wodurch kürzere Anschlußleitungen entstehen. Zentrale Gruppengaswerke können bis z. B. 45 km Orte billiger beliefern als eigene Gaswerke, bei dichtem oder anwachsendem Verbrauch noch entferntere Orte.

	Pf/m³
Ruhrkokerei	
Gaskosten für ungereinigtes Überschußgas ab Kokerei	1,5
Kosten für Sammeln und Reinigen	0,5
Kosten ab Sammelstation	2,0
Ferngasspanne	
für Fernleiten von mindestens 50 Mill. m³ jährlich zu $^3/_4$ *Pf* je 100 km, also bis 225 km	1,7
Gruppengaswerk,	
Gaskosten einschließlich 0,7 *Pf* feste Verteilkosten für Verwaltung und Gasverlust z. B.	3,7
Gruppengasspanne	
für Fernleiten von durchschnittlich 5 Mill. m³ jährlich zu 3,5 *Pf* je 100 km, also bis z. B. 45 km	1,6
Ortsgaswerk	
Betriebskosten bei Stillegung . . .	0,7
Gas selbst erzeugt z. B.	6,0

Kemper: Gasfernversorgung 1930 S. 33—34, 53, 81, 100.

Land

Anschlüsse

95% aller landwirtschaftlichen Betriebe haben in Deutschland[1] Lichtanschluß gegen 11% in USA.[2] und 90% der Betriebe, die Kraftantrieb für Arbeitsmaschinen verwenden, haben Elektromotore. Die meisten Kleinbetriebe haben aber überhaupt keine Kraftantriebe. Von den Betriebsgrößen zwischen 5 und 100 ha, die $^2/_3$ der Fläche bewirtschaften, haben nur 55% Elektromotore, von allen Betrieben über 0,5 ha nur $^1/_3$. Unter Einschluß von 35% Übertragungsverlust war der deutsche Verbrauch 1928 nur 1,2 Mrd. kWh = 4% des Gesamtstromes oder 8% der Jahresarbeit der öffentlichen Kraftwerke. Das entspricht 38 kWh/ha unter dem Pflug gegen 43 kWh in Schweden[3], wo 8 kWh für Licht, 7 für Elektroheißwasser, 13 für Dreschmotore und 15 für Kleinmotore verwandt wurden, 12 kWh sind Verluste. Gleitkupplungen für wechselnd beanspruchte Antriebe lassen die Motorleistung z. B. von 3 auf 1 PS heruntersetzen und steigern durch Abfangen der Laststöße die Leistung des Ortsnetzes. Für kleine Leistungen sind Einphasen-Anwurfmotore am billigsten.

Ortsnetze

Die Elektrizität kann Energie noch bei wesentlich kleinerer Bevölkerungsdichte wirtschaftlich verteilen als Gas. Solange es sich um geschlossene Orte handelt, sind die Gesamtkosten mit 1000 *M*/kW Kraftwerksleistung nicht höher als in Städten, weil die teuren und langen Kabel fortfallen und sich der Strom hoch gespannt mit billigen Freileitungen an den Ort heranbringen läßt. In dünn besiedelten Gegenden steigen die Kosten bis 2500 *M*/kW, wenn man sie statt auf die installierte Leistung einschließlich Reserve auf die kleinere Höchstlast bezieht. Die angeschlossenen Motore werden zur Höchstlastzeit nicht gleichzeitig gebraucht, die Ortstransformatoren können deshalb für $^1/_4$, die Kraftwerke für $^1/_5$ der angeschlossenen Kilowatt bemessen sein[4]. Trotzdem ist die Höchstlast noch schlechter als Lichtverbrauch ausgenutzt, 500 Jahresstunden = 6% statt 1000 h, im Gegensatz zu den Städten, wo durch Kraftverbrauch Grundlast und Spitzenlast nur durch Licht entsteht.

Elektrowärme

Elektrowärme zum Kochen mittags, für Heißwasserspeicher und Futterdämpfer nachts hat auf dem Lande nicht mit Gas zu konkurrieren und kann entscheidender als in Städten die Ausnutzung der Stromnetze steigern. Frühbeete, die man nachts über durch blanke Drähte mit 24 V oder durch Kabel beheizt, die man direkt an die Lichtleitung von 220 V anschließen kann, sparen

---

[1] Petri, Künzig: Z. VDI 1932 S. 367. — [2] Elektr.-Wirtsch. 1932 S. 222. — [3] Petri, Edholm: Weltkraftkonferenz 1930 Bd. 1 S. 89, 224. — [4] Kühnert: Elektr.-Wirtsch. 1931 S. 59. — Elektrotechn. Z. 1932 S. 434.

Kostenfluß für 1 kWh Elektrizität (**1929**). Von der Kohlenenergie findet sich je kWh nur 0,125 kg = $^1/_4$ *Pf* im elektrischen Strom wieder, durch Verluste steigen aber die Kohlekosten auf 1 *Pf* bei gut ausgenutzten und auf 2 *Pf* bei schlecht ausgenutzten Kraftwerken. Lichtstrom kostet 40 *Pf*, weil für schlecht ausgenutzte umfangreiche Verteilanlagen außer dem Kraftwerk und seinen Reserven 850,— *M*/kW, zusammen also 1250,— *M*/kW Höchstlast notwendig sind und weil bei den kleinen Anschlüssen hohe Verwaltungskosten entstehen. Für Verbraucher, die ihre Höchstleistung das Jahr über doppelt so stark ausnutzen, schrumpfen je kWh die Leistungskosten (Kapitaldienst und Nebenkosten) auf die Hälfte. Für große Industriebetriebe fallen außerdem die Verteilkosten weg, weil sie den Strom ab Fernleitnetz kaufen. So sinkt der Strompreis bei Kleinkraft auf 23 und bei Industrien mit Tagbetrieb auf 10, mit Tag- und Nachtbetrieb auf 5 *Pf*. Mittlere Stadtnetze haben meist die gleichen Gesamtnetzkosten wie Überlandnetze und dadurch die gleichen Lichtpreise, aber die Fernleitkosten und damit die Industriestrompreise sind geringer.

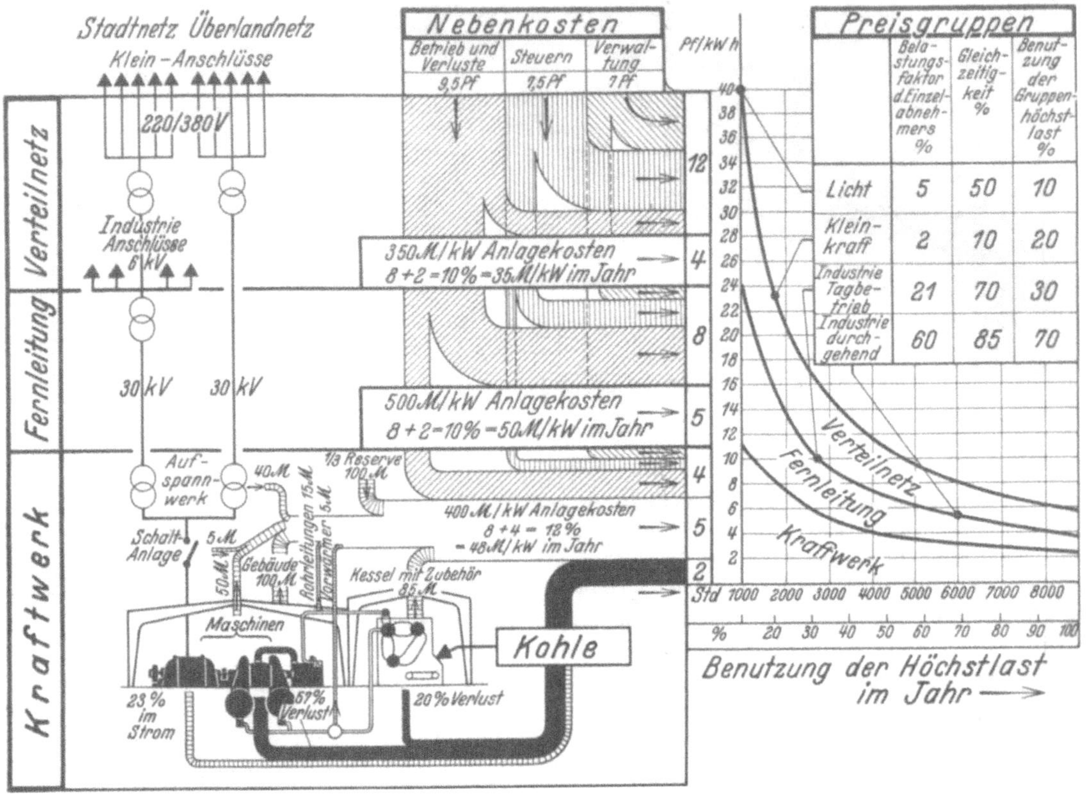

mit $1^1/_2$fachen Kosten den Pferdedung, der sich durch den Ersatz der Pferde durch Autos immer schwerer beschaffen läßt. Bei 6 *Pf*/kWh sollen die Gesamtkosten nicht höher sein, weil das häufige Umpacken wegfällt[1].

Überlandnetze

Durch Hochspannung 1000 km nur 2,3mal teurer als 100 km

Umspannwerke 50 *M*/kW (1929)

Im Gegensatz zu Gas, das zu Transportzwecken nur begrenzt auf höheren Druck gebracht werden kann, findet die elektrische Hochspannung technisch nur in den Ausspühverlusten (Korona) ihre Grenze, die bei Hohlseilen durch vergrößerten Durchmesser soweit herabgesetzt sind, daß man bis auf 400 kV gehen kann. So werden gewaltige Transporte von 1 Mill. kW auf 1000 km mit 350 *M*/kW nur 2,3mal teurer als der 10mal kürzere 100-km-Transport, der bei 40000 kW Grenzleistung nur mit 60 kV wirtschaftlich ist und 150 *M*/kW kostet. Die hohen Spannungen sind nur für große Leistungen und weite Strecken wirtschaftlich wegen der teuren Umspannwerke, die z. B. für 30000 kW bei 220 statt 60 kV Hochspannung 95 statt 30 *M*/kW kosten. Die Kosten sinken aber wieder auf 40 *M*/kW, wenn man gleichzeitig auf 100000 kW Leistung übergeht. Durchschnittlich kostet jedes Umspannen im Überlandnetz 50 *M*/kW[2], weil bei tieferen Spannungen kleinere Leistungen und mehr Anschlüsse vorhanden sind. Jede Fernverbindung, die höhere Spannung erfordert, kostet also zunächst, wenn nicht billigere Freiluftanlagen verwendbar sind, für Aufspannen und Abspannen zusammen

---

[1] Petri, Künzig: Z. VDI 1932 S. 367. — [2] v. Miller: Reichselektrizitäts-Versorgung, 1930 S. 21, für alle Hochspannungen sind die Gesamtkosten je kW Transformatorleistung praktisch 50 *M*/kW.

Kostenfluß für 1 m³ Stadtgas

(1929) bei einem Gaswerk für 200000 Einwohner mit einer Leistung von 50000 m³ im Tag = 12 Mill. m³ im Jahr. Von den Kohlenkosten belastet nur der Anteil den Gaspreis, der nicht durch verkaufte Nebenprodukte gedeckt ist. Der Kapitaldienst ist für die vollen Anlagekosten eingesetzt, die Kosten sind oft tiefer, weil buchmäßig die Anlagen weitgehend abgeschrieben sind. Der Anschluß mit Gasmesser kostet mehr als das Gaswerk, das verzweigte Rohrnetz in dicht besiedelten Städten etwas weniger. In kleinen Orten ist das Rohrnetz teurer und es kommen Fernleitkosten hinzu. Durch die hohen Anschlußkosten beeinflußt der Monatsverbrauch des Abnehmers die Gaskosten entscheidend, sie steigen von 15 auf 20 *Pf*, wenn der Verbrauch von 30 auf 16 m³ abnimmt. Das Rohrnetz ist durchschnittlich 30% belastet, das Gaswerk 70%, weil ihm der Gasbehälter die Stundenschwankungen abnimmt. Bei 100% Lastfaktor würde der Gaspreis von 15 auf 7 *Pf*/m³ sinken.

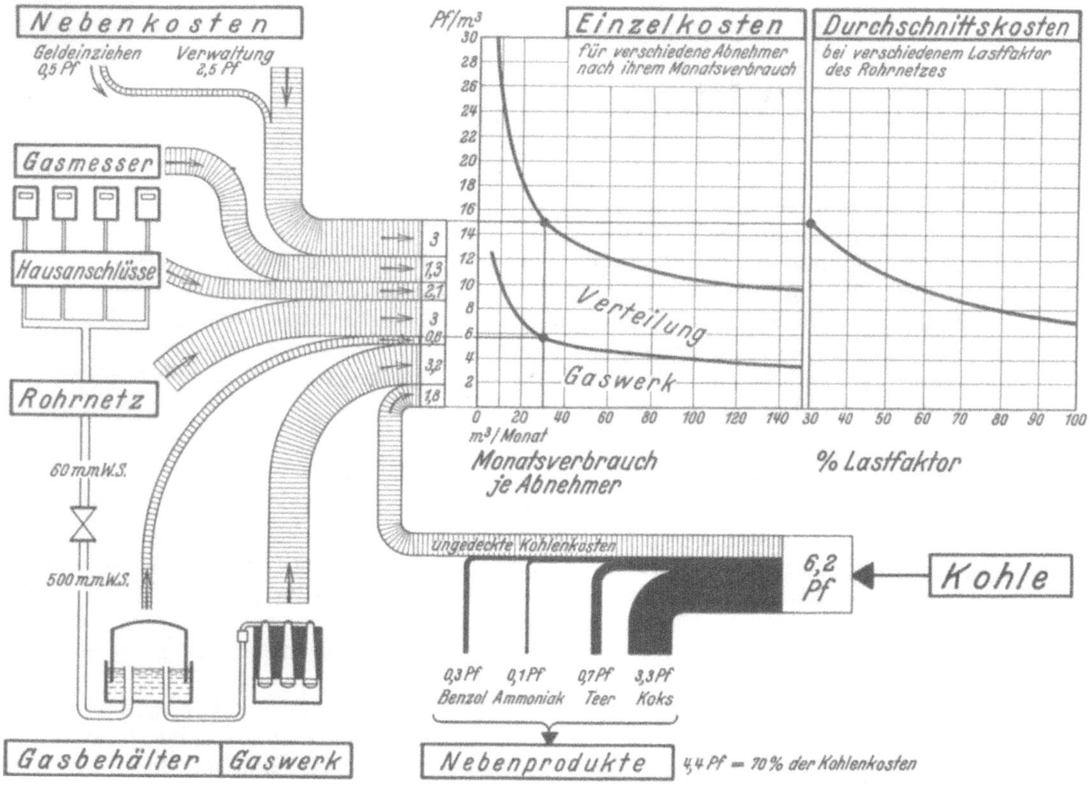

100 *M*/kW, unabhängig von Entfernung und Spannung. Bei weiten Entfernungen kommt nur die längere aber durch höhere Spannung billigere Leitung hinzu. Die Ortsstationen zum Umspannen verteuern das Netz besonders bei kleinen Leistungen, sie kosten z. B. 200 statt 100 *M*/kW bei 50 statt 1000 kW[1].

Gleichstromprojekte[2]

Gleichstrom hat den Nachteil, daß seine Stromerzeuger langsam laufen müssen und deshalb teuer sind und daß er sich nicht durch ruhende Transformatoren umspannen läßt. Man geht deshalb in örtlichen Stromnetzen zu Wechselstrom über und verzichtet auf den Vorteil des Gleichstromes, daß er sich nahe am Verbraucher in Akkumulatoren speichern läßt. Gleichstrom taucht aber in Fernleitprojekten wieder auf, weil die Leitungen mit 40% höherer Spannung betrieben werden können, wodurch Dreileitersysteme um 300% stärker belastbar sind, Kabel sich mit 2 × 200 kV ausführen lassen und die Blindleistung und ihre Kompensation wegfällt. Zwischen die Gleichstromfernleitung und die Drehstromtransformatoren zum Auf- und Abspannen denkt man ruhende Gleichrichter zu schalten und ruhende Wechselrichter sollen durch Einwirkung von magnetischen oder elektrostatischen Feldern auf Vakuumlichtbögen den Gleichstrom wieder in Drehstrom zurückwandeln. Bei einem 1000-km-Projekt soll das Fernleiten mit Gleichstrom 310 *M*/kW Anlagekosten gegen 360 *M*/kW bei Drehstrom erfordern. Eine bestehende 50000-kW-Leitung über 150 km leistet mit Gleichstrom das 4fache. Die Umstellkosten sind unter 60 *M*/kW[3] gegen 90 *M*/kW für eine neue Drehstromleitung (ohne Aufspannwerk).

---

[1] Schönberg, Glunk: Landeselektrizitätswerke, 1926 S. 327. — [2] Rüdenberg: Z. VDI 1932 S. 649. — Gosebruch: Elektrotechn. Z. 1931 S. 689. — [3] Gosebruch: Elektrotechn. Z. 1932 S. 453.

Regler

Beim Drehstrom, der allgemein gebraucht wird, gibt es eine „natürliche Leistung“, bei der die Kapazität, die mit der Streckenlänge zunimmt, der Induktivität der Leiter gleich ist. Um die Leitung von Blindstrom zu entlasten und voll auszunutzen und die beim Fortleiten sich ändernde Spannung wieder herzustellen, braucht man bei hohen Leistungen voreilenden Strom aus Phasenschiebermaschinen, neuerdings aus ruhenden Stufenkondensatoren, oder Regeltransformatoren mit veränderlichem Umspannverhältnis. Bei Leistungen unter der natürlichen regeln ruhende Drosselspulen durch nacheilenden Strom. Lange Leitungen brauchen etwa alle 200 km regelnde Zwischenstationen.

Kabel statt Freileitungen

Kabel sind im Betrieb hauptsächlich wegen Blitzgefahr sicherer als Freileitungen, kosten aber je 100 km mindestens 150 *M*/kW[1] statt 50 *M*/kW Freileitung (1929). Wenn man annimmt, daß über Land die Freileitung aus Streckenrücksichten 10% länger wird, durch kürzere Lebensdauer und höheren Unterhalt über 6 statt unter 1% Jahreskosten erfordert und daß sich das Kabelverlegen zu 80% der Strecke billig maschinell durchführen läßt, soll bei 8% Kapitaldienst das Kabel nicht teurer arbeiten[2]. Hohlräume, die beim Temperaturwechsel oder bei Kurzschlüssen im Isoliermittel entstehen, begrenzen die Spannung auf äußerst 100 kV. Sonderbauarten[3] mit Ölfüllung sind bis 220 kV ausführbar. Druckgaspressung von außen mit 15 at erfordert unelastische Rohrleitungen. Mit Gleichstrom betrieben erreichen Kabel die 2—3fache Spannung. Man glaubt, daß sie nicht teurer werden als Freileitungen.

Verluste

Die Gesamtverluste sind in Deutschland (1925) nur 10%, wenn man die industriellen Eigenanlagen mit einbezieht, die wenig Fernleitungen haben, dagegen für die öffentlichen Kraftwerke allein 20%[4] und für die landwirtschaftlichen Verbraucher allein 35%. Leitungen, die bei Vollast 25% verlieren, haben oft nur 10% Durchschnittsverlust, wenn man Teillasten das Jahr über und kleine Anfangslasten in den ersten Betriebsjahren berücksichtigt[5]. Die Verluste kosten nicht nur Brennstoff, sondern auch Anlagekosten, weil die Kraftwerke um die Verlustleistung größer sein müssen.

Grenzen für den Zusammenschluß

Unterschied zwischen Ersparnis je kWh und kW

Das zusammenschließende Leitungsnetz muß weniger kosten als es spart. Das Leitungsnetz spart entweder Brennstoffkosten je kWh, dazu muß es möglichst hoch ausgenutzt sein, oder es spart Anlagekosten je kW für Kraftwerke und ihre Reserven, dann hat schlechte und sogar nur gelegentliche Ausnutzung keine Beweiskraft gegen den Zusammenschluß. Diesen Unterschied darf man nicht verwischen. Für beide Ersparnisse gilt aber, daß die bedeutenden wirtschaftlichen Anfangserfolge beim weiteren Zusammenfassen nicht entfernt mehr zu erreichen sind.

Groß-kraftwerke 220 statt 600 *M*/kW

Dampfkraftwerke sinken im Preis je kW z. B. von 600 *M* auf 250 *M*, wenn man von 1000 auf 50000 kW übergeht aber bis 200000 kW nur noch auf 220 *M* (1929). Größere Kraftwerke werden nicht billiger. Auch der Wärmeverbrauch, der bei Vollast und mittleren Drücken von über 5000 auf 3600 kcal/kWh sinkt, wird bei noch größeren Leistungen nicht mehr besser.

Bei Wasserkraft bestimmen die Wasserbauverhältnisse und nicht die Größe des Netzes Leistung und Preis der Kraftanlagen. Durch Ausgleich zwischen den Einzugsgebieten spart aber der Zusammenschluß Dampfreserven, die mindestens 250 *M*/kW kosten, am augenfälligsten, wenn man Alpenkräfte, die im Winter unter Wassermangel leiden, mit Mittelgebirgskräften zusammenschließt, die im Winter Überfluß haben. Fernleitungen kosten bei großen Leistungen bis über 400 km weniger als die gesparten 250 *M*/kW.

Reserven nur wenig gesunken

Bei großen Dampfkraftwerken bezweckt der weitere Zusammenschluß, die Reserven auf das Mindestmaß von etwa 25% zu senken, während das einzelne Kraftwerk im Reservefall seine größte Maschine ersetzen muß. Sobald aber das Netz mehr als 4mal so groß ist wie seine größte Maschine, wird die Reserve nicht mehr kleiner. Mit besonderem Erfolg konnten in der Ausbauperiode 50 *M*/kW Leitungskosten praktisch oft 250 *M*/kW Erweiterungskosten durch Anschluß an überdimensionierte Nachbarwerke ersetzen. Durchschnittlich ist aber die Reserve in Deutschland von 1913—1929 nur von 70% auf 64% gesunken. Das ist nicht sehr bedeutend, selbst wenn vielleicht 10% Überreserve durch den schnellen Lastanstieg vor 1929 entstanden sind[6].

Mischlast

Der Zusammenschluß von Einzelverbrauchern zur Gruppenlast senkt oft die Höchstlast auf $^1/_3$. Bei städtischer Mischlast von Wohnlicht, Industrie usw. sinkt die Höchstlast für das Kraftwerk weiter bis zu 10%. Stadt und Land durch Überlandnetz verbunden haben zusammen oft 25% weniger Höchstlast als einzeln. Der Stromverbrauch der Landwirtschaft ist aber klein, nur 8% des öffentlichen Bedarfes. Für jedes gesparte Kraftwerkkilowatt,

[1] Glaser: Weltkraftkonferenz 1930 Bd. 14 S. 249. — [2] Dahl: Weltkraftkonferenz 1930 Bd. 14 S. 133. — [3] Elektrotechn. Z. 1932 S. 87, 145, 169, 186. — [4] Windel: Europäische Elektrizitäts-Wirtschaft, 1928 S. 71. — [5] Szilas: Weltkraftkonferenz 1930 Bd. 14 S. 189. — [6] Schraeder: Elektrotechn. Z. 1931 S. 1329, 1330. — Block: Elektrotechn. Z. 1932 S. 83.

das einschließlich Reserve 300 *M* kostet, braucht man bei 100 km oft nur 150 *M* Fernleitkosten und nur 100 *M*, wenn die Fortleitspannung nicht höher ist, als man sie zum Verteilen ohnehin braucht. Für jedes % kleinere Höchstlast spart man also etwa $^1/_2$% Anlagekosten. Große Einzelnetze weiter zusammenzuschließen spart nur noch bei abweichenden Verbrauchergebieten Kraftwerksleistung, z. B. in Landesteilen von USA. 3—12%[1], für alle deutschen Kraftwerke zusammen nur 5%[2]. Durch eine Ostwestleitung die Lichtspitzen auszugleichen, weil sie gegen Westen z. B. in 1000 km Entfernung 1 h später auftreten, lohnt höchstens in USA.[3].

Da der Stromtransport selbst bei vollbelasteter Fernleitung meist teurer als Steinkohlentransport ist, müssen Steinkohlenkraftwerke im Verbrauchsschwerpunkt liegen. Große Stromnetze bringen hier nur durch bessere Teilung in Grundlast- und Spitzenwerke Brennstoffersparnis. Rohbraunkohlenenergie wird durch den Draht erst transportfähig, für Strecken über 100 km nur für Grundlast. Lange Wasserkrafttransporte nach Steinkohlengebieten können bei billigen Wasserkräften und großen geschlossenen Transporten wie beim Plan Norwegen-Deutschland mit weniger als 2 *Pf*/kWh Strompreis konkurrenzfähig sein[4]. Bei dem Plan, die süddeutsche Wasserkraft von 2,2 Mrd. kWh (1925) auf 9,4 Mrd. zu steigern und mit 3,4 Mrd. kWh ausländischer Wasserkraft zusammen 38% des deutschen Bedarfes zu decken, würde der Durchschnitts-Erzeugerpreis im Verbrauchsschwerpunkt mit 3 *Pf*/kWh zu teuer[5]. Das Hochspannungsnetz von 100 und 220 kV, von dem 1913 kaum etwas bestand, macht 1929 in Deutschland etwa 90 *M*/kW = 25% der Kraftwerkskosten aus[6]. Dafür ist zwar der Wasserkraftanteil von 9,1 auf 13,8% gestiegen, der Braunkohlenstrom von 26,3 auf 47%. Wenn man aber selbst annimmt, daß durch Braunkohlenstrom $^1/_2$ *Pf*/kWh gespart wird, sind das zusätzlich je Landes-kWh nur etwa 0,1 *Pf* = 2,2 *M*/kW und Jahr, was höchstens 20 *M*/kW entspricht. Es bleiben über 70 *M*/kW Aufwand durch ersparte Anlagekosten der Kraftwerke und durch notwendige Verteilleitungen zu rechtfertigen. Ein europäisches 400 kV-Netz[7] würde sich nur mit wenigen großen Linien für einzelne Wasserkraftquellen zum Ausgleich und Fernleiten lohnen. Der Nutzen langer zusammenhängender Linien ist zweifelhaft, ein 400-kV-Netz mit mehreren parallelen und vermaschten Linien[8] wäre nicht wirtschaftlich.

Brennstoffersparnis durch Zusammenschluß

Hochspannungsnetz kostet 90 *M*/kW

Großkraftlinien

Gas

Im Vergleich mit Elektrizität hat Gas den Nachteil, daß es sich nur mit hohem Arbeitsaufwand durch Verdichten fernleiten läßt, was oft teurer ist als der Kapitaldienst der Fernleitung. Dagegen hat Gas den Vorteil, daß man es in großen Mengen billig speichern kann.

Ortsnetz

Gasbehälter sind an 15 *Pf*/m³ Gaspreis mit 0,6 *Pf* beteiligt. Sie halten den größten Teil der Schwankungen tagsüber vom Gaswerk fern, wodurch es 70% ausgenutzt ist statt nur 30% wie das Rohrnetz. Ohne Gasbehälter müßte das Gaswerk z. B. 2,3mal größer sein und würde anteilig am m³ Gas 7,4 statt 3,8 *Pf* mit Gasbehälter kosten, der Gaspreis würde von 15 auf 18,6 *Pf*/m³ steigen (Bild S. 139). Ferner gleicht der Behälter die Gasbeschaffenheit aus, die sich beim periodischen Entgasen ändert. Außer dem Heizwert müssen das spezifische Gewicht und der Druck am Verbraucher konstant sein, sonst verändern wechselnde Gasmengen die Wärmezufuhr. Hochdruckgasbehälter sind beim Verdichten mit billigem Wasserkraftnachtstrom in der Schweiz wirtschaftlich[9].

Gasbehälter senkt Gaspreis von 18 auf 15 *Pf*/m³

Haushaltgeräte arbeiten in Deutschland mit 60 mm WS Druck, in USA. mit 120 mm WS. Großverbraucher arbeiten dagegen mit 5000 mm WS, wozu Einzelverdichter dienen, die aber nur soviel ansaugen dürfen als das Netz hergibt, ohne daß ein Unterdruck entsteht. Um das Netz besonders während der Kochspitze mittags besser auszunutzen, verwendet man zunächst Speiseleitungen mit Drücken bis 1000 mm WS = 0,1 at, den man durch Bezirksregler auf den Verteildruck heruntersetzt. Drucksteigerung auf 300—500 mm WS durch Hausdruckregler (Hamburg), die 70 *M* je Gasmesser kosten (1929), nutzt das ganze Verteilnetz stärker aus. Wenn man darüber hinaus die Steigleitung im Haus unter höheren Druck setzt und je Haus durchschnittlich 4,5 Wohnungsregler für 25 *M* vorsieht (Berlin), liegen die

Billige Leitungen, aber teure Regler bei höheren Drücken

[1] Wood: Weltkraftkonferenz 1930 Bd. 4 S. 457. — [2] Schraeder: Elektrotechn. Z. 1931 S. 1329, 1330. — Block: Elektrotechn. Z. 1932 S. 83. — [3] Witte: Konzentration der Elektrizitäts-Wirtschaft, 1932 S. 63. — [4] Gosebruch: Elektrotechn. Z. 1931 S. 692. — [5] v. Miller: Reichselektrizitäts-Versorgung, 1930 S. 25, 27. — Warrelmann: Arch. Warmewirtsch. 1931 S. 119. — [6] Schraeder: Elektrotechn. Z. 1931 S. 1331. — [7] Oliven: Weltkraftkonferenz 1930 Bd. 19 S. 30. — [8] Viel: Elektrotechn. Z. 1932 S. 163; Z. VDI 1931 S. 527. — [9] Gas- u. Wasserfach 1929, Sonderheft S. 28; 1931 S. 219. — Escher, Ott, Grimm, Zollikofer, Schläpfer: Weltkraftkonferenz 1930 Bd. 2 S. 22.

Regler geschützt und brauchen keinen so weiten Regelbereich. In USA. hat oft jedes Gerät seinen Regler. Man strebt in den Wohnungen nach dünnen leicht verlegbaren Gasleitungen. Geräteregler können mehr Druck verbrauchen und müssen nicht dicht schließen, sie kosten deshalb nur $^1/_4$ der Wohnungsregler[1]. In einem günstigen Fall (Zürich) war es aber 4 mal billiger, beim Bezirksregler zu bleiben und das Rohrnetz zu erweitern[2].

Gasmesser kosten bis $^1/_{10}$

Der Gasmesser belastet den Gaspreis bis zu $^1/_{10}$. Die nassen Gasmesser verläßt man, weil sie monatliches Nachfüllen erfordern. Trockene Hochleistungsgasmesser halten vorübergehend z. B. über die Dauer eines einlaufenden Bades die Drehzahl von 1500 statt 500 U/h aus, brauchen wenig Platz und kosten die Hälfte[3].

Gasverbrauch

In Deutschland ist der Verbrauch je Einwohner ohne Ruhrgas 60 m³ im Jahr, in England 180 m³, weil die Bevölkerungsdichte größer ist und das Klima Gasheizen begünstigt. Der deutsche Stadtverbrauch ist 100—150 m³. In einigen Städten ist er gegen 1913 zurückgegangen, der Gesamtverbrauch hat von 2,66 auf 3,4 Mrd. m³ um 28% zugenommen, hauptsächlich weil der Anteil für Gewerbegas von 4 auf 15% gestiegen ist[4]. In Landbezirken rechnet man bei 2000 Einwohnern mit 25 m³ je Kopf, für größere Orte mit 40 m³, für Orte über 10000 Einwohner mit industriellem Charakter mit 75 m³ je Kopf[5].

Netzkosten[4, 5]

Kleine Orte müssen für jeden Einwohner, obgleich er weniger Gas verbraucht, bis 2,5 m Rohr verlegen, dicht bevölkerte kommen mit 2 m aus, Mittelstädte mit 1,4 m, Großstädte mit 1,25 m je Einwohner. Durchschnittlich rechnet man mit 100 mm Durchmesser zu 8 *M* für das Meter in Landbezirken. Gegen einen mittleren Ort mit 40 m³ je Kopf Gasverbrauch und 2 m Rohr steigt der Kapitaldienst des Rohrnetzes für einen kleineren Ort mit nur 25 m³ Verbrauch und 2,5 m Rohr von 4 auf 8 *Pf*/m³ Gas. Als Durchschnitt in Landbezirken gilt 7 *Pf*/m³ und in Städten etwa 3 *Pf*/m³.

Gasbilanz Ruhrgebiet 1929. Wenn die Ruhrindustrie alle Koksöfen auf Verbundbetrieb umstellt und den ganzen Selbstverbrauch durch Hochofengas oder Kohle deckt, kann sie bei der Kokserzeugung von 1929 mehr als 10,3 Mrd. m³ (h) abgeben, weil verbesserte Öfen mehr Gas geben als der Durchschnitt. Wenn die Kokereien den Selbstverbrauch durch erzeugten Koks decken und entsprechend größere Kohlenmengen durchsetzen, steigt der Gasanfall weiter (Grenzbilanz für Deutschland S. 152). Die verwirklichte Abgabe von 2 Mrd. m³ laßt sich ohne Ofenumbau durch anderweitige Kesselheizung um $2^1/_2$ Mrd. m³ steigern (i), die Stadtgaswerke erzeugen 3,3 Mrd. m³ (k).

		Mrd. m³ Gas
	Selbstverbrauch der Ruhr-Hüttenwerke	
a	Koksofenheizung . . .	5,6
b	Kesselfeuerung	2,4
c	Gasmaschinen	0,2
		8,2
	Nahtransport für	
d	Industrie	1,3
e	Städte.	0,3
	Ferntransport der Ruhrgas A.-G.	
f		0,5
	1934 auf 1,4 Mrd. m³ gestiegen davon 87% für Industrie 13% für Städte	
g	Abgegebenes Kokereigas. .	2,1
h	Gesamtes Ruhrgas	10,3
	davon lassen sich **ohne** weiteren Umbau von Öfen abgeben	4,7
	abzüglich abgegebenes Gas	2,1
i	bleibt zusätzlich abzugeben (b + c)	2,6
k	Stadtgaswerke erzeugen . .	3,3

Lent: Stahl u. Eisen 1931 S. 173. — Kemper: Gasfernversorgung 1930 S. 25—27. — VDI-Nachr. 1932 Nr. 21. — Glückauf 1932 S. 478.

Gruppengas

Thüringer Gas für 3,5 Mill. Einwohner

In Konkurrenz mit den Ruhrgasplänen, die Gas wie Wasserkraft-Elektrizität nach ausgebauten und unerschlossenen Verbrauchsgebieten fernleiten und dort verteilen wollen, planen die örtlichen Gaswerke den Anschluß unwirtschaftlicher Kleingaswerke und unversorgter Gemeinden an zentrale Gaswerke im Verbrauchsschwerpunkt. Für Fernleitungen kämen Drücke zwischen 1 und 10 at in Betracht. So versorgt die Thüringer Gasgesellschaft aus mehreren Gaswerken mit 1512 km Fernleitung $3^1/_2$ Mill. Einwohner mit 150 Mill. m³ jährlich[6]. Ein durchgehender Ferngasruhrstrang würde einen weitergehenden Anschluß von unversorgten Gemeinden nur wirtschaftlich machen, wenn auch der Anschluß von Kassel, Leipzig, Dresden usw. durchgeführt würde[7]. Diese Städte erzeugen ihr Gas aber ebenso billig selbst. 1927 war die Gruppengaslieferung aller deutschen Gaswerke 143 Mill. m³ = 5%[8].

Anschlußgrenze

Nicht die höheren Netzkosten kleiner Orte verhindern, daß dünn besiedelte Landbezirke sich so weitgehend mit Gas wie mit Elektrizität versorgen lassen, sondern die Fernleitkosten. Von 19 *Pf* Gaspreis gehen 7 *Pf* für das Ortsnetz und 8 *Pf* für das Gas ab. Es bleiben 4 *Pf* für den Fernstrang, der bei 100 mm Durchmesser 8 *M*/m kostet, also 80 *Pf*/m Kapitaldienst erfordert. Gemeinden von 1000 Einwohnern mit 25 m³ Verbrauch vertragen deshalb nur 1,25 km

---

[1] Rosenthal: Gas- u. Wasserfach 1931 S. 833, Diskussion S. 857. — [2] Müller, Escher: Weltkraftkonferenz 1930 Bd. 2 S. 388, 521. — [3] Alberts: Das Gas 1929 S. 175—177. — Müller: Z. VDI 1932 S. 699. — [4] VDI-Nachr. 1932, Nr. 21. — [5] Kemper: Gasfernversorgung, 1930 S. 47, 63, 67, 87. — [6] Gas- u. Wasserfach 1932 S. 558. — [7] Kemper: Gasfernversorgung, 1930 S. 66, 67, 81. — [8] Das Gas, 1929, Müller, S. 265; Elsas, S. 295.

Fernleitung, Gemeinden von 5000 Einwohnern mit je 40 m^3 Verbrauch dagegen 10 km[1]. Landkreise mit weniger als 50 Einwohnern je km^2 lassen sich nicht anschließen[2]. Das Zusammenfassen durch Stillegen kleinerer Gaswerke bringt nicht den gleichen Vorteil wie bei Elektrizität. Ein Gaswerk für 1 Mill. Einwohner = 40 Mill. m^3 jährlich hat z. B. 4 *Pf* Gaskosten ab Werk. Für 100000 Einwohner = 4 Mill. m^3 steigen die Kosten nur auf 4,2 *Pf*/m^3 und erst für 10000 Einwohner = 0,3 Mill. m^3 auf 7 *Pf*/m^3 (ohne Kapitaldienst). Deshalb lohnt sich das Stillegen und der Anschluß an bestehende größere Werke meist nur für Gaswerke im nahen Umkreis. Neue wirtschaftliche Großgasereien kommen bis auf 3 *Pf*/m^3 Erzeugerpreis einschließlich Kapitaldienst herunter und könnten bei gesteigertem Bedarf bis über 100 km Umkreis wirtschaftlich sein.

Zusammenschlußgrenze[1]

Ferngas

Ruhrgas[3] 8,5mal mehr Gas je km

Überschüssiges Kokereigas verträgt gereinigt mit 2 *Pf*/m^3 Gaskosten über 200 km Fernleitkosten und wird mit fast 1000 km Netz im Ruhrgebiet und bis Hannover verteilt. Die Ruhrgas A. G. plante unter Stillegung eines Teiles der bestehenden Gaswerke, die über 3 Mrd. m^3 erzeugen, 2 Mrd. m^3 Ferngas zu liefern, wodurch die Kokereien 4 Mill. t mehr Feinkohle gewinnbringend verkoken können. Bis 1931 verwirklicht waren 933 km Fernleitung, die 796 Mill. m^3 lieferten. Auf den Kilometer Strecke kommen z. B. 8,5mal größere Mengen als bei Gruppengas. 1934 wurden 1,4 Mrd. m^3 geliefert, zu 72% an die Eisenindustrie und nur 0,18 Mrd. = 13% Kommunalgas. Im Kampf der kommunalen Gaswerke um ihre Selbstständigkeit wurde entgegengehalten, der Kohlentransport zum Verbrauchsort sei billiger[4] als der Transport für Ferngas und Koks, den die Städte brauchen. Die Eisenbahn habe 25 Mill. *M* Einnahmeausfall und die fehlende Gaskokskonkurrenz würde den Stadtkoks um 10% = 5 Mill. *M* verteuern. Die Ferngasanhänger behaupten, der fehlende Koksabsatz hemme Stadtgaswerke, ihren Gasabsatz zu erweitern. In Einzelfällen geht man dagegen umgekehrt zu Stadtkokereien über[5]. In der Schweiz, die in Gaswerken 0,24 Mill. t Koks erzeugt, baut man Stadtkokereien, die Gas verheizen, dadurch 3mal mehr Koks erzeugen, um die Einfuhr von 0,6 Mill. t zu ersetzen[6]. Der Koksmarkt ist gut und gibt 15% Überpreis gegen Gaskohle, weil die Konkurrenz des Braunkohlenbriketts zurücktritt.

Gas-Koks-Schere

Stadtkokerei

Naturgas

1929 erzeugte USA. 84 Mrd. m^3 Gas, davon 69 Mrd. m^3 Natur- und Destillationsgas aus Ölfeldern (Zahlentafel S. 54) mit 80000 km Fernleitung auf Strecken bis 1600 km[7]. Naturgas, das durch höheren Heizwert und größere Mengen lange Strecken zurücklegen kann, dient zu 42% der Ölindustrie selbst, zu 38% anderen Industrien, zu 20% dem Haushalt, während vom künstlichen Gas 70% für Haushaltzwecke verbraucht werden[8]. In Deutschland wurden 1929 einschließlich Kesselgas, Industriegas und Ruhrgas 8 Mrd. m^3 erzeugt, das sind 125 m^3 je Einwohner gegen 700 m^3 in USA. Der Vorsprung von USA. ist noch größer, weil die 4/5 Naturgas und Destillationsgas der Ölfelder doppelten Heizwert haben.

USA. 700 statt 124 m^3

Flaschengas

Stadtgas

Stadtgaswerke versuchen, ländliche Bezirke, für die sich ein Rohrnetz nicht lohnt, mit verdichtetem Leuchtgas durch Stahlflaschen zu versorgen (50 Abnehmer bei Stuttgart, 25 *Pf*/m^3 Stadtgas; 100 Abnehmer bei einer dänischen Gesellschaft[9]). Lastwagen können mit Stadtgasflaschen betrieben gegen den deutschen Benzinpreis 1/3 der Brennstoffkosten sparen[10]. Heizstärker sind die Kohlenwasserstoffe (Zahlentafel S. 112), die beim Entgasen von Kohle und beim Verarbeiten von Erdgas und Erdöl im Gas bleiben, weil sie im Gegensatz zu Benzin, Benzol und Teer bei gewöhnlicher Temperatur nicht flüssig sind: Bei der Stickstoffsynthese aus Kokereigas fällt im Ruhrgebiet Methan an, das in Flaschen zum Betrieb von Lastautos jährlich 100000 t Benzin ersetzen könnte. Ruhrgasol, das aus den verflüssigten Kohlenwasserstoffen der Kokereigase besteht, ist bei 13 at Flaschendruck flüssig. Gasol wird bis jetzt nur in Mengen gewonnen, die 400 t Benzin jährlich ersetzen könnten, im Grenzfall aber 140000 t Benzin (S. 80). Die verflüssigten Gase Propan und Butan werden in USA. aus Erdgas und Krackanlagen gewonnen, in Deutschland fallen 10000 t Propan beim Hydrieren an, nämlich etwa 8% der erzeugten Benzinmenge, ferner beim Kracken 36000 t Propan und es könnten bis 5000 t Butan gewonnen werden. Das kg Propan kostet in Deutschland 75—85 *Pf* frei Haus und hat den unteren Heizwert von 11300 kcal/kg wie 3 m^3 Stadtgas[12],

Methan, Ruhrgasol[11]

Propan, Butan

[1] Kemper: Gasfernversorgung, 1930 S. 66, 67, 81. — [2] Das Gas, 1929, Müller, S. 265; Elsas, S. 295. — [3] Kemper: Gasfernversorgung, 1930 S. 25—39. — [4] Gas- u. Wasserfach 1932 S. 538. — [5] Nuß: Gas- u. Wasserfach 1932 S. 61. — [6] Escher, Ott, Grimm, Zollikofer, Schläpfer: Weltkraftkonferenz 1930 Bd. 2 S. 5, 7. — [7] Gas- u. Wasserfach 1932 S. 134. — [8] Weltkraftkonferenz 1930 Bd. 2, Egloff, S. 341, 352; Boyes, King, Vincent, S. 473. — [9] Arch. Wärmewirtsch. 1934 S. 53. — [10] Körting: Arch. Wärmewirtsch. 1935 S. 25. — RTA-Nachr. 1935 Nr. 13 S. 7. — [11] Krämer: Z. VDI 1934 S. 1235. — [12] RTA-Nachr. 1935 Nr. 13 S. 3.

Ersatz für $^1/_7$ des Treibstoffes

das entspricht also einem Stadtgaspreis von 25—28 *Pf*/m³. Verwendet wird das Propan in entlegenen Haushalten, in Gewerbebetrieben zum Löten und Schweißen, ferner zum Beleuchten von Seezeichen und Eisenbahnsignalen. Methan und flüssige Kohlenwasserstoffe könnten in Deutschland im Grenzfall als Treibstoff 260000 t Benzin ersetzen = $^1/_7$ des Verbrauches an leichten Treibstoffen.

Dampf

Verteuernde Sondermerkmale

Im Dampf ist die Energie entbunden. Dampf verliert deshalb im Gegensatz zu Gas beim Fortleiten an Wärmeinhalt und Wärmegefälle. Verteuernde Sondermerkmale für Dampfnetze sind Wärmeschutz, Maßnahmen zum Ausgleich der Wärmedehnung, Absperrorgane mit möglichst geringem Druckverlust, Entwässerung der Rohre gegen Wasserschläge sowie Kondenstöpfe und Rückleitungen zum Wiedergewinnen des Kondensats[1]. Für Sonderfälle ist Heißwasser, das man mit Umwälzpumpen fördert und zum Wiedererwärmen zurückleitet, billiger als Dampf.

Optimum

So wünschenswert geringe Wärmeverluste der Rohre sind, mit wachsender Isolierstärke nimmt die abkühlende Oberfläche besonders bei kleinen Rohren stark zu und führt bald zur wirtschaftlichen Grenze[2]. Bei Frischdampf- und Heizkraftleitungen zehren enge Rohre und Ventile am nutzbaren Gefälle. Sie sind billig und verlieren wenig Wärme aber der Dampfverbrauch nimmt zu. Durch Ventile mit geringem Widerstand läßt sich der wirtschaftliche Durchmesser z. B. von 250 auf 200 mm senken, die Anlagekosten um 11%, die Betriebskosten mit Einschluß des kleineren Wärmeverbrauches um 16%[3]. Schieber haben kleinen Widerstand, sind aber teuer. Ventile, die den Dampfstrom nicht ablenken, senken die Widerstandszahl im Vergleich mit Normalventilen von 3,9 auf 0,6.

Fabriknetze

Die großen Verteilnetze der chemischen Industrie verlieren bis 10% Wärme, die Verteilkosten sind ohne Zinsen 0,3—0,8 *M*/t Dampf[4]. Beim Übergang auf Heizkraftbetrieb lohnt sich der Ersatz enger Rohrnetze durch weite Ringleitungen, wodurch sich der Dampf auf tieferen Gegendruck nutzbar entspannt. Für Kochen und Heizen bildet man zwei verschiedene Drucknetze aus. Niederdruckrohre kosten für je 100 m weniger als $^1/_{10}$ des Kessels. Hüttenbetriebe hatten besonders früher umfangreiche Dampfnetze, weil man bemüht war, die verstreuten Einzelkessel mit ihrem Kohlen-, Aschentransport und Heizdienst stillzulegen und die Verbraucher an das Zentralkesselhaus anzuschließen und weil man den Auspuffdampf der Kolbenmaschinen in zentralen Abdampfturbinen ausnutzte. Der fortschreitende elektrische Antrieb beseitigt diese Rohrnetze.

Stadtheizung

Die Straßenkanäle kosten in Städten mehr als die Rohre und es kommen lange Strecken bis über 5 km vor. Das gesamte Netz kostet bis über 60% der Kesselanlage (USA.)[5]. Unter Einschluß von 15% Fortleitverlust nutzen Stadtheizwerke 65% der Wärme aus gegen 55% bei Hausheizung und die Kohle ist um die Verteilkosten billiger. Druckleitungen für Kondensat lohnen sich nur bei teurem Ersatzwasser. Nur dichteste Stadtteile, die weitgehend Zentralheizungen verwenden, lassen sich versorgen.

USA. keine Heizkraft in Hochhausvierteln

Hochhausviertel haben in USA. dazu geführt, daß es dort 161 Stadtheiznetze gibt (1929), die hoch beanspruchte Rohrnetze mit Geschwindigkeiten verwenden, die sich zuweilen der Schallgrenze nähern, weil sie 40 t Dampf statt in Europa 4 t je m Straße fortleiten. Deshalb benutzt man den Druck zum Fortleiten und Heizwerke erzeugen Heizkraft nur für den Eigenbedarf.

Deutschland Ferndampf aus Kraftwerken

In Deutschland gibt es keine Stadtheizgesellschaften, sondern Elektrizitätswerke versorgen Stadtheizungen aus Heizkraftmaschinen. Wenn der zentrale Anschluß zu großen Dampfmengen führt, rechtfertigt er lange Strecken, weil beim Übergang auf größere Rohre mit 600 statt 200 mm Ø die Anlagekosten je t/h Dampf von 30000 auf 4000 *M*/km sinken[6] und der Ausgleich durch die abends absinkende Heizlast bis zu $^1/_3$ der Kesselanlage spart[7]. Von reinen Gegendruckkraftwerken, die man dezentralisiert in den Verbrauchsschwerpunkten der Lichtlast aufstellen kann, weil sie kein Kühlwasser brauchen, erwartet man dagegen billigere Kabelnetze[8]. Es gibt Stadtteile, für die man 5mal mehr Heizdampf als Dampf zum Stromerzeugen braucht. Bei Heißwassernetzen ist das Messen der verkauften Wärmemengen schwerer, dagegen verzehrt das Umpumpen weniger Kraft als der Druckverlust beim Fortleiten von Dampf, das weitläufige Heißwassernetz speichert und ein zusätzlicher, druckloser Heißwasserbehälter, wie er erstmals in Hamburg ausgeführt wurde, könnte mit seinen 2600 m³ bei 100 at Frischdampfdruck 33000 kWh speichern.

---

[1] Balcke: Kondensatwirtschaft, 1927. — [2] Gerbel: Die wirtschaftlichste Stärke einer Isolierung, 1921. — [3] Denecke: Warme 1922 S. 138. — Biel: Die wirtschaftlich günstigsten Rohrweiten, 1930. — Rietschel-Gröber: Heizg. u. Lüftg. 1930. — [4] Marguerre: Weltkraftkonferenz 1930 Bd. 4 S. 259. — [5] Weltkraftkonferenz 1930 Bd. 4, Walker-Mumford, S. 447; Schereschewski, S. 311, 313. — [6] Margolis: Elektr.-Wirtsch. 1930 S. 183. — [7] Schereschewski: Weltkraftkonferenz 1930 Bd. 4 S. 311, 313. — [8] Schulz: Arch. Wärmewirtsch. 1931 S. 20.

8. Energiekupplung

Ursprünglich wurden die Energiearten Steinkohle, Braunkohle, Wasserkraft, Gas und Dampf einzeln benutzt, um Kraft, Ofenhitze, Koch- und Heizwärme getrennt zu erzeugen. In der gekuppelten Energiewirtschaft sind geeignete Verbrauchergruppen hintereinander geschaltet, wodurch Heizkraft entsteht, Abgas von Kokereien und Hochöfen andere Öfen heizt und Abdampf aus Abhitze und Verdampfern verwertet wird. Elektrisch parallel geschaltet ergänzen sich ferner die verschiedenen Energiequellen und Kraftwerksarten und geben billigeren Strom, als wenn sie einzeln die Last übernehmen müßten.

Energiequellen und Verbrauch

Lastaufteilung

Für die Kraftwerke entsteht durch den Stillstand vieler Industrien nachts eine Tieflast und durch den Lichtverbrauch in den kürzesten Dezembertagen abends eine scharfe Lichtspitze, während der kleinere Lichtverbrauch den ganzen Sommer über die Last zurückgehen läßt. Um die Last zu decken, wirken mehrere Kraftwerksarten, Energiespeicher und verschiedene Energiequellen — Steinkohle, Braunkohle und Wasserkraft — zusammen, auf die sich die Last durch umfangreiche Stromnetze derart verteilen läßt, daß man ganze Gruppen von Maschinen oder Kraftwerken zu Zeiten der Tieflast stillsetzen kann. Kommandostellen, wie sie das RWE in Brauweiler[1] und die Bewag in Berlin[2] eingerichtet haben, sorgen dafür, daß in der richtigen Reihenfolge zunächst Wasserkraft, dann Maschinen mit dem billigsten Wärmeverbrauch am längsten und Maschinen mit hohem Wärmeverbrauch nur wenige Jahresstunden in Betrieb sind, daß keine überflüssige Maschine läuft, kein Ferndraht nutzlos belastet[3] ist und daß trotzdem der rechtzeitige Reserveeinsatz gewährleistet bleibt. Das Ergebnis ist Ersparnis an Reserveeinheiten trotz hoher Sicherheit, ferner Brennstoffersparnis durch ausgeschalteten Leerlauf und durch stufenweise stärkere Ausnutzung der Maschinen mit kleinerem oder billigerem Wärmeverbrauch.

Schwankender Lastverlauf

Lastverteiler spart Reserve und Kohle

Grundlast/Spitze

In Städten ist die Lichtspitze oft so ausgeprägt, daß in die obere Lasthälfte nur 4% der Jahresarbeit fallen[4]. Fernleitungen zu billigen Energiequellen sind nicht unbedingt sicher[5] und können 100 $\mathcal{M}$/kW kosten. Schon 1916 wurde deshalb für Städte vorgeschlagen, nur Grundlast als Fernstrom zu beziehen und den Spitzen- und Reservedienst am Ort zu versehen[6]. Weitere Schritte sind der Bau besonderer Betriebsmittel für die Spitze, was die Anlagekosten der Spitzenlast heruntersetzt und die klare Erkenntnis, daß nur für Grundlast der Brennstoffaufwand, dagegen für Spitzenlast die Anlagekosten entscheidend sind[4].

Städtische Spitzenlast

Von den Speicherwerken decken Ruths-Werke 20% Lastanteil am billigsten und können außerhalb der Höchstlastzeiten mit 5% Leerverbrauch als Momentanreserve laufen. Vorhandene Ortsanlagen, die es fast überall gibt und die sonst im kalten Zustand wertlos sind, lassen sich bei Ausbau durch Ruths-Speicher so betreiben, daß sie im Winter ausschließlich Spitzenlast liefern. So läßt sich die hochwertige Neuanlage voll ausnutzen oder die ganze Grundlast als billiger Fernstrom beziehen und der Ort ist gegen Stromunterbrechung geschützt[7].

Ruths-Werke

Da man in den Stromnetzen auf Drehstrom übergeht, brauchen Gleichstrombatterien Umformer. Batterien sind teuer, können aber bis 10% Spitze wirtschaftlich sein, weil sie das Stromnetz fast bis zum Verbraucher entlasten und sicherstellen[8]. Pumpspeicher sind dagegen nicht unmittelbar im Ort. Sie können breitere Spitzen decken und das ganze Jahr über betrieben durch Lastausgleich den Wärmeverbrauch der Grundlastwerke verbessern[9]. Sie brauchen mindestens $1^1/_2$ min[10], um Last zu übernehmen, springen also nicht augenblicklich ein. Erreichbare natürliche Speicherwasserkräfte können Spitzen decken, weil die zusätzlichen Ausbaukosten für Spitzenlast unter 300 statt über 500 $\mathcal{M}$/kW sind.

Batterien

Pumpspeicher

Großdieselmotore mit hoher Drehzahl kosten 190 $\mathcal{M}$/kW auf der Preisbasis 1929[11], sie sind billiger als Dampf-Grundlastwerke, die über 230 $\mathcal{M}$/kW kosten. Kleindiesel für 220 $\mathcal{M}$/kW können dezentralisiert für Umspannen und Stadtkabel z. B. 125 $\mathcal{M}$/kW Netzkosten sparen (S. 118). Sie können der Dampfkraft nur soweit Spitzenlast abnehmen, als nicht der hohe Ölpreis den tieferen Kapitaldienst aufwiegt. Nachtlast verschafft der Dieselmotor im Gegensatz zu den Speichern dem Grundlastwerk nicht. Er übernimmt nicht augenblicklich, sondern nach etwa 1 min die Last, hat aber den Vorteil, daß er vorher vollständig stilliegen kann.

Dieselmotor

[1] Przygode: Elektrotechn. Z. 1932 S. 381. — [2] Fleischer, Menny: Elektr.-Wirtsch. 1930 S. 330. — [3] Oliver: Weltkraftkonferenz 1930 Bd. 14 S. 9. — [4] Ruths: Elektrotechn. Z. 1927 S. 917. — [5] Witte: Konzentration der Elektrizitätswirtschaft 1932 S. 45. — [6] Block: Elektrotechn. Z. 1932 S. 84. — [7] Stein: Weltkraftkonferenz 1930 Bd. 11 S. 195. — [8] Livonius, Wolle: Elektrotechn. Z. 1931 S. 1120. — [9] Witte: Konzentration der Elektrizitätswirtschaft 1932 S. 58. — [10] Niethammer: Z. VDI 1932 S. 602. — [11] Neuere Preise, Zahlentafel S. 119.

Dampfkraft

Für längere Tageszeiten kann man etwas vereinfachte Dampfspitzenwerke bauen, die man nachts stillsetzt wie das Berliner Westwerk[1]. Der Londoner Generalplan sieht außer neuen Grundlastwerken für die besseren bestehenden Werke zweischichtigen und für die schlechteren einschichtigen Betrieb vor. Neue reine Spitzenlastwerke lassen sich viel billiger bauen als Grundlastwerke (Zahlentafel S. 119); sie können billiger werden als Dieselmotore, besonders wenn man Ölfeuerung anwendet, sie sind aber aus dem kalten Zustand nicht so schnell einsatzbereit. Bei neuen überlastbaren Kraftwerken sollen 50% Überlast nur 50 *M*/kW kosten. Das gibt für die Höchstlasttage im Winter, in denen Speicher keinen Reservedienst leisten können, weil sie Spitzen zu decken haben, eine billige Momentanreserve, die überhaupt keinen Leerlauf braucht. Bei der kleineren Sommerlast liegt aber ein Teil der überlastbaren Maschinen still. Das setzt die Überlastreserve teilweise außer Kraft, wenn man nicht mit 10% Leerlauf zusätzliche Leistung in Betrieb hält, da man auch im Sommer die gleiche Momentanreserve braucht, um gegen den Ausfall der größten Einheit gesichert zu sein. Dagegen läßt sich bei Ruths-Werken auch im Sommer die Vollast mit 5% Leerlauf als Momentanreserve bereithalten. Den Spitzendienst der billigen Überlast zuliebe in entfernte Grundlastwerke zu legen, ist nicht zweckmäßig: Ein Ortsspitzenwerk spart Netzkosten und schützt gegen Ausfall des Fernstromes.

Lastaufteilung zwischen Braunkohlen-Fernstrom und Ortskraftwerken

Beim Fernleiten schwindet der Vorsprung der billigen Braunkohlenenergie durch zusätzliche Kosten für Abspannwerk und Fernleitung. Bei 150 km Entfernung lohnt sich hier Braunkohlenstrom nur für rund 40% Grundlast, die mehr als 42% der Jahresstunden gebraucht wird. Für wenig Jahresstunden Benutzung liegen die Linien der Jahreskosten für Speicher tiefer als für Steinkohlen-Ortswerke (Grundlast-

Braunkohle/Steinkohle

Braunkohle verschärft Spitzenlast

Die deutsche Elektrowirtschaft erhält ihr besonderes Gepräge durch die Braunkohle, die als billige Energiequelle die Rolle der Wasserkraft in anderen Ländern vertritt. Im Gegensatz zur Wasserkraft fallen aber die Brennstoffkosten nicht ganz fort, sondern sie sind halb so hoch wie bei Steinkohle. Deshalb wirken Fernleitkosten und ein Mehrpreis von 25 *M*/kW für das Kraftwerk, das meist mit künstlich gekühltem Wasser arbeiten muß, erschwerend für die Konkurrenz mit Steinkohlen-Ortskraftwerken und beschränken die Braunkohle auf die Grundlast. Die kleinsten Jahreskosten entstehen, wenn die billige Braunkohle nur die langdauernde Grundlast deckt und die kurzzeitige Spitzenlast Kraftwerken überläßt, die in den Anlagekosten billiger sind. Die Braunkohle nimmt den Ortswerken die Grundlast weg und liefert kein Abhilfemittel gegen den verschärften Spitzenbetrieb im Gegensatz zu den Wasserkräften mit ihrem Speichervermögen. Das macht die Frage reiner Spitzenkraftwerke und gesteigerter Nachtlast besonders wichtig und schwächt die Neigung zu weiterem Ausbau oder ausländischem Bezug von Wasserkraft-Grundlast ab.

Ersparnis

Die Untersuchung eines praktischen Beispiels ergab, daß von 36 durchgerechneten Fällen mit verschiedenen Spitzenwerken die Kombination von 20% Ruths-Speicher für die oberste Spitze und Dieselmotor für weitere 40% mit Braunkohlen-Fernstrom für die Grundlast am billigsten arbeitet. Der Gesamtstrom wird um $^1/_6$ billiger als bei einem entfernten Braunkohlenkraftwerk und um $^1/_5$ billiger, als wenn er ganz aus Steinkohle in einem Ortskraftwerk erzeugt wurde[2].

Wasserkraft/Wärmekraft

Entgegengesetzte Aufgaben

Auch Länder, die wie Italien und die Schweiz den Strom fast ausschließlich durch Wasserkraft erzeugen, brauchen mindestens 15%

[1] Rehmer: Elektrotechn. Z. 1930 S. 485, 557. — [2] Münzinger: Z. VDI 1932 S. 695.

Lastaufteilung zwischen Wasserkraft und Wärmekraft

Je nach dem Speichervermögen und den verfügbaren Wassermengen teilen sich Wasser und Wärme umgekehrt in Grundlast und Spitzenlast. Reine Laufkraft kann nur Grundlast übernehmen. Bei vorwiegender Wasserkraft mit reichlichem Speichervermögen (Italien) wird Wärmekraft in wasserarmen Monaten als Grundlast eingesetzt, damit die Speicherbecken sich nicht erschöpfen. Tagesspeicher, die bei reichlichem Wasser Grundlast liefern, können bei Wassermangel immer noch die Spitzenleistung sicherstellen (USA.)[1].

Wasser – weiß Wärme – schwarz	Speichervermögen der Wasserkraft		Lastaufteilung	
			Wasserkraft	Wärmekraft
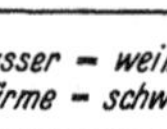	reine Laufkraft		Grundlast	Spitze
	Jahresspeicher		Spitze	Grundlast, beugt dem Erschöpfen der Speicher vor
	Tagesspeicher	Hoher Wasserstand	Grundlast	Spitze
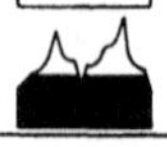		Wassermangel	Spitze	Grundlast

[1] Funk: Weltkraftkonferenz 1930 Bd. 11 S. 281. — Seidner: Energiewirtschaft, 1930 S. 96.

werke); sie steigen stark, weil man die Speicher für größere Entladedauer bemessen muß und sind gekrümmt, weil die Speicherkosten nicht von den Jahresstunden, sondern vom Lastverlauf am Tag der Höchstlast abhängen. Die Jahreskosten der übrigen Kraftwerke steigen nur durch den Brennstoffverbrauch, die Linien sind bei kleiner Benutzungsdauer gekrümmt, weil der Leerverbrauch abgestellter Einheiten wegfallt. Die Fahrlinie verbindet die günstigsten Jahreskosten der verschiedenen Betriebsmittel, gibt also die beste Lastaufteilung. Die Lastdauerlinie entsteht durch seitliches Zusammenschieben aller Tagesdiagramme eines Jahres. Sie gibt für die Zonen der Jahresstunden die zugehörigen Lastzonen an. Die Flächen links von ihr stellen die Strommengen dar, die in den Zonen jährlich zu erzeugen sind.

Ergebnis: Gegen ausschließlichen Braunkohlenfernstrom ist hier die Ersparnis $^1/_{10}$ wenn ein Steinkohlenortswerk die oberen 60% der Last deckt, sie steigt durch Ruths-Speicher und Dieselmotor auf $^1/_7$ der gesamten Stromkosten. Für die 60% Spitzenlast selbst wird der Strom im Steinkohlenortswerk um $^1/_5$ billiger erzeugt als im Braunkohlenfernwerk, mit Ruths-Speicher und Dieselmotor zusammen um $^1/_4$ billiger. Für die oberste Spitze, $^1/_5$ der Last, wird der Strom im Ruths-Werk fast um die Hälfte billiger als im Braunkohlenfernwerk erzeugt.

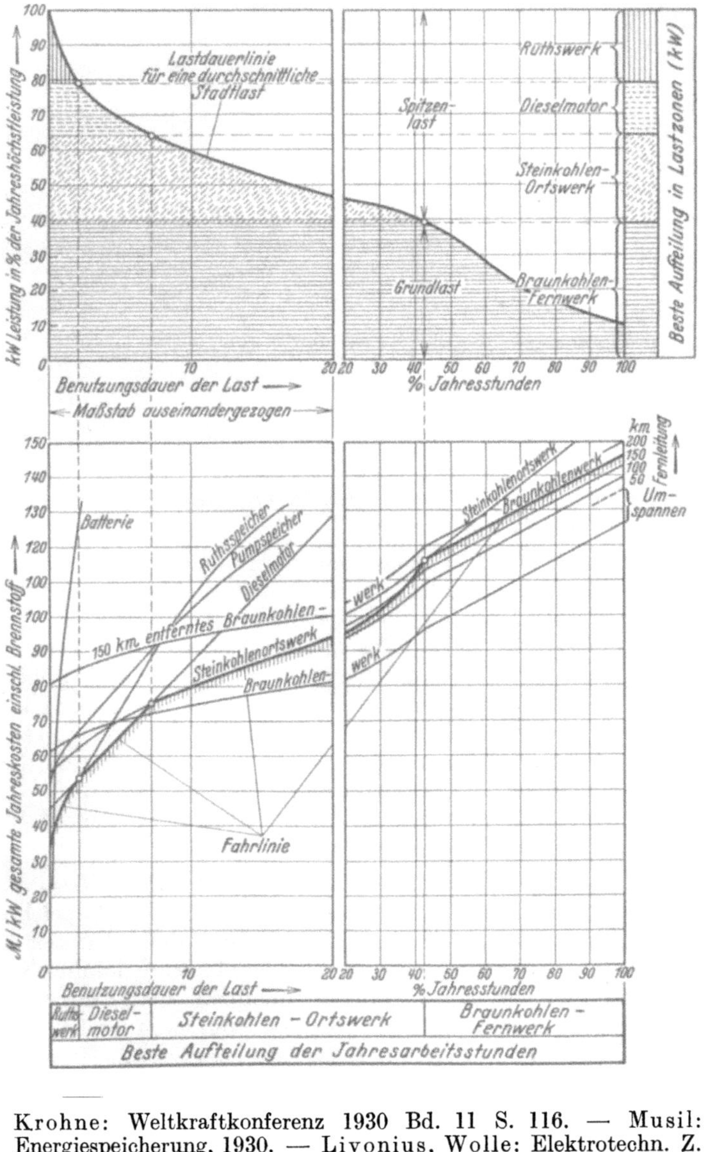

Krohne: Weltkraftkonferenz 1930 Bd. 11 S. 116. — Musil: Energiespeicherung, 1930. — Livonius, Wolle: Elektrotechn. Z. 1931 S. 1091, 1117. — Münzinger: Z. VDI 1932 S. 693. — Föhl: Unveröffentlichte Arbeit 1930, zum Teil enthalten in Arch. Wärmewirtsch. 1935 S. 113.

eigene oder ausländische Wärmekraftreserve gegen Wassermangel. In Ländern, bei denen Wärmekraft vorwiegt, gelten für die Lastaufteilung in Grundlast und Spitze andere Regeln als in reinen Wärmekraftländern; man darf aus der Tatsache, daß Wasserkraft im allgemeinen viel teurer als Wärmekraft ist, nicht schließen, daß die billige Dampfkraft immer die Spitzen und daß die Wasserkraft immer die Grundlast zu decken hat. Vielmehr hat die Wasserkraft eine doppelte Aufgabe: Sie liefert stark kohlensparende Grundlast durch Laufkraftwerke, die über 600 M/kW kosten; dagegen können Speicherwasserkräfte auch Spitzenkraft technisch mühelos hergeben und wirtschaftlich sein, weil ihr Ausbau durch zusätzliche Maschineneinheiten keine Wasserbauten braucht und oft unter 300 M/kW kostet[1]. Pumpspeicher sind das Ersatzmittel für Spitzenkraft in Gebieten ohne natürliche Speicherkräfte.

Laufkraft zu teuer, 1000 statt 700 M/kW

Gegen Dampfkraft, die 230 M/kW kostet und für 1,2 Pf/kWh Steinkohle braucht (1929), spart Lauf-Wasserkraft, die 6000 h = rund 70% des Jahres ausgenutzt ist, für 72 M/kW jährlich Kohlen. Die längere Lebensdauer senkt die Jahreskosten von 17 auf 12%. Daraus ergibt sich ein Grenzpreis von rund 900 M/kW für die Laufkraft. Davon gehen aber z. B. 100 M/kW Freileitung und Abspannwerk ab und Dampfreserven für den Bruchteil der Last, dessen Wassermenge nicht sicher verfügbar ist, erfordern z. B. weitere 100 M/kW. Statt 700 M/kW kosten aber in Deutschland die Laufkräfte 1000 M/kW[2]. Beim Vergleich mit dem Braunkohlenkraftwerk, das 255 M/kW kostet, nur 0,6 Pf/kWh Kohle, aber Fernleitungen wie Wasserkraft braucht, sinkt der Grenzpreis auf 660 M/kW, wovon

[1] Seidner: Energiewirtschaft, 1930 S. 54. — [2] Witte: Konzentration in der deutschen Elektrizitätswirtschaft, 1932 S. 35.

Heizkraftkupplung senkt die Kraftkosten auf einen Bruchteil. Beispiel auf der Preisbasis 1929, 20,— *M*/t Kohle mit 7100 kcal/kg. Bei getrennter Kraft- und Nutzdampferzeugung (linke Bildseite) sind Kohle- und Kapitalkosten für Kraftwerk und Heizkesselhaus aufzuwenden. Der Maschinenabdampf geht verloren. Heizkraftwerke (rechte Bildseite) erzeugen Heizdampf und Kraft in der gleichen Anlage. Der Kapitaldienst unter Einschluß der Nebenkosten ist bei diesem Beispiel nur 81% der Kostensumme für getrennte Kraft- und Heizanlage. Der Abdampf ist zu 100% ausgenutzt und die Kesselverluste sind bei den großen Heizkraft-Kesseleinheiten kleiner. Dadurch sinken die Kohlekosten auf 74%. Die gesamten Energiekosten sinken durch die Kupplung auf 78%. Setzt man von den Energiekosten den Betrag für Wärme ab, den man sonst in getrennten Heizkesseln aufwenden müßte, so kommt die ganze Ersparnis den Kraftkosten zugute, sie können dadurch auf $^1/_3$ und weniger sinken, hier z. B. von 2,8 auf 0,8 *Pf*/kWh.

Kraftwerk und Heizanlage getrennt ■ **Gekuppeltes Heizkraftwerk**

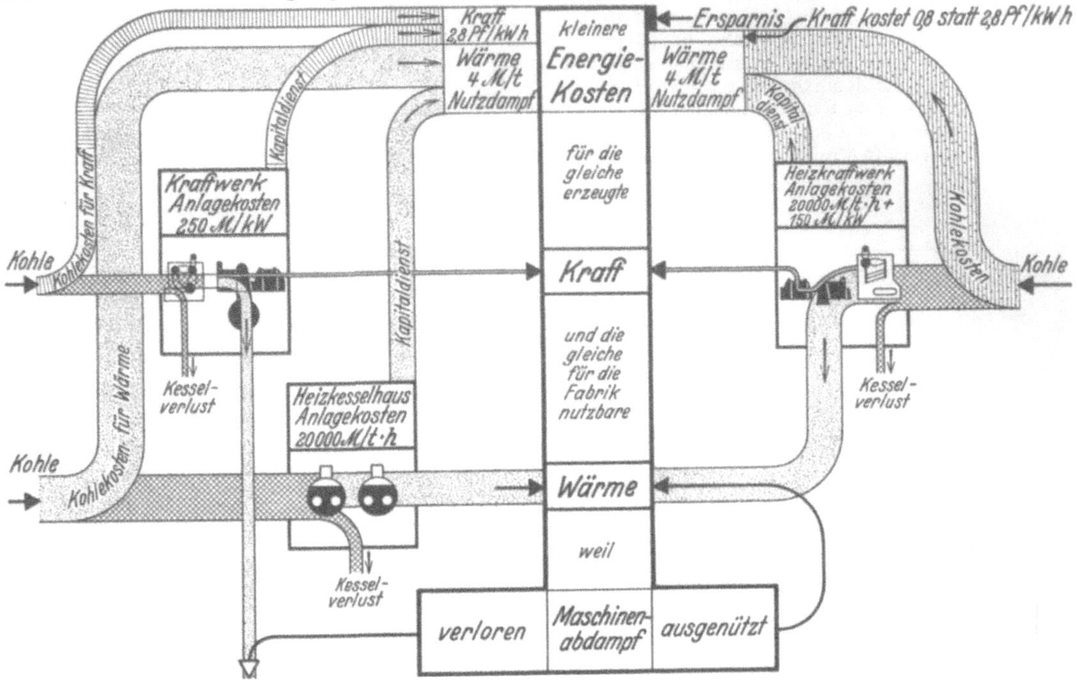

100 *M* Dampfreserve abgehen, also 560 *M*/kW bleiben. Laufkraftausbau lohnt sich in Deutschland nur, wenn Nebenzwecke verfolgt werden[1].

Speicherwerke

Wo Jahresspeicher den Ausgleich der dargebotenen Wassermengen mit dem Ziel besorgen, nur wenige Prozente der Arbeit durch Wärme zu erzeugen, um Kohlen zu sparen, übernehmen sie außerdem spielend den täglichen Spitzenausgleich und die Wärmewerke arbeiten mit Grundlast in den Jahresmonaten des Wassermangels. Besonderer Ausbau von Speicherkräften mit 300 *M*/kW und 100 *M*/kW Fernleitung kann für die oberste Lastzone mit Spitzenwerken am Ort, die unter 200 *M*/kW kosten, nicht konkurrieren, wohl aber für die tiefere Lastzone, weil gegen Steinkohlen-Ortswerke Kohlenersparnisse entstehen (Zahlentafel S. 118).

Ersparte Dampfreserven

Das oberste kurzzeitige Spitzengebiet bleibt aber für die Zeiten des Wassermangels den Speicherwerken vorbehalten, weil dann kleinste Wassermengen genügen, um die volle Leistung der Wasserkraft sicherzustellen. Das spart z. B. 250 *M*/kW Dampfreserven für den Leistungsteil, der sonst gegen Wassermangel zu sichern ist[2].

Pumpspeicher[2]

Tagespumpspeicher können bei überwiegender Wasserkraft in dieser Weise Dampfreserven für Wassermangel ersetzen, bei überwiegender Dampfkraft konkurrieren reine Pumpspeicher ohne natürlichen Zufluß mit anderen Spitzenkraftwerken.

Ortsreserve

Große Städte halten in reinen Wasserkraftgebieten Wärmereserven gegen Stromunterbrechung. Dieselmotore können bis auf die Reservefälle stilliegen, brauchen aber bis sie die Last übernehmen etwa 1 min zum Anfahren und Parallelschalten. Kalt liegende Dampfkraft ist wertlos, weil sie über 1 h zum Anfahren braucht. Durch Ruths-Speicher mit leerlaufender Turbine ergänzt, überbrücken Dampfkraftwerke die Stromunterbrechung lückenlos.

Wasserstoff-Druckelektrolyse

Die Wasserstoffelektrolyse (S. 126) kann Wasserstoffgas aus überschüssiger Wasserkraft erzeugen und zu einer Kupplung von Wasserkraftwerken und Gasanstalten führen.

---

[1] Münzinger: Z. VDI 1932 S. 696. — [2] Seidner: Energiewirtschaft, 1930 S. 95, 96, 124.

Grenzbilanz der Heizkraft in Deutschland 1929. Bei vollem Ausbau des Heizkraftbetriebes in den wärmeverbrauchenden Industrien und Übergang auf Höchstdruck würde als Überschuß über den Kraftverbrauch im eigenen Betrieb theoretisch eine Stromquelle von 10 Mrd. kWh entstehen, $^1/_3$ der deutschen Stromerzeugung. Als Überschuß abgegeben wurden aber weniger als 3%[5] der deutschen Stromerzeugung: Heizdampfverbrauch und Kraftverbrauch stimmen zeitlich nicht überein, die unregelmäßige Stromlieferung der vielen Einzelanlagen an das öffentliche Netz begegnet wirtschaftlichen und technischen Hemmungen und der Übergang auf Höchstdruck ist nur bei großen Einheiten wirtschaftlich. Der eigene Strom wird bei Brikett, Zucker und Zellstoff überwiegend durch Heizkraft gedeckt, in der chemischen Industrie zu 23%[5].

Industrie	Produktion etwa 1929		Energie				Tiefster Grenzdruck für Selbstversorgung aus Heizkraft	Heizkraftüberschuß bei 120 at Hochdruck
	Ware	Heizdampf	Wert in % des Warenwertes	Heizdampf	Kraft	Kennzahl nach Gerbel[6] kg/kWh rund		
	Mill. t	Mill. t		kg/t	kWh/t		at	Mrd. kWh
Braunkohlenbrikett[7]	42	60	30	1400	24—37	40	15	5[5]
Chemie[5]		60				4		0,4
Zucker[1]	1,7	9,4[6]	6[2]	5500	150	35	15	1,1
Kali[3, 5]	1,4	4,7	10	3400	300	10		0,7
Zellstoff	1,2	5,4	5	4500	200	20	35	0,6
Papier	2	7	15[4]	3500	500	7	—	—
Textil und andere						über 10		
							5	fast 10

[1] In Rohzuckerfabriken und Raffinerien zusammen, bis auf: [2]. — [2] Für Herstellen von Rohzucker allein. — [3] Bezogen auf den K_2O-Inhalt der erzeugten Kalisalze. — [4] Druckpapier. Besseres Papier 10%. — [5] Marguerre: Weltkraftkonferenz 1930 Bd. 4 S. 256. — [6] Gerbel-Reutlinger: Kraft- u. Wärmewirtsch. 1930 S. 111, 115, 234, 308. — [7] Siehe auch Schreiber: Z. VDI 1931 S. 830. — Münzinger: Z. VDI 1932 S. 697.

Heizkraft

Stromkosten unter 1 statt über 2 *Pf*/kWh

Reine Kraftzentralen entspannen den Dampf vollständig. Er enthält aber 70% verlorene Abwärme. Andere Betriebe brauchen Heizdampf von 1—5 at. Gekuppelte Heizkraftbetriebe schalten den Heizdampfverbrauchern eine Kraftmaschine vor, die den Dampf bis auf Heizdampfdruck verarbeitet. Jedes Kilogramm Dampf gibt durch den höheren Gegendruck weniger Kraft als bei Kondensationsbetrieb, aber die ganze Abwärme wird ausgenutzt. Von den Gesamtkosten des gekuppelten Betriebes gehen die Kosten für den gelieferten Nutzdampf ab, der sonst in Niederdruckkesseln zu erzeugen wäre. Es bleibt ein Mehrverbrauch an Wärme (860 theoretisch + Verluste von Kessel und Stromerzeuger) von 1200 kcal/kWh statt bestenfalls 3600 kcal/kWh bei reinen Kraftwerken, deren Abwärme verloren geht. Durch den Wegfall der wärmevernichtenden Kondensation kostet die Kraftstation nur 150 *M*/kW mehr als Niederdruckkessel statt 250 *M*/kW bei getrenntem Kraftwerk (1929). Dem praktischen Ausbau dieser Stromquelle von fast 10 Mrd. kWh zu weniger als 1 *Pf*, die billiger als die deutsche Wasserkraft ist, sind Grenzen gesetzt.

Nur für Selbstverbrauch, da mangelnder Ausgleich

Kraft und Nutzdampf schwanken im Bedarf unabhängig voneinander und stimmen auch im Durchschnitt für die einzelnen Betriebe nicht überein. Oft können Ruths-Speicher Abweichungen vom Durchschnitt ausgleichen. Bei mangelndem Bedarf verzichtet man auf höchste Kesseldrücke. Vollkommene Ausnutzung erfordert Zusammenschluß mit Kraftquellen, die sich beliebig belasten lassen. Die große Zahl dezentralisierter Heizkraftquellen von 100 bis 10000 kW und die Preisberechnung erschweren den allgemeinen Anschluß an das öffentliche Stromnetz. Die Heizkraft hat sich deshalb bis auf Einzelfälle nur soweit entwickelt, als sich die Kraft im eigenen Industriebetrieb unterbringen ließ.

Kraftmangel

Entnahmemaschinen (Anzapfmaschinen) arbeiten mit einer Kondensation, die einen Teil des Dampfes vollständig entspannt und so den fehlenden Kraftrest hergibt. Sie sind aber nur bei großen Einheiten und starker Inanspruchnahme der Kondensation wirtschaftlicher als eine einfache billige Gegendruckturbine, die fehlende Leistung durch auspuffenden Dampf erzeugt[1] (z. B. bei 3 *M*/t Dampfkosten, 2500 Jahresstunden und 30 *M*/PS Mehrpreis für eine Entnahmemaschine nur, wenn mehr als 42% Dampf auspuffen würden). Umgekehrt darf die Kondensationskraft nicht überwiegen. Es müssen mindestens 2 kg/kWh[2] entnommen werden, damit Entnahmemaschinen wirtschaftlicher sind als reine Kondensationsmaschinen. Das Ideal wäre eine Gegendruckturbine mit Nutzdampfbelastung und Strombezug für den Kraftrest[3]. Viele Kraftwerke verbieten aber den Parallelbetrieb[4], obgleich solche Gegendrucksätze das Stromnetz nicht mehr gefährden als Synchronmotore.

Überschußverkauf selten

Für Heizkraftüberschuß kann das Elektrizitätswerk im wesentlichen nur den ersparten Brennstoff mit 1—2 *Pf*/kWh bezahlen, da es nicht jederzeit über die Heizkraftmaschinen

[1] Gerbel: Weltkraftkonferenz 1930 Bd. 4 S. 363. — [2] Dubbel: Taschenbuch, 1935 Bd. 2 S. 403. — [3] Schulz: Arch. Wärmewirtsch. 1931 S. 21. — [4] Niethammer: Weltkraftkonferenz 1930 Bd. 4 S. 376.

verfügen kann (z. B. bei Rohzuckerfabriken nur während der Monate der Kampagne) und oft nachts Last abnehmen soll, was die schon tiefe Eigenbelastung unerwünscht weiter herabsetzt. Deshalb ist der Überschußverkauf kaum 3% der deutschen Stromerzeugung[1]. Der Überschuß von Brikettfabriken nach Umstellung auf Hochdruck wie bei Grube Ilse[2] bedeutet mit 5 Mrd. kWh die Hälfte der deutschen verfügbaren Heizkraft. Durch Ausbau von 1,5 Mrd. kWh ließe sich die ganze deutsche Braunkohlenelektrizität um 5% billiger erzeugen[3].

Fernheizwerk

Für das Elektrizitätswerk wird die Heizkraftmaschine dann vollwertig, wenn sie im eigenen Betrieb steht und Wärme als Ferndampf verteilt wird. Die Straßennetze sind aber teuer, verlieren Wärme und zehren am Heizkraftgefälle. Als besonders dichte Industriezentren haben Brünn mit 18000 kW, Forst (Lausitz) für späteren Heizkraftbetrieb und Deepwater (USA.) mit 12500 kW Heizkraft solche Fernheizwerke. Die zentrale Stadtheizung wird in USA. vorwiegend ohne Heizkraft ausgeführt[4]. In Deutschland liefern einzelne Elektrizitätswerke Dampf für geeignete Stadtviertel[5], was aber bis jetzt höchstens 1,5% ihres Jahresstromes hergibt. Der Dampfverbrauch von Stadtgebieten mit Zentralheizung ist an sich viel größer als der Dampfverbrauch der Kraftwerke. Erschwerend wirkt, daß die Höchstlast nur 1500 h = 17% ausgenutzt ist. Durch Heizkraft, Hochdruck und Ausgleich zwischen Heiz- und Kraftlast sowie durch ersparte Kabelnetzkosten reiner Gegendruckkraftwerke im Verbrauchsschwerpunkt verbessern sich die Aussichten der Stadtheizung[6].

Druckgrenzen

Der Gegendruck (Heizdruck an der Maschine) muß höher sein, als der Heiztemperatur der Verbraucher (20—140°) entspricht. Er muß den Dampf durch die Rohrnetze drücken und die Wärme durch Heizflächen übertragen. Das vermindert die Heizkraft. Der wirtschaftlichste Gegendruck bestimmt sich aus gewonnener Heizkraft, dem Preis der Verbraucher-Heizfläche und dem Dampfnetz mit seinen Kosten und Wärmeverlusten bei verschiedenen Durchmessern[7]. Es lohnt sich beim Übergang zu Heizkraft, enge Rohrnetze durch reichliche zu ersetzen. Auch reichliche Verbraucher-Heizflächen, die den Gegendruck senken, sind billiger als höherer Kesseldruck, der sonst anzuwenden ist[8]. Da oft das ganze Heizdampfkondensat in den Betrieben verloren geht, erfordert 100%iger Betrieb über 40 at für das fehlende Speisewasser teure Verdampfer oder Kessel, die über 40 at mit chemisch aufbereitetem Wasser arbeiten können. Ob ein tieferer Kesseldruck als 120 at wirtschaftlicher ist, hängt im Einzelfall davon ab, ob sich für die Dampfmenge eine Turbine oder Kolbenmaschine wirtschaftlicher bauen läßt und wie stark die Kesselkosten mit dem Druck steigen.

Brennkraftmaschinen

In engeren Grenzen können Brennkraftmaschinen durch heißgekühlte Zylindermäntel und durch besondere Abgaskessel Heizdampf oder Warmwasser liefern[9], der Heizkraftbetrieb senkt aber hier die Kraftkosten nicht so entscheidend. Während bei Dampfmaschinen fast 100% der Abwärme verwertbar sind, kann man bei Brennkraftmaschinen nur die Kühlwasserwärme (als Dampf bis zu 3 ata) restlos gewinnen. Von der Abgaswärme geht durch das Umwandeln in Dampf $^1/_4$ im Kessel verloren. Der Brennkraftmotor liefert 1—2 kg/kWh Dampf, was in den eigentlichen Heizkraftbetrieben nicht ausreicht, während Dampfmaschinen mindestens 8—10 kg/kWh Abdampf geben. Zusätzliche Abhitzekessel bei Gasmaschinen und beim Viertaktdiesel, die Abgaswärme von nur 500—350° in Dampf umsetzen, kosten über 30 *M*/kg Dampfleistung gegen 15 *M*/kg für gewöhnliche Kessel (1929). Die beim Zweitaktdiesel durch Spülluft abgekühlten Abgase von 250—150° sind wirtschaftlich nicht verwertbar. In Hüttenwerken erzeugt man aus der Abwärme der Gichtgasmaschinen zusätzliche Dampfkraft, weil kein Heizdampfbedarf vorliegt. Das steigert den Wirkungsgrad von 28 auf 33% (S. 39, 111).

Abhitze

Von dem Kohlenheizwert, den die Kokereien aufnehmen, ließe sich außer Gas noch Abhitzedampf gewinnen[10], wofür aber zum Teil die Verfahren noch fehlen, aus dem Rauchgas von Hüttenöfen, in der Kokerei aus Kokswärme (trockene Kühlung), im Hochofenbetrieb durch heiße Mantelkühlung und aus Schlackenwärme, zusammen bei vollem Ausbau eine Kraftquelle von über 5 Mrd. kWh in Deutschland. Die Wärme, die an das Eisen selbst übergeht, nutzt der Betrieb am besten im folgenden Vorgang durch Arbeiten mit „warmem Einsatz" aus, was bis zu 65% Brennstoff spart. Zementfabriken erzeugen Kraft aus Abhitzedampf. Hier ist die Kraftseite hinter den Wärmeverbraucher hoher Temperatur, den Zementofen geschaltet, statt daß die Kraftstufe wie bei der Heizkraft vorgeschaltet ist. Die Abgase der Walzwerköfen lassen sich mit fast 1000° ebenfalls in einer nachgeschalteten Abhitzekraftanlage ausnutzen. Man führt das aber nicht durch, weil dabei viele verstreute Kesselanlagen entstehen würden. Statt dessen nutzt man die Abhitze in Luftvorwärmern aus oder verzichtet ganz auf Abwärmeverwertung.

[1] Marguerre: Weltkraftkonferenz 1930 Bd. 4 S. 265. — [2] Schöne: Betriebserfahrungen mit dem 120 at Kraftwerk der Ilse-Bergbau-A. G., 1932. — [3] Schreiber: Z. VDI 1931 S. 830. — Münzinger: Z. VDI 1932 S. 697. — [4] Walker, Mumford: Weltkraftkonferenz 1930 Bd. 4 S. 412. — [5] Margolis: Elektr.-Wirtsch. 1930 S. 181. — Wengner: Arch. Wärmewirtsch. 1931 S. 129. — [6] Schulz: Arch. Wärmewirtsch. 1931 S. 20. — Demmer: Weltkraftkonferenz 1930 Bd. 4 S. 360. — [7] Rietschel-Gröber: Heizg. u. Lüftg. 1935 S. 85. — [8] Lapp: Arch. Wärmewirtsch. 1931 S. 55. — [9] Dubbel: Taschenbuch, 1935 Bd. 2 S. 390. — [10] Heyd: Weltkraftkonferenz 1930 Bd. 4 S. 371.

Hüttenenergie

Die Eisen- und Hüttenindustrie war 1929 mit 32 Mill. t = 21% am deutschen Kohlenverbrauch beteiligt[1] und ihre Überschußgase erzeugten annähernd soviel Strom wie die Wasserkräfte, 3 Mrd. kWh = 10% des deutschen Stromverbrauches. Die Kokereiöfen, die den Hüttenwerken den Koks liefern, gaben 4,7 Mrd. m^3 Gas ab, 40% mehr als die Stadtgaswerke erzeugten. Industrieöfen verbrauchen Wärme bei 1000—1600° in den Hüttenwerken, bei 200—1000° in der Fertigindustrie. Dampfheizung, deren Grenze bei 150° liegt, scheidet hier aus. Hier ist die Aufgabe, mit Abfallgas der Hochöfen (Gichtgas), in dem sich fast 30% des Koksheizwertes wiederfindet, Kraft und Ofenhitze zu liefern. Erst durch Vorwärmen der Einblaseluft bis auf 700° in Winderhitzern mit bis zu 80% Wirkungsgrad wurden die hohen Gichtgasmengen verfügbar. Gasmotore sind zu empfindlich für unmittelbaren Antrieb der stark schwankenden Hauptkraftverbraucher, der Walzenstraßen. Bevorzugt wurden erst gasbeheizte Niederdruckkessel mit Kolbendampfmaschinen, deren Abdampf man ins Freie auspuffen ließ (unter 8% Wirkungsgrad), später in Einzelkondensationen oder zentralen Zweidruckturbinen restlos entspannte (14% Wirkungsgrad) und manchmal noch dazu den Frischdampf durch Vorschaltturbinen ausnutzte (20% Wirkungsgrad). Durch die Dampfnetze traten aber zusätzliche Leerlaufverluste bis zu 50% auf[2]. Der elektrische Antrieb beseitigt den größten Teil der Leerlaufverluste und ermöglicht Anschluß an eine Gaskraftzentrale, die mit nachgeschalteter Abwärmeturbine zusammen bestenfalls 33% des Gichtgasheizwertes in Kraft umsetzen kann. Gasbeheizte Hochdruckdampfzentralen, die sich bestenfalls auf 25% statt 33% Ausnutzung verbessern lassen, sind konkurrenzfähig, da sie 250 statt 350 *M*/kW kosten (1929)[3]. Gichtgas kann in Hütten, die selbst Koks erzeugen, die Kokerei beheizen. Dem Gichtgas mit unter 1000 kcal/m^3 Heizwert muß aber mindestens $^1/_3$ Kokereigas mit einem Heizwert von 4000 kcal/m^3 zugemischt werden[4], damit es Öfen über 1350° beheizen kann. Im Grenzfall könnten dann diese Gasmengen den ganzen Wärmeverbrauch der Hütten decken. Tatsächlich brauchen die besten Hüttenwerke außer Hochofenkoks keine Zusatzkohle. Die Kokereien liegen aber meist bei den Kohlenzechen, wo sie die anfallende Kleinkohle verarbeiten. Der Kokereigastransport zur Hütte ist deshalb eine der Grundlagen des Ferngasnetzes.

Energiebilanz

Kraft aus Gichtgas

Warme aus Gichtgas

Gichtgasüberschuß und -verbrauch stimmen schlecht überein, wodurch oft über 15% abblasen. Ausgleich durch Behälter, die 6—10 *M*/m^3 kosten, ist selten[5]. Billiger wäre schon, das je Kubikmeter 4mal heizkräftigere Koksgas zu speichern. Am wirksamsten ist, das Gichtgas vorwiegend in Dampfkesseln von Kraftzentralen zu verfeuern und bei Mangel die Kessel mit Kohle zu heizen. Schon deshalb sind Dampfzentralen an Stelle von Gasmaschinen verbreitet und das Gichtgas erzeugt in großem Ausmaß Kraft, fast die ganzen 3,2 Mrd. kWh der Hüttenkraftwerke (1929). Bei zunehmendem Ausgleich durch das Ferngasnetz wird man das Gas vorwiegend für Hüttenöfen benutzen. Die Grenze der Ferngasabgabe würde erreicht, wenn die Kokereien alle, wie Stadtgaswerke, ihren Wärmeverbrauch durch erzeugten Koks statt durch erzeugtes Gas decken würden (Grenzbilanz S. 152).

Ausgleich

Ferngas

Elektrodampf

In Sonderfällen läßt sich der Fabrikbedarf an Dampf und Warmwasser tiefer Temperatur elektrisch decken. Wo Elektrizität aus Wärme, also mit nur 20% Ausnutzung erzeugt wird, vernichtet diese Kupplung Energie statt zu sparen und da die Heizmethode am Verbraucher sich nicht ändert, fallen die Vorteile weg, die bei Industrieöfen durch Elektrowärme entstehen. Deshalb ist Elektrodampf nur wirtschaftlich in Wasserkraftländern mit teurer Kohle (35 *M*/t, 1929) und billigem Strom (1 *Pf*/kWh). Die Kilowattstunde muß billiger sein als 3—4 kg Steinkohle. Überschüssiger Nachtstrom, der nicht bewertet wird, läßt sich durch Ruths-Speicher für den Dampfbedarf der Tagesstunden verwenden. Die Kohlenersparnis tilgt Ruths-Speicher, wenn sie sich bis herunter auf 1 at entladen lassen und über 1500 kW speichern in $2^1/_2$ Jahren, bei 5 at Entladedruck und 500-kW-Anlagen in 5 Jahren[6]. In Europa haben Elektrokessel stark dazu beigetragen, den Wasserkraftwerken in den ersten Ausbaujahren schnell einen Verbraucher zu schaffen (jede Tonne Dampf braucht 750 kWh). Als sich dann Kraftverbraucher fanden, hörte der Einbau neuer Elektrokessel auf, setzte aber in der Krise durch zunehmenden Überschuß wieder ein, weil angefangene Wasserkraftbauten fertiggestellt werden mußten, obgleich der Stromverbrauch zurückging. In Amerika sind bei einer einzigen Kraftgesellschaft 525000 PS Elektrokessel angeschlossen[7]. In Canada verbrauchen Elektrokessel $^1/_4$ des Gesamtstroms, den öffentliche Elektrizitätswerke erzeugen[8].

Nur wo 1 kWh billiger als 3 kg Kohle

[1] Stahl u. Eisen 1930 S. 1046. — [2] Drawe: Wärme 1934 S. 753. — [3] Langer: Weltkraftkonferenz 1930 Bd. 5 S. 313. — [4] Gas- u. Wasserfach 1932 S. 93. — [5] Wenzl: Stahl u. Eisen 1930 S. 327. — [6] Stein: Regelung, 1926 S. 379. — [7] VDI-Nachr. 1932 Nr. 43 S. 1. — Z. VDI 1932 S. 542. — [8] Arch. Wärmewirtsch. 1935 S. 24.

Grenzbilanz der Hüttenenergie

in Deutschland für den Grenzfall restloser Verwertung aller Gas- und Abhitzequellen 1929. Vom Heizwert verkokter Kohle gehen durch Entgasen $^1/_5$ ins Kokereigas, durch Vergasen im Hochofen 50% ins Hochofengas. Hochofenabgas und bisher unverwerteter Abhitzedampf decken den Hüttenkraftbedarf und liefern 11,4 Mrd. kWh Kraftüberschuß. Das übrige Hochofengas, durch Zumischen von Kokereiabgas voll heizkräftig gemacht, deckt gerade den ganzen Wärmebedarf der Hütten. Die Kokereien decken ihren Wärmebedarf durch erzeugten Koks und liefern 13,2 Mrd. m³ ins Ferngasnetz.— Zum Vergleich: 1929 war in Deutschland der Bedarf an Stadtgas 3,8 Mrd. m³. 17 Mrd. m³ Kokereigas wären für die Eisenindustrie nötig, um die 14 Mill. t Kohle zu ersetzen, die außer 14 Mill. t Koks verbraucht wurden. Deutscher Stromverbrauch 30 Mrd. kWh.

Durchgeführt (1929): Stromerzeugung der Hütten 3,2 gegen 14,3 Mrd. kWh. Abgegebenes Ruhrgas 2,1 Mrd. m³ gegen 13,2 Mrd. m³.

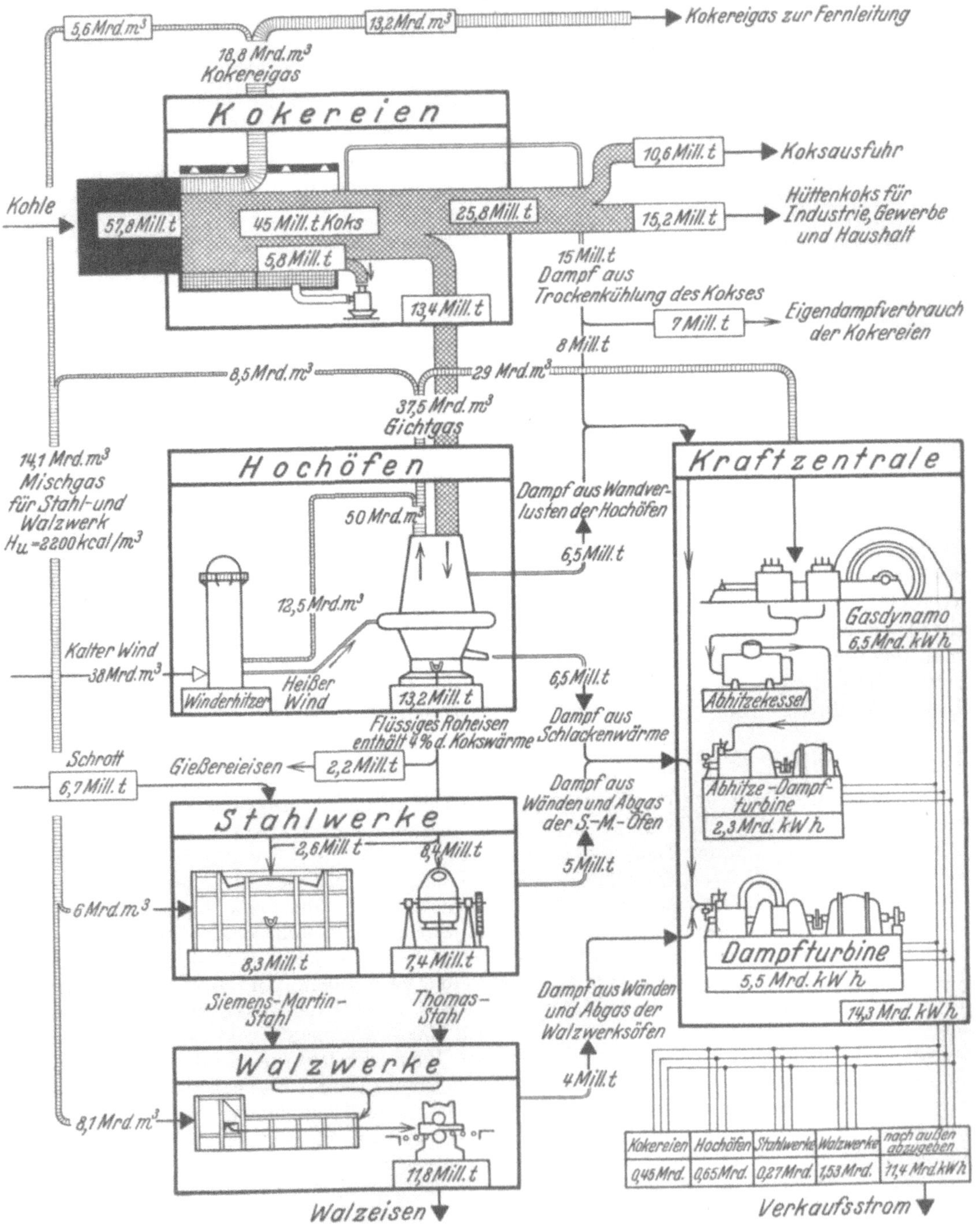

Gemeinfaßliche Darstellung des Eisenhüttenwesens, 1929. — Anhaltszahlen Eisenhüttenwerke, 1931. Heyd: Weltkraftkonferenz 1930 Bd. 4 S. 371.

Bücher

Nach Teilgebieten geordnet enthalten die Fußnoten der einzelnen Abschnitte die zugehörigen Bücher.

AEG: 25 Jahre Dampfturbinen. Berlin: VDI-Verlag 1928.

Anhaltszahlen für den Energieverbrauch in Eisenhüttenwerken. Düsseldorf: Stahleisen 1931.

Arrhenius, Svante: Die Chemie und das moderne Leben. Leipzig: Akadem. Verlagsgesellschaft 1922.

Aufhäuser, D.: Brennstoff und Verbrennung. Berlin: Julius Springer Bd. 1 1926, Bd. 2 1928.

Balcke, Hans: Die Abwärmetechnik. München: R. Oldenbourg 1928. — Die Kondensatwirtschaft bei Dampfkraft-Landanlagen. München: R. Oldenbourg 1927.

Bauer, Wilhelm-Stürzer, X.: Berechnung und Konstruktion von Dampflokomotiven. Berlin, München: C. W. Kreidel 1923.

Benfey, G.: Der Tunnelofen und seine Anwendung in der Ziegelindustrie. Leipzig: Dr. M. Jänecke 1927.

Biel, R.: Die wirtschaftlich günstigsten Rohrweiten. München: R. Oldenbourg 1930.

Billiter, Jean: Technische Elektrochemie. Halle: Knapp 1932.

Bleibtreu, H.: Kohlenstaubfeuerungen. Berlin: Julius Springer 1930.

Bock, Otto-Nawrath, A.: Der Ziegelofen. Leipzig: C. Scholtze 1928.

Brackel, O. v.-Leis, J.: Der dreißigjährige Petroleumkrieg. Berlin: Guttentag 1903.

Braunkohlen-Anhaltszahlen. Köln-Bickendorf: H. Kemp 1929.

Bruchold, C.: Der Flotationsprozeß. Berlin: Julius Springer 1927.

Büggeln, Heinrich: Die Entwicklung der öffentlichen Elektrizitätswirtschaft in Deutschland. Stuttgart: W. Kohlhammer 1930.

Bussmeyer, Hans: Wärmewirtschaft in der Zementindustrie. Dresden: Theodor Steinkopff 1931.

Camerer, R.: Vorlesungen über Wasserkraftmaschinen. Leipzig: Wilhelm Engelmann 1924.

Claasen, H.: Die Zuckerfabrikation. Magdeburg: Schallehn & Wollbrück 1930.

Dammer, Otto: Chemische Technologie der Neuzeit. Stuttgart: Ferdinand Enke 1925.

Das Gas: Siehe Gas.

Day: Handbook of Petroleum Industrie. 1922.

Denny, Ludwell: Ölquellen/Kriegsquellen. Zürich: Orell Füssli 1929.

Dubbel, Heinrich: Kolbendampfmaschinen und Dampfturbinen. Berlin: Julius Springer 1923. Öl- und Gasmaschinen. Berlin: Julius Springer 1926. — Taschenbuch für den Maschinenbau. Berlin: Julius Springer 1935.

Dunlop: Power Resources of the World. 1929.

Eisenhütte: Hütte, Taschenbuch für Eisenhüttenleute. Berlin: W. Ernst & Sohn 1930.

Eisenhüttenwesen: Siehe Gemeinfaßliche Darstellung des —.

Essich, O.: Die Ölfeuerungstechnik. Berlin: Julius Springer 1927.

Finkey, Josef: Die wissenschaftlichen Grundlagen der nassen Erzaufbereitung. Berlin: Julius Springer 1924.

Fischer, F.: Taschenbuch für Feuerungstechniker, Leipzig: A. Kröner 1925.

Franke, Georg: Handbuch der Brikettbereitung. Stuttgart: Ferdinand Enke 1930.

Garbe, Rob.: Die Dampflokomotive der Gegenwart. Berlin: Julius Springer 1920.

Gas, Das: Das Gas in der deutschen Wirtschaft. Berlin: Reimar Hobbing 1929.

Gasfernversorgung. Denkschrift des Deutschen Vereins von Gas- und Wasserfachmännern. Berlin: Selbstverlag 1927.

Gaswerke, Taschenbuch für: Siehe daselbst.

Gemeinfaßliche Darstellung des Eisenhüttenwesens. Verein deutscher Eisenhüttenleute. Düsseldorf: Stahleisen 1929.

Gerbel, M.-Reutlinger, Ernst: Kraft- und Wärmewirtschaft in der Industrie. Berlin: Julius Springer 1930.

Gießerei-Handbuch. München: R. Oldenbourg 1922.

Gluud, Wilhelm: Handbuch der Kokerei. Halle: Knapp 1927, 1928.

Goldstern, Walt.: Dampfspeicheranlagen. Berlin: Julius Springer 1933.

Greineder, Frdr.: Die Wirtschaft der deutschen Gaswerke. München: R. Oldenbourg 1914.

Gumz, Wilh.: Die Luftvorwärmung im Dampfkesselbetrieb. Leipzig: Otto Spamer 1933.

Handbuch der Kohlenwirtschaft. Berlin: „Die Kohlenwirtschaft" 1926.

Haslam: Fuels and their Combustion. 1926.

Hausbrand, Eugen-Hirsch, M.: Verdampfen, Kondensieren und Kühlen. Berlin: Julius Springer 1931.

Hecht, Hermann: Lehrbuch der Keramik. Berlin, Wien: Urban & Schwarzenberg 1927.

Heise, Fritz-Herbst, Frdr.: Lehrbuch der Bergbaukunde. Berlin: Julius Springer 1932.

Heller, A.: Motorwagen und Fahrzeugmaschinen für flüssige Brennstoffe. Berlin: Julius Springer 1925.

Hirsch, M.: Die Trockentechnik. Berlin: Julius Springer 1932.

Hodgson: The Time Journey of Dr. Barton. London: Selbstverlag 1929.

Hoffmann, Karl: Ölpolitik und angelsächsischer Imperialismus. Berlin 1927.

Honnef, Herm.: Windkraftwerke. Braunschweig: F. Vieweg & Sohn 1932.

Illersperger, Rudolf: Die Praxis des Beleuchtungswesens und die technischen Hilfsmittel der Lichtreklame. München: G. D. W. Callwey 1929.

Institute of Fuel: The preparation, selection and distribution of coal. London 1930.

Jüngst, Ernst: Wirtschaftsfragen des Ruhrkohlenbergbaus. Essen: Verein für die bergbaulichen Interessen 1929.

Kegel, K.: Lehrbuch der Bergwirtschaft. Berlin: Julius Springer 1931.

Kemper, August: Beiträge zur Frage der Gasfernversorgung. Halle: Knapp 1930.

Kissling, Richard: Chemische Technologie des Erdöls. Braunschweig: F. Vieweg & Sohn 1924.

Klehe, Th: Das Kalkwerk. Berlin: Kalkverlag 1927.

Kohlenwirtschaft, Handbuch der: Siehe daselbst.

Kraft, E. A.: Die neuzeitliche Dampfturbine. Berlin: VDI-Verlag 1930. — Die Dampfturbine im Betriebe. Berlin: Julius Springer 1935.

Krebs, Paul: Die deutschen Kohlenpreise seit Beginn des Weltkrieges. Wittenberg: A. Ziemsen 1924.

Köttgen, Carl: Das wirtschaftliche Amerika. Berlin: VDI-Verlag 1925.

Lamort, Julius: Glasschmelzöfen. Leipzig: Otto Spamer 1932.

Langsdorff, Werner v.: Fortschritte der Luftfahrt. Frankfurt a. M.: H. Bechhold 1929/30.

Leisse, Wilhelm: Die Energiewirtschaft der Welt in Zahlen. Vjh. Konjunkturforschung 1930, Sonderheft 19.

Licht und Beleuchtung. Berlin: Herm. Reckendorf 1928.

Litinsky, L.: Kokerei- und Gaswerksöfen. Halle: Knapp 1928.

Loose, Kurt: Vorgeschichte, Gestaltung und Auswirkung des Kohlewirtschaftsgesetzes vom 23. März 1919. Bonn: K. Schroeder 1930.

Lücke, Frdr.: Die Gasfernversorgung. Berlin: Ebering 1933.

Ludin, Adolf: Die Wasserkrafte, ihr Ausbau und ihre wirtschaftliche Ausnutzung. Berlin: Julius Springer 1913.

Marcard, Walt.: Rostfeuerungen. Berlin: VDI-Verlag 1934.

Matschoss, C.: Geschichte der Dampfmaschine. Berlin: Julius Springer 1901. — Die Entwicklung der Dampfmaschine. Berlin: Julius Springer 1908. — Männer der Technik. Berlin: VDI-Verlag 1925.

Mautner, Wilhelm: Der Kampf um und gegen das russische Erdöl. Wien: Manzsche Verlh. 1929.

Miller, O. v.: Gutachten über die Reichselektrizitätsversorgung. Berlin: VDI-Verlag 1930.

Monroy, J. A.: Das Holz. Berlin: VDI-Verlag 1929.

Mörtzsch, Frdr.: Elektrisches Kochen. Berlin: Julius Springer 1932.

Münzinger, Fr.: Dampfkraft. Berlin: Julius Springer 1933.

Musil, Ludwig: Die Wirtschaftlichkeit der Energiespeicherung für Elektrizitätswerke. Berlin: Julius Springer 1930.

Niemann, Paul: Die wirtschaftliche Kraftversorgung fur kleine und mittlere Industrie- und Gewerbebetriebe. Berlin: M. Krayn 1930.

Oelschläger, Julius: Der Wärmeingenieur. Leipzig: Otto Spamer 1925.

Osann, Bernhard: Kurzgefaßte Eisenhüttenkunde. Leipzig: Dr. M. Jänecke 1926.

Osburg, Karl Bernh.: Verfrachtung und Frachtkostenberechnung im technischen Überseehandel. Berlin: VDI-Verlag 1932.

Ost, H.: Lehrbuch der chemischen Technologie. Leipzig: Dr. M. Jänecke 1928.

Paschkis, Viktor: Elektrische Industrieöfen für Weiterverarbeitung. Berlin: Julius Springer 1932.

Pauling, Harry: Elektrische Luftverbrennung. Halle: Wilhelm Knapp 1929.

Pirani, M.: Elektrothermie. Berlin: Julius Springer 1930.

Praetorius, Ernst: Billige Kessel, billiger Dampf. Berlin: Beuth-Verlag 1932.

Puschmann, Gustav: Die Kolbendampfmaschinen. Leipzig: Dr. M. Janecke 1930.

Pye, Dav. Randall-Wettstädt, F.: Die Brennkraftmaschinen. Berlin: Julius Springer 1933.

Reutlinger, Ernst-Gerbel, M.: Kraft- und Wärmewirtschaft in der Industrie. Berlin: Julius Springer 1927.

Ricardo, Harry R.: Schnellaufende Verbrennungsmotoren. Berlin: Julius Springer 1932.

Riedl, Joseph: Die Wärmewirtschaft des Hausbrandes im Unterricht unserer Schulen. Berlin: A. Lüdtke 1927.

Rietschel, H.-Gröber, Heinrich: Leitfaden der Heiz- und Lüftungstechnik. Berlin: Julius Springer 1930 und 1934.

Rosin, P.-Fehling, R.: Das IT-Diagramm der Verbrennung. Berlin: VDI-Verlag 1929.

Ruhrkohlen-Handbuch. Berlin: Julius Springer 1932.

Rziha, E.-Seidener, J.: Starkstromtechnik. Berlin: W. Ernst & Sohn 1931.

Schack, Alfred: Der industrielle Wärmeübergang. Dusseldorf: Stahleisen 1929.

Schäfer, A.: Einrichtung und Betrieb eines Gaswerkes. München: R. Oldenbourg 1929.

Schiffbau-Kalender. Berlin: Dt. Verlagswerke Strauss, Vetter & Co. 1931.

Schmidt, Alfred: Die Brennöfen der Grob- und Feinkeramik und die Mörtelindustrie. Leipzig: Selbstverlag 1927.

Schneiders, Gottfried: Die Gewinnung von Erdöl. Berlin: Julius Springer 1927.

Schönberg, A.-Glunk, E.: Landes-Elektrizitätswerke. München: R. Oldenbourg 1926.

Schöne, Otto: Grundlagen für den Entwurf von Braunkohlenbrikettfabriken. Berlin: Julius Springer 1930. — Betriebserfahrungen mit dem 120-at-Kraftwerk der Ilse-Bergbau-A. G. Berlin: Julius Springer 1932.

Schulz, Erich: Öffentliche Heizkraftwerke. Berlin: Julius Springer 1933.

Seidner, Michael: Energiewirtschaft. Wien u. Berlin: Julius Springer 1930.

Siegel, G.: Die Elektrizitäts-Gesetzgebung der Kulturländer der Erde. Berlin: VDI-Verlag 1930.

Siegel, Gust.-Nissel, Hans: Die Elektrizitätstarife. Berlin: Julius Springer 1935.

Sisco, F. F.-Kriz, St.: Das Elektrostahl-Verfahren. Berlin: Julius Springer 1929.

Stadnikoff, Gg.: Die Chemie der Kohlen. Stuttgart: Ferdinand Enke 1931.

Steger, W.: Wärmewirtschaft in der keramischen Industrie. Dresden: Theodor Steinkopff 1927.

Stein, Th.: Regelung und Ausgleich in Dampfanlagen. Berlin: Julius Springer 1926.

Stodolafestschrift: Festschrift Prof. A. Stodola zum 70. Geburtstag. Zürich: Orell Füssli 1929.

Stumper, Rob.: Speisewasser und Speisewasserpflege im neuzeitlichen Dampfkraftbetrieb. Berlin: Julius Springer 1931.

Taschenbuch für Berg- und Hüttenleute. Berlin: W. Ernst & Sohn 1924, 1929.

Taschenbuch für Gaswerke, Kokereien, Schwelereien und Teerdestillationen. Herausgeg. von H. Winter. Halle: Wilhelm Knapp 1930.

Taussig, Rudolf: Die Industrie des Kalziumkarbides. Halle: Wilhelm Knapp 1930.

Teubert, Osk.: Die Binnenschiffahrt. Leipzig: Wilhelm Engelmann 1932.

Thau, Adolf: Die Schwelung von Braun- und Steinkohle. Halle: Wilhelm Knapp 1927.

Trenkler, Hugo Rich.: Feuerungstechnik. Berlin: VDI-Verlag 1925. — Gaserzeuger. Berlin: Julius Springer 1923.

Treptow, Emil: Grundzüge der Bergbaukunde. Wien: Julius Springer 1925.

Trinks, W.: Industrieöfen, 2 Bände. Berlin: VDI-Verlag 1928, 1931.

Valentiner, Siegfried: Physikalische Probleme im Aufbereitungswesen des Bergbaus. Braunschweig: F. Vieweg & Sohn 1929.

Vogel, J. H.: Das Azetylen. Leipzig: Otto Spamer 1911.

Windel, Walther: Aufbau und Entwicklungsmöglichkeiten der europäischen Elektrizitätswirtschaft. Berlin: Schwarz Goldschmidt & Co. 1928.

Witte, Hans: Die Konzentration in der deutschen Elektrizitatswirtschaft. Berlin: Julius Springer 1932.

Witte, J. M.-Lellek, R.: Technokratie. Berlin: Rüdiger-Verlag 1933.

Woytinski, Wl.: Die Welt in Zahlen. Berlin: R. Mosse 1925.

Sach- und Namenverzeichnis